FORSCHUNGSBERICHT DES LANDES NORDRHEIN-WESTFALEN

Nr. 2994 / Fachgruppe Maschinenbau/Verfahrenstechnik

Herausgegeben vom Minister für Wissenschaft und Forschung

Prof. Dipl. -Ing. Heinrich Matuszewski

Laboratorium für Werkzeugmaschinen und
Fertigungstechnik der Fachhochschule Dortmund

Untersuchung der Größe der Schnitt- und Rückzugskraft und des Größenverhältnisses zueinander als Funktion von verschiedenen Parametern beim Lochen von Blechen

Westdeutscher Verlag 1980

CIP-Kurztitelaufnahme der Deutschen Bibliothek

Matuszewski, Heinrich:
Untersuchung der Grösse der Schnitt- und Rückzugskraft und des Grössenverhältnisses zueinander als Funktion von verschiedenen Parametern beim Lochen von Blechen / Heinrich Matuszewski. - Opladen : Westdeutscher Verlag, 1980.

(Forschungsberichte des Landes Nordrhein-Westfalen ; Nr. 2994 : Fachgruppe Maschinenbau, Verfahrenstechnik)

ISBN 978-3-531-02994-8 ISBN 978-3-322-88445-9 (eBook)
DOI 10.1007/978-3-322-88445-9

Gesamtherstellung: Westdeutscher Verlag

I N H A L T

O. VERZEICHNIS DER ABKÜRZUNGEN UND FORMELZEICHEN

Fs	Schnittkraft allgemein	N
Fsr	Schnittkraft rechnerisch ermittelt	N
Fsv	Schnittkraft durch Versuch ermittelt	N
Fr	Rückzugskraft allgemein	N
Frr	Rückzugskraft rechnerisch ermittelt	N
Frv	Rückzugskraft durch Versuch ermittelt	N
Fqst	Seitenkraft am Stempel	N
Fqsp	Seitenkraft an der Schnittplatte	N
u	Schneidspalt	mm
u/s	Schneidspaltverhältnis (bezogener Schneidspalt)	%
s	Blechdicke	mm
d	Stempeldurchmesser	mm
Dm	Matrizendurchmesser	mm
Dl	Lochdurchmesser	mm
Lv	Lochungsverhältnis = d/s	-
A_s	Schnittfläche	mm^2
l	Schnittlänge	mm
k_s	Schneidwiderstand	N/mm^2
W_s	Schneidarbeit	Nm
μ	Reibungsfaktor	-
R_m	Zugfestigkeit	N/mm^2
R_p	Streckgrenze	N/mm^2
G_h	Grathöhe	mm
S	Standardabweichung bzw. Schneidbarkeit	-
$\bar{s}$	Mittlere Standardabweichung	-
n	Anzahl der Meßwerte bzw. Anzahl der Lochungen	-
M_k	Werkstoffkennwert	-

s.U.d.A. - s. Untersuchungen des Autors Kap./S.

Abkürzungen und Formelzeichen, die nicht oft vorkommen, sind im Verzeichnis nicht aufgeführt. Sie werden an entsprechenden Stellen im Text erläutert. Infolge der einzeiligen Schreibweise werden oft Abkürzungen bzw. Formelzeichen in etwas abgewandelten Form, wie z. B. Rm anstatt R_m, geschrieben.

1. EINFÜHRUNG UND AUFGABENSTELLUNG

Praxisorientierte Forschung und Entwicklung stellt eine wichtige wirtschaftliche Komponente in der modernen Fertigung dar. Auf einem sensiblen, kritischen und vom internationalen Wettbewerb geprägten Markt, kann man den Konkurrenzkampf bestehen und mit den Produkten attraktiv bleiben, wenn man alle Faktoren, die, die Wirtschaftlichkeit einer Fertigung beeinflussen, berücksichtigt. Einer der wichtigsten Faktoren in dieser Hinsicht ist das Finden und Anwenden von technisch und wirtschaftlich optimalen Fertigungsmethoden und -mitteln.

Die Werkzeugkosten stellen innerhalb der Fertigungskosten einen erheblichen Anteil dar. Die in der spanlosen Fertigung arbeitenden Werkzeuge sind besonders kostenaufwendig. Infolge der ständig wachsenden Bedeutung und Anwendung der spanlosen Fertigung ist eine genauere Kenntnis der Vorgänge und der dabei wirkenden Kräfte, ihrer Zusammenhänge und der sie beeinflussenden Größen unerläßlich, um die Werkzeuge wirtschaftlich und technisch optimal konstruieren und in der Fertigung einsetzen zu können.

Die beim Lochen und Ausschneiden von Blechen auftretenden Kräfte bestimmen nicht nur eine sinnvolle Auswahl von Maschinen, Werkzeugen usw. und den rationellen Einsatz dieser, sondern auch die Wahl der konstruktiven Ausführung der Werkzeuge, da sie die Grundlage für die Berechnung und Auslegung bilden. Die Erforschung der zwischen Werkstückwerkstoff und Werkzeug beim Lochen wirkenden Kräfte gehört zu den interessantesten und wirtschaftlich notwendigen Aufgaben der praxisorientierten Forschung.

Die außerordentliche Komplexität des Lochungsvorganges und der Einfluß vieler Parameter, die, die dabei auftretenden Kräfte beeinflussen, verursachen, daß man den Einfluß eines jeden Parameters spezifizieren muß. In der praktischen Anwendung solcher Verfahren ist man auf Erfahrungen, Probieren, Modellversuche oder Berechnungen mit extremen Werten angewiesen, die auf der „sicheren" Seite liegen müssen, um mit größter Wahrscheinlichkeit die wirklichen Verhältnisse zu repräsentieren. Zu einer näherungsweisen quantitativen Voraussage kann man nur gelangen, wenn eine große Anzahl von Versuchen durchgeführt wird, die den in der Praxis vorkommenden Methoden und Vorgehensweisen entsprechen und somit die dadurch gewonnenen Daten und Erkenntnisse mit genügender Sicherheit belegen.

Zahlreiche Forschungsarbeiten, über die auch in dieser Arbeit berichtet wird, haben sich mit den beim Lochen vorliegenden Kräften, insbesondere mit der Schnitt- und Rückzugskraft befaßt. Sie haben zu der Erkenntnis geführt, daß der Stempel während des Lochens einer Zug-Druck-Wechselbeanspruchung unterworfen ist. Der Druckanteil wird von der beim Lochen aufzubringenden Schnittkraft Fs, der Zuganteil durch die Rückzugskraft Fr verursacht. Während die Schnittkraft Fs mathematisch (Fsr) mit genügender Genauigkeit und Sicherheit bestimmbar ist, läßt sich die Größe der Rückzugskraft Fr nur durch Messungen an Versuchen (Frv) bestimmen. Die bisher veröffentlichten Formeln für die rechnerische Vorausbestimmung der Größe der Rückzugskraft Frr und die dadurch gewonnenen Ergebnisse, die ebenfalls in dieser Arbeit untersucht worden sind, beweisen, daß es außerordentlich schwierig ist, die Größe der Rückzugskraft Frr rechnerisch mit annehmbarer praxisgerechter Genauigkeit und Sicherheit zu ermitteln.

Einig ist sich die Fachwelt nur über die Haupteinflußfaktoren, die sich auf die Größe der Rückzugskraft Fr auswirken und einzeln untersucht werden können. Werden jedoch mehrere Parameter gleichzeitig erfaßt und nach Meßwerten in Form mathematischer Formeln aufgestellt, so kommt es zwangsläufig zur multiplen Regression mit nicht linearem Zusammenhang. Reduziert man die Einflußfaktoren auf die wesentlichsten, die erfahrungsgemäß den größten Einfluß auf die Größe der Rückzugskraft Frv ausüben und untersucht jeweils nur eine Einflußgröße, so läßt sich in bestimmten Grenzen mit zufriedenstellender Genauigkeit und genügender Sicherheit die Größe der Rückzugskraft Frv als Funktion der verschiedenen Parameter ermitteln.

Im Rahmen dieses Forschungsvorhabens sollten hauptsächlich die Zusammenhänge zwischen den Größen der Schnittkraft Fsr und der Rückzugskraft Frv als Funktion von verschiedenen Parametern untersucht werden. Im Endergebnis sollte dem Werkzeugkonstrukteur die Möglichkeit gegeben werden, mit den ermittelten Werten, besonders in Bezug auf das Verhältnis der Größe der Rückzugskraft Frv zu der Größe der Schnittkraft (%), an die Werkzeugkonstruktion heranzugehen.

Wie eingangs erwähnt,wurde das Hauptaugenmerk auf die Größe und das Verhalten der Rückzugskraft Frv gelegt. Dem Problem der Größe der Rückzugskraft Frv wurde zwar schon immer größte Aufmerksamkeit geschenkt, da die Rückzugskraft Fr in den meisten Fällen für Stempelbrüche verantwortlich ist, aber ihre Bedeutung ist mit der Einführung der Stempelbefestigung in den Stempelhalteplatten von Schnittwerkzeugen mit Hilfe von Kunstharzen noch mehr gestiegen.

Es bestehen zwei Möglichkeiten der Stempelbefestigung in den Stempelhalteplatten der Schnittwerkzeuge mit Hilfe von Kunstharz:

1. Das Kunstharz dient „nur" als „Positioniermittel" des Stempels (Bild 1 und 2). Die Rückzugskraft Fr wird dabei durch andere Befestigungselemente, wie z.B. Schrauben oder Stifte,übernommen.

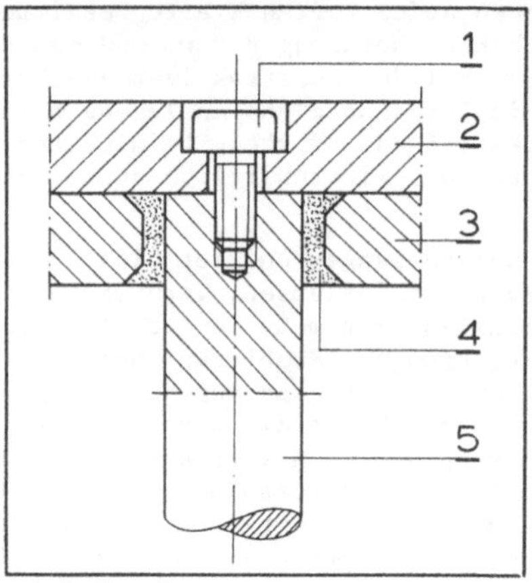

Bild 1

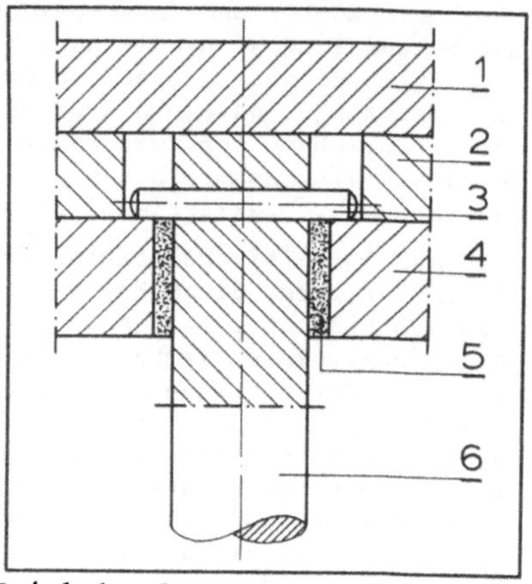

Bild 2

2. Das Kunstharz dient als „Positionier-" und gleichzeitig als Befestigungsmittel des Stempels (Bild 3 und 4) ohne jegliche Zusatzelemente, so daß die Rückzugskraft Fr durch diese Verbindung übernommen wird. In diesem Falle spielt die Kenntnis der Größe der Rückzugskraft Fr eine ausschlaggebende Rolle.

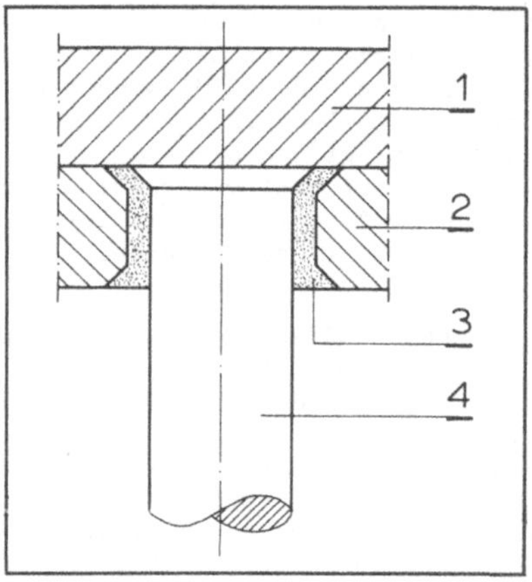

Bild 3

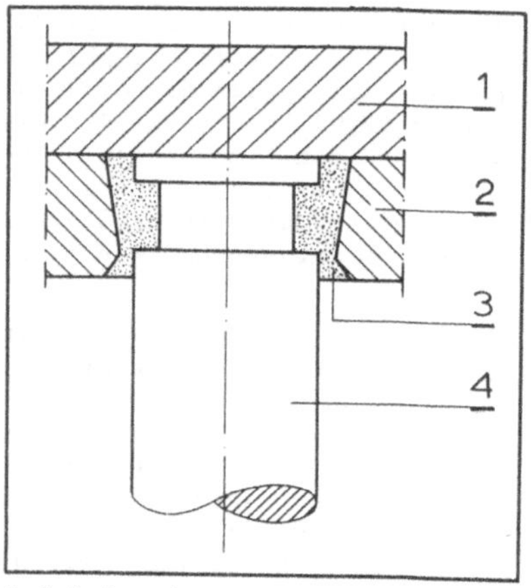

Bild 4

Bildtexte s. nächste Seite unten

Es ist selbstverständlich, daß die Kenntnis der Rückzugskraft Fr nicht ausreicht, wenn die Verbindung des Stempels mit der Stempelhalteplatte mit Hilfe des Kunstharzes hergestellt werden soll und die Festigkeit dieser Verbindung (Bild 3 und 4) nicht bekannt ist. Dieses Problem, die Festigkeit dieser Verbindung war Gegenstand eines Forschungsvorhabens, das parallel zu diesem Vorhaben durchgeführt wurde und ebenfalls beendet ist. Dabei wurden sämtliche handelsüblichen Kunstharze, die sich für diesen Einsatz eignen, untersucht. Auch verschiedene Füllstoffe, Einfluß des Füllstoffanteiles, Einfluß der gepaarten vergossenen Formen usw. auf die Festigkeit dieser Verbindung wurden eingehend untersucht, so daß dem Werkzeugkonstrukteur auch in dieser Hinsicht entsprechende Konstruktionsdaten zur Verfügung stehen werden.

Bei der Durchführung der vorliegenden Arbeit wurden als Hauptparameter angesehen:

1. Blechwerkstoff
2. Blechdicke s
3. Schneidspalt u und aus Pkt. 2 und 3 resultierendes
4. Schneidspaltverhältnis u/s
5. Stempeldurchmesser d und aus Pkt. 2 und 5 resultierendes
6. Lochungsverhältnis Lv = d/s sowie
7. Lochen ohne und mit Anwendung der Schmiermittel

Das Verschleißverhalten der Stempel wurde ebenfalls beobachtet, um Rückschlüsse auf die verschleißfördernden Faktoren zu ziehen. Dabei wurde insbesondere, wie auch bei der Ermittlung der Größe der Rückzugskraft Frv, das „Grenzlochungsverhältnis" Lv = d/s = 1 berücksichtigt, bei welchem einerseits der Verschleiß des Werkzeuges bedeutend schneller als bei günstigeren Lochungsverhältnissen vollzogen wird, und andererseits die Größe der Rückzugskraft Frv zu der Schnittkraft Fsr besonders hohe Werte erreicht.

Als „Nebenprodukte" dieses Forschungsvorhabens werden in diesem Forschungsbericht zwei Themenkreise beschrieben, die jedoch infolge der verhältnismäßig geringen Versuchsumfanges, nur als Ansatz für weitere Untersuchungen dienen können. Es sind:

a) Ermittlung der Zusammenhänge zwischen den Grathöhen des Loches und des Butzens als Funktion des Schneidspaltverhältnisses u/s, sowie

b) Schematische Darstellung der maßlichen Zusammenhänge der Form der Verformungszone beim Lochen.

Am Anfang des Forschungsberichtes wird umfangreicher als sonst üblich über den Erkenntnisstand der Wissenschaft über Probleme, die mit diesem Forschungsvorhaben zusammenhängen, berichtet. Dieses ist mit der Absicht begründet, Zusammenhänge zwischen dem Erkenntnisstand und den Ergebnissen der Untersuchungen herzustellen.

Diese Arbeit wurde im Laboratorium für Werkzeugmaschinen und Fertigungstechnik der Fachhochschule Dortmund Dank finanzieller Unterstützung des Ministers für Wissenschaft und Forschung des Landes Nordrhein-Westfalen durchgeführt. Ein besonderer Dank gilt den Herren P. Kamrau und Ing. (grad.) G. Damrau (Fachbereich Maschinenbau) sowie Frau D. Stenzel und Herrn G. Wolfrath (Fachbereich Informatik) für ihre Mitarbeit bei der Durchführung dieses Vorhabens.

Oktober 1979

Bild 1 1 Stempel-Befestigungsschraube, 2 Kopfplatte
4 Kunstharz, 5 Stempel

Bild 2 1 Kopfplatte, 2 Zwischenplatte (falls Stempelplatte nicht ausgearbeitet), 3 zylindrischer Stempel-Befestigungsstift, 3 Stempelhalteplatte, 5 Kunstharz, 6 Stempel

Bild 3 1 Kopfplatte, 2 Stempelhalteplatte, 3 Kunstharz, 4 Stempel

Bild 4 1 Kopfplatte, 2 Stempelhalteplatte, 3 Kunstharz, 4 Stempel

2. EINFLUSSFAKTOREN AUF DEN TECHNOLOGISCHEN VERLAUF DES LOCHENS UND AUSSCHNEIDENS, DIE WERKSTÜCKQUALITÄT SOWIE DIE GRÖSSE DER SCHNITT-, RÜCKZUGS- UND SEITENKRÄFTE

1.0. B L E C H W E R K S T O F F

1.1. Zugfestigkeit
1.2. H ä r t e
1.3. Streckgrenze
1.4. D e h n u n g
1.5. Formänderungsvermögen
1.6. Formänderungsfestigkeit
1.7. B l e c h d i c k e
1.8. Blechqualität
1.9. Blechoberfläche
1.10 a n d e r e

2.0. W E R K Z E U G

2.1. Werkzeugwerkstoff
2.2. Wärmebehandlung
2.3. H ä r t e
2.4. Verschleißfestigkeit
2.5. Druckfestigkeit
1.6. Schnittkantenfestigkeit
1.7. Knickfestigkeit
1.8. Oberflächenqualität
1.9. Stempelführung
1.10 a n d e r e

3.0. S C H N I T T B E D I N G U N G E N

3.1. Schneidspaltgröße
3.2. Trocken oder geschmiert
3.3. Stempel-Auftreffgeschwindigkeit
3.4. Schnittgeschwindigkeit
3.5. Hubzahl pro Zeiteinheit
3.6. a n d e r e

4.0. RESULTIERENDE FAKTOREN aus 1.0. bis 3.0.

4.1. S c h n i t t k r a f t
4.2. R ü c k z u g s k r a f t
4.3. S e i t e n k r ä f t e
4.4. Reibung zwischen Stempel und Lochwand
4.5. T e m p e r a t u r
4.6. M o m e n t e
4.7. S c h n i t t a r b e i t
4.8. S c h n e i d w i d e r s t a n d
4.9. A n s c h n i t t t i e f e
4.10 V e r f o r m u n g s t i e f e
4.11 E i n f e d e r u n g
4.12 L o c h u n g s v e r h ä l t n i s
4.13 Lochleibungsverhältnis
4.14 Standmenge des Werkzeuges
4.15 Gesamt-Standmenge des Werkzeuges
4.16 Plastische Verformung des Werkstückes
4.17 Elastische Verformung des Werkstückes
4.18 Schnittflächenqualität
4.19 L o c h f o r m
4.20 Lochdurchmesserabweichung vom Sollmaß
4.21 Ausschnittdurchmesserabweichung vom Sollmaß
4.22 Winkelfehler der Schnittfläche zur Blechoberfläche
4.23 A u f s c h w e i ß u n g e n
4.24 Verhältnis: Scherfestigkeit - Zugfestigkeit
4.25 Härte in der Nähe der Lochleibung
4.26 Eindringtiefe des Stempels
4.27 G r a t h ö h e
4.28 Grenzlochungsverhältnis
4.29 Maximale Stempellänge
4.30 Schnittplattendicke
4.31 Steg- und Randbreite des Blechstreifens
4.32 a n d e r e F a k t o r e n

3. DER ERKENNTNISSTAND ÜBER DAS LOCHEN VON BLECHEN

Nachstehend wird umfangreicher, als sonst in derartigen Forschungsberichten üblich, über den Erkenntnisstand der Wissenschaft über Probleme, die mit dem Forschungsthema zusammenhängen, berichtet. Dieses ist damit begründet, daß dem Praktiker ein komprimiertes Werk über das Lochen von Blechen nicht zur Verfügung steht.

3.1. DER SCHNEIDVORGANG BEIM LOCHEN VON BLECHEN

Das Lochen nach Hilbert [80]: *"ist das Herstellen von Innenformen mit Hilfe eines vollständigen Trennens längs einer in sich vollständig geschlossenen Linie. Im Gegnsatz zum Ausschneiden ist beim Lochen der durchstoßene Teil Abfall, während er beim Ausschneiden Nutzteil ist"*.

Mit der Untersuchung der einzelnen Phasen des Lochungsvorganges haben sich viele Forscher befaßt, ihn untersucht bzw. beschrieben: [7], [40], [42], [49], [50], [55], [56], [66], [69], [72], [91], [104], [105], [118], [119], [120], [121], [122], [130], [133], [140], [144], [147], [152], [161], [169], [178], [179], [181], [184], [200], [202], [207], [208], [209], [210], [224], [226], [243], [244], [258].

Der Lochungsvorgang wurde von Dies [42] und Eickhoff [56] in drei Phasen unterteilt, die gravierende Merkmale des Lochungsvorganges aufweisen:

Erste Phase - UMFORMPHASE - Zu Beginn des Lochungsvorganges biegt sich das Blech zunächst elastisch (bis zum Erreichen der Elastizitätsgrenze) und dann plastisch (bleibende Verformung der Kristalle in der Schnittzone) durch.

Zweite Phase - SCHERPHASE - Beim weiteren Eindringen des Stempels in das Blech und dem daraus folgendem Ausschieben des Schnitteils, entsteht eine glatte Fläche am Butzen, sowie die Trennfläche im Loch.

Dritte Phase - BRUCHPHASE - Bei weiterem Eindringen des Stempels in das Blech entstehen Risse im Werkstoff, die von den Schneidkanten ausgehen und sich fortpflanzen bis zur vollständigen Werkstofftrennung.

Kienzle [111] schreibt: *„Nach Timmerbeil geht der Schneidvorgang vor sich:*
Infolge des Formänderungsvermögens des Werkstoffes geht dem eigentlichen Trennen eine Verformung in der Schnittzone voraus. Hierbei sind die Randfasern des Bleches stärker beansprucht als die Mittelfasern, ebenso tritt in den Randfasern unmittelbar an der Schneidkante des Werkzeuges die größte Schubspannung auf. Dabei wird die Randfaser der Unterseite des Bleches, die der Schnittplatte zugewandt ist, meist stärker beansprucht als die der Gegenseite. An dieser Stelle tritt bei der Verformung des Werkstoffes eine hohe Zugspannung auf, die dadurch vergrößert wird, daß beim geschlossenen Schnitt wegen der allseitigen Einspannung der Werkstoff nicht nachgeben kann. Dem gegenüber kann der Randfaserwerkstoff des gelochten Teiles auf der Stempelseite aus der Umgebung nachgleiten, sofern er nicht durch einen in unmittelbarer Nähe liegenden Stempel daran gehindert wird. Infolge des Schneidspaltes tritt von Anfang an ein Kraftmoment auf, das das Blech verwölbt; dieses Moment vergrößert sich durch die endliche Breite der Auflage von Stempel und Schnittplatte. Diese Verwölbung führt auf der Schnittplatte zugewendeten Seite des Bleches zu Druckspannungen, während unter der Stempelkante Zugspannungen entstehen, d.h. an der Schnittplattenkante wirken den oben erwähnten Zugspannungen aus der Faserlängung gewisse Druckspannungen entgegen, trotzdem bleibt die Zugbeanspruchung größer als an der Stempelkante und unter Voraussetzung gleicher Schneidkantengüte wird eine Trennung des Werkstoffes von hier aus eingeleitet...".

Die grundsätzlichen Zusammenhänge beruhen beim Lochen auf einem Fließ- und Trennvorgang. In der Komplexität dieses Vorganges ist der Grund zu sehen, daß der derzeitige Erkenntnisstand keine exakte analytische Beschreibung des Spannungs- und Formänderungszustandes zuläßt.

3.2. DER BEGRIFF: SCHNEIDBARKEIT

Buchmann [27] definiert die Schneidbarkeit: *"Man versteht unter der Schneidbarkeit eines Werkstückwerkstffes die quantitative Trennbarkeit durch Schneidwerkzeuge, d.h. man sagt, der Werkstoff "y" sei gut schneidbar. ...Das bezieht sich auf SCHNEIDKRAFT, GRATBILDUNG sowie SAUBERKEIT DER SCHNITTFLÄCHE. Der Begriff „Schneidbarkeit" ist daher ebenfalls nicht eindeutig; vielmehr lassen sich Vergleiche zwischen der Schneidbarkeit mehrerer Werkstückwerkstoffe nur anstellen, wenn diese unter DENSELBEN BEDINGUNGEN mit DEMSELBEN WERKZEUGSTOFF und DEMSELBEN WERKZEUG (gleiche makro- und mikrogeometrische Form, gleicher Verschleißzustand usw.) geschnitten werden. ..Von mehreren Werkstückwerkstoffen besitzt derjenige die BESSERE SCHNEIDBARKEIT, der beim Schneiden mit demselben Werkzeug und unter denselben Schneidbedingungen den KLEINEREN VERSCHLEISS und den KLEINEREN GRAT aufweist".*

Marejka [140] schreibt: *"Für den Bereich Blechschneiden existiert seit kurzem ein eindeutiges Verfahren zur Beurteilung der Schneidbarkeit der Bleche [158]. Dieses beruht einerseits auf einer brauchbaren Definition, zum anderen auf der Auffindung einer Möglichkeit den sich beim Schneiden überlagernden Einfluß der Maschine auszuschalten. Die Schneidbarkeit wurde definiert als der QUOTIENT aus der SCHNITTZAHL bis zum Erreichen einer vorgegebenen GRATHÖHE als Parameter und der MANTELVERSCHLEISSLÄNGE, bzw. der erforderlichen NACHSCHLIFFHÖHE des Stempels (der Stirnflächenverschleiß am Stempel bleibt bei dieser Definition unberücksichtigt)".*

Sonderhaus [192] führt aus: *"Die Schneidbarkeit eines Feinbleches setzt sich nach den in dieser Arbeit gemachten Erfahrungen aus drei Einflußfaktoren zusammen, nämlich aus der verschleißenden Wirkung des Bleches, aus der Neigung des Bleches zur Gratbildung und aus der Charakteristik der Form, die das Blech infolge Verschleiß an der Werkzeugschneide hervorruft. Während die beiden letzten Eigenschaften eines Bleches von der Schnittzahl unabhängige Konstanten sind, muß die verschleißende Wirkung eines Bleches entsprechend der Lage der Verschleißgeraden im doppeltlogarithmischen Maßstab durch zwei Werte gekennzeichnet werden. Das hat zur Folge, daß dieser Einflußfaktor von der Schnittzahl abhängig ist und immer nur als bezogene Größe angegeben werden kann. Bezugsbasis ist die Schnittzahl bzw. die Grathöhe, die als Maximum für den jeweils vorliegenden Fall vorgegeben ist. Wenn einer der drei Einflußfaktoren, die für die Schneidbarkeit eines Bleches bestimmend sind, von der Schnittzahl abhängig ist, muß die Zusammenfassung der Einflußfaktoren als Kennzeichen der Schneidbarkeit auch eine von der Schnittzahl abhängige Größe sein. Hieraus folgt, daß ein Vergleich von Blechen hinsichtlich ihrer Schneidbarkeit immer nur auf eine bestimmte Schnittzahl bzw. auf eine bestimmte Grathöhe bezogen sein kann. Ändert man diese, so muß man auch mit einer veränderten Reihenfolge bei der Einstufung der Bleche rechnen.*

Marejka [27] bringt ein Beispiel für die Ermittlung der Schneidbarkeit: *"Zur Berechnung der Schneidbarkeit soll eine Grathöhe von $G_{max} = 0{,}030$ mm vorgesehen werden. Aus den Diagrammen (in der Veröffentlichung aufgeführt) lassen sich dazu folgende Daten entnehmen:*

$i_{I} = 80\,000$ *sowie* $i_{II} = 60\,000$, $L_{MI} = 0{,}87$ mm *und* $L_{MII} = 0{,}43$ mm

Damit erhält man für die Schneidbarkeit

$$S_I = \frac{i_I}{L_{MI}} = 9{,}2 \cdot 10^4 \text{ mm}^{-1}$$ *(unsiliziertes Blech) und*

$$S_{II} = \frac{i_{II}}{L_{MII}} = 13{,}9 \cdot 10^4 \text{ mm}^{-1}$$ *(siliziertes Blech)*

Aus den Quotienten S_{II}/S_I *folgt:* $S_{II} = 1{,}51\ S_I$ *für* $G_{max} = 0{,}030$ mm.

Das heißt, die Schneidbarkeit des silizierten Blechs beträgt bei einer maximalen Grathöhe von 0,030 mm das 1,5fache der Schneidbarkeit des nichtsilizierten Blechs".

Doege, Neumann, Schmidt und Fuger[270] berichten: *"Die erreichbare Werkzeugstandmenge wird durch alle am Schneidvorgang beteiligten Elemente Maschine, Werkzeug und Blech beeinflußt. Naturgemäß besitzt das Zusammenwirken dieser Elemente beim Schneidvorgang auch große Bedeutung. Auf diese Erkenntnisse aufbauend werden in [273] die Voraussetzungen zur Bestimmung der Schneidbarkeit, die den Einfluß auf die Standmengen beschreibende Größe festgelegt:*

a) Schwingungsfreier Schneidvorgang als Schneidbarkeitsprüfverfahren.

Nur der Schwingungsfreie Schneidvorgang garantiert, daß der Einfluß der Maschinenschwingungen auf den Werkzeugverschleiß gänzlich ausgeschaltet ist.

b) Quantifizierung der Schneidbarkeit.

Die Schneidbarkeit S wird als Quotient aus Schnittzahl i und Werkzeugabschliffhöhe l_M definiert. Die Grathöhe g (lt. Abkürzungsverzeichnis h_g), die bei der Schnittzahl i an den Schnitteilkanten auftritt, dient dabei als Parameter.

$$S = \frac{i}{l_M} \qquad (mm^{-1}); \quad g \text{ als Parameter} \qquad (1)$$

Die Schneidbarkeit ist also die Anzahl von Schnitteilen, die mit 1 mm Werkzeughöhe bis zum Auftreten der Grathöhe g (g_h) hergestellt werden kann. Damit ist es möglich, den Einfluß des Blechs auf die Standmenge quantitativ anzugeben und vergleichende Betrachtungen anzustellen.

Aus den Schneidbarkeits-Grathöhen-Diagrammen der untersuchten Bleche für Stempel S_S und Matrize S_M ist eine Schneidbarkeit S für das Gesamtwerkzeug zusammengefaßt worden, zu

$$S = \frac{S_S \cdot S_M}{(S_S + S_M)} \qquad (2)$$

Die von Doege, Neumann, Schmidt und Fuger[270] durchgeführten Untersuchungen, bei welchen die Grathöhen von 20 µm, 30 µm und 40 µm als Parameter festgelegt wurden, haben gezeigt, daß die Schneidbarkeit grundsätzlich für höheren Grat größer ist. Außerdem steigt die Schneidbarkeit mit dem Schneidspalt an. Eine stärkere Zunahme der Schneidbarkeit ist bei Schneidspalten zu erkennen, bei welchen auch die verschliessene Mantellänge l_M stark abfällt. Bei erstem untersuchten Blech stieg die Schneidbarkeit sehr stark im Bereich u/s = 3 - 5%, bei zweitem war die Schneidbarkeitszunahme besonders stark im Bereich u/s größer als 12% und beim dritten Blech im Bereich u/s größer als 16%. Die Schneidbarkeiten der drei Bleche verhielten sich für den Schneidspalt u/s = 16% im Grathöhenbereich von 20 bis 40 µm ungefähr wie:

$$S_I \,/\, S_{II} \,/\, S_{III} = 1{,}0 \,/\, 0{,}39 \,/\, 0{,}19$$

Durch diese Methode ist es dem Praktiker zum ersten Mal die Möglichkeit gegeben, die Anzahl von Schnitteilen im voraus zu bestimmen, die er mit einem Schneidwerkzeug, das eine bestimmte Länge besitzt, herstellen kann, wenn ein normaler Verschleiß auftritt. In der Schneidbarkeit wird die Anzahl der Werkzeugnachschliffe, die zu kostenaufwendigen Nebenzeiten führen, nicht berücksichtigt. Diese Nebenzeiten sind nur bei komplizierten Werkzeugen verhältnismäßig hoch. In dieser Überlegung werden lediglich die Werkzeugkosten in die Schneidbarkeit einbezogen. Bei der Kostenrechung kommt also auf das Verhältnis von Maschinenkosten zu Werkzeugkosten an, um den Schneidspalt für die wirtschaftlichsten Fertigungsbedingungen festzulegen. Es ist vorteilhafter den Schneidspalt so zu wählen, daß größere Einzelstandmengen bei stärkerem Werkzeugverbrauch erreicht werden, wenn es sich um einfache Werkzeuge handeln wird. Bei teuren und komplizierten Werkzeugen ist es günstiger kleinere Einzelstandmengen bei kleinerem Werkzeugverschleiß in Kauf zu nehmen.

3.3. SCHNITTKRAFT, RÜCKZUGSKRAFT UND SEITENKRAFT BEIM LOCHEN DEFINITIONEN, KURZBEZEICHNUNGEN UND ERLÄUTERUNGEN

1. SCHNITTKRAFT Fs

Unter dem Begriff „Schnittkraft Fs" wird die gesamte Kraft am Stempel verstanden, die aufgebracht werden muß um den Stempel in den Blechwerkstoff zu treiben.
Sie besteht also aus der Summe der Kräfte: der Umform-, Scher- und Reibkraft.
Nach den Angaben in der Literatur wird darunter stets die maximale Kraft beim Eindringen des Stempels in das zu lochende Blech gemeint. Marejka [140] hat dafür den Begriff „Stempelkraft" vorgeschlagen.
Die Größe der Schnittkraft kann anhand verschiedener Formeln empirisch ermittelt werden (s. 3.3.2.). In diesem Falle sollte man von der rechnerisch ermittelten Schnittkraft Fsr (r = rechnerisch) sprechen. Wird ihre Größe mit Hilfe von Versuchen ermittelt, so sollte man sie sinngemäß als „Schnittkraft Fsv" bezeichnen (v = Versuch). Auf diese Art läßt sich aus der Kurzbezeichnung erkennen, um welche Art der Schnittkraft es sich bei einer Aussage handelt.

2. RÜCKZUGSKRAFT Fr

Der Stempel wird im Loch, durch die beim Lochen entstandene Preßpassung, festgehalten. Unter dem Begriff „Rückzugskraft Fr" (auch Abstreifkraft genannt) wird die Kraft am Stempel verstanden, die aufgebracht werden muß, um den Stempel herauszuziehen.
Anders ausgedrückt: Es ist die Kraft, die notwendig ist um das Blech vom Stempel nach vollzogenem Lochungsvorgang abzustreifen.
Wird die Rückzugskraft rechnerisch als Funktion der Größe der Schnittkraft Fsr oder Fsv, bzw. mit Hilfe anderer empirischer Formeln (s.3.24.2) ermittelt, so wird sie sinngemäß als Rückzugskraft Frr bezeichnet. Erfolgt ihre Ermittlung mit Hilfe von Versuchen, so wird sie als Rückzugskraft Frv bezeichnet.

3. SEITENKRÄFTE Fq

Unter dem Begriff „Seitenkräfte Fq" werden Kräfte verstanden, die infolge der beim Lochvorgang wirkenden Biegemomente und Reibungskräfte entstehen und senkrecht zur Stempelbewegungsrichtung wirken.
Die Kurzbezeichnung „Fq" dieser Kräfte entspringt dem Begriff „quer", der mit ihrer Richtung zur Stempelachse zusammenhängt.
Man unterscheidet Seitenkräfte am Stempel (s. 3.3.3) und an der Schnittplatte (s. S.12) und somit sinngemäß die Kurzbezeichnungen „Fqst" und „Fqsp".
Auch die Seitenkräfte können empirisch (s. S. 13) ermittelt und somit mit „Fqr" bezeichnet werden. Ebenso, die mit Hilfe von Versuchen gemessenen Seitenkräfte, können mit dem Kurzzeichen „Fqv" zum Ausdruck gebracht werden. So ergeben sich die Bezeichnungen: „Fqstv" und „Fqspv" sowie Fqstr" und „Fqsvr".

3.3.1. KRÄFTE BEIM LOCHEN

Nach Romanowski [258] zitiert: *"Während des Lochungs- bzw. Auschneidvorganges tritt im Blech ein komplexes und ungleichmäßiges Kräftefeld auf, welches sich in der Nähe der beiden Schneidkanten, des Stempels und der Matrize, konzentriert. In Bild 5 sind die Kräfte, die auf das Blech wirken gezeigt. Diese Darstellung betrifft das Lochen ohne Gegenhalter.*

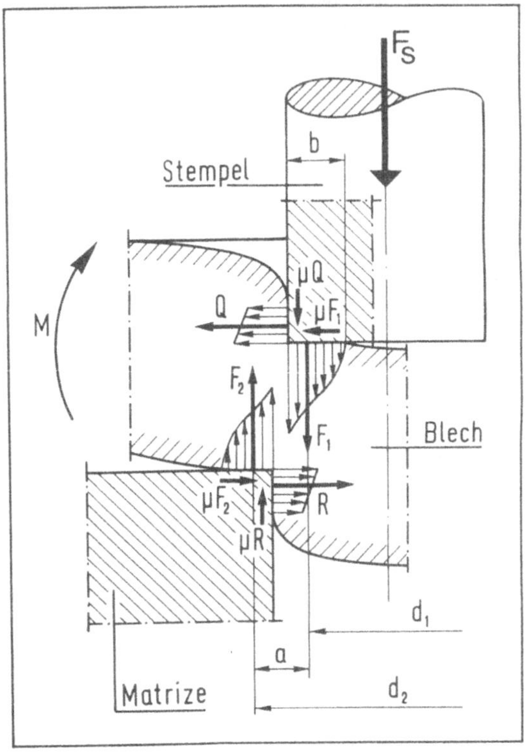

Bild 5 Schematische Darstellung der auf den Blechwerkstoff wirkenden Kräfte beim Lochen und Ausschneiden Romanowski [258]

Der Stempel dringt in den Blechwerkstoff nicht mit seiner ganzen Stirnfläche ein, sondern in Form einer Kreisringfläche (bzw. einer anderen Form bei Formstempeln). Die Breite der Kreisringfläche ist mit b bezeichnet. Dementsprechend dringt die Matrize in den Blechwerkstoff ein. Die Krafteinwirkung seitens des Stempels und auch der Matrize ist nicht gleichmäßig auf die ganze Kreisringbreite verteilt. Diese Kräfte können mit Hilfe der Kräfte F_1 und F_2 ersetzt werden.

Dementsprechend tritt beim Lochen und Ausschneiden ein Kräftepaar F_1 und F_2 in einem Abstand a voneinander entfernt auf. Durch diese Kräfte wird das Biegemoment M verursacht, wodurch das Blech gebogen und gewölbt wird. Infolge der Blechdurchbiegung entstehen Druckkräfte die auf die Stempelmantelfläche und ebenso auf die Matrizeninnenfläche wirken. In Bild 5 sind die Reaktionskräfte Q und R gezeigt. Neben den Normalkräften F_1, F_2, Q und R wirken auf die Blechwerkstoffflächen die Reibungskräfte μF_1, μF_2, μQ und μR. Die wichtigsten davon sind μR und μQ".

Lange [130] beschreibt die Einleitung der Kräfte beim Schneidvorgang auf ähnliche Art: *"Die Schneidkräfte können nicht unmittelbar an den Schneidkanten angreifen, sie werden über ungleichmäßig verteilte Druckspannungen in einem schmalen Bereich entlang der Schneidkanten in das Werkstück eingeleitet. Infolge des Abstandes l der Resultierenden entsteht ein Moment, das das Werkstück kippt und durchbiegt. Diesem Moment muß ein gleichgroßes Gegenmoment entgegenwirken, das sich aus den Biegespannungen im Werkstück horizontal auf die Werkzeugelemente einwirkenden Normalspannungen ergibt. Die horizontal wirkenden Normalspannungen können in den Resultierenden F_H und F'_H zusammengefaßt werden. .. Neben diesen Kräften treten Reibkräfte auf. Die horizontal wirkenden Kräfte F_H und F'_H bewirken Reibkräfte auf der Seitenfläche der Werkzeugelemente; diese Reibkräfte können als μF_H und $\mu F'_H$ angegeben werden. Die Schneidkräfte bewirken unter der Wirkung der tatsächlich auftretenden Gleitung des Werkstoffes an den Werkzeugstirnflächen Reibkräfte, die als μF_V und $\mu F'_V$ angegeben werden können. Aus bisher durchgeführten Messungen läßt sich nicht ablesen, wie sich die verschiedenen Komponenten in horizontaler und vertikaler Richtung aufteilen. Bekannt ist lediglich, wie die Gesamtkräfte F_H und F_V von den verschiedenen Veränderlichen des Schneidvorganges beeinflußt werden".*

3.3.2. RECHNERISCHE ERMITTLUNG DER SCHNITTKRAFT Fsr

E i c k h o f f [56] schreibt: *"Aus den Kräften kann bei deren Kenntnis auf zahlreiche weitere Zusammenhänge geschlossen werden. Es ist deshalb nicht verwunderlich, wenn über die Schneidkräfte im Gegensatz zu den Rückzugskräften und dem Arbeitsbedarf zahlreiche verschiedene, wenn auch unbefriedigende Aussagen vorliegen"*.

E c k s t e i n [55] berichtet: *"Ein Sichten weiteren Schrifttums hat ergeben, daß die darin aufgestellten Gesetzmäßigkeiten durchweg alle auf die von [56] E i c k h o f f angeführten Quellen zurück verfolgt werden können. Deshalb erscheint es für einen Überblick auch ausreichend, sich auf die von ihm zusammengetragenen Angaben zu beschränken"*.

E i c k h o f f [56] geht von der auf die Scherfestigkeit des Werkstoffes bezogenen allgemeinen Schnittkraftformel aus (1) und wandelt diese für das Lochen um in Formel (2) :

$$Fsr = A \cdot \tau_B \quad [N] \quad (1), \qquad Fsr = \pi \cdot d_{st} \cdot s \cdot \tau_B \quad [N] \quad (2)$$

Darin: Fsr maximale Schnittkraft, A die zu schneidende Fläche = l · s = Schnittlinienlänge · Blechdicke s in mm^2 und τ_B die Scherfestigkeit in N/mm^2. Er weist darauf hin, daß über eine Konstante C die Zugfestigkeit R_m anstelle der Scherfestigkeit in die Gleichung (2) eingesetzt werden kann, da von einem Werkstoff die Zugfestigkeit einfacher zu bestimmen ist. So gestaltete Formel (3) wird im

$$Fsr = \pi \cdot d_{st} \cdot s \cdot C \cdot R_m \quad (3)$$

Fachschrifttum oft benutzt [94], [135], [137], [229], [265], [266]. Keller [96] und Eickhoff [58] haben jedoch herausgestellt, daß die Konstante C im Schrifttum in sehr großen Grenzen angegeben wird, so daß diese Formel, wie vom Eckstein [55] ausgedrückt wird: „mit Vorsicht zu verwenden ist", um grobe Fehler zu vermeiden.

Timmerbeil [210] stellt die Gleichung auf: $Fsr = c \cdot s \cdot (1 - e/s) \cdot L_s \cdot R_m$ (4), in der ein Korrekturglied c (Bild 6), sowie ein Restquerschnitt im Augenblick des Trennbeginns vorhanden sind. Darin ist das Glied e/s die bezogene Stempeleindringtiefe zum Trennbeginn.

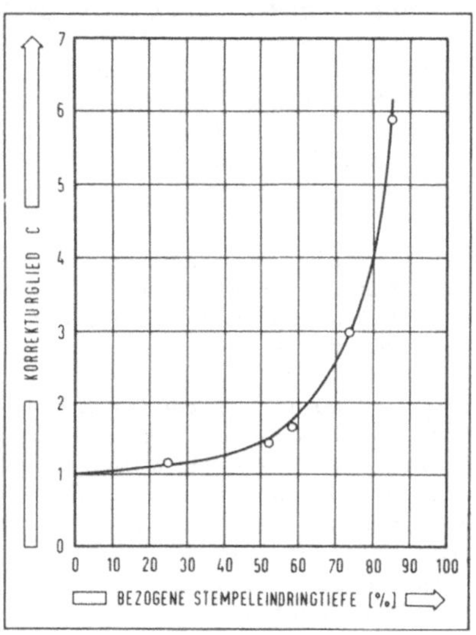

B i l d 6 Korrekturglied c für die Schnittkraftbestimmung in Abhängigkeit von der bezogenen Stempeleindringtiefe. Timmerbeil [210]

Kienzle [104] stellt die Formel auf:

$$Frs = q \cdot \pi \cdot d \cdot s \cdot \tau_B - 11{,}8 \cdot u/s \cdot 100 \quad (5)$$

und Romanowski [181] benutzt für das Lochen: $Fsr = d \cdot \pi \cdot s \cdot \tau_{aB}$ (6).

Guidi [75] geht von der Ähnlichkeit zwischen dem Zugversuch und dem Schneidvorgang aus und setzt $R_m = k'_s$ ein, wobei k'_s dem Schneidwiderstand beim Schnittkraftmaximum entspricht. Die maximale Schnittkraft wird dann:

$$Fsr_{max} = l_s \cdot s \cdot (1 - \frac{t'}{s}) \cdot R_m \quad (7).$$

Darin sind:

k'_s Schneidwiderstand beim Schnittkraftmaximum (N/mm^2)

t' Stempeleindringtiefe beim Schnittkraftmaximum (mm)

R_m Zugfestigkeit (N/mm^2)

Das Produkt $(1 - \frac{t'}{s}) \cdot R_m$ ist der auf den vollen Scherquerschnitt bezogene Schneidwiderstand.

Der Faktor $(1 - \frac{t'}{s})$ strebt gegen 1, wenn die Stempeleindringtiefe beim Schnittkraftmaximum gering ist (spröde Werkstoffe), womit der Schneidwiderstand ungefähr der Zugfestigkeit entspricht. Er wird aber umso kleiner, je größer die Stempeleindringtiefe beim Schnittkraftmaximum ist (weiche Werkstoffe).

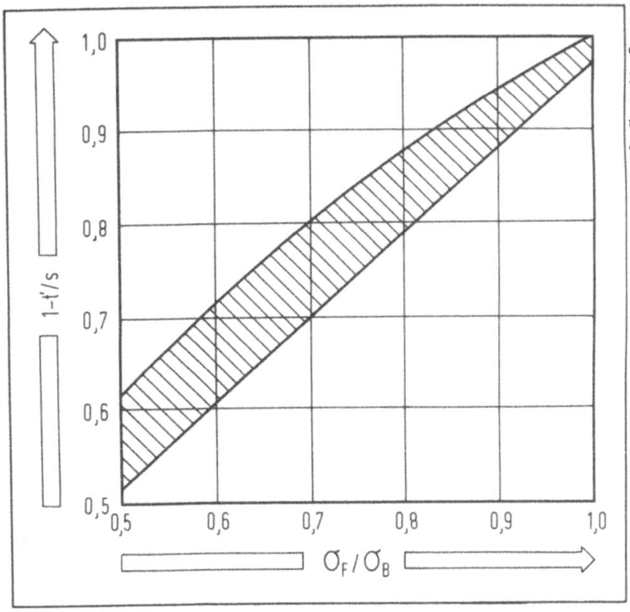

B i l d 7
Richtwerte für den Faktor $(1 - \frac{t'}{s})$ zur Berechnung des Schnittkraftmaximums nach Gleichung (7), bezogen auf das Verhältnis von Streckgrenze zu Zugfestigkeit

Guidi [75]

Stromberger und Pfaff [203] geben folgende Formel an:

$$Fsr = \pi \cdot d_{st} \cdot s \cdot R_m \cdot c \qquad (8)$$

wobei „c" den Quotient k_s/R_m darstellt.

Lueg und Rossié [134] empfehlen die Formel:

$$Fsr = 1{,}1 \cdot d_{st} \cdot \pi \cdot s \cdot R_m \cdot (a - 0{,}038 \cdot u) \qquad (9)$$

mit dem Korrekturfaktor a = 0,578 - 0,630.

Zünkler [226] gibt für die Bestimmung der momentanen Schnittkraft folgende Formel an:

$$Fsr = l \cdot h \cdot \xi \cdot \eta \cdot \upsilon \cdot \frac{a}{h} \cdot (\ln \frac{s}{h})^n \qquad (10)$$

worin: a - Werkstoffkennwert
n - Verfestigungsexponent
s - Blechdicke
l - Länge der Trennlinie
h - Höhe des momentanen Scherquerschnittes
ξ - Korrekturfaktor zur Berücksichtigung des Spannungszustandes
η - Korrekturfaktor zur Berücksichtigung des Umformgeschwindigkeits-Einflusses
υ - Korrekturfaktor zur Berücksichtigung der Reibung

Die meisten dieser Formeln haben einen linearen Aufbau und unterscheiden sich lediglich durch additive Glieder oder multiplikative Konstanten von den Gleichungen (1), (2) und (3). Die Autoren versuchen durch verschiedene Korrekturglieder eine Annährung an die tatsächlichen Zustände und Verhältnisse zu finden, aber allgemein gesehen, stellen diese Formeln mehr oder weniger genauere Möglichkeiten für die Ermittlung der Schnittkraft Fsr dar, so daß sie zwar brauchbare Faustformeln darstellen, aber ihre Genauigkeit von verschiedenen Faktoren abhängig ist.

3.3.3. SEITENKRÄFTE BEIM LOCHEN

Beim Lochen treten infolge der beim Schneidvorgang auftretenden Biegemomente und Reibungskräfte Seitenkräfte auf, die [130] senkrecht zur Schneidrichtung wirken. Diese Kräfte müssen bei der Konstruktion der Schnittwerkzeuge berücksichtigt werden, da sie für die Bemessung der Schnittplattenstege maßgebend sind. Wirken in einem Folgeschnittwerkzeug [107] Stempel mit kleinem und auch großem Querschnitt zusammen, so können die Seitenkräfte der Stempel mit dem großen Querschnitt die mit dem kleinen Querschnitt stark gefährden. In Bild 8 (nach Kienzle und Jordan) sind die Kraftverhältnisse und die dabei seitlich wirkenden Kräfte dargestellt.

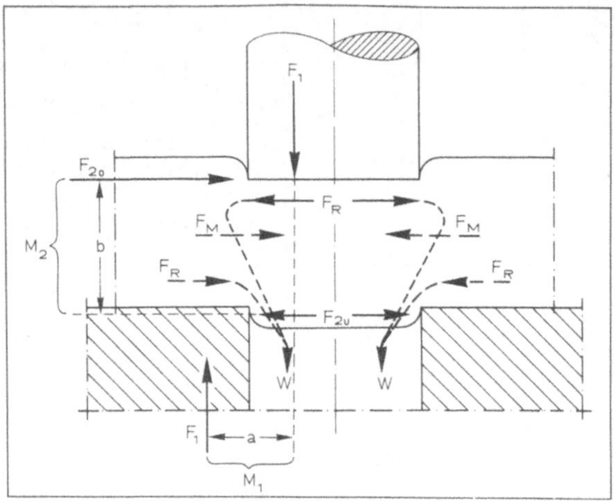

Bild 8

F_1 - Hauptschnittkraft
F_{2o} - Seitenkraft am Stempel
F_{2u} - Seitenkraft an der Schnittplatte
F_R - Reibungskräfte
F_M - Radialkräfte
M_1 - Hauptkraftmoment
M_2 - Seitenkraftmoment
W - Werkstofffluß

Kräftebild des Lochstanzens
Kienzle/Jordan [107]

Die seitlich wirkenden Kräfte können folgende Ursachen haben [107]:

1. Durch das Hauptkraftmoment M_1 wird ein Seitenkraftmoment M_2 erzeugt.
2. Bei der Verformung wirken Reibungskräfte F_R an den Schnittkanten der Matrize nach innen, an den Kanten des Stempels nach außen. Die Druck- und Zugkräfte heben sich während des Schneidvorganges zum Teil auf; die Zugkräfte sind zeitweise sogar größer als die Druckkräfte.
3. Bei einer geschlossenen Schnittlinie treten Tangential- und Radialspannungen auf, die den gelochten Blechring mit Radialkräften F_M nach Art einer Presspassung am Stempel halten [211].

Untersuchungen von Ballhausen und Moers [9] sowie Kondo [118] haben einen anders gearteten Verlauf gezeigt. Demnach weisen die Seitenkräfte einen ähnlichen Verlauf längs des Schneidweges wie die Schneidkraft.

Die Angaben über das Verhältnis Seitenkraft/Schneidkraft [130] schwanken zwischen 0,02 und 0,2. Eindeutige Aussagen über die Abhängigkeit von der Dicke und Festigkeit des Blechwerkstoffes und dem Schneidspalt können nach den wenigen vorliegenden Untersuchungsergebnissen nicht gemacht werden.

Ballhausen und Moers [9] schreiben: *„In Abhängigkeit von der Zeit betrachtet weisen Haupt- und Seitenkraft einen ähnlichen Verlauf auf. Bei sehr kleinen Schneidspalten erreichen sie zur gleichen Zeit den Höchstwert, während bei größeren Spalten der Größtwert der Seitenkraft um ein geringes gegenüber dem der Hauptkraft verschoben ist"* und: *„Auch bei größeren Schneidspalten und größeren Schneidenabrundungen wird die Seitenkraft im Verhältnis zur Schnittkraft selbst bei harten und gleichzeitig zähen Werkstoffen nicht größer als 30%.... Der Tiefstwert liegt mit 3% bei Reinaluminium und Hartpapier.... Im übrigen stimmen die Versuchsergebnisse gut mit den von Kienzle und Jordan beim geschlossenen Schnitt erzielten überein".*

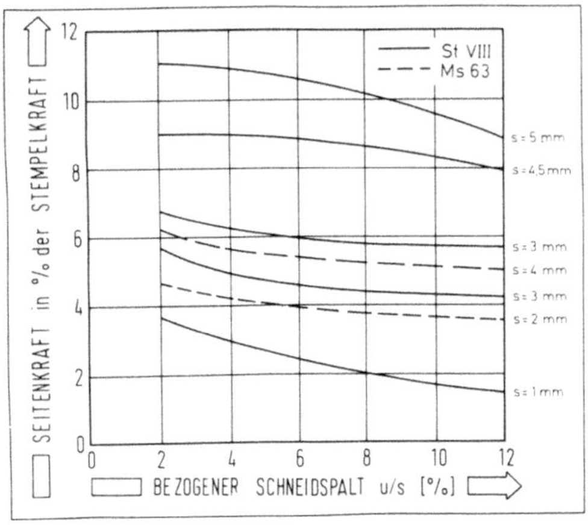

Nach Kienzle und Jordan [107]:

SEITENKRAFT AM S T E M P E L Fqst

"Das Seitenkraftverhältnis wächst mit größerer Blechdicke an. Bei sich vergrößerndem Schneidspalt verringert sich dagegen das Seitenkraftverhältnis am Stempel. Bei größeren Stempeldurchmessern ist zu erwarten, daß die Seitenkraftverhältnisse kleiner werden, da die Tangentialspannungen im gelochten Teil und mit ihnen die Radialkräfte geringer werden; bei kleineren Stempeldurchmessern tritt das Umgekehrte ein".

B i l d 9

Seitenkraftverhältnis am Stempel bei verschiedenen Blechdicken [107]

SEITENKRAFT AN DER S C H N I T T P L A T T E Fqsp

"An der Schnittplatte muß zwischen dem Zug- und Druckanteil der Seitenkraft unterschieden werden. Während die Zugbelastung mit größer werdendem Schnittspalt abnimmt, wächst der wirkende Druck. Mit größer werdender Blechdicke wird das Seitenkraftverhältnis allgemein kleiner, bei dünnen Blechen tritt jedoch ausschließlich Zug auf. Dabei ist zu beachten, daß es sich hier um die jeweiligen Größtwerte der Verhältnisse zwischen Zugkraft und Hauptschnittkraft bzw. zwischen Druckkraft und Hauptschnittkraft handelt, die für den Bau des Werkzeuges maßgebend sind. Diese Größtwerte treten indes nicht gleichzeitig auf".

"Diese Seitenkräfte sind wesentlich kleiner als im allgemeinen angenommen wird. Doch sollte man sich durch die kleinen Von-Hundert-Zahlen nicht täuschen lassen; es handelt sich immer noch um beträchtliche Werte.

Schließlich bliebe noch der Einfluß zu erwähnen, den Bleche mit verschiedener Festigkeit auf die Seitenkraft ausüben. In Bild 9 und 10 sind die Unterschiede zwischen einem Stahlblech aus St VIII und einem Messingblech aus Ms 63 ersichtlich. Allgemein läßt sich sagen, daß bei härterem Material die Seitenkraft im Verhältnis kleiner wird, während weicher Werkstoff auf Grund seiner größeren Verformbarkeit die Seitenkraft erhöht und an der Schnittplatte lediglich eine „Zugbeanspruchung" hervorruft".

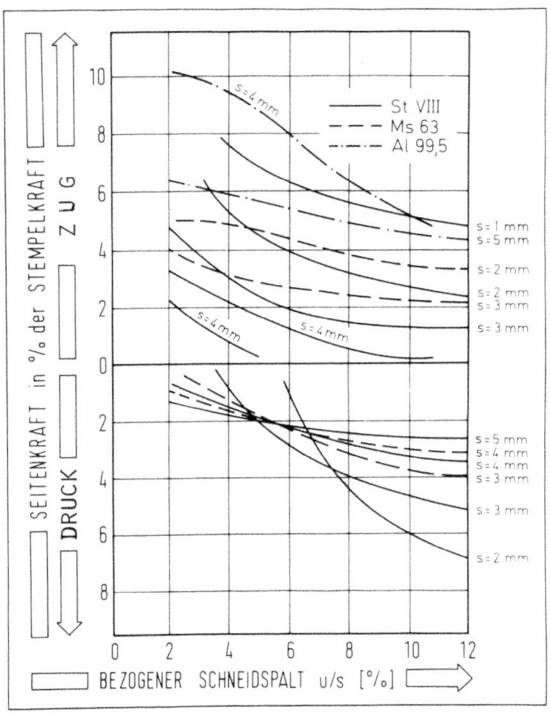

B i l d 10

Seitenkraftverhältnis an der Schnittplatte bei verschiedenen Blechdicken s [107]

Zöphel [224] untersuchte die Abhängigkeit der Querkraft von der Blechdicke und -qualität.

3.3.4. S C H N E I D A R B E I T Ws

Für die Wahl der Presse ist neben der Kenntnis der Schnittkraft Fs auch die Kenntnis der zum Lochen notwendigen Schneidarbeit Ws von ausschlaggebender Bedeutung. Mit dem Problem der Schneidarbeit Ws befassen sich eingehend folgende Werke bzw. Beiträge: [6] [42] [43] [56] [115] [120] [122] [130] [169] [181] [202] und [210].

Eickhoff [56] hat festgestellt, daß die bezogene Schneidarbeit Ws, wie auch die Schnittkraft Fsv mit zunehmendem Stempeldurchmesser zunimmt. Krämer [120] gibt den Hinweis, daß bei einem Vergleich die von verschiedenen Autoren ermittelte bezogene Schneidarbeit Ws als Funktion der Werkzeugabmessungen betrachtet werden muß. Krämer [120] und Eickhoff [56] stellen fest, daß eine deutliche Zunahme der bezogenen Schneidarbeit mit der Blechdicke s, die allerdings nicht linear verläuft, verzeichnet wird.

Zum Berechnen der Schneidarbeit Ws wird meistens die Beziehung $Ws = m \cdot Fs \cdot s$ herangezogen, wobei der Faktor „m" mit 0,6 angesetzt wird. Andere Einflußfaktoren werden dabei nicht berücksichtigt.

Romanowski [181 und 258] berücksichtigt die Werkstoffart, Zugfestigkeit Rm und Blechdicke s in der Formel

$$Ws = x \cdot Fsr \cdot s$$

Für die Einschätzung der Werte „x" ist es wichtig zu beachten, daß dabei die Schnittkraft Fsr aus der Beziehung

$$Fsr = 0{,}8 \ldots 0{,}86 \cdot R_m \cdot 1 \cdot s$$

errechnet wird.

Krämer [120] hat anhand der durchgeführten Versuche (Bild 11) die Werte für Ws/Fs über der Blechdicke s mit dem bezogenen Schneidspalt u/s als weiteren Parameter aufgetragen. Im Bereich u/s = 0,01 bis 0,1 sind auch die Abweichungen, die sich durch die unterschiedlichen Festigkeitswerte ergeben berücksichtigt.

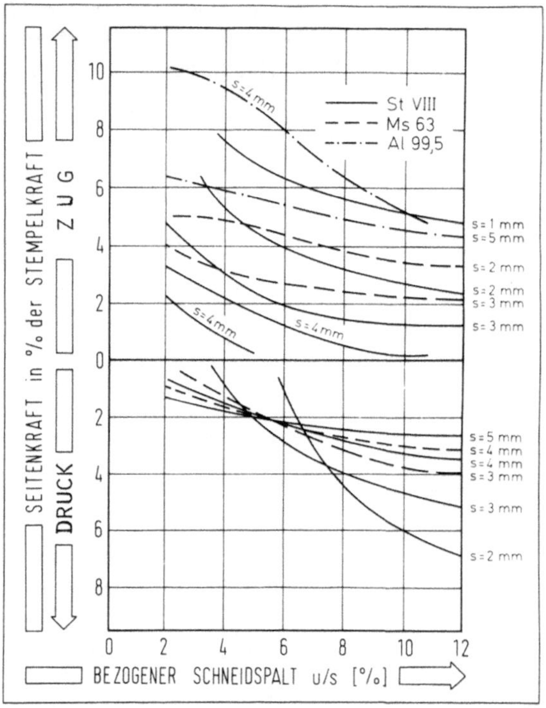

B i l d 11

Faktor x, abhängig von der Blechdicke s, für k_s = 250 - 350 N/mm^2 (untere Darstellung) und für k_s = 350 - 500 N/mm^2

Krämer [120] und Lange [130]

3.4. SPANNUNGSZUSTAND AN DEN SCHNEIDKANTEN BEIM LOCHEN

Stromberger und Thomsen [204] sind bei ihren Untersuchungen der Vorgänge beim Lochen von einem dreiachsigen Spannungszustand (Bild 12) ausgegangen. Sie haben nachgewiesen, daß es mit genügender Sicherheit ausreicht, die plastische Verformung im Werkstoff mit Hilfe der Schubspannungshypothese [189] zu betrachten, da sie die Hauptdruck- und Hauptzugspannungen berücksichtigt, nicht wie die Gestaltänderungsenergiehypothese, die alle drei Hauptspannungen zu Grunde legt. Das Gesamtspannungsverhalten an der Schneidkante, das sich zusammensetzt aus einem Druck- und einem Zuganteil, kann für den Orthogonalschnitt, d.h. zweiachsigen Spannungszustand erklärt werden. Für einen normalen Baustahl ist eine Veranschaulichung dieser Hypothese in Form einer qualitativen Darstellung nach Seibel [189] und Mohr [159] in Bild 13 dargestellt.

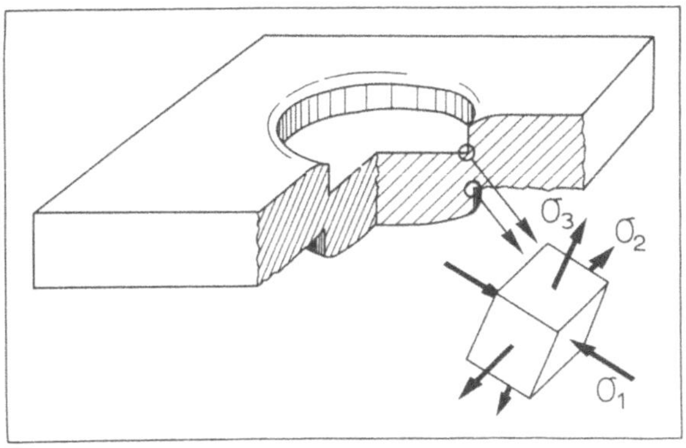

Bild 12

Spannungszustand an den Schneidkanten von Stempel und Matrize vor der Rißbildung

σ_1 - Hauptspannung

σ_2 - tangentiale Zugspannung

σ_3 - Hauptzugspannung

Stromberger/Thomsen [204]

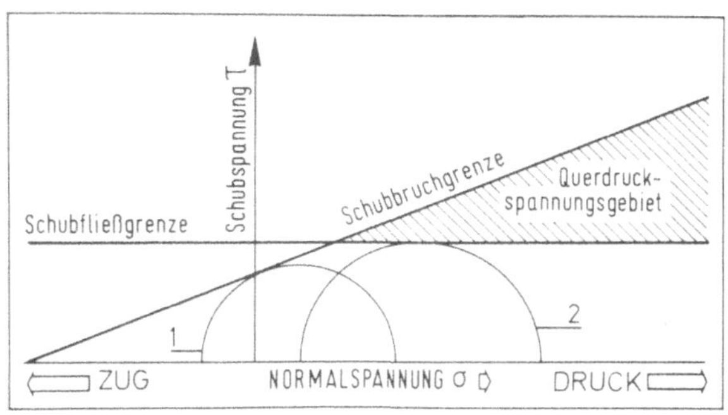

Bild 13

Darstellung der Schubspannungshypothese
1 - Spannungskreis tangiert die Schubbruchgrenze (herkömmliches Lochen)
2 - Spannungskreis tangiert die Schubfließgrenze (Feinstanzen)

Mohr [159] und Seibel [189]

Eckstein [55] schreibt: *"Es ist an dieser Stelle notwendig in aller Klarheit darauf hinzuweisen, daß die Verwendung einer solchen Hypothese in Verbindung mit dem Mohrschen Spannungskreis bis heute nur erst ein gedanklich funktionierendes, wohlbemerkt qualitatives Hilfsmittel ist, um die zu betrachtenden komplexen Vorgänge deuten zu können. Und zwar werden Betrachtungen auf dieser Basis so lange qualitativ bleiben und keine quantitative Aussagekraft haben, solange das für einen „stationären Zustand" zu verstehende statische Modell der Schubspannungshypothese nicht auf einen dynamischen Vorgang, wie er bei trennenden Verfahren tatsächlich vorliegt, bezogen bzw. erweitert werden kann. Da bei Vorgängen der Trenntechnik die Zahl solcher, das plastizitätsmechanische Verhalten beeinflussenden Faktoren noch nicht einzeln in ihren Wirkungen betrachtet werden können, bleibt die Schubspannungshypothese zwar immerhin ein anschaulich brauchbares, vorerst aber nur qualitatives Modell".*

Stromberger und Thomsen [204] haben nachgewiesen, daß die Anschnittzone in dem Augenblick in die Bruchzone übergeht, wenn die maximale Schubspannung, infolge des größeren Zugspannungsanteils, die Schubbruchgrenze anstelle der Schubfließgrenze erreicht, was in Bild 13 [159 und 189] dargestellt ist.

Jahke, Retzke und Weber [91] schreiben: *"Die experimentelle Bestimmung der Bruchschubspannung bereitet erhebliche Schwierigkeiten, da es schwer ist, über den gesamten Versuchsablauf die notwendige gleichmäßige mittlere Haupt-*

Bild 14
Spannungen beim Lochvorgang
Timmerbeil [210]

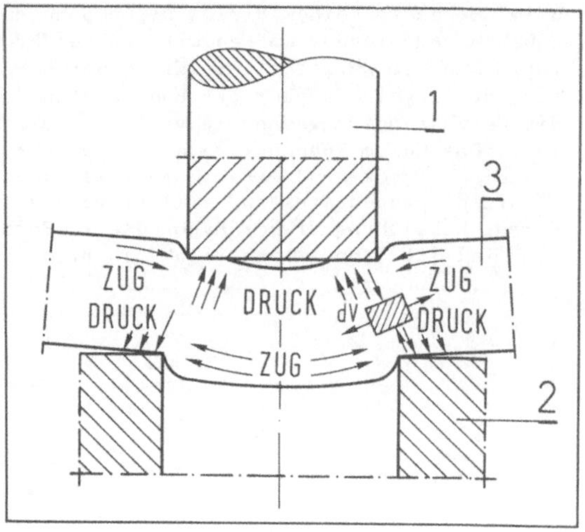

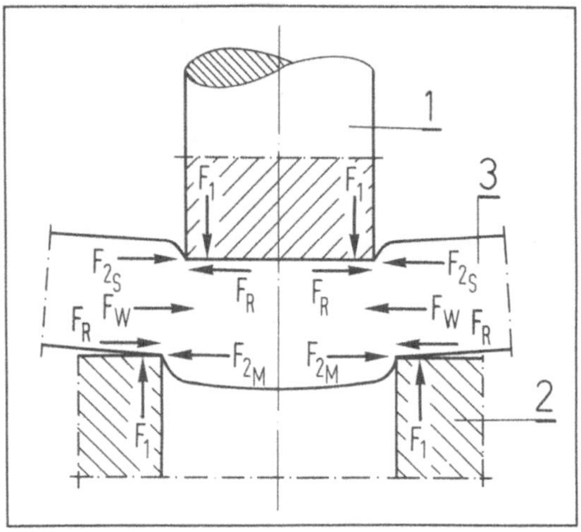

Bild 15
Kräfte beim Lochvorgang
Timmerbeil [210]

normalspannung aufzubringen.
Anhand von Bild 14 und Bild 15 sollen die beim Schneidvorgang auftretenden Spannungen betrachtet werden. Die Streckung der Randfasern erfolgt durch Zugspannungen (Bild 15), die aus der Gleitbewegung infolge der Kräfte F_2 (F_{2S} und F_{2M}) resultieren [107]. Die an der Stirnfläche des Stempels und an der Oberseite der Schneidplatte auftretenden Reibkräfte F_R führen gemeinsam mit der Zugbeanspruchung in den Randfasern zu Zonen behinderten Stofflisses und somit zur Schnittrundung am Werkstück. Bis zum Erreichen der maximalen Eindringtiefe steigen die Schneidkräfte F_1 und F_2, und die Schubspannung nimmt zu. In Umfangsrichtung treten dabei in der Schnittzone tangentiale Zugspannungen und in radialer Richtung Druckspannungen infolge der Kraftkomponente F_W auf. Die Druckspannungsverteilung an den Schneidkanten ist in Bild 17 [7] und [210] dargestellt. Hierbei zeigt sich, daß die Linien größter Schub- und Druckspannungen von den Schneiden des Stempels schräg nach außen und von denen der Schneidplatte schräg nach innen verlaufen".

3.4.1. SPANNUNGSOPTISCHE UNTERSUCHUNGEN DES SPANNUNGSZUSTANDES BEIM LOCHEN

Mit Hilfe eines spannungsoptischen Werkstoffes und einer entsprechenden Versuchsanlage, die aus einer Lichtquelle, zwei Polarisationsfiltern, zwei Viertelwellenplatten und einer Belastungseinrichtung besteht, lassen sich Zustände, die beim Lochen herrschen, simulieren. Damit läßt sich z.B. die Richtung der maximalen Schubspannung beim Lochen feststellen.

Hojo [85], Meyer [149] und Timmerbeil [210] setzten diese Methode ein. Das von Meyer [149] mit dieser Methode ermittelte Ergebnis zeigte eine Übereinstimmung mit dem bereits von Bach [6] rechnerisch, allerdings nur für einen elastischen Spannungs-Verzerrungszustand, ermittelte Resultat. Die anhand von Isochromatenaufnahmen eines Modells ermittelte Spannungsverteilung ist in Bild 16 [85] dargestellt (s.a. Bild 18-2o).

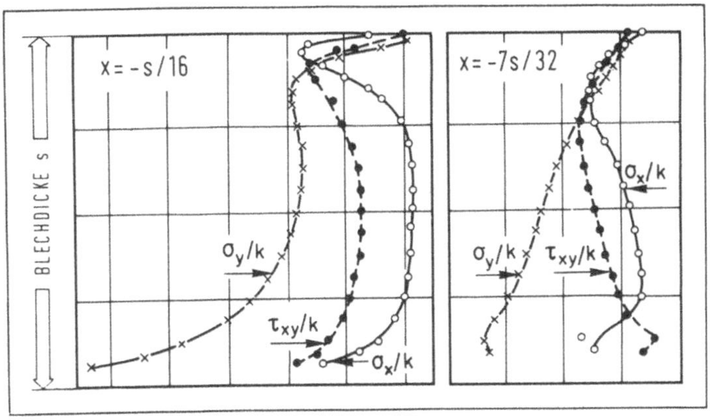

Bild 16

Anhand von Isochromatenaufnahmen ermittelte Spannungsverteilung im Blech

Hojo [85]

Meyer [149] berichtet: *"Die beim Schneiden von Blech für die Verformungsvorgänge in der Schneidzone maßgebenden Schubspannungen können durch die spannungsoptischen Untersuchungen unmittelbar abgelesen werden. Insbesondere der Verlauf der Spannungsrichtungen und ihre Beeinflussung durch unterschiedliche Blechhalter- und Gegenhalterkräfte und verschiedene Schneidspalte können ohne Umrechnung dem Spannungsbild entnommen werden. Die Richtung der Hauptspannungen läßt sich aus Isoklinenaufnahmen ermitteln"*.

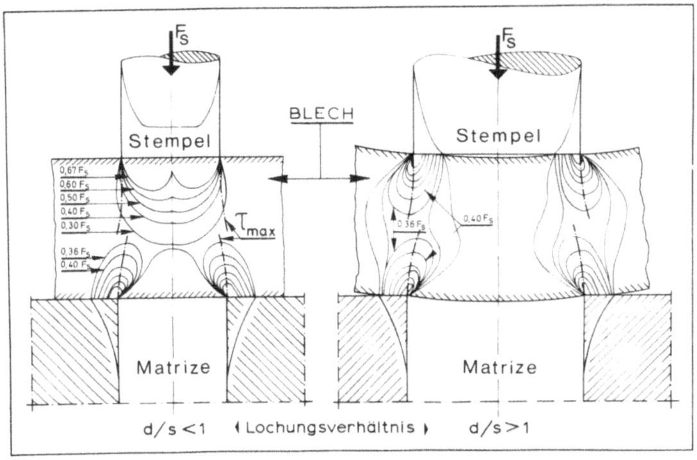

Bild 17

Spannungszustand im Blech

links: bei Kleinlochung

rechts: bei Großlochung

Bach [6]

Lange [130] führt aus: *"Die spannungsoptischen Untersuchungen wurden bis jetzt aus Mangel an einem geeigneten Modellwerkstoff für Untersuchungen im plastischen Bereich nur im elastischen Zustand des Modells durchgeführt"*.

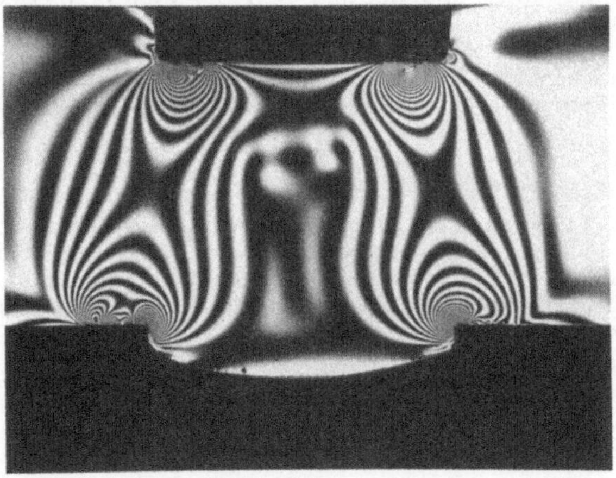

Bild 18a

Stempeleindringtiefe t = 20% von s

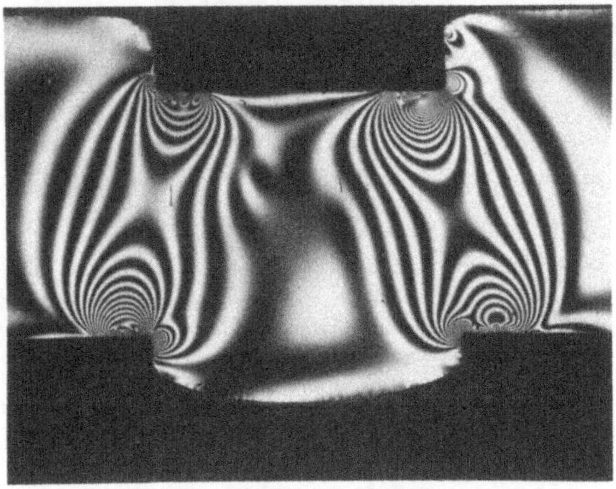

Bild 18b

Stempeleindringtiefe t = 25% von s

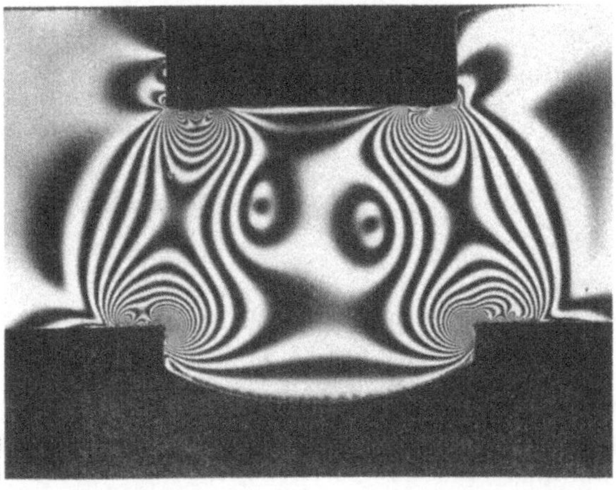

Bild 18c

Stempeleindringtiefe t = 30% von s

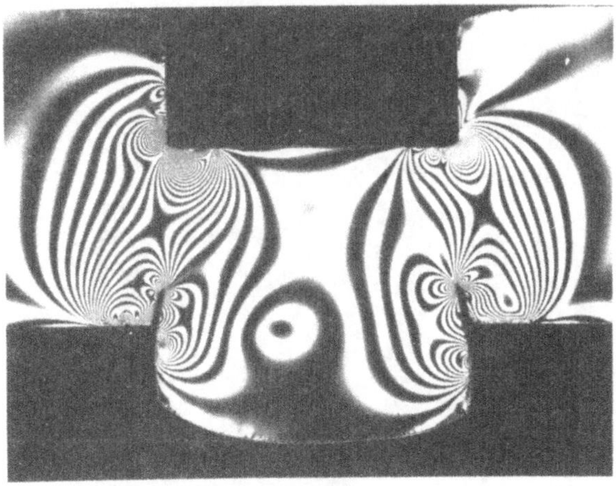

B i l d 18d

Stempeleindringtiefe t = 40% von s

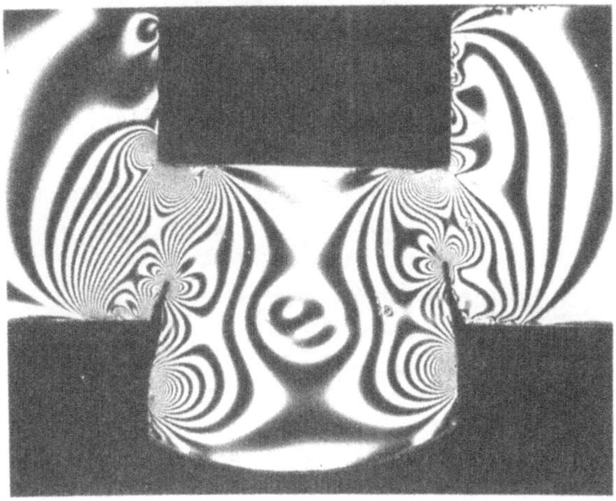

B i l d 18e

Stempeleindringtiefe t = 50% von s

B i l d 18f

Stempeleindringtiefe t = 60% von s

B i l d 18a bis 18f

Spannungsverteilung in gelochtem Blech bei verschiedenen Stempeleindringtiefen mit Hilfe der Spannungsoptik sichtbar gemacht.

Blechdicke s = 4 mm
Stempeldurchmesser d = 3,5 mm
Lochungsverhältnis Lv = 0,87

Matuszewski [146]

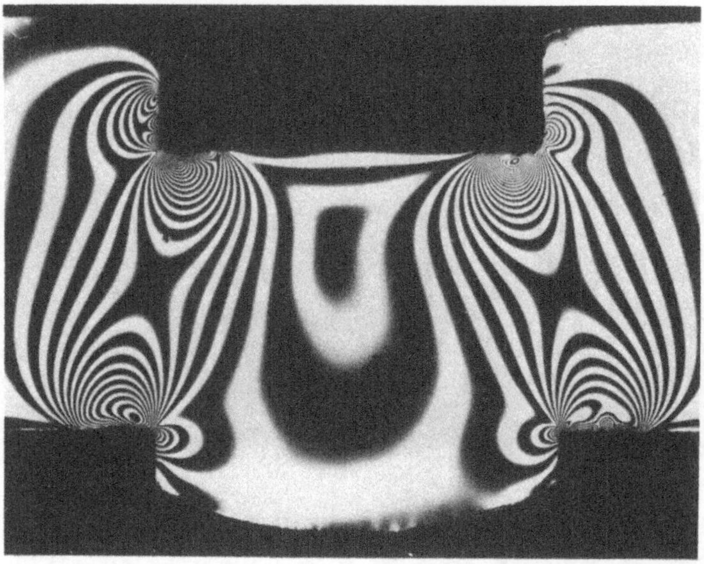

B i l d 19 Spannungsverteilung im Blech mit zusätzlich simulierten Seitenkräften Matuszewski [146]

B i l d 2o Spannungsverteilung im Blech, Stempel und Matrize Matuszewski [146]

3.5. RÜCKZUGSKRAFT BEIM LOCHEN VON BLECHEN - Allgemein

Das Entstehen der Rückzugskraft beim Lochen von Blechen erklärt Dies [49] wie folgt: *"In dem Augenblick, in dem der Stempel nach der Fasertrennung den Lochbutzen durch den Werkstoff treibt, tritt in der Grenzzone zwischen Stempel und Werkstück eine plastische Verformung der Schnittzone ein, und es wird eine große Anzahl kleinster Werkstoffteilchen in die Lochwände eingepreßt. Durch diese Vorgänge steht der Stempel nunmehr unter einer seitlichen Pressung, die sich beim Herausziehen bemerkbar macht"*. Kienzle, Timmerbeil und Jordan [109] führen aus: *"Beim Lochen bzw. Ausschneiden von Blechteilen preßt sich das den Stempel umgebende Blech fest auf den Schnittstempel und bildet mit ihm zeitweise eine Preßpassung. ..Dabei wirkt auf den Stempel eine Rückzugskraft, die im Verhältnis zur Schnittkraft zwar gering ist, deren Kenntnis aber verschiedentlich benötigt wird"*. Die dabei aufzubringenden Kräfte können nach den bisher bekannten rechnerischen Methoden nicht genügend genau berechnet werden. Die rechnerischen Methoden sind aufgestellt in Kap. 3.24.2 auf Seite 68.

Dagegen wurden viele verschiedene Untersuchungen durchgeführt, um die Zusammenhänge und Einflußfaktoren, die die Größe der Rückzugskraft beim Lochen bestimmen, zu ermitteln. Die Ergebnisse sind in Beiträgen und Dissertationen [38], [40], [42], [43], [44], [45], [46], [48], [49], [50], [56], [57], [58], [66], [68], [69], [93], [96], [99], [104], [105], [109], [112], [120], [121], [122], [125], [126], [127], [131], [140], [141], [162], [164], [175], [178], [180], [195], [196], [198], [200], [202], [205], [206], [207], [208], [210], [211], [216], [223] veröffentlicht worden.

3.5.1. EINFLUSSFAKTOREN AUF DIE GRÖSSE DER RÜCKZUGSKRAFT

Die Größe der beim Lochen von Blechen auf den Stempel wirkenden Rückzugskraft hängt von folgenden Faktoren ab (anhand der Veröffentlichungen):

1. Zugfestigkeit des Blechwerkstoffes
2. Härte des Blechwerkstoffes
3. Streckgrenze des Blechwerkstoffes
4. Scherfestigkeit des Blechwerkstoffes
5. Rückfederung des Blechwerkstoffes
6. Blechdicke
7. Stempeldurchmesser
8. Beschaffenheit der Stempelmanteloberfläche
9. Größe der Seitenkräfte am Stempel
10. Verschleiß der Stempelmantelfläche
11. Verschweißneigung der gepaarten Werkzeug-Werkstück - Werkstoffe
12. Reibung zwischen Stempelmantelfläche und der Lochwand
13. Auf- und Abbau der Aufschweißungen
14. Größe der Abstreiferbohrung
15. Stempelzahl im Werkzeug und ihr Abstand zueinander
16. Anzahl der ausgeführten Lochungen
17. Schneidspaltgröße
18. Lochungsverhältnis Lv = d/s
19. Stegbreite
20. Randbreite

3.5.2. EINFLUSS DES BLECHWERKSTOFFES AUF DIE RÜCKZUGSKRAFT Fr

Der Blechwerkstoff, seine Zusammensetzung und Eigenschaften, üben einen wesentlichen Einfluß auf die Größe der Rückzugskraft aus. Kretschmer [127] sagt dazu aus: *"Mit zunehmender Zugfestigkeit des zu schneidenden Werkstückwerkstoffes nimmt die Anschnittiefe ab, die sich mit größer werdendem Schneidspalt zusätzlich noch verkleinert. Aus diesen Überlegungen heraus ergeben sich zwei wichtige Erkenntnisse:*

- *mit zunehmender Streckgrenze des zu schneidenden Werkstückwerkstoffes steigt die Fugenpressung und somit die Rückzugskraft.*
- *mit zunehmender Zugfestigkeit des zu schneidenden Werkstückwerkstoffes verringert sich die Anschnittiefe und somit die Rückzugskraft".*

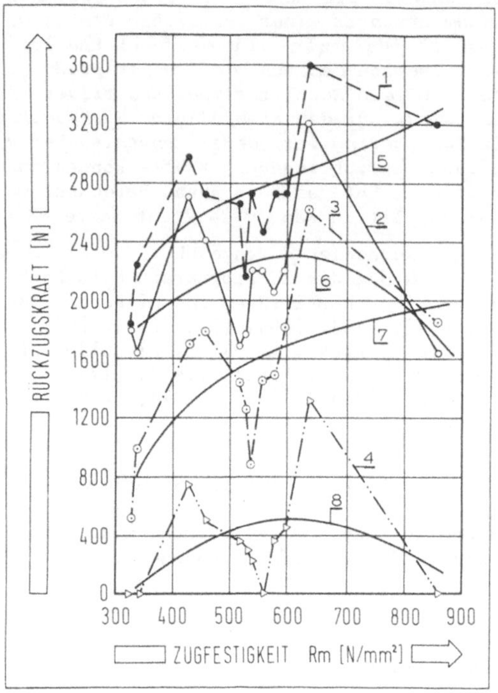

Bild 21

Rückzugskraft als Funktion der Zugfestigkeit

1 - u = 0,00 mm
2 - u = 0,03 mm
3 - u = 0,07 mm
4 - u = 0,27 mm
5-8 angeglichene Computerkurven

Kretschmer [127]

Diese Aussagen bilden bei Kretschmer die Basis zur Erstellung einer Gleichung zur mathematischen Ermittlung der Rückzugskraft Frr.

Stöferle und Theimert [198] weisen auf den Einfluß der Werkstoffestigkeit hin. Sie schreiben: *"Für die verschiedenen Werkstoffe zeigen die Rückzugskräfte eine deutlich unterschiedliche Tendenz und zwar nehmen sie bei dicken Blechen mit wachsender Werkstoffestigkeit ab, bei dünnen dagegen zu".*

Dies [42] weist auf den Einfluß der Werkstoffeigenschaften auf die Rückzugskraft Frv hin. Er schreibt: *"Das Aufzeichnen der aus den Protokollen ermittelten Prozentwerte der Rückzugskraft über die Härte HB der untersuchten Materialien macht den Einfluß des Materials auf die Größe der Rückzugskraft deutlich. Sieht man von den teilweise sehr erheblichen Streuungen der Meßwerte ab, so zeigt sich, daß die Rückzugskräfte mit zunehmender Härte sehr rasch abnehmen. Damit erweist sich, daß die Rückzugskraft vom k_S-Wert des zu lochenden Materials unabhängig ist".*

Eickhoff [56] führt aus: *"Die Werkstoffestigkeit, insbesondere die Scherfestigkeit, hängt eng mit der Größe der Rückzugskraft zusammen".*

Stromberger und Pfaff [2o3] schreiben: *"Die Rückzugskräfte sind bekanntlich bedingt durch die Elastizität des Werkstoffs, der beim Lochvorgang vom Stempel radial nach außen gedrückt wird und diesen mit einer Rückfederungskraft umklammert. Durch Reibungswirkung erzeugt die Rückfederungskraft eine in Richtung der Stempelachse wirkende Kraft, die dem Herausziehen des Stempels aus dem hergestellten Loch entgegenwirkt".*

3.5.3. LOCHUNGSVERHÄLTNIS Lv = Stempeldurchmesser / Blechdicke

Der Begriff „LOCHUNGSVERHÄLTNIS Lv" (jedoch als Lv = s/d) ist von Reichel und Katz [180] definiert und ausfürlich beschrieben worden. Viele Autoren sind auf Lv = d/s übergegangen, so daß für die „Großlochung" Werte gelten, die größer als 1 sind. Für den Begriff „Großlochung" wird somit ein größerer Wert und für den Begriff „Kleinlochung" ein kleinerer Wert verwendet und dadurch eine Anpassung der Werte und Begriffe erreicht.

Nach Reichel und Katz [180] zitiert (jedoch Lv = s/d im Text in Lv = d/s umgewandelt): *"Von der Werkstoffmechanischen Seite aus betrachtet, besteht in der Literatur wie von Seiten der Stempelhersteller die Ansicht, daß zur Kennzeichnung einer Lochungsart das Lochungsverhältnis d/s = 1 die Scheide bzw. „Grenzlochung" wäre, von der aus sich bei einem Verhältnis d/s > 1 die „Großlochung" und bei d/s < 1 die „Kleinlochung"erstreckt (Bild 22)".*

EIGENSTEIFIGKEIT DES LOCH-BUTZENS	NIEDRIG	AUSGEGLICHEN	HOCH
BLECH s, LOCH d	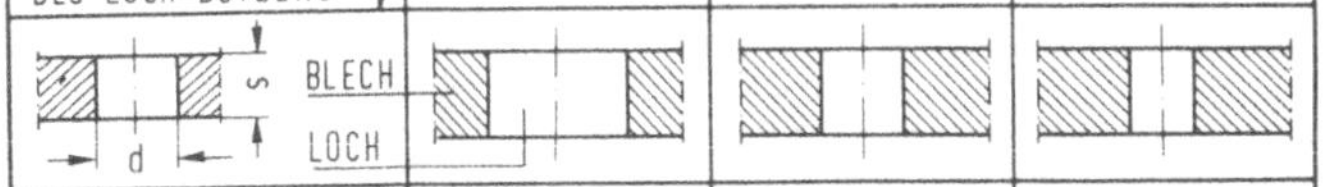		
LOCHUNGSVERHÄLTNIS	d/s > 1	d/s = 1	d/s < 1
LOCHUNGSART	GROSSLOCHUNG	GRENZLOCHUNG	KLEINLOCHUNG
LOCHUNGSVORGANG	VERKLEMMENDER	ABSCHERENDER	ABQUETSCHENDER

Bild 22

Begriffe der Lochungsarten

Reichel/Katz [180], jedoch anstatt s/d ist d/s aufgeführt.

"Im übertragenen Sinne kann man auch bei der Kleinlochung - mit Verkleinerung des Lochdurchmessers bzw. Lochradius - von einer erhöhten Eigensteifigkeit des Lochsystems sprechen insofern, als das zu lochende Blechteil sich unter der Stempelkraft weniger durchbiegt und hierdurch der dünnere Stempel gleichmäßiger über den gesamten Querschnitt belastet wird als umgekehrt bei der Großlochung mit vergrößerter Durchwölbung des Blechteiles und daher ungleicher Belastungsverteilung der Stempelstirnfläche. Entsprechend der mehr oder weniger erfolgten Auswölbung wird sich auch der Loch-Butzen beim Stanzvorgang verschieden verhalten. Während der Butzen bei der Großlochung (d/s > 1) durch seine Durchbiegung eine verklemmende Wirkung während des Lochens hervorruft, fällt nach der Grenzlochungsseite (d/s = 1) zu mit ausgeglichener Eigensteifigkeit des Butzens derselbe unter einem reinen Abscheren näherkommende Bedingungen an. Bei der Kleinlochung (d/s < 1) kommt zur Eigensteifigkeitserhöhung noch das zunehmende Lochleibungsverhältnis (L_l) = Lochwandungsfläche(F_l) /Stempelquerschnitt (F_{St}) gegenüber der Großlochung hinzu, das beim Lochvorgang mit einer entsprechend erhöhten Lochleibungsreibung verbunden sein wird. Der Butzen bei der ausgeprägten Kleinlochung wird somit mehr in die Schnittplattenöffnung hineingedrückt bzw. aus dem Loch herausgequetscht [51] dann abgeschert, jedoch schon gar nicht verklemmt".

3.5.4. RÜCKZUGSKRAFT IN ABHÄNGIGKEIT VOM LOCHUNGSVERHÄLTNIS Lv

Stromberger und Pfaff [203] schreiben: *„Das beträchtliche Ansteigen der bezogenen Rückzugskraft bei Verkleinerung des Lochungsverhältnisses deutet darauf hin, daß der von der Lochwand auf den Stempel ausgeübte Druck ansteigt und somit auch verstärkte Aufschweißungen hervorruft. Eine Erhöhung der Druckkraft zwischen Lochwand und Stempelmantelfläche bedeutet aber auch, daß dem elastischen Auffedern des Werkstoffes ein erhöhter Widerstand entgegengebracht wird. Auch die Vergrößerung des zylindrischen Teiles der Lochwand dürfte zur Steigerung der Rückzugskräfte beitragen. Bei gleichem Reibungswert zwischen zwei mit konstantem Druck aufeinander gleitenden Oberflächen nimmt die das Gleiten behindernde Reibungskraft direkt proportional der wachsenden Gleitfläche zu. Abgesehen von den Aufschweißungen von Blechwerkstoff auf die Mantelfläche des Stempels, die zweifelsohne zu einer Erhöhung des Reibungswertes führen, könnte man also ein Maß für die auf den Stempel wirkende Umklamme-*

rungskraft gewinnen, wenn man die Rückzugskraft auf die tatsächlich an der Reibung beteiligte Fläche, nämlich den zylindrischen Teil der Lochwand bezöge. Solange man die Auswirkungen der Aufschweißungen auf die Höhe des Reibungskoeffizienten nicht kennt, ist dies jedoch nicht exakt durchführbar.

Wie man Bild 23 entnehmen kann, ist auch ein Ansteigen der bezogenen maximalen Rückzugskraft mit geringer werdender Blechdicke festzustellen. Blechdicke und Lochungsverhältnis beeinflussen die Höhe der Rückzugskraft also im gleichen Sinn wie die Schneidkraft".

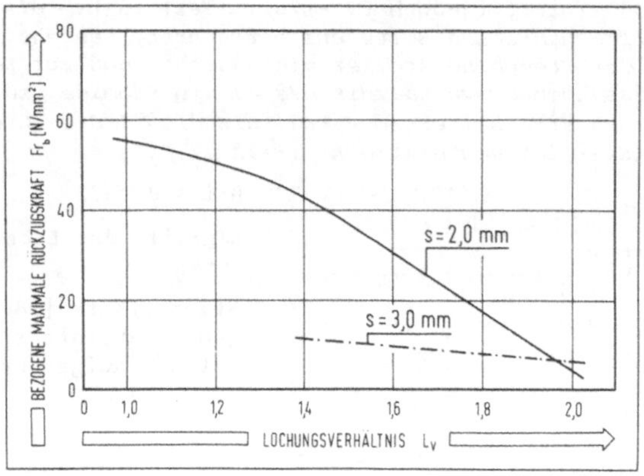

B i l d 23

Bezogene maximale Rückzugskraft in Abhängigkeit vom Lochungsverhältnis Lv (bei u/s=o,o5) Stromberger/Pfaff [203]

K r e t s c h m e r [126] führt aus: *"Sinnvoller dürfte jedoch die Definition eines bezogenen Stempeldurchmessers als des Verhältnisses von d_{st} zur Blechdicke s sein. Hier haben die Auswertungen der Untersuchungen, die jedoch noch viel zu wenige Meßwerte umfassen, die bekannte durch die im vorgehenden genannten Theorien bestätigte Tendenz gezeigt, daß mit abnehmendem bezogenem Stempeldurchmesser die Rückzugskraft zunimmt. Bild 24 zeigt die graphische Darstellung, wobei als Parameter der Schneidspalt in der Form eingeführt werden muß, daß kleinere Schneidspalte größere Rückzugskräfte liefern".*

B i l d 24

Rückzugskraft als Funktion des bezogenen Stempeldurchmessers
Schneidspalt u:
1 - o,o3o mm
2 - o,o7o mm
3 - o,2oo mm

Kretschmer [125]

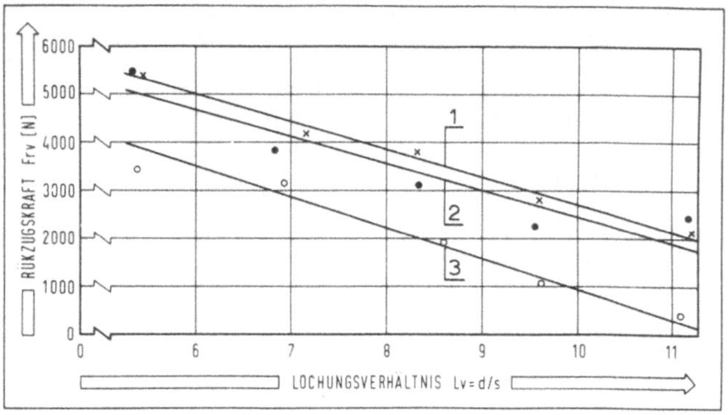

P f a f f [175] schreibt: *"Der beträchtliche Anstieg der Rückzugskraft mit kleiner werdendem Lochungsverhältnis scheint nach den vorliegenden Untersuchungsergebnissen einen Grenzwert anzustreben, der nicht wesentlich über den Werten liegen dürfte, die bei einem Lochungsverhältnis von Lv = 1,0 auftreten. Da Messungen bei Lochungsverhältnissen unter Lv = 0,9 wegen regelmäßig auftretenden Stempelbrüchen nicht durchgeführt werden konnten, war es nicht möglich, diese Erscheinung weiter zu verfolgen und zu bestätigen. Setzt man, wie es allgemein üblich ist, diese Beharrungswerte der bezogenen maximalen Rückzugskräfte ins Verhältnis zu den bezogenen maximalen Schneidkräften, so erhält man Verhältniszahlen, die je nach Lochungsverhältnis zwischen o,oo1 und o,o9 liegen (Bild 25). Ähnlich niedrige Rückzugskräfte wurden bisher lediglich von Tilsley und Howard gemessen, die beim Lochen von rostfreiem Stahl nicht näher bezeichneter Qualität mit einem Schneidspalt von ebenfalls 5% der Blechdicke Rückzugskräfte in der Höhe von 2% der Schnittkräfte ermittelten.".*

B i l d 25

Bezogene maximale Rückzugskraft in Abhängigkeit vom Lochungsverhältnis Lv

u = 0,05 s

1 - s = 3,0 mm
2 - s = 2,0 mm

Pfaff [75]

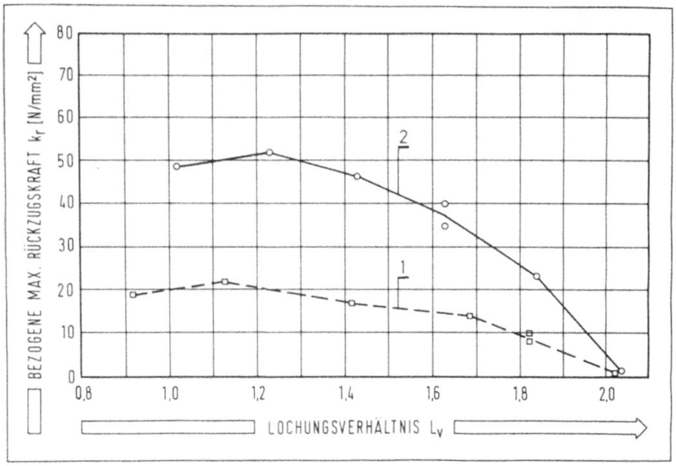

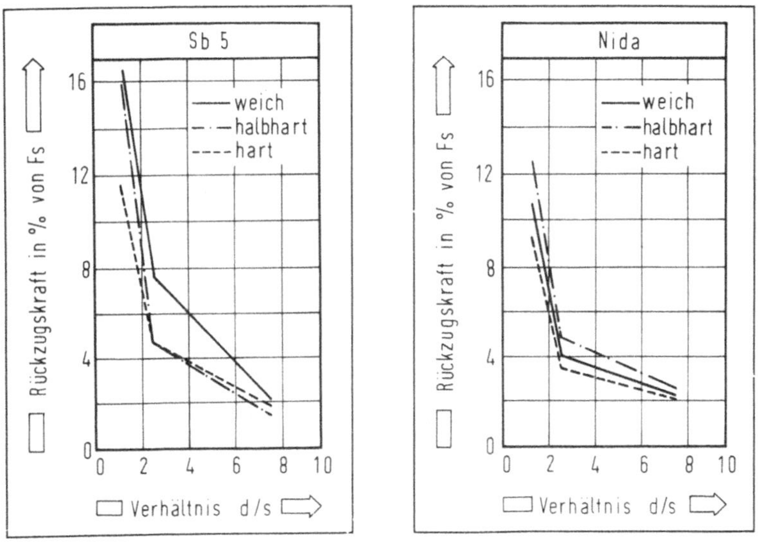

B i l d 26 Rückzugskraft in Prozent der Schnittkraft in Abhängigkeit vom Lochungsverhältnis Lv = d/s für zwei Werkstoffe verschiedener Härte Dies [44]

s.U.d.A. Kap.17. S.144

3.6. SCHNEIDSPALT BEIM LOCHEN

Aus der Fachliteratur geht eindeutig hervor, daß der Schneidspalt einen wesentlichen Einfluß auf die Vorgänge beim Lochen sowie auf das Ergebnis dieser Vorgänge hat [2], [3], [5], [17], [2o], [3o], [32], [42], [45], [5o], [56], [57], [58], [66], [67], [69], [75], [8o], [96], [1o4], [1o5], [1o6], [1o8], [1o9], [11o], [117], [12o], [127], [128], [131], [134], [137], [14o], [148], [15o], [154], [156], [164], [165], [169], [18o], [181], [184], [186], [188], [21o], [215], [217], [22o], [242], [243], [248], [249], [25o].

Keller [96] definiert den Schneidspalt: *"Unter dem SCHNEIDSPALT ist der Abstand der Schneidkante des Schnittstempels von der Schneidkante der Schnittplatte SENKRECHT ZUR SCHNEIDRICHTUNG zu verstehen".*

Der Schneidspalt „u" hat Einfluß auf:

1. Größe der Kräfte
   1.1. Schnittkraft Fs
   1.2. Rückzugskraft Fr
   1.3. Seitenkräfte Fq
2. Reibungskräfte
3. Biegemomente sowie Spannungszustand im Blech
4. Kraft - Weg - Verlauf (Arbeit)
5. Stempel- und Matrizenbelastung
6. Werkzeugverschleiß und -Standmenge
7. Werkstückabmessungen
8. Grathöhe am Werkstück

3.6.1. GRÖSSE DES SCHNEIDSPALTES

Reichel und Katz [18o] schreiben: *"Theoretisch werden an das Loch gestellten optimalen Bedingungen erfüllt, wenn es zylindrisch und von glatter Oberfläche ist und dem Stempeldurchmesser entspricht. Zur Erfüllung dieser Forderung ist bei gegebener Werkstoffart und Blechdicke die richtige Bemessung des Schneidspaltes primär ausschlaggebend.*

Zwei gewünschte Erscheinungen widerstreben jedoch der Ermittlung des optimalen Schneidspaltes, nämlich ein möglichst großer Schneidspalt zwecks Erniedrigung der Schnittkraft und Stempelbelastung und ein möglichst kleiner Schneidspalt zur Plastizitäts- und Lochqualitätserhöhung. Es handelt sich mithin um die FESTLEGUNG EINES SCHNEIDSPALTES, der bei GÜNSTIGSTER SCHNEIDKRAFT ein MASSHALTIGES LOCH ERZEUGT".

Jahnke, Retzke und Weber [91] führen aus: *"Beide Eigenschaften zeigen eine gegenläufige Tendenz. Zur Erhöhung der Plastizität in der Schnittzone und der Qualität der Schnittfläche ist ein MÖGLICHST KLEINER SCHNEIDSPALT anzustreben. Andererseits erfordert ein GROSSER SCHNEIDSPALT einen geringen Kraft- und Arbeitsbedarf (verbunden mit einer geringeren Werkzeugbeanspruchung), führt aber zu einer starken Abrundung der Werkstückkanten, zu einer großen Lochkegeligkeit und zu unsauberen Oberflächen. Folglich muß ein Schneidspalt so festgelegt werden, daß mit ihm bei MINIMALER SCHNEIDKRAFT und -ARBEIT noch ein MASSHALTIGES WERKSTÜCK in ENTSPRECHENDER SCHNITTFLÄCHENQUALITÄT erzeugt werden kann".*

Peter [172] schreibt: *"Die Größe des Schneidspaltes wird allgemein nach den Erfahrungen aus der Praxis in ABHÄNGIGKEIT VOM STANZWERKSTOFF bestimmt. Die HÄRTE des STANZWERKSTOFFES sowie dessen DICKE bilden dabei die GRUNDLAGE für die BESTIMMUNG DES SCHNEIDSPALTES".*

Spannungsoptische Untersuchungen von Michalenko und Antonov [152] haben gezeigt, daß bei einem Schneidspaltverhältnis u/s = 8% ein SPANNUNGSMINIMUM zwischen den KANTEN der SCHNEIDPLATTE und des STEMPELS herrscht. Diese Tatsache dürfte die Ursache für den relativ KLEINEN GRAT am Schnitteil bei einem Schneidspalt in der o.a. Größe sein.

D i e s [48], hat den Einfluß der Schneidspaltgröße untersucht und folgendes festgestellt: *"Wie die Messungen ergaben, fällt die Schnittkraft mit zunehmendem Schneidspalt stätig ab. Anders dagegen verhalten sich die Rückzugskräfte. Sie erreichen bei einem Schneidspalt, der zwischen 10 und 30% der Blechdicke liegt ein MINIMUM. Außerhalb dieses Bereiches aber wachsen sie sehr rasch an. Die Schnittfläche zeigt bei einem Schneidspalt, der bei 10% der Blechdicke liegt ein NORMALES AUSSEHEN".*

O e h l e r [165] beruft sich auf G ö h r e [67], der die Schneidspaltgrößen durch Versuche ermittelt hat, und gibt folgende empirische Gleichungen zur Berechnung der Schneidspaltgröße an:

a) für Bleche bis 3 mm Dicke (Feinbl.), b) für Bleche über 3 mm Dicke(Grobbl.)

$$u = c \cdot s \sqrt{0{,}1\ R_m} \qquad\qquad u = (1{,}5\,c \cdot s - 0{,}015)\sqrt{0{,}1\ R_m}$$

wobei der Beiwert „c" nach dem Schaubild von G ö r e [67] einen Wert von 0,005 hat, bzw. nach anderen Quellen [91] bis 0,018 als Funktion des Blechwerkstoffes bzw. des Werkzeugwerkstoffes angegeben ist.
In den Formeln: „u" in mm, „s" in mm und R_m in N/mm^2.

H i l b e r t [80] gibt für Blechdicken von 1 bis 10 mm die Schneidspaltwerte als Funktion von R_m zwischen 1% und 10% für R_m = 250 bis 600 N/mm^2 an.

Die Auswirkungen der Größe des Schneidspaltes auf den Schneidvorgang, Grathöhe usw. sind beachtlich. Eine Reihe von Veröffentlichungen befaßt sich besonders intensiv mit der OPTIMIERUNG DES SCHNEIDSPALTES [30], [45], [106], [134], [150], [154], [186], [249], [250], [251].

S c h e n k und P r ö l s [186] schreiben: *"Während sich die Aussagen der Autoren bezüglich der geringen Änderung der Schneidkraft mit dem Schneidspalt decken, gibt es unterschiedliche Meinungen über den Einfluß des Schneidspaltes auf die Werkzeuglebensdauer und die Grathöhe".*

Das Ziel der meisten Untersuchungen war bzw. ist, die Schnittparameter, die den „OPTIMALEN SCHNEIDSPALT" hinsichtlich der KLEINSTEN GRATHÖHE am Werkstück ergeben, zu ermitteln. Andere Forscher haben Änderungen der Schnittkraft Fs als Funktion der Schneidspaltgröße als Forschungsgegenstand angesehen.

Der Schneidspalt wirkt auf die Schnittkraft und -arbeit sowie auf die Rückzugskraft ein. Es ist aber so, daß die Schnittkraft nur unwesentlich ansteigt, wenn der Schneidspalt kleiner wird, jedoch die Schnittarbeit beachtlich zunimmt. Das hängt damit zusammen, daß der Stempel nach erfolgtem Einriß auf der Unterseite noch weiter - aber mit verringerter Kraft - schneidet, ehe der Bruch eintritt. Der Arbeitsweg des Stempels wird in diesem Fall größer [134], [210], [249].
Bei engem Schneidspalt fällt der Butzen nicht selbst aus dem Loch heraus, sondern er muß mit Hilfe des Stempels unter Einwirkung der Kraft zusätzlich ausgeschoben werden.
Mit zunehmender Größe des Schneidspaltes nimmt die Schnittkraft geringfügig ab, die Schneidarbeit vermindert sich wesentlich, ebenso die Rückzugskraft. Letztere jedoch nur bis zu einem bestimmten Lochungsverhältnis d/s (Kap.17)

Untersuchungen von K i e n z l e, T i m m e r b e i l und J o r d a n [109] führten zu dem Ergebnis, daß es offenbar n i c h t einen einzigen OPTIMALEN SCHNEIDSPALT gibt, sondern ZWEI SCHNEIDSPALTE, und zwar einen ENGEN und einen WEITEN, die beide für sich, allerdings nach anderen Gesichtspunkten betrachtet, als GÜNSTIGE WERTE gelten. Aus dieser Sicht betrachtet kann man feststellen, daß man immer nach einer, den jeweiligen Erfordernissen entsprechenden, Schneidspaltgröße suchen sollte.

3.6.2. EINFLUSS DES SCHNEIDSPALTES AUF DIE SCHNITTKRAFT Fsv

Keller [96] untersuchte den Einfluß des Schneidspaltes auf die Schnittkraft Fsv. Er schreibt: *"Der allgemeine Kraftverlauf ist der, daß die Schnittkraft über die Elastizitätsgrenze des zu schneidenden Werkstoffes hinaus ansteigt und bei dessen Maximalgröße den Bruch des Werkstoffes herbeiführt, vorausgesetzt, daß der Schneidspalt richtig gewählt wurde. Dabei beträgt die Größe des Schneidspaltes etwa 10% der Blechdicke.... Bei diesem normalen Schneiden besteht die Trennfläche des Loches, wie des ihm entfallenden Putzens aus einer kleinen spiegelnd glatten Schnittfläche und einer entsprechend großen und rauhen Bruchfläche. Dies kommt dadurch zustande, daß die Risse, die von der Schneidkante des Schnittstempels wie der Schnittplatte ausgehen und die Werkstofftrennung einleiten, in der Mittelschicht des Werkstoffes zusammenlaufen.*

Anders liegen die Verhältnisse beim Schneiden mit zu kleinem Schneidspalt. Die Trennfläche besteht zwar wieder aus einer spiegelnd glatten Schnittfläche, und einer rauhen Bruchfläche. Doch wird der Werkstoff dadurch, daß er durch einen zu kleinen Querschnitt hindurchgezwängt wird, früher über seine Elastizitätsgrenze hinaus beansprucht. Infolge des geringen Schneidspaltes verlaufen die von der Schneidkante des Schneidstempels wie der Schnittplatte ausgehenden Risse nicht in der Mittelschicht des zu schneidenden Werkstoffes zusammen, sondern in einem gewissen Abstand aneinander vorbei, wodurch der zwischen den Rissen liegende Werkstoff nochmals auf Zerreißen beansprucht wird. Dementsprechend ist auch die Ausbildung der Kraftverlaufskurve. Nach dem Erreichen der maximalen Kraft, die etwas höher liegt als beim Schneiden mit normalem Schneidspalt, fällt die Kraftverlaufskurve nicht gleich auf Null ab. Beim ersten Einreißen des Werkstoffes sinkt sie vorerst nur langsam ab, um bis zum Zerreißen der Ringfläche zwischen den Rissen etwas flach zu verlaufen. Nach der endgültigen Werkstofftrennung und Überwindung der Klemmwirkung und Reibung der zerklüfteten Bruchfläche fällt die Kraftverlaufkurve langsam auf Null ab.

Zum Schluß sei noch der Kraftverlauf beim Schneiden mit zu großem Schneidspalt betrachtet. Aus dem ansteigenden Teil der Kraftverlaufskurve ist klar zu ersehen, daß der Werkstoff anfangs besonders auf Biegung beansprucht wird und nach Erreichung des maximalen Kraftbedarfs die vollständige Werkstofftrennung eintritt und die Kraftverlaufskurve rasch nach Null abfällt.

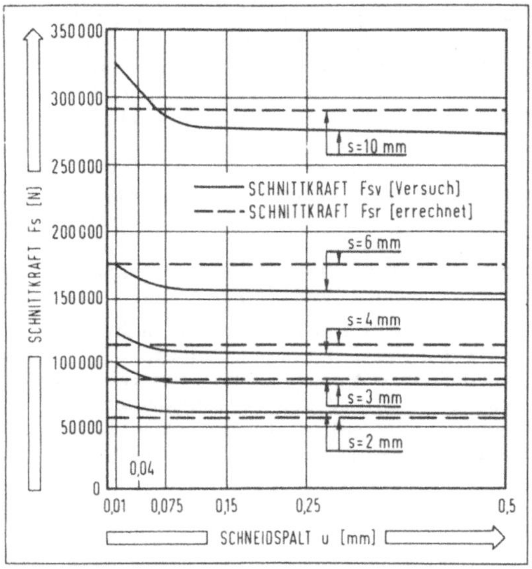

Beim Lochen von 3, 4, 6, und 10 mm dickem Stahlblech hat der Schneidspalt, wenn er größer als 2% der zu schneidenden Blechdicke ist, KEINEN EINFLUSS AUF DIE SCHNITTKRAFT. Beim Lochen von dünnen Blechen ändert sich dieser Prozentsatz. So hat z.B. beim Lochen von 2 mm dickem Stahlblech ein Schneidspalt erst dann keinen Einfluß mehr auf die Schnittkraft, wenn er größer als 4% der zu schneidenden Blechdicke ist".

B i l d 27

Abhängigkeit der Schnittkraft Fsv vom Schneidspalt beim Schneiden verschiedener Blechdicken s

Keller [97]

P f a f f [175] berichtet: *"Die Auswirkung des Schneidspaltes beim Lochen von 2,5 mm dickem Blech mit einem Stempel von 5 mm Durchmesser ist in B i l d 28*

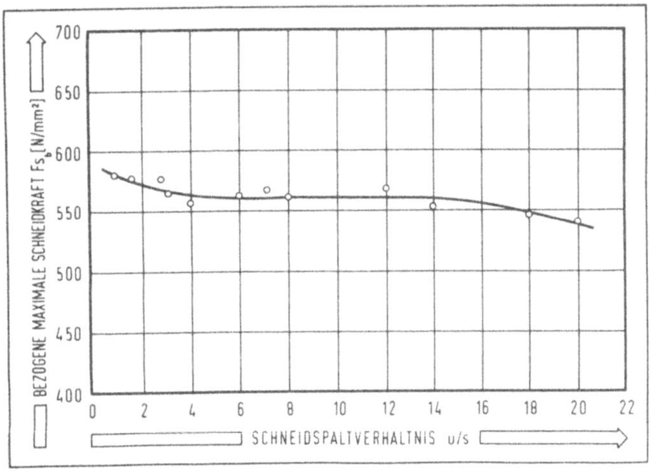

B i l d 28

Bezogene maximale Schneidkraft in Abhängigkeit vom Schneidspaltverhältnis u/s

s = 2,5 mm, d = 5 mm
L_V = u/s = 2,0

Pfaff [175]

dargestellt. Auffallend ist hier, daß sich die bezogene maximale Schneidkraft in einem mittleren Bereich, in dem der Schneidspalt etwa 5 bis 15% der Blechdicke beträgt, praktisch nicht verändert. Bei kleineren Schneidspalten ist ein deutlicher Anstieg, bei größeren ein leichter Abfall zu verzeichnen. ... Aus jüngerer Zeit sind Versuchsergebnisse von K r ä m e r [120] bekannt, denen man ebenfalls entnehmen kann, daß der Anstieg der Schneidkraft beim Verkleinern des Schneidspaltes im Bereich kleiner Spaltbreiten stärker ausgeprägt ist als bei großen Spaltbreiten. ...

Im Bereich sehr kleiner Schneidspalte sind die Gründe für den Schneidkraftanstieg beim Verringern der Spaltbreite wohl darin zu suchen, daß in dem dann recht schmalen Verformungsbereich höhere Umformgrade und damit eine intensive Kaltverfestigung des Werkstoffs auftreten; wie Messungen von E i c k h o f f [56],[57] bereits zeigten, ist dies besonders im Gebiet der Bruchzone der Fall, während im Bereich der Verformungs- und Anschnittzone sich die Verhältnisse umkehren [200]. Auch größere Normalkräfte zwischen Stempel und Lochwand und die Verlängerung der Anschnittzone tragen dazu bei, daß vom Stempel eine um so höhere Kraft zum Trennen des Werkstoffs aufgebracht werden muß, je kleiner der Schneidspalt gewählt wird.

Der Abfall der Schneidkraft bei extrem großen Schneidspalten dürfte dagegen vor allem auf die erhöhte Biegebeanspruchung zurückzuführen sein, der der Blechwerkstoff im Gebiet zwischen Stempel- und Matrizenkante ausgesetzt ist. Scherbeanspruchung und zusätzliche Biegebeanspruchung führen dann dazu, daß der Spannungszustand vor der Schneidkante so verändert wird, daß die Schubbruchgrenze des Werkstoffes schon bei geringeren Stempelkräften erreicht wird.

Aus den in Bild 28 dargestellten Meßergebnissen läßt sich ablesen, daß auch beim Lochen relativ dicker Bleche mit sonst als unkritisch zu betrachtenden größeren Lochungsverhältnissen die bezogene maximale Schneidkraft durch das starke Ansteigen im Bereich kleiner Schneidspalte einen Wert erreichen kann, der in der Größenordnung der Zugfestigkeit des Werkstoffes liegt. Aus dieser Sicht ist wohl auch die Empfehlung von R e i c h e l [180] zu beurteilen, daß beim Lochen austenitischer Stahlbleche mit Stempeln sehr kleiner Durchmesser Schneidspalte gewählt werden sollten, die größer als die bei anderen Stahlwerkstoffen allgemein üblich sind".

Anhand der veröffentlichten Forschungsergebnisse kann man feststellen, daß die Größe der Schnittkraft Fsv im Rahmen der Schneidspaltverältnisse u/s zwischen 4 und 14% sich nur unwesentlich verändert. Unter dem Wert von 4% steigt sie, um wieder bei einem Wert von ca. 14% abzusteigen.

s.U.d.A. Kap.11, S.78

3.6.3. EINFLUSS DES SCHNEIDSPALTES AUF DIE RÜCKZUGSKRAFT Frv

In allen bisher veröffentlichten Untersuchungsergebnissen wurde ein wesentlicher Einfluß des Schneidspaltes auf die Größe der Rückzugskraft Frv herausgestellt. Dies [45] auf seine Versuchsergebnisse bezugnehmend schreibt: "..*daß ein großer Schneidspalt dazu beiträgt, die Verengung des Stanzlochdurchmessers, damit die Schrumpfspannung auf den Stempel und letzten Endes auch die Rückzugskraft kleiner zu halten*". Eickhoff [58] führt aus: "*Nach den Versuchsergebnissen ist in erster Linie für die Größe der Rückzugskräfte die Größe des Schneidspaltes bestimmend*". Beide Autoren führen diese Erscheinungen auf den Grad der Aufschweißungen zurück. Kretschmer [125] erklärt dieses Verhalten wie folgt: "*Der Werkstückwerkstoff wird bei sehr großen Schneidspalten nicht wie in Bild 29a dargestellt im Bereich zwischen den Schneidkanten des Stempels und der Matrize auf Druck, sondern im Gegenteil, auf Zug beansprucht*".

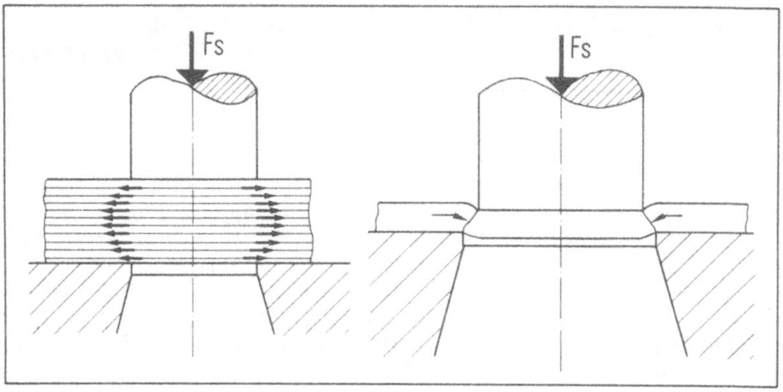

Bild 29 a) Druckspannungen beim Schnittvorgang mit kleinem Schneidspalt. Schnittkraft Fs erzeugt quer zur Schnittkante gerichtete Druckkräfte
b) Zugspannungen beim Schnittvorgang mit großem Schneidspalt. Material biegt sich durch und wird auf Zug beansprucht. Bruchlinien laufen von der Stempel- zur Matrizenkante
Kretschmer [125]

Stromberger und Pfaff [203] schreiben: "*Die Auswirkung der Größe des Schneidspaltes auf die Höhe der Rückzugskraft ist ebenfalls erheblich. Bild 30 zeigt die nach 15 Niedergängen des Stempels auftretende bezogene maximale Rückzugskraft in Abhängigkeit von der Größe des Schneidspaltes beim Lochen gleich dicker Bleche*.

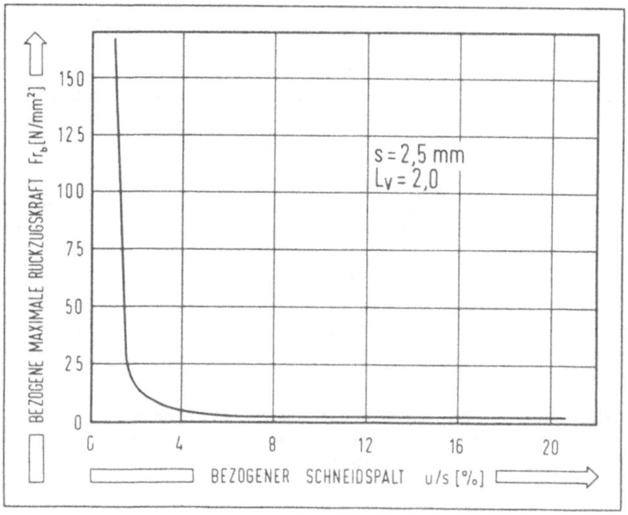

Bild 30
Bezogene maximale Rückzugskraft in Abhängigkeit von der Größe des Schneidspaltes (s=2,5 mm, L_V=2,0)

Stromberger/Pfaff [2o3]

Stöferle und Theimert [198] schreiben: "*Wesentlichen Einfluß auf die Größe der Rückzugskräfte hat das Schneidspaltverhältnis. Das ist die Differenz zwischen Stempel- und Matrizendurchmesser bezogen auf die Blechdicke, angegeben meist in Prozent. Gleiche Zahlen für das Schneidspaltverhältnis kennzeichnen gleiche geometrische Verhältnisse zwischen Stempel-, Matrozendurchmesser und Blechdicke beim Lochen verschieden dicker Bleche. Für die Versuche wurde der Bereich von 6 bis 18% gewählt, der von verschiedenen Autoren [207] empfohlenen und die im praktischen Betrieb angewendeten Schneidspaltverhältnisse enthält. Als weiterer Parameter wurde die Schnittlinienlänge l - sie ist gleich dem Stempelumfang - variiert. Da ihre Anzahl einen erheblichen Einfluß auf den Versuchsaufwand hat, wurden nur zwei Schnittlinienlängen 80 und 160 untersucht*".

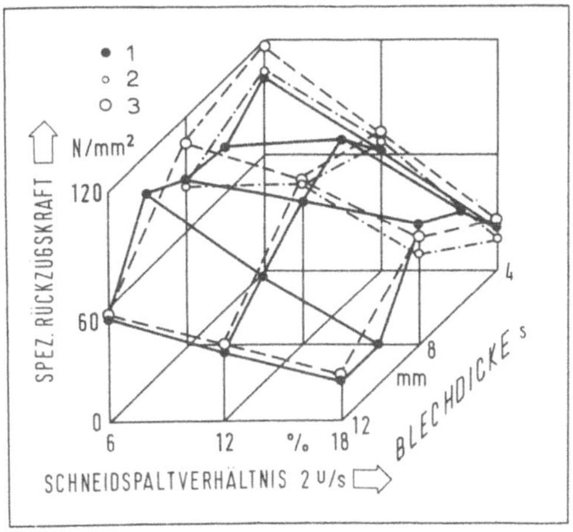

Bild 31

Spezifische Rückzugskräfte k_R für St 34 (Stempel ungeschmiert)

1 - gemessene Werte für die Schnittlänge 80 mm

2 - gemessene Werte für die Schnittlänge 160 mm

3 - berechnete Werte (Kap. 3.24.2.)

Stöferle/Theimert [198]

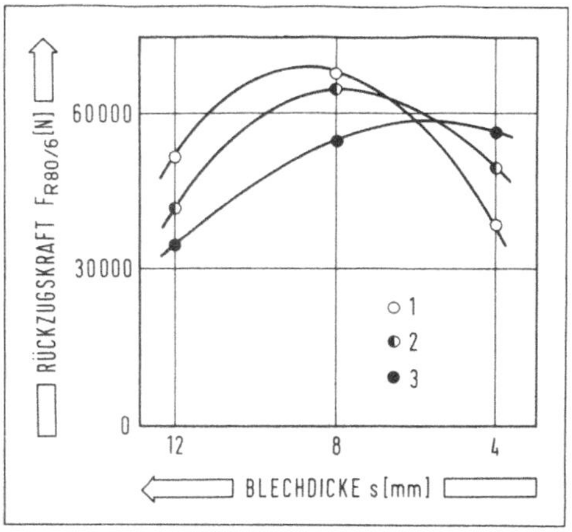

Bild 32

Auf das Schneidspaltverhältnis 6% und die Schnittlänge 80 mm bezogene Rückzugskraft $F_{R\,80/6}$ für verschiedene Werkstoffe

1 - St 34

2 - St 37

3 - St 52

Stöferle/Theimert [198]

PARAMETER	*EINFLUSS AUF DIE SPEZIFISCHEN RÜCKZUGSKRÄFTE k_R* *GESCHMIERT*	 *UNGESCHMIERT*
Werkstoff	*gering*	*groß*
Schnittlänge	*nur bei St 52*	*nur bei St 52, 4 mm*
SCHNEIDSPALTVERHÄLTNIS	*GERING*	*SEHR GROSS*
Stempelform	*nicht erkennbar*	*groß bis gering*

Bild 33
Einfluß der variierten Parameter auf die spezifischen Rückzugskräfte [198]

mit Stempeln gleichen Durchmessers. Bei großen Spaltbreiten bis herab zu dem als normal bezeichneten Schneidspalt von 5% der Blechdicke bleibt die Rückzugskraft relativ niedrig und in ihrer Höhe durch die Weite des Schneidspalts nicht beeinflußt. Bei kleinen Schneidspalten steigt sie dann sehr rasch mit kleiner werdenden Spaltbreite an".

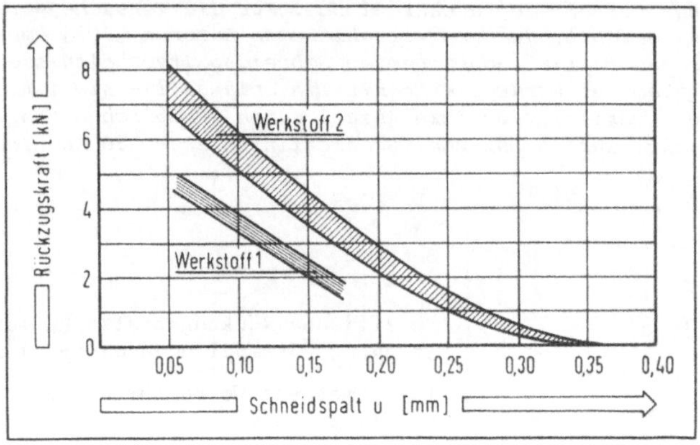

Bild 34

Rückzugskraft als Funktion des Schneidspaltes
Parameter: Materialfestigkeit

Kretschmer [126]

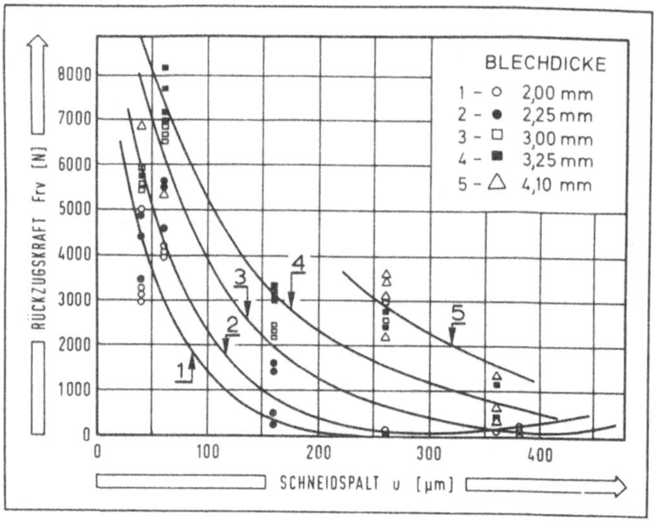

Bild 35

Rückzugskraft als Funktion des Schneidspaltes
Parameter : Blechdicke

Kretschmer [126]

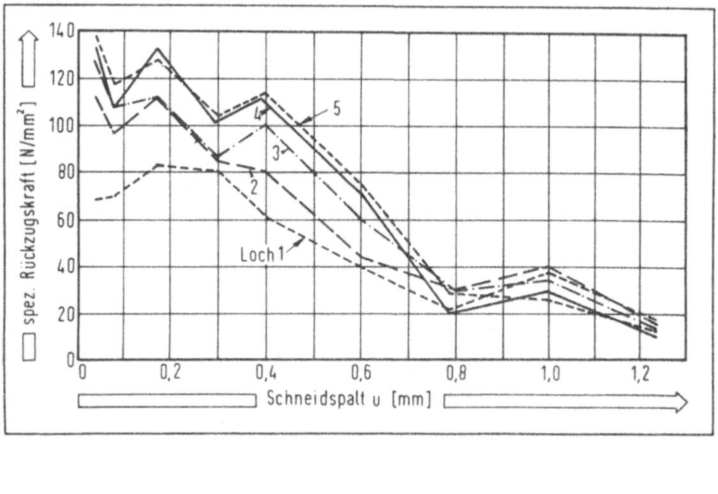

Bild 36

Spezifische Rückzugskraft des Stahls St 37 in Abhängigkeit vom Schneidpalt und der Lochzahl
Blechdicke 8 mm
Stempeld. 15mm
n=1500 U/min

Eickhoff [56]

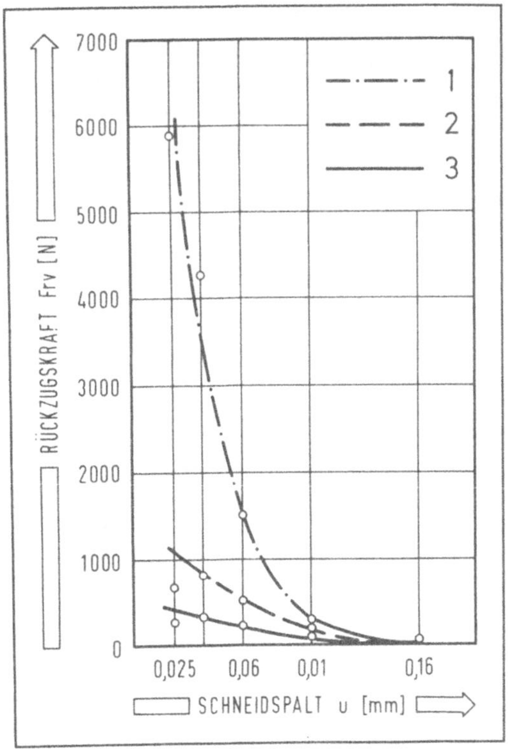

Timmerbeil [211] berichtet: *"Noch ein weiterer Einfluß auf die Rückzugskraft wird durch den Schneidspalt ausgeübt, da von ihm auch die Breite der Zone abhängt, in der hauptsächlich der Werkstoff faserförmig gestreckt wird. So ergibt sich bei kleinem Schneidspalt in einer schmaleren Verformungszone eine größere Faserverdichtung als bei großem Schneidspalt, so daß durch die größere Werkstoffbeanspruchung auch ein größeres elastisches Rückdehnungsvermögen gegeben ist".*

Bild 37

Größe der Rückzugskraft beim Lochen von Messingblechen verschiedener Dicke in Abhängigkeit vom Schneidspalt
Werkstoff: Ms 63
Stempeldurchmesser: 10 mm
Blechdicke: 1 - 3.0 mm
2 - 1,5 mm
3 - 1,0 mm

Dies [49]

Wird der Schneidspalt jedoch zu stark vergrößert, so tritt bei bestimmten Bedingungen, wie die Untersuchungen (Kap. 12) zeigen, ein zweites Minimum des Kurvenverlaufs Frv = f(u) ein. Untersuchungen von Tilsley und Howard [208] haben einen wesentlichen Anstieg bei einem Schneidspalt von 20% von der Blechdicke ergeben. Die Größe der Rückzugskraft wurde hierbei in % von der Zugfestigkeit der untersuchten Werkstoffe aufgezeichnet. Kretschmer [125] schreibt: *"Wird der Schneidspalt weiter vergrößert, so gelangen Biegung und Zugbeanspruchung im Werkstückwerkstoff über den elastischen in den plastischen Bereich, und es wird schon eine Art „Durchzug" erzeugt, die beim Herausziehen des Schneidstempels eine Klemmung verursacht, wie sie bei einer Art von Sicherungsscheiben beabsichtigt ist".*

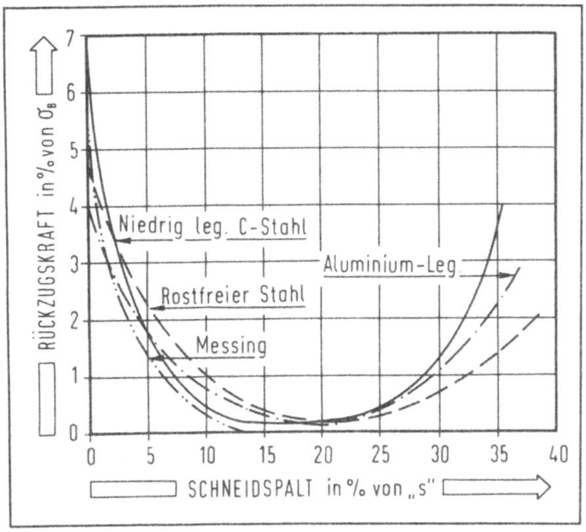

Bild 38

Beziehung zwischen der Rückzugskraft (in % der Zugfestigkeit) und dem Schneidspalt (in % der Blechdicke)

Tilsley/Howard [208]

s.U.d.A.: Kap. 12-16 S.102-143 und S. 224-226

3.6.4. EINFLUSS DES SCHNEIDSPALTES AUF DIE SCHNITTARBEIT

K e l l e r [96] hat den Einfluß der Schneidspaltgröße auf die Schnittarbeit untersucht und festgestellt: "*...daß die Beeinflussung der Schnittarbeit durch den Schneidspalt bereits viel früher eintritt, als dies bei der Schnittkraft der Fall ist. Während bei einer Blechdicke von 2 mm die Schnittarbeit, ähnlich wie die Schnittkraft, erst bei einem Schneidspalt von weniger als 0,1 mm nennenswert beeinflußt wird, ist bei Blechdicken von mehr als 2 mm ein stetiges Ansteigen der Schnittarbeit bereits von einem Schneidspalt von 0,5 mm an zu beobachten, was bei der Schnittkraft nicht der Fall ist. ... Ebenso wie für die Schnittkraft ist es auch für die Schnittarbeit interessant zu wissen, wie sie sich zu Schneidspalt verhält, wenn man diesen in Prozenten der Blechdicke ausdrückt. Auch hierbei ist das stetige Anwachsen der Schnittarbeit bei kleiner werdendem Schneidspalt und das zurückbleiben hinter der errechneten klar zu erkennen*".

3.6.5. EINFLUSS DES SCHNEIDSPALTES AUF DIE OBERFLÄCHENGÜTE

R e i c h e l und K a t z [180] schreiben: "*Eine andere Möglichkeit, die richtige Schneidspaltgröße zu wählen, liegt in der Betrachtung der Oberflächengüte des Loches, bzw. des ausgestanzten Teiles. Als Hilfsmittel hierfür, allerdings für das Ausstanzen eines Teiles, hat die* Atlas Steels Company, Welland, Ontario, *einen Rechenschieber entwickelt. Sie teilt die Oberflächengüte eines ausgestanzten Teiles in 5 Klassen entsprechend ihrer geometrischen Beschaffenheit ein und ordnet diesen in Abhängigkeit von den zu lochenden Materialien den Schneidspalt u in % der Blechdicke zu. Der kleinste Schneidspalt u, von der Balken-Untergrenze im Diagramm dargestellt, beträgt 1-3% der Blechdicke und erzeugt optimalen Schnittflächen-Typ V. Den maximalen Schneidspalten von 16-26% der Blechdicke entspricht der Schnittflächen-Typ I mit großen Kantenradien und ausgeprägtem Stanzgrat.*

Es sei noch erwähnt, daß der Rechenschieber zusätzlich den Schnittdruck, aufbauend auf den gewählten Schneidspalten, zu ermitteln gestattet, ein Zeichen dafür, daß der Schneidspalt bei den hier vorliegenden Oberflächentypen einen großen Einfluß auf die erforderliche Schnittkraft besitzt. Die Schneidspaltangaben der Rechenschieberwerte bewegen sich für eine nachgeschnittene Oberfläche in denselben Grenzen, wie ein Vergleich mit den Schneidspaltempfehlungen anderer Autoren".

Ausführungen von Keller [96] hinsichtlich der Oberflächenqualität als Funktion der Größe des Schneidspaltes sind im Kap. „Einfluß des Schneidspaltes auf die Schnittkraft Fsv" wiedergegeben. Keller bringt eindeutig zum Ausdruck, daß die Größe des Schneidspaltes eine außerordentlich wichtige Rolle bei der Ausbildung der Oberflächengüte der Schnittfläche ausübt. Sinngemäß wird seine Aussage in verkürzter Form auch an dieser Stelle wiedergegeben:

1. Die Schneidspaltgröße u = 10% von Blechdicke s bezeichnet Keller als „normal" , wobei die Trennfläche des Loches, wie des ihm entfallenden Butzens aus einer kleinen spiegelnd glatten Schnittfläche und einer entsprechend großen und rauhen Bruchfläche besteht.

2. Beim Schneiden "mit zu kleinem" Schneidspalt besteht die Trennfläche wieder aus einer spiegelnd glatten Schnittfläche und einer rauhen Bruchfläche. Der Werkstoff wird jedoch früher durch einen zu kleinen Querschnitt hindurchgezwängt. Der Werkstoff wird durch die nebeneinander verlaufenden Risse nochmals auf Zerreißen beansprucht. Dadurch wird eine andere Trennfläche als die unter Pkt. 1 erwähnte erzeugt.

3. Beim Schneiden mit „zu großem" Schneidspalt wird der Werkstoff anfangs besonders auf Biegung beansprucht. Dadurch ergibt sich wiederum eine andere Trennfläche.

3.6.6. EINFLUSS DES SCHNEIDSPALTES AUF DEN WERKZEUGVERSCHLEISS

Schenk und Pröls [186] schreiben: *"Ein nach den vorliegenden Erfahrungen zu kleiner Schneidspalt ist in der VDI-Richtlinie 3368 [217] angegeben. Bei den empfohlenenen Schneidspalten soll eine unzulässige Gratbildung und ein Hochkommen der Abfallbutzen oder Ausschnitte vermieden werden. Größere Schneidspalte sollen sich ungünstig auf die Trennflächen und zu erhöhter Gratbildung führen. ...Durch Schneidversuche an 0,5 mm dicken Elektroblechen mit Schneidteilen aus Werkzeugstahl wurden unter definierten Voraussetzungen Kenngrößen der Schneidbarkeit wie GRATHÖHE, VERSCHLEISS, KANTENPROFIL, DURCHBIEGUNG und KRAFT, ermittelt. Die nach 60 000 Schnitten auftretende Grathöhe zeigt als Funktion des Schneidspaltes ein MINIMUM das für die untersuchten Blechqualitäten (1,1; 1,35 und 3,6 W/kg) bei 54 µm bzw. 60 µm liegt (9 bzw. 12% der Blechdicke). Mit diesem OPTIMALEN SCHNEIDSPALTEN, die etwa doppelt so groß sind wie die bisher empfohlenen Werte, kann die STANDMENGE DES WERKZEUGES je nach Härte des zu schneidenden Elektrobleches 15 und 55% ERHÖHT WERDEN".*

Vajntraub [215] hat "optimale Schneidspaltwerte" hinsichtlich der WERKZEUG-STANDMENGE ermittelt und in Form einer empirischen Formel zusammengefaßt:

$$u = \frac{a \cdot s^2 + b \cdot s}{2}$$

wobei: s - Blechdicke (mm)
a und b - Koeffizienten, deren Werte für metallische Werkstoffe aus der Tabelle (Bild 39) entnommen werden können.

	Zustand des Werkstoffes		
Koeff.	weich	mittelhart	hart
a	0,008	0,009	0,010
b	0,040	0,060	0,080

Bild 39

Koeffizienten "a" und "b" als Funktion der der Werkstoffhärte

Aus den Ergebnissen der Versuche geht hervor, daß sich geringe Abweichungen des tatsächlichen Schneidspaltes vom "optimalen Wert" wenig auf die STANDMENGE der Werkzeuge auswirken, z.B. bleibt die Standmenge bei einer Abweichung von ±5% fast unverändert. Bei einer Abweichung von ± 10% verringert sich die Standmenge ungefähr um 5%. Außerdem wird die Qualität der Trennflächen wesentlich schlechter. Danach kann man als Grenze der zulässigen Schneidspaltabweichungen von ±(0,1 ... 0,125) u annehmen. Bei diesen Abweichungen verringert sich die Standmenge um ca. 10 bis 20% ihres maximalen Wertes. Durch diese Untersuchungen wurde festgestellt, daß zwischen den Abweichungen des Schneidspaltes vom "optimalen Wert" und der Standmenge eines Schnittwerkzeuges bis zum Nachschleifen eine Abhängigkeit besteht, die graphisch eine asymetrische Kurve darstellt, deren Form an die Maxwell-Kurve erinnert.

Schenk und Pröls [186], die jedoch ausschließlich 0,5 mm dicke Elektrobleche untersuchten,berichten: *"Typisch ist stets der relativ große STIRNFLÄCHEN-VERSCHLEISS AN STEMPEL- und SCHNEIDPLATTE und der geringe Mantelflächenverschleiß. Ursache hierfür ist die GROSSE FLÄCHENPRESSUNG auf einer schmalen Ringzone an der Stirnseite von Stempel und Schneidplatte und der relativ kleine Druck auf die Mantelfläche der Schneidteile. Auch nach 100 000 Schnitten ist der Strinflächenverschleiß größer als der Mantelflächenverschleiß. Eine Ausnahme bildet lediglich der Versuch mit SEHR KLEINEM SCHNEIDSPALT (10 µm = 5% von s), wobei an der Mantelfläche der Schneidplatte bereits Kolkverschleiß auftritt.*

Der Verschleiß, insbesondere der 45°-Verschleiß, korrespondiert mit der Grathöhe am Schnitteil. Deshalb zeigt sich beim OPTIMALEN SCHNEIDSPALT ein kleinerer Verschleiß an den Kanten der Schneidteile. Allerdings ist die Abhängigkeit des VERSCHLEISSES VOM SCHNEIDSPALT NICHT SO AUSGEPRÄGT WIE BEIM GRAT, so daß eine Schneidspaltoptimierung über Verschleißkennwerte NICHT GENAU genug ist".

Göhre [67] bringt zum Ausdruck, daß der Werkzeugverschleiß wesentlich von der Erhaltung eines gleichmäßigen Schneidspaltes auf dem ganzen Umfang des Schnittgebildes abhängt. Er weist auf die Spaltverschiebung hin, die infolge der ungleichmäßigen Schneidkantenabstumpfung auftritt und von großer Bedeutung ist.

3.7. RÜCKFEDERUNG BEIM LOCHEN

Die Rückfederung, auch als Einfederung oder Einschnürung genannt, tritt beim verlassen des Bleches durch den Stempel auf. Sie resultiert aus den beim Lochen auftretenden elastischen Verformungen des Bleches in radialer Richtung. Nitsche [162] hat unter Einbeziehung der Abhängigkeit der Rückfederung von der Vickershärte des Blechwerkstoffes die empirische Abhängigkeit aufgestellt:

$$f_e = (0{,}064\ \lg HV - 0{,}079) \cdot u^{-(1{,}77 - 0{,}38\ \lg HV)}$$

und in Form eines Nomogrammes (Bild 40) dargestellt. Der bezogene Schneidspalt u/s stellt die zweite Größe dar.

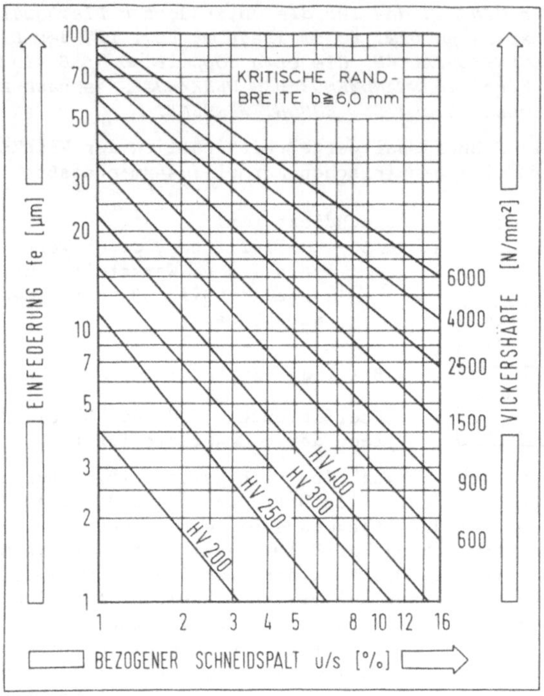

Bild 40

Nomogramm zur Ermittlung der Rückfederung (Einfederung f_e) als Funktion der Vickershärte des Blechwerkstoffes und des bezogenen Schneidspaltes u/s

Nitsche [91]

Nitsche [162] fügt hinzu, daß: *"Aus den Untersuchungen mit Rechteckstempeln ergab sich die gleiche Abhängigkeit, d.h. die Einfederung ist unabhängig von der Krümmung der Schneidkanten. Da auch der Abstand sich gegenüberliegender Schneidkanten ohne Einfluß auf die Einfederung bleibt, kann gefolgert werden, daß die Einfederung unabhängig von der Stempelquerschnittsform ist".*

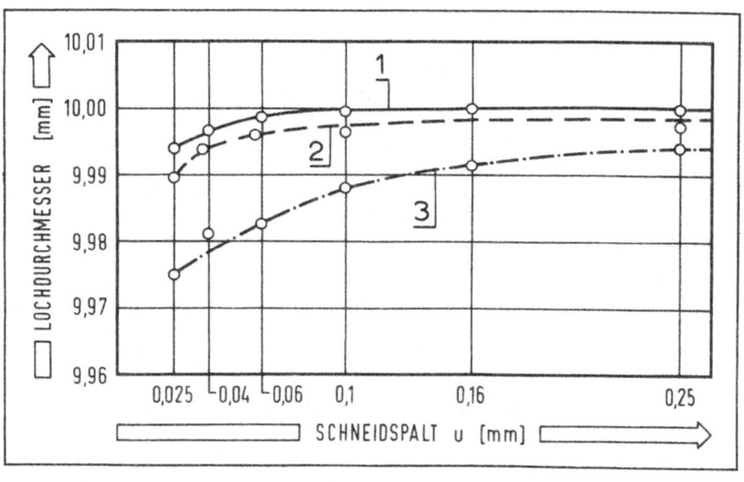

Bild 41 (rechts)

Rückfederung des Lochdurchmessers beim Lochen mit verschiedenen Schneidspalten

Stempeld. 10 mm
Werkstoff Ms 63
Blechdicke
1 - 1,0 mm
2 - 1,5 mm
3 - 3,0 mm

Dies [49]

Jahnke, Retzke und Weber [91] schreiben: *"Die Größe der Einfederung f_e hängt vom Blechwerkstoff, vom bezogenen Schneidspalt und vom Randabstand des Lochs ab".*

Dies [49] untersuchte den Einfluß des Schneidspaltes auf die Größe der Rückfederung beim Lochen von Blechen verschiedener Dicke (Bild 41). Dabei wurde deutlich, daß mit kleiner werdenden Größe des Schneidspaltes "u" die Verengung des Lochdurchmessers und somit die Schrumpfspannung auf den Lochstempel und damit auch auf die RÜCKZUGSKRAFT größer werden (s.a. Kap. 3.7.1.).

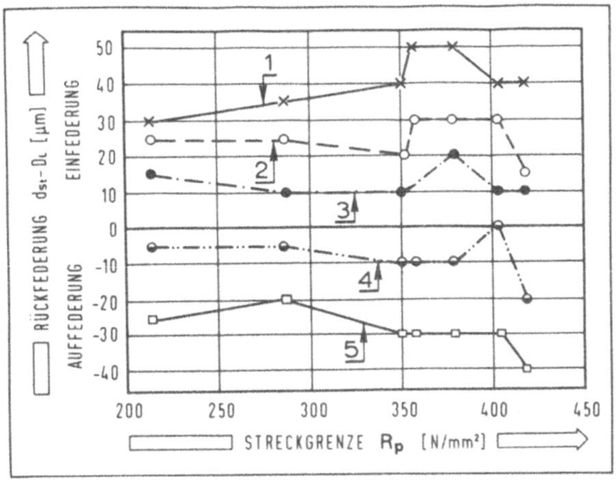

Bild 42 Rückfederung als Funktion der Streckgrenze des Blechwerkstoffes

1 - u = 0,000 mm
2 - u = 0,030 mm
3 - u = 0,070 mm
4 - u = 0,270 mm
5 - u = 0,480 mm

Kretschmer [127]

Kretschmer [127] untersuchte die Rückfederung als Funktion der Streckgrenze des Blechwerkstoffes bei verschiedenen Schneidspalten (Bild 42). Er schreibt: *"Die Fugenpressung P_g dagegen ist von der Rückfederung abhängig, die wiederum eine Funktion der Elastizität des zu schneidenden Werkstoffes ist. Will man diesen Faktor zur Berechnung (Eickhoff und Dies gehen von der anschaulichen Vorstellung aus, daß bei der Rückwärtsbewegung des Stempels zwischen diesem und dem Werkstück in Bereichen kleiner Schneidspalte eine Preßpassung auftreten muß, die sich für die Rückzugskraft mathematisch formulieren läßt - s.a. Aufstellung Bild 78 Pkt.8.2) der Rückzugskraft nicht durch Einsetzen des Elastizitätsmoduls in die Gleichung berücksichtigen, so kann man die Streckgrenze als Kennwert verwenden. Sie hat einen noch größeren Aussagewert als etwa die Zugfestigkeit..... mit zunehmender Streckgrenze R_p des zu schneiden Werkstoffes steigt die Fugenpressung und somit die Rückzugskraft".*

Aus den aufgeführten Ausführungen geht hervor, daß die Rückfederung und ihre Größe beim Lochen von folgenden Faktoren abhängig ist:

1. Blechwerkstoff [91]
2. Bezogener Schneidspalt u/s [41] [127] [162]
3. Lochungsverhältnis d/s [45] [162]
4. Elastizitätsmodul des Blechwerkstoffes [127]
5. Streckgrenze des Blechwerkstoffes [127]
6. Randabstand des Loches [91] [162]

3.7.1. EINFLUSS DER RÜCKFEDERUNG AUF DIE RÜCKZUGSKRAFT

Nitsche [161] hat die Beziehung der Rückzugskraft und der Rückfederung mathematisch formuliert. Dies soll bei Einführung einer "spezifischen Abstreifkraft" $k_A = F_A/A_s$ und der Betrachtung des Schneidspaltverhältnisses u/s mit genügender Genauigkeit möglich sein. Wenn aus der "spezifischen Abstreifkraft" k_A die absolute "Abstreifkraft F_A" ermittelt wird, da für die Schnittfläche A_s das Produkt aus Schnittlinienlänge und gesamter Blechdicke s gesetzt werden kann, ist:

$$f_e = \frac{k_A \cdot d_{St} \left[E_{St} \left(1 + \frac{1}{m} \right) + E_{Bl} \left(1 - \frac{1}{m} \right) \right]}{E_{Bl} \cdot E_{St} \cdot \mu_o}$$ worin:

d_{St}	Stempeldurchmesser	m	Poisson'sche Konstante
E_{Bl}	E-Modul des Blechwerkstoffes	μ_o	Haftreibungsfaktor
E_{St}	E-Modul des Stempelwerkstoffes	k_A	"Spezifische Abstreifkraft"

Diese Beziehung gilt jedoch nur für das Lochen von Blech mit kreisrundem Stempelquerschnitt und einem Abstand des Loches vom freien Blechrand, der größer als 6 mm, dem sog. "kritischen Randabstand", ist.

Kretschmer [126] untersuchte die Rückzugskraft als Funktion der Rückfederung (Bild 43) und stellt fest: *"Die Rückfederung der Lochwandung nimmt mit größerer Materialdicke zu, weil die Schnittkraft ansteigen muß. Mit ihr steigen aber auch die Querkräfte beim Schneiden, die von der Lochwandung nach außen gerichtet sind und das umliegende Material im elastischen und plastischen Bereich stauchen (Bild 43). Bei Nachlassen der Schnittkraft, bei Beginn des Zurückziehens des Stempels, werden auch die Querkräfte abnehmen und durch die elastischen Verformungen sogar ihre Richtung umkehren, was zu einer Verkleinerung des Loches und zu einem ANSTEIGEN der RÜCKZUGSKRAFT führt. Da mit zunehmender Blechdicke die Schnittkräfte zunehmen, muß auch bei gleichem Schneidspalt die RÜCKZUGSKRAFT entsprechend vergrößern".*

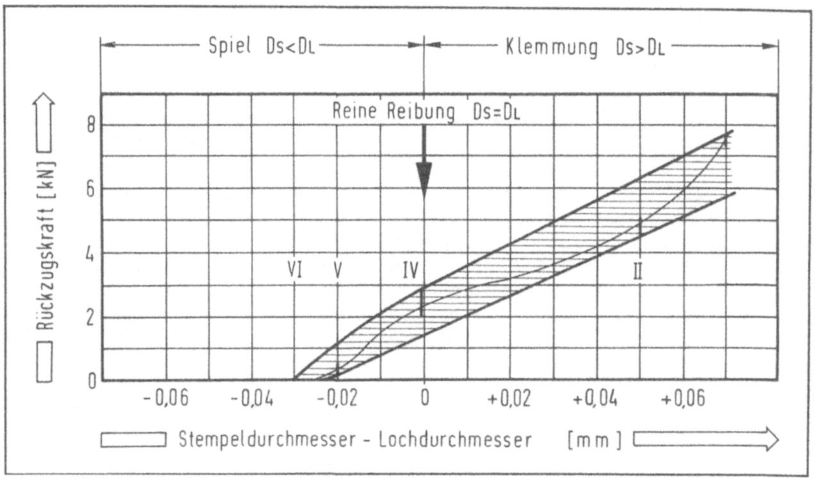

Bild 43 Rückzugskraft als Funktion der Rückfederung
Matrizendurchmesser: 30,21 mm
Kretschmer [126]

3.8. REIBUNG BEIM RÜCKZUG DES STEMPELS NACH DEM LOCHEN

Stromberger und Dies [202] haben in Zusammenhang mit der Rückzugskraft Frv die Reibungsverhältnisse, die nach dem Lochvorgang herrschen, untersucht. Der Reibungsvorgang ist von bedeutendem Einfluß, da durch das Einfedern des gelochten Bleches eine erhebliche Schrumpfpassung auf den Stempel wirkt. Der Einfluß der Stempeloberfläche auf die Größe des Reibwertes wird deutlich, wenn man die Diagramme der Reibwerte nach verschiedenen Laufwegen vergleicht. Während nach einem Laufweg von 5 m die Proben mit den rauheren Oberflächen einen erheblich höheren Reibwert als die Proben mit den hochbearbeiteten Flächen aufweisen, ist nach einem Laufweg von 30 m kaum noch ein Unterschied in den Reibwerten zu erkennen. Das ist darauf zurückzuführen, daß die Ausgangsoberflächen der Proben durch Aufschweißungen und Verschleiß gründlich zerstört worden sind, so daß eine allgemeine Angleichung der Oberflächen die Folge war.

Bild 44

Reibwert nach 30 m Stempel-Laufweg als Funktion der Härte HB

Anpreßkraft 120 N
a-Stempel rundgeläppt
b-Stempel längsgeläppt
c-Stempel längsgeschliffen
d-Stempel geritzt

Dies [44]

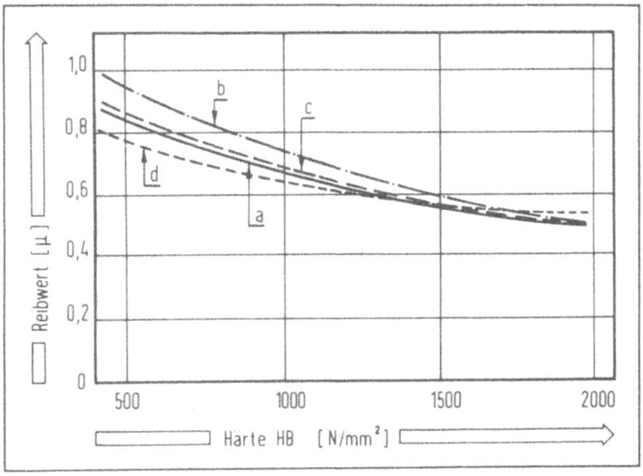

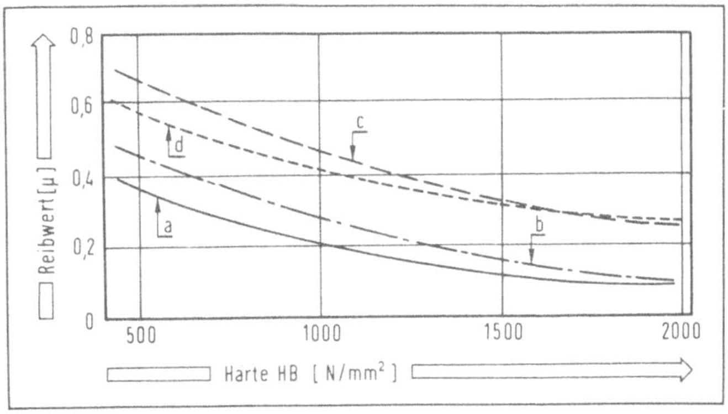

Bild 45 Ergebnisse der Reibwertmessung mit Proben unterschiedlicher Oberflächengüte und verschiedenen Werkstoffen. Die Reibwerte sind in 1/1ooo mm für verschiedene Laufwege über der Härte HB des Reibbackenwerkstoffes aufgetragen. Stempel-Laufweg: 5 m.

a - Stempeloberfläche rundgeläppt
b - Stempeloberfläche längsgeläppt
c - Stempeloberfläche längsgeschliffen
d - Stempeloberfläche geritzt

Dies [44]

Stöferle und Kim [195] führten Reibversuche zur Ermittlung des Reibverhaltens zwischen Stempel- und Blechwerkstoffen durch. Es wurde gezeigt. daß der Reibversuch als Schnellversuch für die Beurteilung verschiedener Blechwerkstoff-Werkzeugwerkstoffpaarungen beim Lochen von Blechen eingesetzt werden kann. Die gute Vergleichbarkeit des Reibversuchs in Bezug auf die Größe der Rückzugskraft beweist, daß dieser Schnellversuch sich für die Simulation eines Lochungsvorganges eignet. Die Autoren haben verkettete Netztafeln zur Ermittlung der Reibungskoeffizienten (Bild 46) aufgestellt. Bild 47 zeigt die Verläufe der jeweiligen Reibungskoeffizienten für drei Prüfpaarungen aufgetragen über die Reibzeit. Deutlich zu erkennen ist der unterschiedliche Verlauf der Kurven bei den verschiedenen Paarungen.

Um die Vergleichbarkeit dieser Schnellmethode mit den Ergebnissen Praktischer Lochversuche zu beweisen, wurde eine Reihe von Rückzugskraftmessungen durchgeführt. Stöferle und Kim [195] führen aus: *„Wie man sieht, zeigen die Meßergebnisse der zwei verschiedenen Versuchsmethoden eine gleiche Tendenz. Hiermit wird die gute Einsatzmöglichkeit des Reibversuchs als Schnellversuch für die Beurteilung verschiedener Werkstückstoff-Werkzeugstoff-Kombinationen hinsichtlich der Rückzugskraft deutlich".*

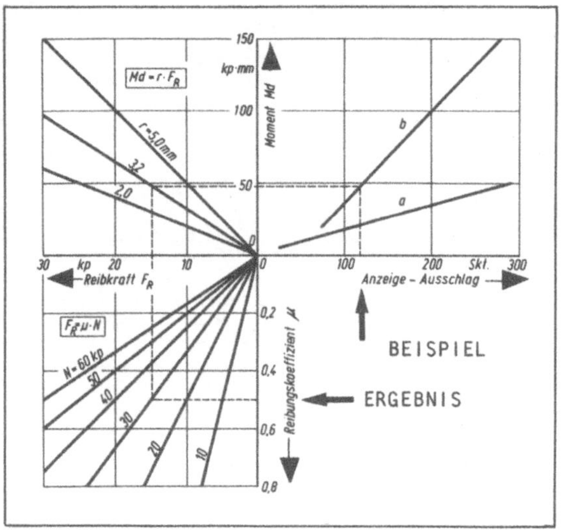

Bild 46

Verkettete Netztafeln zur Ermittlung von Reibungskoeffizienten

(Ein Beispiel ist gestrichelt eingezeichnet)

Stöferle/Kim [1o5]

Bild 47

Versuchsergebnisse zur Ermittlung des Reibungskoeffizienten für verschiedene Reibpaarungen mit Blechwerkstoff X 5 CrNi 18 9

(bezogene Normalkraft N_{bez}= 46 N/mm^2, Reibgeschwindigkeit v_{Reib} = 4,2 m/min)

a - Hochleistungs-Schnellstahl
b - hochleg. Werkzeugstahl
c - geschliffener Rundstahl

Stöferle/Kim [195]

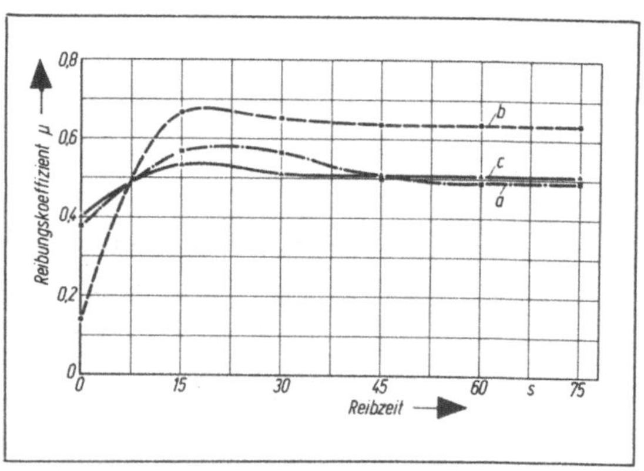

3.9. EINFLUSS DER STEMPEL-OBERFLÄCHENBESCHAFFENHEIT AUF DIE GRÖSSE DER RÜCKZUGSKRAFT Frv

Untersuchungen von Dies [42] führten zu dem Ergebnis, daß die Oberflächenbeschaffenheit der Lochstempel einen erheblichen Einfluß auf die Größe der Rückzugskraft Frv ausüben. Dies führt dazu aus: "*kann festgestellt werden, daß die geläppten Stempel, von ihnen besonders die längsgeläppten, gegenüber den geschliffenen und gedrehten Stempeln teilweise erheblich größere Rückzugskräfte aufweisen. Der Grund dafür dürfte in der größeren Berührungsfläche liegen, die die erstgenannten gegenüber den letztgenannten dem Gegenmaterial bieten. Bei den längsgeläppten Stempeln kommt hinzu, daß die Bearbeitungsriefen in Arbeitsrichtung verlaufen, so daß die Berührungsflächen keine Unterbrechungen erleiden, wie dies bei den rundgeläppten Stempeln doch noch der Fall ist*". In der Veröffentlichung [49] schreibt Dies: "*Eine sehr große, ununterbrochene Berührungsfläche jedoch fördert die Wahrscheinlichkeit der Bildung von Aufschweißungen und somit auch der Rückzugskräfte*".

Der Einfluß der Oberflächenbeschaffenheit der Lochstempel muß jedoch mit steigender Zahl von Lochungen gegen Null streben, d.h. einmal erreichtes Niveau wird als Funktion der Oberflächenbeschaffenheit nicht wieder erhöht, da Untersuchungen über das Reibverhalten zwischen Stempel und Blechwerkstoffen von Stöferle und Kim [197] sowie über die Bildung und Größe der Aufschweißungen von Eickhoff [56] sowie Stöferle und Theimert [198] ergaben, daß die Rückzugskraft als Funktion des Reibverhaltens bzw. des Aufschweißverhaltens einen "Beharrungszustand" zustrebt (vergl. auch Kap. 24 „Einfluß der Zahl der Lochungen auf die Rückzugskraft Frv"- s.172).

Aus diesen Ausführungen läßt sich folgende Aussage ableiten:
Infolge der größeren ununterbrochenen Berührungsfläche der Lochstempel, die mit großer Oberflächengüte hergestellt werden, erfahren diese gegenüber Lochstempeln mit geringer Oberflächengüte (d.h. größere Rauhtiefen) eine höhere Aufschweißung als die letztgenannten. Während sich die Aufschweißung bei den Lochstempeln höchster Oberflächenqualität in einem Ansteigen der Rückzugskräfte bemerkbar macht, müßte die Aufschweißung bei den Lochstempeln geringerer Oberflächenqualität zunächst eine Verbesserung der Oberflächenqualität bewirken (als Folge der auf- und abbauenden Tendenzen der aufgeschweißten Teilchen, müßte es zu einer Oberflächenglättung des Stempels und somit zu einer Verbesserung der Oberflächenqualität kommen) um sich dann in Form des Anstieges der Rückzugskraft bemerkbar zu machen. Der Einfluß der Oberflächenbeschaffenheit auf die Größe der Rückzugskräfte müßte nach erreichen dieses Zustandes gegen Null gehen, d.h. die Größe der Rückzugskraft ist nicht mehr eine Funktion der Oberflächenbeschaffenheit, da sich unabhängig von der Ausgangs-Oberflächenbeschaffenheit (-qualität bzw.-rauhigkeit) der Lochstempel eine resultierende (mittlere) Oberflächenbeschaffenheit einstellen müßte.

Großzahluntersuchungen von Stromberger und Dies [202] bestätigen, jedoch mit Ausnahme gedrehter Oberflächen, diese Ausführungen. Sie schreiben: "*Sieht man den rundgeläppten Stempel mit seinem gleichmäßigen Kraftverlauf als Normalfall an, so zeigt sich, daß die Rückzugskräfte derjenigen Stempelgruppen, die zu Beginn ihrer Laufzeit höher als der Normalfall lagen (die Stempelgruppen sind: gedrehte, rundgeschliffene sowie längsgeläppte) sich diesem nach spätestens 10 000 bis 15 000 Lochungen angeglichen haben, d.h. daß dann die Ausgangsoberflächen in Bezug auf die Rückzugskräfte keine Rolle mehr spielen. Sie sind vielmehr durch Verschleiß und Aufschweißungen so gründlich zerstört und einander angeglichen, daß kaum noch Unterschiede festzustellen sind. Eine Ausnahme davon machen die gedrehten Stempel; sie behalten die Form ihrer Oberflächen trotz Abnutzung fast durchweg bis zum Ende der Laufzeit bei. Auf dieses Beibehalten der ziemlich rauhen Oberfläche dürfte auch der gleichmäßige Verlauf der Rückzugskraftkurven zurückzuführen sein*".

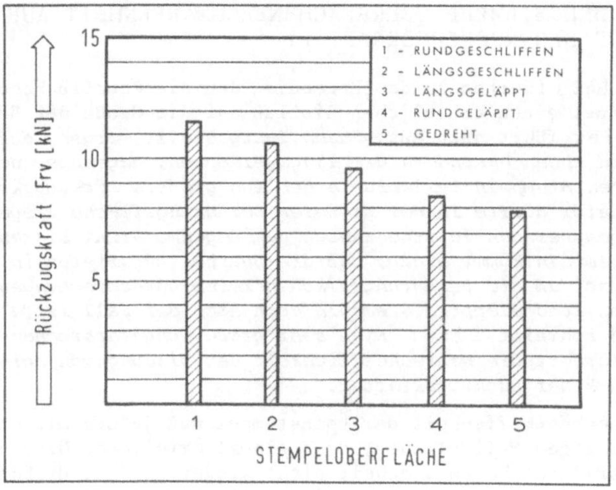

B i l d 48

Vergleich der Größe der Rückzugskräfte für verschiedene Stempeloberflächen nach 4000 Lochungen

Dies [44]

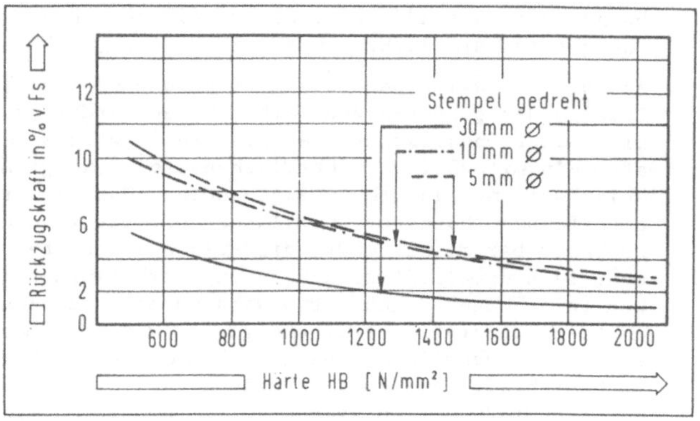

B i l d 49

Rückzugskraft in Prozent der Schnittkraft, abhängig von der Härte des zu lochenden Werkstoffes für verschiedene Stempeldurchmesser und Oberflächengüten

Dies [44]

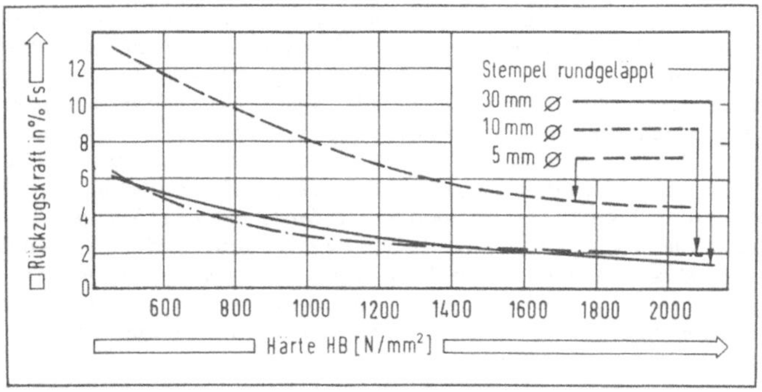

B i l d 50

Rückzugskraft in Prozent der Schnittkraft, abhängig von der Härte des zu lochenden Werkstoffes für verschiedene Stempeldurchmesser und Oberflächengüten

Dies [44]

3.10. EINFLUSS DER STEMPELZAHL AUF DIE RÜCKZUGSKRAFT Frv

Nach D i e s [42] zitiert: *"Theoretisch dürfte die Stempelzahl keinen Einfluß auf die Größe der Rückzugskraft haben, da die Schnittkraft und damit auch die Rückzugskraft linear mit dem Stempeldurchmesser wachsen. Es müßte also ein Stempel von 30 mm Durchmesser, gleiche Blechstärke vorausgesetzt, die gleiche Rückzugskraft erfordern, wie 6 Stempel von 5 mm"*. Weiter schreibt D i e s : *"...nimmt die Rückzugskraft mit kleiner werdendem Stempeldurchmesser relativ zu. Damit werden mehrere kleine Stempel, auch eine größere Rückzugskraft erfordern"*. Außerdem: *"...tritt beim Lochen infolge des Schnittdruckes oder der Wirkung des Schneidstempels auf den Werkstoff über dem Schnittdurchbruch gleichzeitig eine Biegebeanspruchung des Werkstoffes ein, die mit der Dicke des Werkstoffes wächst. Diese Biegebeanspruchung führt zu einem Aufkippen bzw. Werfen des Werkstoffstreifens, was wiederum zu einem Ecken der Stempel im Werkstoff führt. Dieses Ecken und Verkanten des Stempels bewirkt nun seinerseits wieder eine Vergrößerung der Rückzugskraft, insbesondere bei Werkzeugen mit einer größeren Stempelzahl"*. R o m a n o w s k i [181] vertritt ähnliche Ansicht: *"Beim Lochen mit mehreren Stempeln kann die Verspannung des Werkstückes eine bedeutende Höhe erreichen. Die zum Abstreifen vom Stempel erforderliche Kraft steigt deshalb"*.

3.11. EINFLUSS DER ZAHL DER LOCHUNGEN AUF DIE RÜCKZUGSKRAFT Frv

Untersuchungen von E i c k h o f f [56][58] sowie S t ö f e r l e und K i m [195] ergaben eine Abhängigkeit der Rückzugskräfte beim Lochen von der Anzahl der Lochungen. E i c k h o f f schreibt: *"Es wurde für ein Beispiel die spezifische Rückzugskraft über dem Schneidspalt aufgetragen mit den Lochzahlen (Lochfolge) als Parameter. Daraus ist zu entnehmen, daß die Rückzugskräfte bei kleinen Schneidspalten mit zunehmender Lochzahl anwachsen. Bei großen Schneidspalten dagegen sind die Kräfte kleiner und eine Abhängigkeit von der Lochzahl ist nicht festzustellen. In einer anderen Darstellung wurde für das gleiche Beispiel die spezifische Rückzugskraft über der Lochzahl mit den Schneidspalten als Parameter aufgetragen. Die vorhandene Abhängigkeit von der Lochzahl und im wesentlichen auch von dem Schneidspalt ist ebenfalls deutlich zu erkennen"*. Dennoch führt E i c k h o f f aus, daß in Bezug auf große Lochzahlen die Rückzugkraft nicht mit steigender Lochzahl anwächst, da: *"Es stellte sich nach einer gewissen Lochzahl ein Beharrungszustand ein"*,

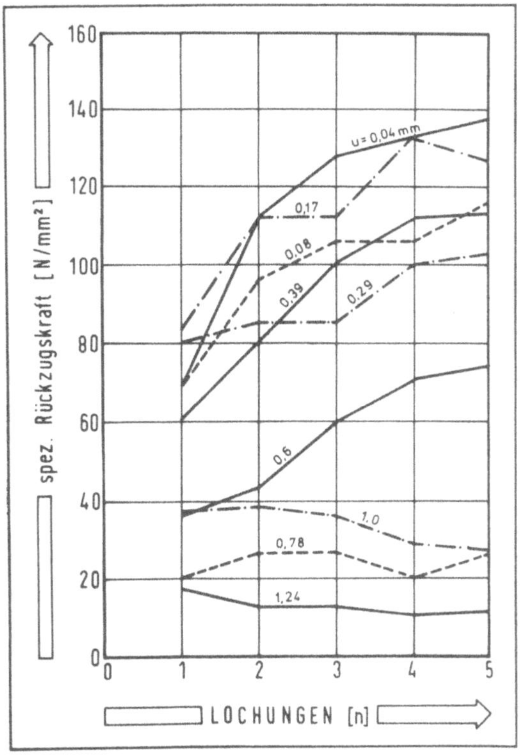

B i l d 51 Eickhoff [58]

Spezifische Rückzugskraft in Abhängigkeit von der Lochzahl [56] mit dem Schneidspalt u als Parameter für Stahl St 37
Blechdicke: 8,0 mm
Stempeldurchmesser: 15,0 mm
Schneidspalt u: 0,o4 - 1,24 mm

d.h. nach einer Phase des Anwachsens der Rückzugskräfte als Funktion der Lochungszahlen verschwindet nach Überschreiten einer „Grenzlochzahl" der Einfluß der Lochzahl auf die Größe der Rückzugskraft Frv.

Diese Ergebnisse werden durch die Versuchsergebnisse von Stöferle und Kim [195] untermauert. Aus diesen Ergebnissen ist ersichtlich, daß bei einem Blechwerkstoff X 5 Cr Ni 18 9, gepaart mit verschiedenen Reibwerkstoffen nach einer Phase der Rückzugskraftzunahme mit weiter steigender Lochzahl ein asymptotischer Übergang in einen Beharrungszustand erfolgt. Nach Eickhoff [56] ist dieses Verhalten der Rückzugskraft in der Bildung von Aufschweißungen begründet. Eickhoff schreibt: *"Nach Bildung von Aufschweißungen findet eine Berührung zwischen im Grunde gleichen Werkstoffen statt, da am Stempel der zu lochende Werkstoff in Form von Aufschweißungen vorhanden ist. Bei weiterem Abscheren von Werkstoffteilchen kann es auch zu Schiebungsbrüchen in den Aufschweißungen kommen und somit zu einem Abtragen der Aufschweißungen"*.

Beobachtungen bestätigen, daß Aufschweißungen vom Stempel wieder am Blech und an der Lochwandung hängen; Anwachsen und Abstreifen wechseln sich gegenseitig ab. Auf diese Weise läßt sich ein mitunter eintretender Rückgang der spezifischen Rückzugskraft erklären. Stöferle und Theimert [198] sowie Stromberger und Dies [202] bestätigen diese Aussagen: *"Die von Timmerbeil getroffenen Feststellungen, daß die Rückzugskräfte mit stärker werdender Abnutzung zunehmen würden, haben sich in gar keiner Weise bestätigt. Im Gegenteil geht aus den Aufzeichnungen des Kraftverlaufes eindeutig hervor, daß die Rückzugskraft selbst bei langer Laufzeit entweder konstant ist oder sogar abnimmt"*.

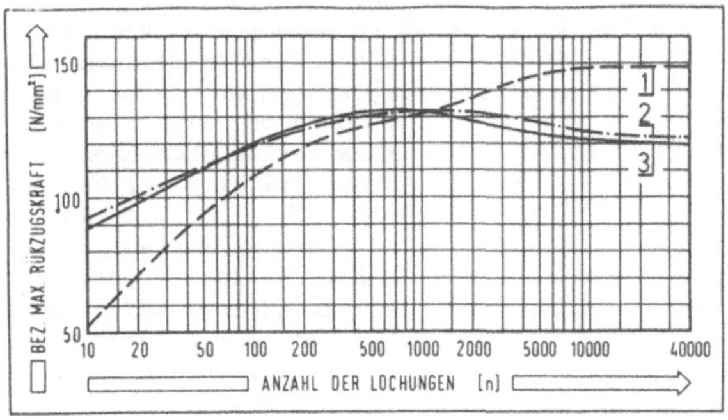

Rückzugskräfte beim Lochen in Abhängigkeit von der Anzahl der Lochungen für verschiedene Reibpaarungen mit Blechwerkstoff X 5 CrNi 18 9

Stöferle/Kim [195]

Bild 52

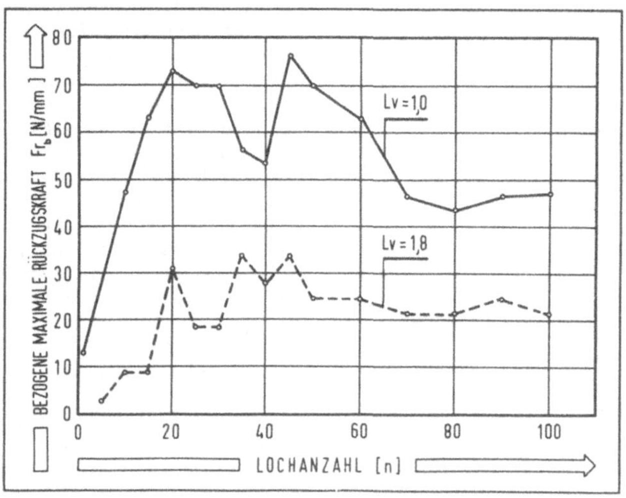

Bezogene maximale Rückzugskraft in Abhängigkeit von der Lochanzahl (s=2.0 mm, u/s=0,05)

Stromberger/Pfaff [2o3]

Bild 53

s.U.d.A. Kap. 24, S.172

3.12. EINFLUSS DER STEMPELFORM AUF DIE RÜCKZUGSKRAFT Frv

Der Einfluß der Stempelform auf die Größe der Rückzugskraft Frv wurde in den bisherigen Veröffentlichungen vernachlässigt, da sich diese Veröffentlichungen ausschließlich mit Stempeln von rundem Querschnitt beschäftigen. Eine Ausnahme bildet eine Veröffentlichung von Stöferle und Theimert [198]. Sie weisen in diesem Zusammenhang auf den Einfluß der Stempelform hin: *"Weit weniger einfach ist es, eine Tendenz des Einflusses der Stempelform zu formulieren... ...In Bezug auf die Abhängigkeit der Rückzugskräfte von anderen Parametern (Werkstoff, Schnittlänge, Blechdicke, Schneidspalt, Schneidspaltverhältnis, Schmierung usw. - Einfügung des Verfassers) zeigen runde, quadratische und dreieckige Stempel (diese drei Stempelformen wurden bei der zitierten Untersuchung verwendet - Einfügung des Verfassers) die gleiche Tendenz, wobei in den meisten Fällen der runde die größte und der quadratische die kleinsten Rückzugskräfte für die einzelnen Versuchswerte haben".* In Bild 54 ist diese quantitative Aussage belegt.

Parameter		Reihenfolge (Anteil) %					
		△ □ ○	□ △ ○	○ △ □	△ ○ □	□ ○ △	○ □ △
Schnittlänge	80mm	6	0	50	19	0	25
	160mm	6	0	67	11	6	10
Werkstoff	St34	0	0	60	10	0	30
	St37	0	0	67	20	0	13
	St52	20	0	40	20	7	13
Blechdicke	4mm	6	0	71	6	0	17
	8mm	5	0	52	14	5	24
	12mm	9	0	36	36	0	19
Schneid-spaltverhältnis	6%	0	0	59	18	0	23
	12%	6	0	58	18	0	18
	18%	12	0	50	19	0	19
Gesamt		6	0	56	16	2	20

Bild 54 Prozentuale Anteile der nach Größe der Rückzugskräfte geordneten Stempelformen Stöferle und Theimert [198]

In der Aufstellung sind die prozentualen Anteile der nach Größe der Rückzugskräfte geordneten Stempelformen insgesamt und nach den einzelnen Parametern aufgeschlüsselt. Bei 76% aller einzelnen Versuche sind die Rückzugskräfte Frv der runden Stempel größer als die der dreieckigen und quadratischen. Dagegen sind bei nur 2% die Rückzugskräfte des quadratischen Stempels größer als die der runden und der dreieckigen. Die Verhältnisse kehren sich um, wenn man die Stempelform mit der kleinsten Rückzugskraft Frv betrachtet. Hier hat die runde Stempelform bei nur 6%, die quadratische bei 72% aller Versuche die jeweils kleineren Rückzugskräfte. Aus der von Stöferle und Theimert in der bereits zitierten Veröffentlichung ermittelten Diagrammen ergibt sich jedoch auch, daß die Differenzen zwischen den Rückzugskräften der drei Stempelformen rund, quadratisch und dreieckig nicht einheitlich, sondern nach Schneidspaltverhältnis, Blechdicke und Schnittlänge unterschiedlich sind.

3.13. EINFLUSS DER GRÖSSE DER ABSTREIFERBOHRUNG AUF DIE GRÖSSE DER RÜCKZUGSKRAFT Frv

Pfaff [175] untersuchte den Einfluß des Durchmessers der Abstreiferbohrung auf die Größe der Rückzugskraft Frv. Er berichtet: *"Vielfach besteht die Ansicht, daß der Durchmesser der Bohrung im Abstreifer .. so klein wie möglich sein sollte, damit das gelochte Blech sich beim Rückzug des Stempels plan an die Unterseite des Abstreifers legt, nicht um den Stempel herum aufgewölbt wird und sich dadurch nicht auf den Stempel aufklemmt.".*

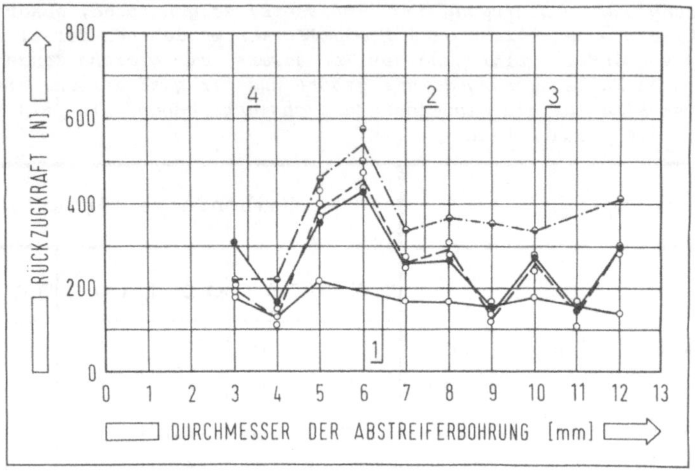

Bild 55 Rückzugskraft in Abhängigkeit vom Durchmesser der Abstreiferbohrung (d = 2,9 mm, s = 1,5 mm, Lv = 2,0, u = o,o33 s)
1 - scharfer Stempel ohne Aufschweißungen
2 - Stempel mit Aufschweißungen nach fünf Arbeitshüben
3 - Stempel mit Aufschweißungen nach zehn Arbeitshüben
Pfaff [175] 4 - arithmetischer Mittelwert aus zehn Arbeitshüben

"Eine Beeinflussung der Größe der Rückzugskräfte durch den Durchmesser der Abstreiferbohrung läßt sich aus diesen Ergebnissen nicht ableiten. Aufgrund der Überlegungen zum Verformungsmechanismus beim Biegen war ein Ansteigen der Rückzugskräfte in diesem speziellen Fall auch nicht zu erwarten. Beim Biegen eines Blechs durch die zwischen Stempelmantelfläche und Lochwand auftretenden Reibungskräfte entsteht in der Mitte zwischen den beiden Blechoberflächen eine neutrale Ebene, in der keine radialen Spannungen und damit auch keine radialen Längenveränderungen auftreten. Von dieser neutralen Ebene steigen die Radialspannungen nach beiden Oberflächen hin an, und zwar zur konkav gekrümmten hin als Druck-, zur konvex gekrümmten hin als Zugspannungen. ... Das Blech kann sich daher theoretisch nur dann auf dem Stempel aufklemmen, wenn die Lochwand auf der Zugseite im unbelasteten Zustand an der Mantelfläche des Stempels anliegt. Dies ist aber nur dann der Fall, wenn die Eindringtiefe größer ist als 50% der Blechdicke.
Beim Lochen dickerer Bleche mit größerem Lochungs- und Schneidspaltverhältnis ist daher mit einem Anstieg der Rückzugskraft durch Klemmwirkung zwischen Stempel und Lochwand nicht zu rechnen, wenn der Schneidspalt nicht zu klein gewählt worden ist. Die Gefahr, daß eine solche Klemmwirkung auftritt, steigt jedoch in dem Maße, wie die Blechdicke und das Lochungsverhältnis verringert sowie der Schneidspalt verkleinert werden, da dabei die Anschnittiefe größer werden kann als die halbe Blechdicke".

3.14. WERKZEUGVERSCHLEISS BEIM LOCHEN

Viele Forscher haben sich mit dem Werkzeugverschleiß und den damit zusammenhängenden Problemen beschäftigt: [8], [18], [24-30], [32], [37], [42, 43, 44, 46], [52], [54], [59], [60, 67, 68], [69], [72, 73], [81], [102], [106], [10], [108], [110], [139], [143], [151, 153, 154, 155, 157], [163], [166], [178], [179], [187], [192], [194], [195-197], [202], [213], [214], [215], [220]u.[242].

Laut Crasemann [37]: *"Die praktische Bedeutung der Verschleißmessungen liegt in:*
a) der Prüfung der Schneidbarkeit von Blechen;
b) der Prüfung der Schneidhaltigkeit von Werkzeugen".

Radtke [178] schreibt: *"Der Verschleißmechanismus hat mehrere Varianten, die die unerwünschte Stoffabtrennung der Werkzeug-Wirkflächen betreffen:*

1. *Verschleiß infolge Abrieb bei zu geringer Härte,*
2. *Verschleiß infolge Kaltverschweißens bei zu großer Affinität von Werkstück- und Werkzeug-Stoff und hohen Drücken,*
3. *Verschleiß infolge Korrosion bei chemischen Angriffen,*
4. *Verschleiß infolge Oberflächenermüdung bei hohen Wechselspannungen und Druckbelastung verbunden mit zu starker Wärmeentwicklung.*

....Dabei gibt es zwei unterschiedliche Verhaltensweisen bei der Zuweisung der Werkzeuge zur Nacharbeit oder Wiederherrichtung:

1. *entweder erfolgt dies nach vorgegebenen Stückzahlen, Hubfolgen, wenn der Verschleiß bestimmte Grenzen noch nicht überschritten hat,*
2. *oder man richtet sich nach den nicht mehr zulässigen Werkstücktoleranzen, bis der Auftrag zur Nacharbeit erteilt wird.*

Seidenberg [187] führt als Einflußgrößen für die Werkzeugstandmenge (Kantenverschleiß des Werkzeuges und Grathöhe des Schnitteils) auf:

1. Blechwerkstoff (chemische Zusammensetzung, Gefügezustand, mechanische Eigenschaften, Art der Herstellung),
2. Blechoberfläche und Schmierung (Oberflächenbeschaffenheit, z.B. Isolier- und Kunststoffschichten - kann gleichzeitig als Schmierstoff wirken - und die Schmierstoffart),
3. Werkzeugwerkstoff und seine Wärmebehandlung (Art des Werkstoffes, Kantenverschleißwiderstand, der sich aus Gefügeausbildung, Härte und Zähigkeit des Grundgefüges sowie aus der Anzahl, Verteilung und Größe der im Grundgefüge eingelagerten Karbide und deren Härte),
4. Werkzeuggeometrie (geometrischer Aufbau des Werkzeuges - Schneidverfahren, Form der Schnittlinie, Schneidspalt, Verlauf des Schneidplattendurchbruchs. Auch die Oberflächenrauheit als mikrogeometrischer Einfluß zählt zu dieser Gruppe).
5. Werkzeuglagefehler (Presse und Werkzeug bilden eine Fertigungseinheit. Einflüsse: Einzeleinflüsse der Presse, des Werkzeuges, der Werkzeugbefestigung (der Führung) und des Einrichtens.

Als Werkzeuglagefehler werden die Abweichungen des Werkzeuges von der idealgeometrischen Werkzeuglage, die mit Beginn des Wirkvorganges bis zum Abklingen der Rückfederungserscheinungen von Presse und Werkzeug wirksam sind, bezeichnet.

Birzer [18] schreibt: *"Wenn die STANDMENGE als Bewertungsgröße für Werkstück-Werkstoff-Eigenschaften herangezogen werden soll, so muß zuerst eine exakte Definition des Begriffes STANDMENGE erfolgen. Die Standmenge, definiert als die Anzahl gestanzter oder geschnittener Teile zwischen zwei Scharfschliffoperationen des Schnittstempels bzw. der Schnittplatte ist keine exakte Meßgröße, sondern kann nur subjektiv festgelegt werden".*

"Mitbestimmend für die STANDMENGE ist die HÖHE und BREITE des GRATES am Stanzteil. Die ÜBERSCHREITUNG einer FESTGELEGTEN GRENZE in der GRATAUSBILDUNG führt folglich zum Abbruch des Stanz- bzw. Schneidvorganges und zum Ausbau sowie zum Scharfschliff des Werkzeuges. Hier ergeben sich schon die ersten Schwierigkeiten in der Definition, wenn man die beiden Verfahren: Normalstanzen und Feinschneiden unter gleichen Gesichtspunkten behandeln will".

Buchmann [24] führt aus: *"Unter VERSCHLEISS soll durch gleitende Bewegung von Körpern hervorgerufene unerwünschte und stetige Abtragung von Werkstoff verstanden werden. Die stetige Abtragung ist gemeint, weil z.B.* das Ausbrechen der

Schneidkanten oder das Abbrechen von Schneidstempeln nicht als Verschleiß bezeichnet werden soll".

Während der bildsamen Verformung fließt der Werkstoff, wie Crasemann [37] Timmerbeil [212] zitiert: *"daß an der Stirnseite jeder der beiden Werkzeuge zu den Schneidkanten hin, so daß zur Werkstoffgleitung längs der Stirnflächen kommt. Diese Gleitung des Werkstoffes an der Stirnseite der Werkzeuge unter der dort vorliegenden Pressung ist die Ursache für den Abrieb der Stirnfläche von Stempel und Schnittplatte; wir nennen ihn Stirnflächenverschleiß.*
Neben dem Stirnflächenverschleiß spricht man vom Mantelverschleiß. Das ist die Abnutzung des Stempels auf seiner Mantelfläche. Er verdankt sein Entstehen der Ringspannung, die durch die plastische Verformung am Aussenteil hervorgerufen wird und zwischen Schneidstempel und umgebendem Blech eine zeitweilige Preßpassung ohne Schmierung ergibt".

O. Kienzle und W. Kienzle [108] haben "Richtlinien für die Ermittlung der Schneidhaltigkeit und Schneidbarkeit" erarbeitet. Darin: *"Der Grat ist in stärkerem Maße als der Verschleiß am Werkzeug von der Größe des Schneidspaltes abhängig. Daher ist er weniger geeignet, als Kennzeichen für Werkstoffeigenschaften, nämlich für die Schneidhaltigkeit und die Schneidbarkeit zu dienen. Hinzu kommt, daß wegen der teils unterschiedlichen Stärke des Schneidspaltes längs der Schneidlinie der Grat nicht an allen Stellen gleich hoch ist. Die Meßwerte streuen dementsprechend stark.*
Der Verschleiß am Werkzeug ist stetiger. Von den der Messung zugänglichen Veränderungen der Stirnfläche, der Mantelfläche und den Längskanten scheidet zunächst die letztere aus, einmal weil sie bei vielen Stempeln gar nicht vorhanden ist, zum anderen Teil weil der Kantenhalbmesser im neuen Zustand nicht eindeutig zu messen ist.
Der Mantelverschleiß scheidet bei den dünnen Blechen aus, weil er kleiner ist als der Stirnflächenverschleiß und weniger stetig fortschreitet. Somit verbleibt als Bezugsgröße der Stirnflächenverschleiß, und zwar der Querschnitt des abgetragenen Volumens, bezogen auf die Anzahl der Schnitte. Mit der Wahl des verschlissenen Querschnittes als Vergleichsgröße ist man von der Länge der Schneidlinie und damit vom Stempeldurchmesser unabhängig. Der Stirnflächenverschleiß als Vergleichsmerkmal hat zugleich den Vorzug, daß er als Querschnitt gemessen weniger streut als die Dickenabnahme des Stempels und sowohl am Stempel als auch an der Schnittplatte beobachtet werden kann. Dazu kommt, daß er proportional zur Schnittzahl fortschreitet; daher kann man, ohne bis zum vollen Verschleiß zu schneiden, schon aus Schnittzahlen unter 30 000 Anhaltspunkte gewinnen".
Diese Richtlinien gelten jedoch nur zur Ermittlung der Schneidhaltigkeit von Werkzeugstählen und der Schneidbarkeit von Stahlblechen bis 1 mm Dicke.

W. Kienzle [110] stellt durch Synthese verschiedener Definitionen folgende Begriffsbestimmung für den Verschleiß auf:
"Verschleiß ist eine allmähliche, unerwünschte Oberflächenveränderung, die in einer Stoffabtragung an der Oberfläche fester Körper durch mechanischen Angriff, hauptsächlich Reibung, hervorgerufen von einem bewegten Gegenstoff, bisweilen unter Mitwirkung von Zusatzstoffen, besteht".
In derselben Arbeit sind Erscheinungen am Werkzeug und am Blech aufgeführt. Zusammenfassung: Der Stirnflächenverschleiß ist im allgemeinen größer als der am Stempel, wenn beide Werkzeugteile gleich hart sind. Weder die Vorschubrichtung noch die Schneidkantenform wirken sich auf den Stirnflächenverschleiß aus. Der Mantelverschleiß ist bei Stahlfeinblechen von 1 mm und darunter erheblich geringer als der Stirnflächenverschleiß. Die Grathöhe wächst zunächst mit der Menge der Schnitte verhältnisgleich an und wächst später schwächer zu, um nachher von einer bestimmten Menge ab stark anzusteigen. Einflüsse seitens des Werkzeugstoffes: der Stirnflächenverschleiß hängt von der Härte des Werkzeugstoffes ab; er ist um so kleiner, je größer die Härte ist. Einflüsse seitens des Blechstoffes: Streckgrenze, Bruchdehung und Korngröße wirken sich auf den Verschleiß aus. Je höher die Streckgrenze und Bruchdehnung, um so größer der Verschleiß. Mit kleinerem Korn im Blechstoff nimmt der Verschleiß ab. Ein Überzug (Isolierpapier) mildert den Stirnflächenverschleiß.

M e h l h o r n [147] definiert: *"Unter dem Begriff Verschleißverlauf während des Fertigungsverlaufs sei die zeitliche Änderung der Verschleißgröße V_x von Null bis zu einer zulässigen V_z verstanden.*

$$0 \leqq V_x \leqq V_z \qquad (1)$$

Die Änderung der Verschleißgröße V_x ist als physikalische Größe meßtechnisch erfaßbar. Mittels der Verschleißwerte und unter Kenntnis des Zusammenhangs Produktivität - Schnitteilqualität wird die Produktivität und Schnitteilqualität objektiv meßbar. ... Für die mathematische Betrachtung gilt zunächst, daß die Schnitteilqualität Y (d.h. bestimmter Endparameter) die eine Funktion, die Verschleißgröße V die zweite Funktion der Einflußgrößen $n_1, n_2, \ldots, n_n$ des Fertigungsvorganges darstelle. Es wird:

$$Y = \varphi(n_1, n_2, \ldots n_n) \quad (2) \qquad V = \psi(n_1, n_2, \ldots n_n) \quad (3)$$

Die funktionale Beziehung zwischen $Y=\varphi(n_1, n_2, \ldots n_n)$ und $V=\psi(n_1, n_2 \ldots n_n)$ existiert, wenn die Funktionaldeterminante $D = 0$ wird. Ausgenommen der Fall, daß sämtliche partiellen Ableitungen der Funktion $V = \psi(n_n)$ bzw. $Y = \varphi(n_n)$ Null werden. Die Funktionen $V = \psi(n_n)$ und $Y = \varphi(n_n)$ können zur Bildung der vollständigen physikalischen Maß- und Toleranzkette benutzt werden, die von G e i s t [264] beschrieben wird. Für den Endparameter Y liegt die physikalische Maß- und Toleranzkette in folgender Form vor:

$$\frac{Y + \Delta Y}{Y} = \sum_{i=1}^{i=i} a_i \left[\frac{n_i + \Delta n_i}{n_i} - \frac{\left(\sum_{i=1}^{i=i} a_i \cdot n_i\right) - n_i}{\sum_{i=1}^{i=i} a_i \cdot n_i} \right] \qquad (4)$$

Y *Absolutwert des Endparameters*
ΔY *endliche Schwankungsbreite des Endparameters*
a_i *Koeffizienten der Einzelglieder der physikalischen Meßkette (Gewicht der Einzelglieder)*
n *veränderliche Einflußgrößen*

Aus der mathematischen Betrachtung folgt, daß zur Beherrschung der Fertigungsverfahren Ausschneiden die errechneten oder meßtechnisch ermittelten unterschiedlichen Gewichte a_i im Fertigungsablauf eingehalten bzw. realisiert werden. Dieser Lösungsweg erfordert ebenfalls die Meßwertgewinnung und -verarbeitung".

D u b r a v s k ý und F r a č e k [263] berichten: *"Die ermittelten Kurven der wachsenden Grathöhe, die anhand der Versuche aufgezeichnet wurden, sind in dem Mittelabschnitt fast waagerecht, und unterscheiden sich durch den Anstiegwinkel. Um die einzelnen Abschnitte zu approximieren hat man folgende Funktionen gewählt:*

eine lineare Funktion: $h_1 = A_1 x - B_1$

eine Parabel-Funktion: $h_2 = A_2 x^3 - B_2 x - C_2$ *und*

eine Exponentialfunktion $h_3 = A_3 x^{B_3} e^{C_3 x}$

wobei: h - Grathöhe in mm, x - Zahl der Schnitte

Die Berechnung der konstanten Koeffizienten A, B und C dieser Funktionen, sowie ihrer Charakteristiken (Standardabweichung, Streuung usw.) wurde mit Hilfe einer elektronischen Datenverarbeitungsanlage vorgenommen".
Bei dieser Untersuchung wurden zwei Grathöhen von 0,05 und 0,08 mm berücksichtigt und jeweils 1oo ooo Schnitte durchgeführt.

Buchmann [28] beschreibt seine Versuche und kommt zu einem ähnlichen Verschleißkurvenverlauf. Er stellt fest, daß der Kurvenverlauf als Funktion des Blechwerkstoffes anzusehen ist, da verschiedene Blechwerkstoffe bei verschiedener Schnittzahl gleiche Grathöhen (z.B. 28 ooo und 12o ooo) erreichen.

Finckenstein [60] prägt den Begriff „Einzelstandmenge" und definiert ihn: *"Das Kriterium für die Einzelstandmenge eines Schnittwerkzeuges ist die zulässige Grathöhe, deren Größe sich nach dem Verwendungszweck des Schnitteiles richtet. Die Grathöhe ist von vielen Einflußgrößen - insbesondere aber vom Kantenverschleiß des Werkzeuges - abhängig. Der Kantenverschleiß je Einzelstandmenge ist außerdem eine Bestimmungsgröße für die Gesamtstandmenge, da er die Abschleifhöhe zum Schärfen des stumpfen Werkzeuges festlegt. Beide Größen, Grathöhe und Kantenverschleiß, müssen also als Merkmale für die Standmenge von Schnittwerkzeugen verwendet werden".*

Vajntraub [213] stellt fest, daß zwischen den Abweichungen der tatsächlichen Schneidspaltgröße vom optimalen Wert und der Standmenge (besser - nach Finckenstein: "Einzelstandmenge") eine Abhängigkeit besteht. Um die beim Schneiden von Blechen verschiedener Dicke ermittelten Werte auf nur eine Größe zu reduzieren, hat Vajntraub eine empirische Abhängigkeit in Form eines Blechdickenfaktors k (gültig für einen Dickenbereich von 0,5 bis 4 mm) benutzt (Formel 1). Die rechnerische Bestimmung der optimalen Einzelstandmenge n_o wurde nach der Formel 2 vorgenommen. Er schreibt: *"Durch Untersuchungen wurde festge-*

$$k = \frac{3}{2 + s} \quad (1) \qquad n_o = \frac{60 \cdot 10^5}{R_m} \cdot k \quad (2)$$

k - Blechdickenkoeffizient
s - Blechdicke in mm
R_m- Zugfestigkeit in N/mm^2

stellt, daß zwischen den Abweichungen der Schneidspaltgröße vom optimalen Wert (Kap.9/94) *und der Standmenge* (Einzelstandmenge) *eines Schneidwerkzeuges bis zum Nachschleifen eine Abhängigkeit besteht, die graphisch durch eine asymetrische Kurve ausgedrückt wird, deren Form an die Maxwell-Kurve erinnert".*
Als Verschleißkriterium diente die Grathöhe von 10 bis 12% der Blechdicke s, weil bei weiterer Zunahme der Grathöhe der Verschleiß stärker zugenommen hat.

Stöferle und Kim [195] haben ein Kurzprüfverfahren zum Ermitteln des Werkzeugverschleißes an Lochstempeln entwickelt. Dieses Verfahren beruht auf einem Drehvorgang von paketierten Ronden aus Blechwerkstoff mit Hilfe eines Drehstahls aus Originalstempelwerkstoff unter Bedingungen, die dem üblichen Lochvorgang angepaßt sind. Sie haben nachgewiesen, daß dieses Kurzprüfverfahren ersatzweise für eine Prüfung durch aufwendiges Lochen treten kann.

Wenzel und Mehlhorn [220] schreiben: *"Der Verschleiß des Werkzeugs, aufgetragen über der Standmenge, folgt einer Kurve, die im Anfang steil, dann flach und zum Ende wieder ansteigend verläuft. Für den wirtschaftlichen Punkt des Anschliffs ist der Beginn des Wiederansteigens maßgebend; er ist durch Großstückzahlversuche für die jeweiligen Bedingungen einmal zu ermitteln. ..und: ..Der Stempelverschleiß ist anfangs hoch, wird nach jedem Anschliff geringer".*

Turno, Slomczyński und Berkowski [214] untersuchten den Werkzeugverschleiß beim Schneiden von siliziumhaltigen Blechen (Si-Gehalt 2,5% und 3,8 bis 4,2% und mehr). Sie schreiben: *"In der Literatur beschriebene Versuchsergebnisse stammen aus in Laboratorien durchgeführten Versuchen. Deshalb kann man diese nicht optimistisch betrachten. Wenn die Laborversuche eine Einzelstandmenge von z.B. 120 000 ergaben, so sollte man in der Fertigung nicht bessere Resultate als 40 000 bis 60 000 erwarten. ...Durch Laborversuche ist es nicht gelungen eine Korelation zwischen den Festigkeits- und Fließeigenschaften, der Biegefestigkeit, der Mikrohärte bzw. der Struktur und Schneidbarkeit der Bleche zu finden".*

Peter und Neider [173] führten Verschleißprüfung mit radioaktiven Isotopen durch. Diese Versuche haben gezeigt, daß die Gratbildung sowohl vom Stirnflächenverschleiß als auch vom Mantelverschleiß des Stempels abhängig ist. Sie berichten: *"Im Gegensatz zu den inaktiven Isotopen können nämlich radioaktive Isotope durch die Strahlen, die sie aussenden, noch in kleinsten Mengen empfindlich nachgewiesen werden; denn diese radioaktiven Strahlen sind wegen ihrer Energie noch bei kleinsten Intensitäten mit guter Genauigkeit meßbar".*
Der Nachweiß erfolgte autoradiograpisch und durch Messung mit einem Geiger-Müller-Zähler. In beiden Fällen wurde vorwiegend mit β-Strahlung gemessen.

Banasik und Radwan [10] haben ebenfalls mit Hilfe der β- und γ-Isotopen Verschleißversuche durchgeführt. Diese Versuche haben gezeigt, daß mit Hilfe dieser Methode Kurzzeitversuche, die 1/100 des Zeitaufwandes der „traditionellen" Methoden in Anspruch nehmen, möglich sind. Dabei wurde festgestellt, daß der Mantelverschleiß einer sehr großen Streuung unterworfen war, die bis zu 20% betragen hat. Sie wurde infolge des "Einfahrens" des Stempels bis auf 10% reduziert.

Michalenko und Durandin [155] haben den Einfluß der Pressengeschwindigkeit auf den Schneidkantenverschleiß beim Ausschneiden und Lochen von Federstahl untersucht. Sie berichten: *"Die hinsichtlich des Verschleißes und demzufolge auch bezüglich der Standmenge* (Einzelstandmenge) *des Werkzeuges optimale Stößelhubzahl des Schneidautomaten entspricht 275...300* min^{-1}*. Es kann vermerkt werden, daß der Werkzeugverschleiß bei 423 Hüben/min geringer als bei 139 Hüben/min ist. ...Die Standmengenerhöhung der Werkzeuge in einem bestimmten Bereich steht offenbar in Zusammenhang mit günstigen thermomechanischen Arbeitsbedingungen für die Matrize und den Stempel".*

Bader [8] führt aus: *"Die mit der Korngröße ursächlich zusammenhängenden starken Deformierungen vor dem Trennvorgang erhöhen den Abrieb an den Schneidkanten. In dieser Phase wird die Oberflächenrauheit der Paarung Werkstück-Werkzeug besonders wirksam und insbesondere bewirken Schlackeneinschlüsse in der Oberfläche und Siliziumpelz einen zusätzlichen Abriebfaktor".*

Büchler, Polmar und Rose [31] schreiben: *"Wird das Verschleißverhalten der untersuchten Werkzeugstähle beurteilt und verglichen, so ergeben sich zum Teil widersprüchliche Aussagen. Stähle, die sich als Stempelwerkstoff gut bewährt haben, zeigen als Schneidplattenwerkstoff großen Verschleiß, und Stähle, die sich beim Schneiden von Blech 1 bewährt haben, erweisen sich beim Schneiden von Blech 2 als weniger verschleißfest und umgekehrt. Es zeigt sich, daß die Verschleißfestigkeit eines Stahles von der Art der Verschleißbeanspruchung abhängt".*

Buchmann [24-27 und 29-30] hat sich eingehend mit der Verschleißbeurteilung beim Lochen befaßt. Er schreibt: *"Bekanntlich erfolgt beim geschlossenen Schnitt nach dem Aufsetzen des Stempels auf das zu schneidende Blech eine bildsame Werkstoffverformung in der Schnittzone* [105 und 210] *infolge dessen werden nach* Timmerbeil [210] *zunächst die Randfasern - bei fortschreitender Eindringtiefe t des Stempels in den Werkstoff auch die tiefer gelegenen Werkstoffteilchen - in Verformungsrichtung gestreckt und hierdurch verfestigt. Die Streckung der Werkstoffasern in der Schnittzone verursacht ein Nachfließen des Werkstoffes aus der weiteren Umgebung um die Werkzeugschneidkanten. Beim geschlossenen Schnitt ist das Nachfließen vom Innenstück her geringer als vom Außenstück her wenn das Nachfließen vom Außenstück her nicht durch einen Blechhalter verhindert wird. Da diese unterschiedliche Schnittflächenentstehung durch die verschiedenartige Gleitung des Werkstückwerkstoffes bei verschiedenen Schneidspalten beeinflußt wird, ist anzunehmen, daß der Schneidspalt den Verschleiß beeinflussen wird".* Buchmann [27] berichtet:... *"Das Ausmaß der Zunahme der Schneidkraft mit der Schnittzahl, d.h. mit dem Verschleiß, wurde überprüft; die Zunahme ist gering, die Streuung groß. ... Zum Kolkverschleiß neigen die Schneidplatten mehr als der Stempel"*....an einer anderen Stelle: *"Als Folge des Werkzeugverschleißes kann in einigen Fällen eine Erhöhung der Schneidkraft auftreten. Eine eindeutige Abhängigkeit der Schneidkraft vom Verschleiß wurde nicht gefunden. ...". "Die geometrische Form der Schnittlinie hat einen Einfluß auf den Verschleiß. Rundstempel weisen einen kleineren Stirnflächenverschleiß auf als Stempel mit scharfen oder gering gerundeten Ecken oder mit geraden Schneidkanten. ...Die mikrogeometrische Form der Werkzeugstirnflächen beeinflußt den Stirnflächenverschleiß. Bei Rauhtiefen von 0,005 bis 0,006 mm ist der Verschleiß quer zur Schleifriefenrichtung kleiner als bei kleineren Rauhtiefen (0,001 - 0,002 mm). Das letztere gilt auch bei den Rauhtiefen in Richtung der Schleifriefen gemessen. Der Einfluß der Rauhtiefe ist bei Werkstückstoffen verschiedener Dehnung verschieden stark. ... Die Grathöhe hängt wie der Verschleiß stark vom Werkstückstoff ab, d.h. insbesondere von dessen Festigkeit und Formänderungsvermögen. Hohe Dehnungen und große Festigkeit erhöhen den Verschleiß".*

3.15. BILDUNG VON AUFBAUSCHNEIDEN BEIM LOCHEN

Nach Oehler [167]: *"An Lochstempeln für härtere Mittel- und Grobbleche zeigen sich zuweilen Ansätze anhaftenden Schneidwerkstoffes ähnlich Aufbauschneide an Dreh- und Bohrwerkzeugen. ..Auf der Stirnfläche war die Aufbauschneide weniger deutlich zu beobachten, da sie sich durch das Aufschlagen blank schlug". "Besonders anfällig [166] sollen sich Schnittwerkzeuge bei Verarbeitung austenitischer rostfreier Bleche (18% Cr, 8% Ni) verhalten".*

Dies [44] schreibt: *"Es zeigte sich, daß verschiedene Werkstoffe, so vor allem Messing und Leichtmetalle sehr leicht zum Aufschweißen auf den Lochstempel neigen. Das Auftreten von Aufschweißungen auf der Mantelfläche der Stempel war bereits nach wenigen Lochungen zu beobachten. Diese Erscheinung trat aber nicht an allen Stempeln gleichmäßig auf. Wie bereits eingangs erwähnt, waren die Lochstempel aus Werkzeugstählen verschiedener Lieferfirmen gefertigt, so daß die Vermutung nahe liegt, daß bestimmte Legierungsbestandteile die Aufschweißungen besonders begünstigen. ..Auffallend ist ferner, daß die Neigung zum Aufschweißen beim gedrehtem Stempel vorhanden ist. Die Ursache für dieses Verhalten liegt wohl darin, daß der gedrehte Stempel dem Gegenmaterial eine wesentlich kleinere Berührungsfläche bietet, daß er aber auch noch mit einer stärkeren Oxydhaut versehen ist, die den zum Verschweißen notwendigen innigen Kontakt der Oberflächen nicht zustande kommen läßt. ...Die erste Annahme findet eine Bestätigung darin, daß die geläppten Stempel viel stärker von den Aufschweißungen betroffen wurden als die geschliffenen. ...Trotz sorgfältiger Schmierung läßt sich nicht immer vermeiden, daß an einzelnen Stellen stets wiederkehrende Verschweißungen auftreten. Auch in diesen Fällen hat es sich gezeigt, daß dieser Fehler durch Verwendung einer anderen Stahlsorte beseitigt werden konnte".*

Stromberger [200] führt aus: *"Neben den festgestellten Einflüssen...spielen Werkstoffeigenschaften eine Rolle, und zwar die mehr oder weniger große Neigung eines Werkstoffes, mit dem Stempel zu verschweißen. ...Die Neigung, Aufschweißungen am Stempel zu bilden, ist z.B. beim St 37 zwar besonders bei kleinerem Schneidspalten groß, während sie bei größeren Schneidspalten nicht mehr vorhanden ist".*

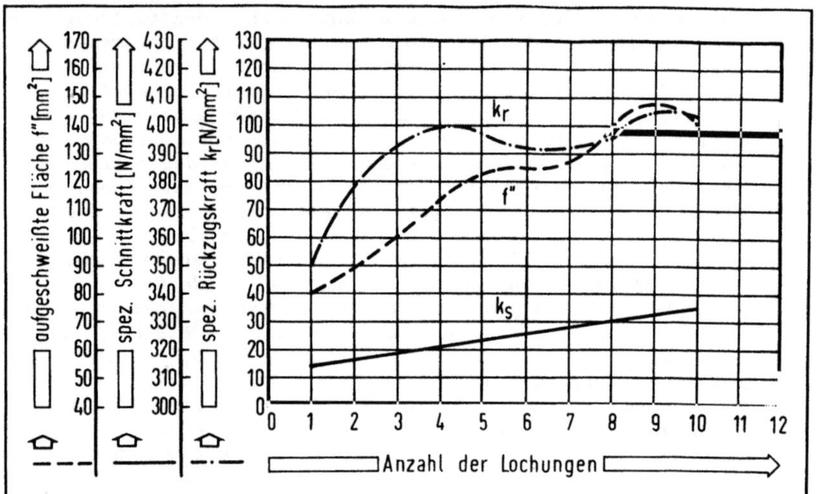

Bild 56 Spezifische Rückzugskraft k_r, spezifische Schnittkraft k_s und projizierte Fläche der Aufschweißungen am Stempel in Abhängigkeit von der Lochzahl (Stempeldurchmesser 15 mm, Werkstoff St 37, Blechdicke 12 mm, Schneidspalt u=0,04 mm nach Eickhoff [56]

s.U.d.A. Kap. 27, S. 175

3.16. MASS- UND FORMÄNDERUNGEN DER PROBESTREIFEN BEIM LOCHEN

Pfaff [175] untersuchte die Maß- und Formänderungen der Probestreifen. Durch die beim Lochen wirkenden Kräfte werden die Blechstreifen deformiert. Sie werden nicht nur in Längs- und Querrichtung durchgebogen, sondern ändern auch

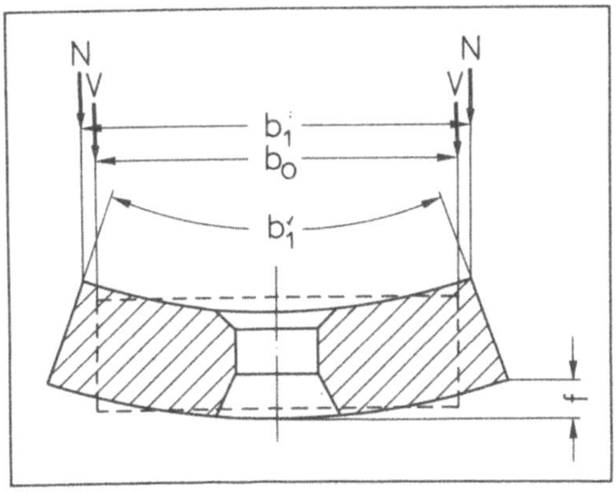

Bild 57
Maß- und Formänderung des Probestreifens durch das Lochen
Pfaff [175]

b_0 Breite vor dem Lochen

b_1 Breite nach dem Lochen

b_1' gestreckte Breite

f Durchbiegung

V Meßkante vor dem Lochen

N Meßkante nach dem Lochen

ihre Länge und Breite, die im allgemeinen zunehmen. Auch die Dickenänderung wurde nachgewiesen; sie ist beim Lochen mit Mehrstempelwerkzeugen in den Stegen zwischen zwei benachbarten Löchern besonders groß. Diese Ergebnisse haben sich bestätigt.

3.17. TEMPERATUREN BEIM LOCHEN

Dies [51] hat Temperaturen beim Lochen von Blechen untersucht. Dabei wurden als Parameter die Stempeloberflächen (rundgeläppt, geschliffen und gedreht) festgelegt. Wie die Ergebnisse der Untersuchungen des Einflusses von Schmiermitteln [52] zeigen, läßt sich auf dem Wege der Schmierung keine spürbare Herabsetzung der Schnittemperaturen erreichen. Diese zunächst widersinnige Erscheinung *"dürfte ihre Ursache darin haben, daß kein Schmiermittel in der Lage ist, beim Lochen die gesamte Schnittfläche mit einem ausreichendem Schmierfilm zu überziehen. Außerdem ist zu berücksichtigen, daß bei dem angewandtem Verfahren eine Temperaturmessung noch möglich ist, wenn auch nur wenige Thermolötstellen am Umfang des Stempels vorhanden sind, d.h. ein großer Teil des Stempels kann ohne weiteres mit einem Schmierfilm überzogen sein, ohne daß dadurch die Temperaturmessung beeinträchtigt wird".*
"Es wäre somit abwägig aus der reinen Schnitt-Temperaturmessung auf die Schmiereingenschaften der angewandten Schmiermittel beim Lochschitt schließen zu wollen".
Dies [51] schreibt weiter: *"Zusammenfassend lassen sich die Ergebnisse der Schnittemperaturmessungen beim Lochen von Blechen folgendermaßen darstellen. Mit mehreren Werkstoffen und unter verschiedenen Arbeitsbedingungen wurden an einer Exzenterpresse Messungen durchgeführt, bei denen die Temperatur während des Lochvorganges zwischen Stempel und Werkstoff gebildeten Thermoelement unter Verwendung von registrierenden Kathodenstrahloszillographen aufgezeichnet werden konnte. Die Ergebnisse zeigen, daß die angewendete Meßmethode durchaus in der Lage ist, Einblick in die während des Lochvorganges herrschenden Temperaturverhältnisse zu vermitteln, wobei allerdings nur ein mittlerer Wert der Temperaturverteilung zur Anzeige gelangt. Im einzelnen konnte festgestellt werden, daß die Schnittgeschwindigkeit innerhalb der normalerweise angewendeten Bereiche von untergeordnetem Einfluß ist. Die bei zwei Werkstoffen mit 300 bzw. 550°C gemessenen Schnittemperaturen liegen schon in einer Größe, die durchaus am Stempel einen Anlaßeffekt eintreten lassen kann. Man muß aber dabei berücksichtigen, daß diese hohen Temperaturen nur in einer sehr eng begrenzten Zone auftreten und daß durch die rasche Abwanderung der Wärme in das übrige Material diese Gefahr gemildert wird".*

3.18.1. OBERFLÄCHENBESCHAFFENHEIT DER LOCHWAND BEIM LOCHEN

Der Verlauf des Lochungsvorganges hängt von mehreren Faktoren ab. Ebenso wird die Oberflächenbeschaffenheit des Loches als eine resultierende Größe der sie beeinflussenden Faktoren entstehen. Zahlreiche Untersuchungen und Veröffentlichungen befassen sich mit diesem Problem. Stromberger und Pfaff [203] führen aus: *"In allen Versuchsreihen hatten die hergestellten Löcher die gleiche typische Gestalt: An dem stempelseitigen Lochrand entstand eine mehr oder minder große Verformungszone als KANTENABRUNDUNG, nachfolgend eine SCHNITTZONE mit zylindrischer Wand unterschiedlicher Länge; zwischen dem unteren Ende der Schnittzone und dem unteren Lochrand verlief eine kegelig ausgebildete BRUCHZONE"*.

Eickhoff [56] schreibt: *"Zur Kennzeichnung und Beurteilung der Lochwände oder Lochleibungen, d.h. der durch den Lochvorgang entstehenden Schnittflächen, wurden in Richtung der Blechdicke drei charakteristische Zonen festgelegt"*:

1. VERFORMUNGSZONE (Maß: Verformungstiefe s_V) - Die Größe der bleibenden, also plastischen Verformung des Blechwerkstoffes. Diese Zone ist vom Formänderungsvermögen und der Dehnung des Blechwerkstoffes abhängig.
2. ANSCHNITTZONE (Maß: Anschnittiefe s_{At}), anderweitig [96], [110], [212] auch Fugenlänge, Eindringtiefe oder Schnittfläche genannt, die vom Eindringen des Stempels bis zum Entstehen der von der Stempelkante ausgehenden Risse entsteht.
3. BRUCHZONE (Maß: Bruchtiefe s_B) - Teil des Lochprofils, das vom ausgehenden Anriß gebildet wird.

Aus den Veröffentlichungen geht hervor, daß die Größe des Schneidspaltes „u" eindeutig den größten Einfluß auf die Ausbildung der Lochwand hat. Nach Marejka [140] zitiert: *"Die Umformzone nimmt mit größerwerdendem Schneidspalt zu [203]. Aus Untersuchungen von Pfaff [175] geht hervor, daß der Anstieg nahezu linear ist. Die Scherzone wird zunächst kleiner, erreicht bei einem Schneidspalt von 6 bis 8% der Blechdicke ein Minimum und steigt dann leicht an [203]. Pfaff [175] gibt das Minimum im Bereich zwischen 10 bis 15% der Blechdicke an"*. Keller [97] sagt: *"Bei kleinem Schneidspalt erhält man saubere, zur Blechoberfläche senkrechte Trennfläche"*. Oehler [167] beschränkt ähnliche Aussage auf nicht zu harte und dünne Stahlbleche.

Nach Lange [130]: *"Eine zipfelfreie Trennfläche entsteht immer dann, wenn der Schneidspalt so bemessen wurde, daß die Risse von der Stempel- und Schneidplattenkante einander treffen. ... Werkstoffe mit großen Dehnungswerten im Zugversuch (Al 99,5) weisen bei kleinen Schneidspalten nahezu vollständig glatte Trennflächen auf. Eine Zipfelbildung tritt bei diesen Werkstoffen kaum auf"*.

Als eine wichtige Einflußgröße hinsichtlich der Oberflächenbeschaffenheit der Lochwand wird die Blechdicke „s" angegeben. Bei dickeren Blechen nehmen die prozentualen Anteile der Bruchzone an [56], [175], [200], [203]. Daran ist der Anteil der Kantenabrundung geringer als die Schnittzone beteiligt [175]. Die Kantenabrundung und die Bruchzone werden bei größeren Stempeldurchmessern zu ungunsten der Schneidzone größer [56],[175], [203]. Stromberger und Pfaff [203] schreiben: *"Die Verformungstiefe s_V ein Maß für die Rundung und Einziehung der oberen Lochkante, steigt mit größer werdender Blechdicke an. Bei Erhöhung der Blechdicke von 1 auf 3 mm beträgt die Steigerungsrate etwa 70%. Da zugleich die maximale Eindringtiefe „e" des Stempels in den Blechwerkstoff stärker ansteigt als die Verformungstiefe, läßt sich daraus eine Verlängerung des zylindrischen Teiles der Lochwand, auch Anschnittiefe s_{At} genannt, ableiten. Bezieht man diese Größen jedoch zur besseren Vergleichbarkeit untereinander auf die Dicke des gelochten Blechs, so sieht man, daß sie absolut gesehen zwar ansteigen, ihr prozentualer Anteil jedoch mit wachsender Blechdicke zurückgeht"*.

Als weitere Einflußgröße wird das Lochungsverhältnis Lv genannt. Stromberger und Pfaff [203] führen aus: *"Beim Lochen von Blechen gleicher Dicke mit Stempeln unterschiedlicher Durchmesser steigt die Größe der Verformungstiefe mit wachsendem Lochungsverhältnis Lv, das als Quotient aus Stempeldurchmesser „d" und der Blechdicke „s" definiert ist. Eindringtiefe und Anschnittiefe dagegen werden um so kleiner, je größer der Stempeldurchmesser gewählt wird".* Auch Eickhoff 57 berichtet: *"..daß sich im Vergleich mit der Verformungstiefe eine entgegengesetzte Tendenz ergeben hat. Zu größeren Stempeldurchmessern gehören kleinere Anschnittiefen".*

Nicht weniger wichtig bei der Betrachtung des Problems „Oberflächenbeschaffenheit der Lochwand" ist auch der Blechwerkstoffeinfluß. Guidi 75 schreibt: *"Je größer das Verformungsvermögen des Werkstoffs, desto größer ist die verformte Zone, d.h. die Verformungstiefe h_v. Der prozentuale Anteil der Verformungshöhe an der Blechdicke ist bei dünnem Blech größer als bei dickem".*

Auch die Veränderungen des Blechwerkstoffes in der Nachbarschaft der Lochwand, insbesondere die Veränderungen der Gefügestruktur und der Härtewerte 57 204 wirken sich auf die Oberflächenbeschaffenheit der Lochwand aus. Der Stempelverschleiß ist ebenfalls ein wichtiger Faktor in dieser Hinsicht. Die Abrundung der Schneiden infolge des Verschleißes kann sich sogar vorteilhaft auf die Beschaffenheit der Lochoberfläche auswirken.

3.18.2. GENAUIGKEIT BEIM LOCHEN

Unter dem Begriff: "Genauigkeit beim Lochen" wird verstanden:

1. Genauigkeit der Abmessungen des Loches
2. Genauigkeit der Form des Loches
3. Güte der Schnittfläche bzw. -flächen
4. Lage der Lochwand bzw. -wände zu der Blechoberfläche

Buchmann [28] schreibt: *"Die Genauigkeit der Abmessung ist in erster Linie eine Frage der Werkzeuggenauigkeit, d.h. Führungsgenauigkeit des verwendeten Führungsgestells und der Genauigkeit der eingesetzten Werkzeugmaschine".*

Hilbert [80] führt aus: *"Die Bemassung von runden Lochungen erfolgt nach der Qualität fein bzw. mittel nach DIN 75. Hinzu kommt die Toleranzangabe, die Grundsätzlich nach "Plus" gehen soll. Zu empfehlen sind folgende Toleranzen:*

Lochung	Toleranzbereich
Bis 5,9 ∅	von 0,1 bis 0,2 mm
Bis 10,1 ∅	von 0,2 bis 0,3 mm
Bis 20,2 ∅	von 0,2 bis 0,4 mm
Bis 30,0 ∅	von 0,2 bis 0,5 mm
und darüber	von 0,3 bis 0,6 mm

Bild 58 Toleranzen beim Lochen Hilbert [80]

Hilbert: *"Lochstempel werden stets nach dem Größtmaß gefertigt, also Nennmaß plus Toleranz. Mit der Toleranz wird gleichzeitig die beim Lochen unvermeindliche Einfederung ausgeglichen, sie braucht also nicht zusätzlich berücksichtigt zu werden".*

Die Rückfederung ist in Kap.3.7.besprochen. Jahnke, Retzke und Weber [91] geben lt. Gabler [248] Richtwerte für Maßabweichungen bei Schneidvorgängen (Schnitt- und Lochteile bei Werkzeugfertigung in der ISA-Qualität und bei einer Teilgröße von etwa 40 mm x 40 mm) an.

Die Formgenauigkeit des Loches wird einerseits von der Stempelformgenauigkeit und andererseits vom teilweisen Verschleiß des Stempels abhängen. In der Fachliteratur wird allgemein die ISA-Qualität 12-14 genannt. Die Oberflächenqualität hängt entscheidend von der Schneidspaltgröße, dem Werkstoff und den Spannungsverhältnissen in der Schnittzone ab. Allingham [3] und Keller [101] geben die Lochoberflächengüte vom Werkstoff und Schneidspalt abhängig an.

Buchmann [28] schreibt: *"Es ist stets auf große Steifheit des Maschinengestells Wert zu legen. ..dies gilt besonders für Schneidpressen mit C-Gestellen ..."* Weitere Gründe für die Abweichungen der Istlage von der Sollage der Lochwände sind: Werkzeugungenauigkeit, besonders der Führung, Werkzeugverschleiß, Aufschweißungen auf der Stempelmantelfläche, Lochungsverhältnis d/s, Blechdicke, ungenügende Größe der Steg- und/oder der Randbreiten und andere Faktoren, die aus dem Wirksystem Werkstückwerkstoff - Werkzeug - Werkzeugmaschine resultieren.

3.19. GRATBILDUNG, EINFLÜSSE UND GRATGRÖSSE BEIM LOCHEN

Seidenberg [245] definiert: *"Als Schnittgrat bezeichnet man die Werkstoffanhäufung die auf der Oberfläche am Rand eines Schnitteiles mit dem Gratfuß beginnt und in Richtung der Schneidkante in einer scharfen, meist schartigen Gratkante endet"*. Die Gratbildung nach Timmerbeil [211, 212], Crasemann [37], Peter [171] und Sonderhaus [191]: Beim Eindringen des Stempels in das Blech wird der Blechwerkstoff vorwiegend vor der Schneidkante gestreckt. Dadurch entsteht eine verfestigte Zone im Rahmen des Schneidspaltes, die sich der Rißbildung widersetzt. Der Blechwerkstoff reißt nicht vor der Schneidkante ab, sondern in einem gewissen Abstand von ihr entfernt. Der Grat ist somit ein Teil der verfestigten Zone. Büchler und Pollmar [30] schreiben: *"Nicht veröffentlichte Untersuchungen von H. Seidenberg ... dienten der Klärung der Abhängigkeit der Grathöhe vom Schneidspalt. ... Es zeigte sich dabei, daß zwischen Grathöhe und Schneidspalt bei Schneidspalten bis zu 10% der Blechdicke keine eindeutige Abhängigkeit der Grathöhe vom Schneidspalt festzustellen ist. Das widerspricht der Ansicht, daß der Schneidspalt die Ursache der Gratbildung ist"*.

Büchler und Pollmar [30] prägen den Begriff "Anfangsgrat": *"Werkstoff aus der Schnittzone, der beim Schneiden um die Schneidkanten von Stempel und Schneidplatte gequetscht wird, bezeichnet man als Anfangsgrat. Er stellt keinen eigentlichen Grat dar."*.

Über die Gratenstehung schreiben Büchler und Pollmar [30] : *"Die Druckverhältnisse an der verschlissenen Schneidkante von Stempel und Schneidplatte sind von der Form des Kantenverschleißes abhängig. Da die Druckverteilung den Ort des Anrisses bestimmt, ist die Verschleißform die entscheidende Einflußgröße auf die FORM und HÖHE des entstehenden GRATES. Aus den beschriebenen Zusammenhängen folgt weiterhin, daß der Grat am Innenteil eine Folge des Stempelverschleißes und der Grat am Außenteil eine Folge des Schneidplattenverschleißes ist"*.

Als Einflußgrößen werden in den Veröffentlichungen genannt: Werkzeugverschleiß (Abhängigkeit des Anrisses), Schnittzahl, Werkstückwerkstoff und Paarung: Blechwerkstoff - Werkzeugwerkstoff.

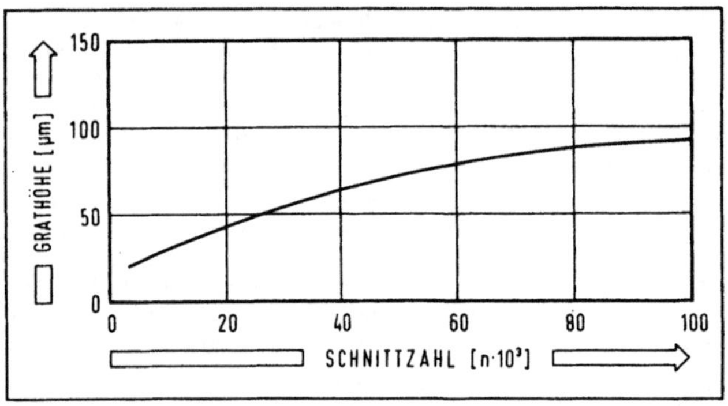

Bild 59

Grathöhe am Ausschnitt als Funktion der Schnittzahl

Sonderhaus [192]

Hilbert [80] schreibt: *"Beilagescheiben aus gehärteten Federstahl für den Motoren- und Getriebebau sollen gratfrei sein. Trotzdem muß auch hier eine Grathöhe von o,o1 bis o,o5 mm je nach Blechdicke zugestanden werden. Eine Grathöhe von o,o5 bis o,1 mm sollte beim Schichten grundsätzlich zugelassen werden; bei anderen Schnitteilen bis zu o,25 mm"*. Jahnke, Retzke und Weber [91] schreiben: *"Mit zunehmendem Verschleiß vergrößert sich in der Regel auch die Grathöhe am Schnitteil. Somit besteht zwischen Grathöhe und Verschleißgröße ein unmittelbarer Zusammenhang [24], [108], [172], [246]*. Büchler und Pollmar [30] fassen zusammen: *"Die gefundenen Zusammenhänge bestätigen, daß der Schneidspalt, obwohl er durch den Verschleiß z.T. verdoppelt wurde, keinen erkennbaren Einfluß auf die Gratbildung hat. Das Ergebnis widerspricht der bisher vertretenen Auffassung, daß man einen mögichst kleinen Schneidspalt wählen muß, wenn man am Schnitteil einen kleinen Grat erhalten will"*. s.U.d.A. 28/S.178

3.20. EINFLUSS DER SCHMIERUNG AUF DIE GRÖSSE DER SCHNITTKRAFT, RÜCKZUGSKRAFT UND DEN WERKZEUGVERSCHLEISS

Nach Bartz [11] zitiert: *"Aufgabe des Schmiermittels ist es, die Wirtschaftlichkeit des Arbeitsvorganges zu erhöhen, eine Größtmögliche Maßgenauigkeit des Werkstückes bzw. eine größtmögliche Qualität zu gewährleisten und die Standmenge der Werkzeuge zu steigern. Diese drei Aufgaben können nicht einzeln für sich, sondern nur in ihrer Gesamtheit betrachtet werden"*. Und an einer anderen Stelle: *"Wenn auch einige Größen beim Einsatz von Schmierstoffen nicht verändert werden und bei einigen weiteren die Möglichkeiten einer solchen Einflußnahme fraglich sind, bleiben dem Schmiermittel doch genügend Ansatzpunkte für eine Verbesserung des Arbeitsablaufes"*.
Großversuche von Dies [42] haben keinen Einfluß der Schmierung auf die Größe der Schnittkraft Fsv erkennen lassen.
Hinsichtlich der Beeinflussung der Größe der Rückzugskraft Frv mit Hilfe von Schmierstoffen werden von verschiedenen Forschern [42] [200] [211] verschiedene Auffassungen vertreten. Die Mehrzahl der Veröffentlichungen tendiert zu der Ansicht, daß die Rückzugskraft Frv unter dem Einfluß von Schmiermitteln geringer wird. Timmerbeil [211] kommt zu dem Ergebnis, daß bei der Anwendung von Schmiermitteln größere Rückzugskräfte auf den Stempel wirken, als bei ungeschmierten Stempeln. Dieser Auffassung widersprechen jedoch Stöferle und Theimert [198], Eickhoff [56], sowie Oehler und Kaiser [169].
Stöferle und Theimert [198] führen aus: *"Deutlich tritt jedoch überragende Bedeutung einer ausreichenden Schmierung für die Größe der Rückzugskräfte zutage, besonders im Bereich kleiner Schneidspaltverhältnisse, in welchen der Einfluß am größten ist"*. Die Werte für die Rückzugskräfte Frv sind dabei bis um 50% geringer. Oehler und Kaiser [169] schreiben: *"Nimmt man die Schnittkraft für den ungeschmierten Stempel mit 100% an, so betragen bei der Schmierung:*

	Fsv in %	*Frv in %*
Molykote	*87*	*58*
Schneidöl MB 29	*80*	*70*
Schneidöl Pella S 929	*68*	*65*
Maschinenöl	*72*	*58*
Petroleum	*90*	*97*
Bohröl	*87*	*56*

Nach Oehler [167] sollte für austenitische rostfreie Bleche, die besonders zur Bildung von Aufschweißungen am Lochstempel neigen, zur Unterdrückung dieser Erscheinung, Kühlflüssigkeit verwendet werden. Die Verwendung eines Schmiermittels bewirkt außerdem eine Erhöhung der Standmenge der Stempel.

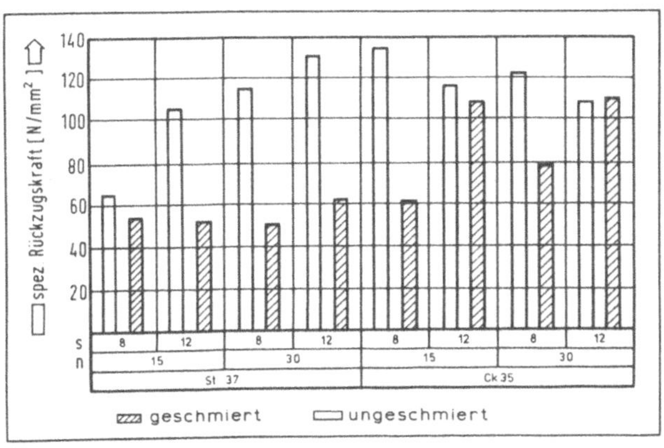

Bild 60

Die spezifische Rückzugskraft in Abhängigkeit von Blechwerkstoff, Blechdicke s und Hubzahl.

1 - Blechdicke s
2 - Hubzahl n_k (min^{-1})
3 - Blechwerkstoff

unschraffiert: OHNE SCHM.
schraffiert: MIT SCHMIERM.

Eickhoff [56]

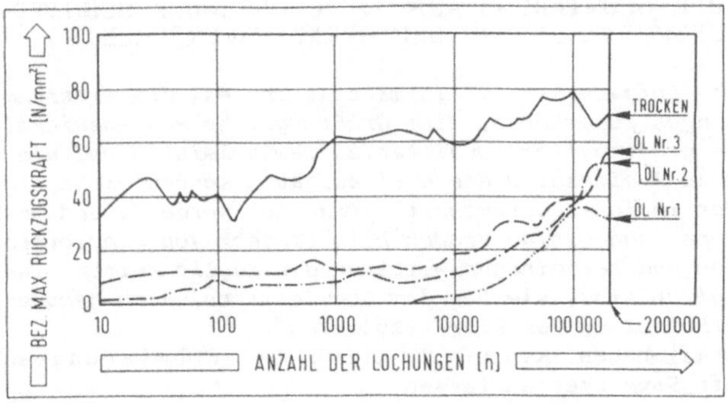

Bild 61

Größe der spezifischen Rückzugskraft beim Lochen von Blechwerkstoff X5 Cr Ni 189 und Verwendung verschiedener Schneidöle

Stöferle und Becker [277]

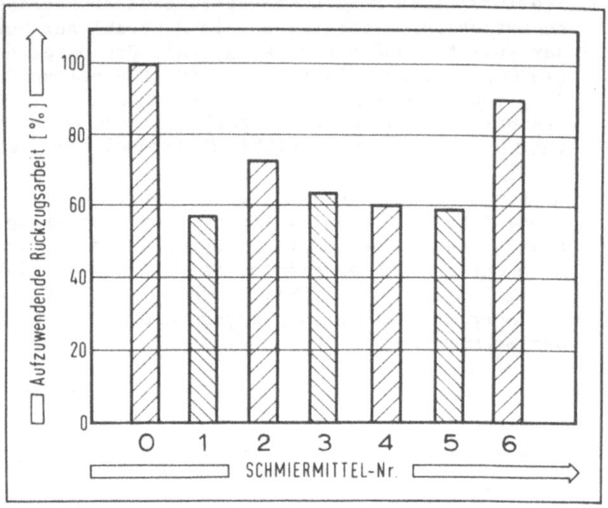

Bild 62

Vergleich der beim Lochen aufzuwendenden Rückzugskraft bei Anwendung von Schmierstoffen und trockenem Schneiden
Stempel 10 mm Durchmesser rundgeläppt
Blechdicke: 2 mm
Werkstoff: St C 45.61
0 - ohne Schmierung
1 - Molykote
2 - Schneidöl MB 29
3 - Schneidöl Pellag 929
4 - Maschinenöl
5 - Petroleum
6 - Bohröl

Dies [44]

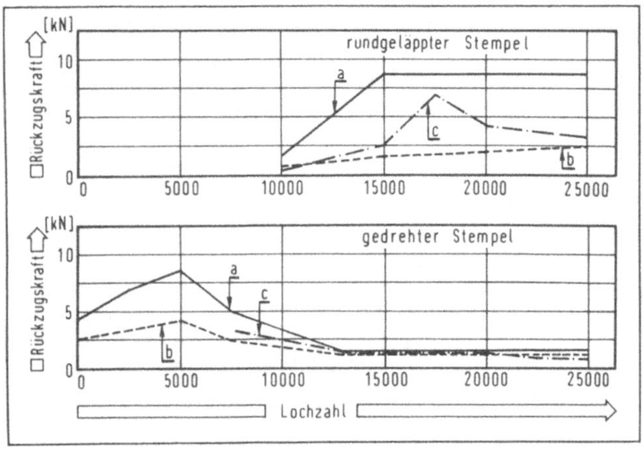

Bild 63

Einfluß der Schmierung auf die Rückzugskraft

Stempel 10 mm Durchm.
Werkstoff: C 45

a - ohne Schmierung
b - Maschinenöl
c - Schneidöl

Bartz [11]

s.U.d.A. Kap.20, S.158
Kap.22, S.168

Bartz [11] befasste sich mit der Beeinflussung des Schneidvorganges durch Schmierstoffe. Er schreibt: "*Wenn auch einige Größen beim Einsatz von Schmierstoffen nicht verändert werden und bei einigen weiteren die Möglichkeiten einer solchen Einflußnahme fraglich sind, bleiben dem Schmiermittel doch genügend Ansatzpunkte für eine Verbesserung des Arbeitsablaufes. Auch bei den mit einem "fraglich" versehenen Größen kann eine positive Beeinflussung noch nicht ohne weiteres ausgeschlossen werden".* Bartz [11] hat in einer Aufstellung alle Möglichkeiten der Beeinflussung der verschiedenen Parameter beim Schneiden von Blechen durch die Anwendung von Schmiermitteln aufgestellt (Bild 64).

BEEINFLUSSUNG DURCH SCHMIERUNG Zu beeinflussende Größe	JA	?	NICHT
RÜCKZUGSKRAFT	!		
SCHNITTKRAFT			0
SCHNITTARBEIT	!		
KANTENVERSCHLEISS	!		
STIRNFLÄCHENVERSCHLEISS	!		
MANTELVERSCHLEISS	!		
KOLKVERSCHLEISS		?	
TEMPERATURMINDERUNG		?	
GRATBILDUNG		?	
VERFORMUNG			
AUFBAUSCHNEIDEN		?	0
GENAUIGKEIT DER TEILE			0
ZIPFELBILDUNG		?	
ANSCHNITTIEFE			0
GENAUSCHNEIDVERFAHREN	!		

Bild 64
Durch Schmierung beeinflußbare Größen beim Schneiden Bartz [11]

Hilbert [81] beschreibt umfangreich die Schmierprobleme in der Stanzereitechnik.

Timmerbeil [211] begründet die größeren Rückzugskräfte bei Verwendung von Schmiermitteln damit, daß bei einer trockenen Reibung (Lochen ohne Schmiermittel) zu einer schnellen Trennung der Randfasern kommen muß. Dagegen tritt bei entsprechend angewendeter Schmierung die Trennung erst nach einem längeren Gleitweg, da der Ölfilm sich zwischen Werkstück und Werkzeug legt. Das ist darauf zurückzuführen, daß durch die Schmiermittel die Dehnung und Streckung des Werkstoffes im ersten Teil des Schnittvorganges erhöht wird. Dadurch treten größere Radialspannungen auf und somit auch größere Rückzugskräfte. Wie bereits erwähnt, wird diese Auffasung von anderen Forschern nicht vertreten.

Dies [42] untersuchte die Abhängigkeit der Größe der Rückzugskraft als Funktion der Schnittstempel-Manteloberfläche in Verbindung mit der Anwendung der Schmierstoffe. Die Ergebnisse sind in Kap.3.9auf Seite 41 besprochen.

Stöferle und Becker [194] haben ein Kurzzeitverfahren zur Schmierstoffauswahl beim Lochen entwickelt. Das Prinzip dieses Verfahrens beruht darin, daß aus dem zu prüfendem Blech gefertigte und paketierte Ronden verzahnt und mit einer Bohrung versehen werden. Das Paket, mit einem Dorn versehen, wird auf einer Drehmaschine zwischen Dreibackenfutter und Reitstockspitze aufgenommen. Der zu prüfende Schmierstoff befindet sich unter der Zahnronde. Mit dieser sich drehenden und mit Öl überzogenen Ronde wird ein Original-Lochstempel über ein Federsystem in Reibkontakt gebracht (Bild 65).

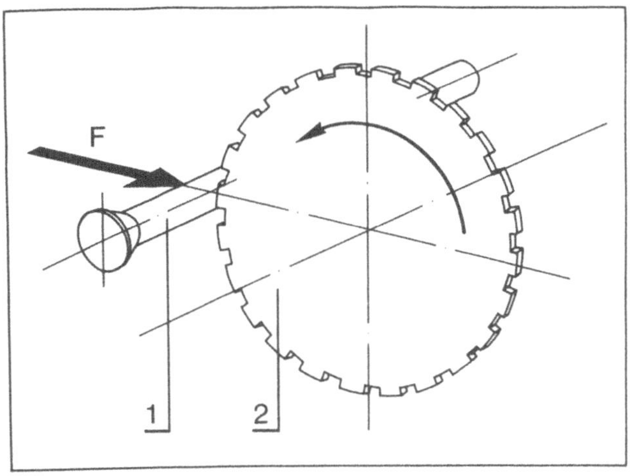

Bild 65 Prinzip des Kurzprüfverfahrens für die Schmierstoffauswahl beim Lochen Stöferle und Becker [194]

1 - Original-Lochstempel, 2 - Zahnronde

Die Simulation des Lochvorganges beruht auf der Umrechnung der Ausschub- und Rückzugwege des Stempels auf entsprechenden Reibweg. Nach vorgegebener Formel wird die Reibzeit ebenfalls ermittelt.

Dieses Verfahren bietet eine einfache und kostengünstige Schmierstoffauswahlmöglichkeit.

3.21. GRÖSSE DER STEG- UND RANDBREITEN AM BLECHSTREIFEN

Semlinger [188] schreibt: *"Durch die beim Schneiden wirksamen Druckkräfte verformt sich die Blechoberfläche, im Abfallstreifen verdrehen sich schmale Steg- und Randbreiten, teilweise kippen sie um. Dadurch kann der Streifendurchgang innerhalb des Werkzeuges gehemmt werden, auch könnte der Stempel ein Teil der Schneidkante ausbrechen. Deshalb sind Mindestmaße für Steg- und Randbreiten einzuhalten"*.

Viele Literaturquellen geben die Steg- und Randbreiten als Mindestwerte als Funktion von verschiedenen Größen an. Romanowski [181] sieht die Rand- und Stegbreiten als Funktion von nachstehenden Größen abhängig:

1. Werkstoffdicke
2. Werkstoffhärte
3. Werkzeugart
4. Streifenzuführung (mit oder ohne seitliche Halterung)
5. Anschlagart (beweglich, unbeweglich, Seitenschneider oder a.)

Hilbert [80] gibt für die Mindestwerte von Stegbreiten in Abhängigkeit von der Blechdicke für den schwächsten Punkt bei Rundungen Anhaltswerte an, d.h. als Funktion der Werkstückform und schreibt: *"Werden diese Werte unterschritten, dann muß anstelle eines Gesamtschneidwerkzeuges ein Schneidwerkzeug mit Vorlocher geplant werden, wenn die zulässige Mittenabweichung nicht zu klein ist. Entstehen bei rechteckigen Lochungen schmale Stege, bei denen ein "Aufsprengen" möglich werden kann, dann sind die Mindestwerte nach (Tab.) zu bemessen"*. Das bedeutet, daß dann nach anderen Gesichtspunkten gewählt wird.

Die meisten Literaturquellen beziehen sich auf die Blechdicke s und die Werkstoffart des Blechstreifens. Andere auch auf die Steglänge. Zusammenfassend kann man sagen, daß die Steg- und Randbreiten als Funktion von folgenden Parametern gewählt werden sollten:

1. Blechwerkstoffart
2. Blechwerkstoffdicke
3. Blechwerkstoffhärte
4. Ausschnittform des Werkstückes
5. Steglänge
6. Blechstreifenbreite
7. Größe der Ausschnittform
8. Werkzeugart
9. Streifenführungsart
10. Streifen-Schrittbegrenzugsart

Hinsichtlich der Blechwerkstoffart kann man sich folgender Faktoren bedienen [146] wenn die Rand- und Stegbreite für den mittelharten Stahl von R_m=500-600 N/mm^2 bekannt sind:

Stahl R_m = 500 - 600 N/mm^2	1,0
Stahl R_m über 600 N/mm^2	0,8
Messing R_m = 300 N/mm^2	1,2
Aluminium R_m = 120 - 200 N/mm^2	1,2 - 1,3
Aluminium R_m = 240 N/mm^2	1,1
Bronze und Hartmessing	1,0
Zink	1,4

s.U.d.A.
Kap.25, S.173

3.22. MINIMALER STEMPELDURCHMESSER ALS FUNKTION DER BLECHDICKE

Brolund [23] vertritt die Meinung, daß die Faustregel, nach der der Stempeldurchmesser beim Lochen größer oder mindestens gleich der Blechdicke sein muß, nicht mehr zutrifft. Er gibt Beispiele an, daß in der amerikanischen Industrie z.B. beim Lochen von Flußstahl mit einer Scherfestigkeit von 350 N/mm² das Verhältnis von Blechdicke s zu Stempeldurchmesser d 1,25 : 1, also d/s = 0,8 beträgt (Bild 66). Er weist ausdrücklich darauf hin, daß dieses Verhältnis nur durch den Übergang von mechanischen auf hydraulische Pressen möglich wurde und in der Praxis erprobt ist. Gleichzeitig wird auf einen erheblichen Stempelverschleiß (z.B. 200 Lochungen als Standstückzahl) hingewiesen (s.a. Kap. 3.14.).

Zünkler [227] schreibt: *"In der Praxis gilt häufig die Faustregel, daß man bis zu einem Grenzwert von (s/d) = 1 lochen kann. Wie die Ableitung (einer Formel) gezeigt hat, kann man bei kleinen Schnittwiderständen das Schneiden für größere Verhältnisse s/d anwenden und somit das meist teure Bohren umgehen, wenn nicht andere Gründe, wie z.B. die Dauerfestigkeit des gelochten Bleches, dagegen sprechen. ...Bezieht man die Schnittkraft auf den Stempelquerschnitt, so ergibt sich eine mittlere Druckspannung im Stempelschaft von*

$\sigma_{dms} = 4\, k_s \frac{s}{d}$. *Diese Spannung darf äußerstenfalls gleich der zulässigen Stempeldruckspannung $\sigma_{d\,zul}$ werden. Aus der Gleichsetzung*

$\sigma_{dms} = \sigma_{d\,zul}$ *läßt sich für die Ermittlung der größten schneidfähigen Blechdicke s das Verhältnis $(s/d)_s = \sigma_{d\,zul} / 4$ ableiten, welches bis zu einem Schnittwiderstand von etwa 500 N/mm² gilt".* (s.a.[281])

An anderer Stelle wird hingewiesen, daß die Grenzwerte nur dann erreicht werden können, wenn das Verhältnis der Stempellänge l zum Stempeldurchmesser d kleiner als etwa 0,8 (Bild 69) ist.

Laut „Praktische Winke" - Beilage zu den Mitteilungen der Deutschen Forschungsgesellschaft für Blechverarbeitung und Oberflächenbehandlung e.V. 1970, Nr.7: *"....darf nicht übersehen werden, daß der kleinstzulässige Lochdurchmesser nicht nur von der Blechdicke s, sondern auch von der Festigkeit R_m des zu lochenden Bleches abhängt, so daß etwa folgende Beziehungen gelten":*

a) für den mindestzulässigen Durchmesser d_{min} bei runden Löchern:

$$d_{min} = s \sqrt[3]{\frac{R_m}{350}}$$

b) für die mindestzulässige Schmalseite e_{min} bei rechteckigen Löchern:

$$e_{min} = 0{,}8\, s \sqrt[3]{\frac{R_m}{350}}$$

(s, d und e in mm, R_m in N/mm²)

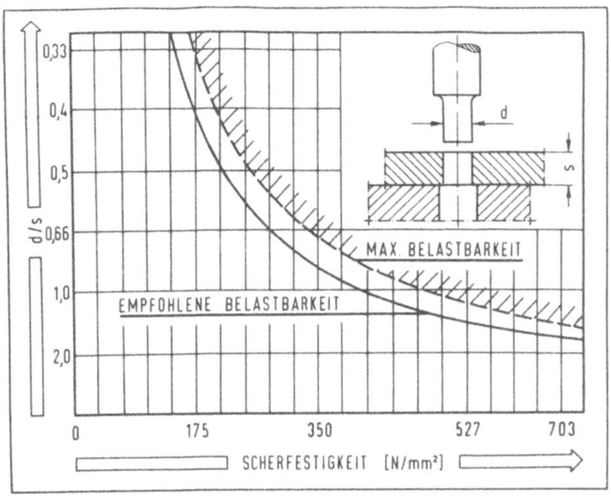

Bild 66

Schaubild zur Ermittlung des günstigsten Verhältnisses von Stempeldurchmesser d zu Blechdicke s als Funktion der Scherfestigkeit des Blechwerkstoffes

Brolund [23]

Romanowski [181] gibt die Grenzwerte in Form einer Tabelle (Bild 67) an:

BLECHWERKSTOFF	STEMPEL UNGEFÜHRTE Loch-ø mm	s/d max.	GEFÜHRTE Loch-ø mm	s/d max.
Stahlblech hart	1,3 · s	0,80	0,5 · s	2,0
Stahlblech weich	1,0 · s	1,00	0,35 · s	3,0
Messing	1,0 · s	1,00	0,3 · s	3,3
Aluminium	0,8 · s	1,25	0,3 · s	3,3
Hartpapier (Phenolharz-Bindung)	0,4 · s	2,50	0,3 · s	3,3

Bild 67

Zulässiger kleinster Lochdurchmesser zur Blechdicke bei ungeführtem und geführtem Stempel. Kleinste Entfernung vom Lochrand mindestens = Blechdicke s bei nicht paralleler Lage zur Außenkante, bei paralleler Lage = 1,5 s [181]

Stromberger und Pfaff [203] haben die Belastbarkeit der Schneidstempel untersucht und die maximale Druckspannung im Stempelschaft als Folge der Schnittkraft in Abhängigkeit vom Lochungsverhältnis (Bild 68) ermittelt. Sie schreiben: *"Die Knickgrenze kann bis auf Lochungsverhältnisse um Lv=0,8 hinausgeschoben werden, wenn der Stempel durch extrem lange und gute Führung gegen ein Ausknicken unter der Schneidkraft geschützt wird"*.

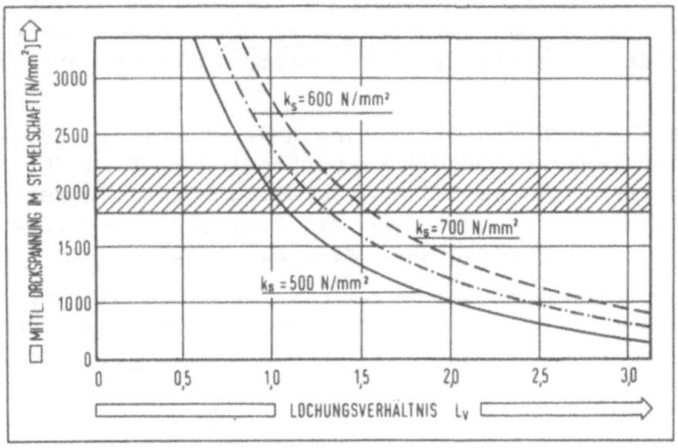

Bild 68

Maximale Druckspannung im Stempelschaft als Folge der Schneidkraft in Abhängigkeit vom Lochungsverhältnis Lv = d/s (theoretische Werte)

Stromberger und Pfaff [203]

Pfaff [175] legte das Grenzlochungsverhältnis in Abhängigkeit von der bezogenen ungeführten Stempellänge (Bild 69) l/d für 1,0 und 3,0 mm Blechdicken und u = 0,05 von s fest.

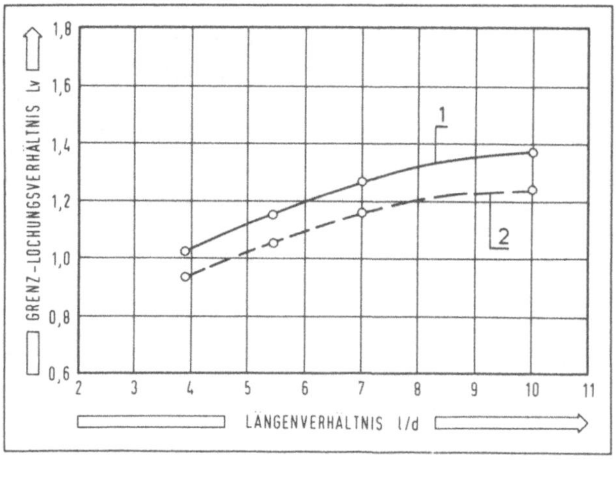

Bild 69

Kleinstmögliches Lochungsverhältnis (Grenzlochungsverhältnis) in Abhängigkeit von der bezogenen ungeführten Stempellänge

1 - s = 1 mm , u = 0,05 s

2 - s = 3 mm , u = 0,05 s

Pfaff [175]

3.23. DARSTELLUNG DER VERFORMUNGEN IN DER SCHNEIDZONE MIT HILFE VON NETZLINIEN

Aufgrund der Umformbarkeit des zu lochenden Blechwerkstoffes erfolgt zunächst eine elastische und danach eine plastische Deformation innerhalb der Schnittzone

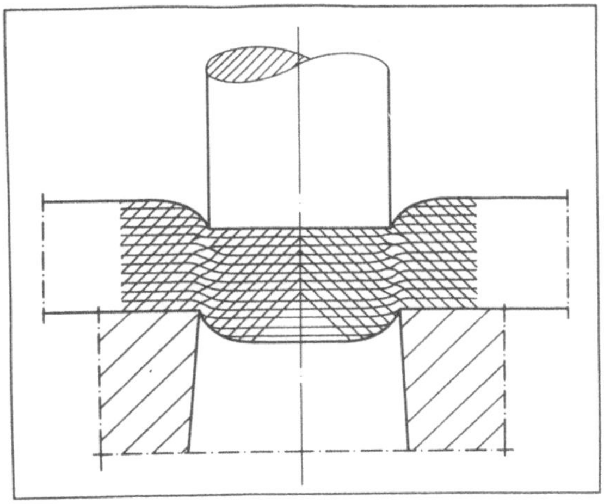

Jahnke, Retzke und Weber[91] stellen nach Krämer [121] den Zustand des Eindringens des Stempels in den Blechwerkstoff graphisch(Bild 70) dar. Dabei erfolgt ein Abscheren auf Gitterebenen.

B i l d 70

Graphische Darstellung mit Hilfe von Gitternetzlinien der Erreichung der maximalen Eindringtiefe des Stempels (Ende der Phase des Schneidens)
Krämer [121]

Kienzle [105] und Timmerbeil [210] (Bild 71) stellen die Werkstoffverformung beim Eindringen des Stempels mit Hilfe von waagerechten und senkrechten Gitternetzlinien dar. Timmerbeil [210] schreibt: *"Für den weiteren Verlauf des Schneidvorganges ist es wesentlich, Größe und Einflußbereich der bildsamen Verformung rings um die Schnittzone zu kennen, um daraus weitere Rückschlüsse auf die Beanspruchung des Werkstoffes ziehen zu können. Dazu wurden zunächst bei einem Schnitt mit offenen Schnittkanten die Seitenflächen eines Bleches*

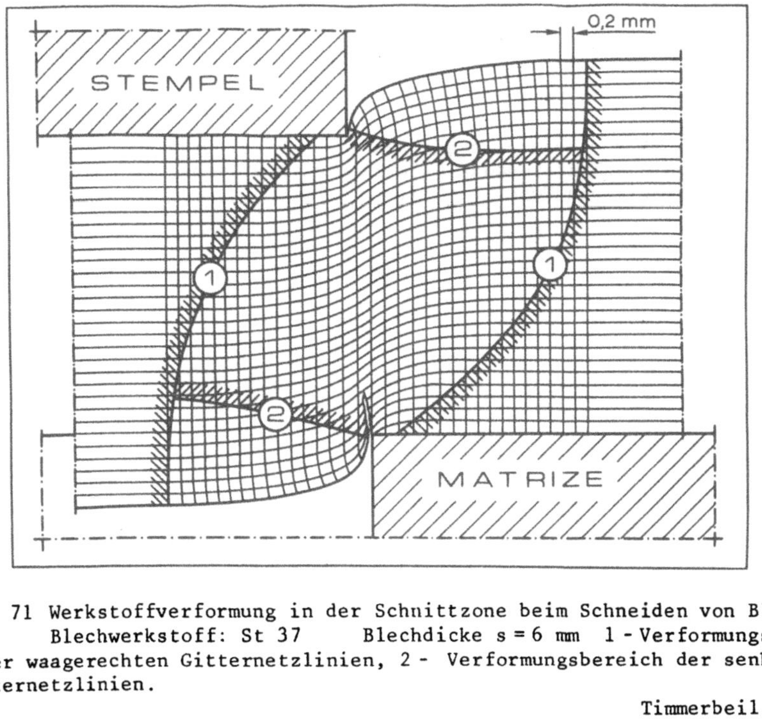

B i l d 71 Werkstoffverformung in der Schnittzone beim Schneiden von Blech. Blechwerkstoff: St 37 Blechdicke s = 6 mm 1 - Verformungsbereich der waagerechten Gitternetzlinien, 2 - Verformungsbereich der senkrechten Gitternetzlinien.

Timmerbeil [210]

poliert und mit einem Liniennetz versehen. Die Verformung des Liniennetzes, die sich durch die Krümmung der Netzlinien nach dem Schneiden abzeichnet, gibt dabei die Formänderung des Werkstoffgefüges in der Schnittzone wieder.
Die Größe der Verformung kann an jeder Stelle des Schnittflächenquerschnittes durch die Neigung der Netzlinie, bezogen auf die ursprünglich waagerechte oder senkrechte Netzlinie, angegeben werden. In Bild 71 grenzt die Linie 1 den Bereich ein, in dem die waagerechten Linien eine Winkelabweichung aufweisen, während die Linie 2 die Abweichungen der senkrechten Gitternetzlinien umreißt. Während die Mittelfasern des Bleches beim Schneiden etwa einen gleichmäßigen drehsymmetrischen Verlauf einnehmen, können sich die Randfasern nur in dem Teil, der nicht an den Werkzeugflächen anliegt, d.h. in dem „ungebundenen Bereich" frei verformen. Dadurch ergibt sich eine unterschiedliche Verformung zwischen den Mittel- bzw. Randfasern bei einer bestimmten Eindringtiefe des Stempels".
Um einen Überblick über die Größe der Werkstoffverformung in der Schnittzone zu bekommen hat Timmerbeil [210] die Abweichungen der Tangentenwinkel der Fasern von der ehemals waagerechten oder senkrechten Lage gemessen (Bild 72).

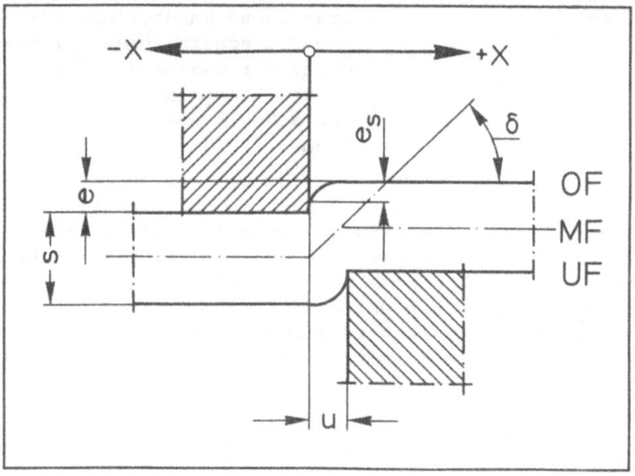

Bild 72

Werkstoffverformung beim Schneiden (Faserverschiebung in der Schnittzone)

OF - Oberfaser
MF - Mittelfaser
UF - Unterfaser
e - Eintauchtiefe des Stempels
u - Schneidspalt
e_s - Schnittrundung

Timmerbeil [210], sowie Jahnke, Retzke und Weber [105]

In Bild 73 sind die Anteile der plastischen Deformation beim Schneidvorgang, die durch die Schnittrundung e_s gekennzeichnet sind, schematisch gezeigt (Jahnke, Retzke und Weber [105]).

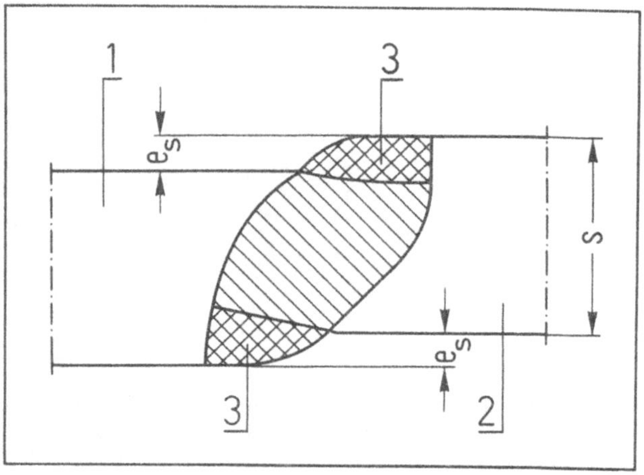

Bild 73

Schematische Darstellung des Deformationsbereichs

Jahnke, Retzke u. Weber [105]

s.U.d.A. Kap. 30, S. 213

Polański [243] schreibt: "*In Bild* 74 *sind Gleitliniennetze für verschiedene Schneidspalte: u=20%, u=10% und u=3% von der Blechdicke s dargestellt. Die Analyse der Gleitlinien mit Hilfe von Charakteristiken ähnlich gelagerter Fälle bietet die Möglichkeit der Analyse des Prozesses der spanlosen Bearbeitung.*

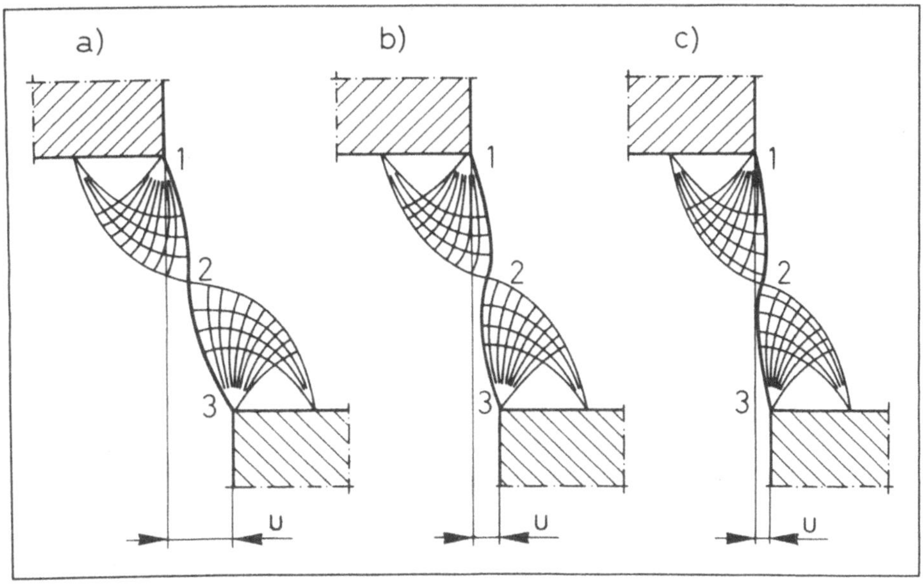

B i l d 74 Gleitliniennetze - Schneidspaltverhältnisse: a) u/s = 20%, b) u/s = 10% und c) u/s = 3% Mitropolskaja [244]

Im Falle des Lochens bestätigt die Gleitlinientheorie, die aus der Praxis bekannte Tatsache, daß je kleiner der Schneidspalt, desto genauer die Schnittfläche des Loches ist. Die Unterbindung der Kohärenz verursacht die charakteristische Form der Schnittfläche. Mit dem Kleinerwerden des Schneidspaltes u nährt sich der Schnittflächenverlauf einer senkrechten Linie zu der Blechoberfläche an. Diese Tatsache bestätigt die Notwendigkeit des gleichmäßigen Schneidspaltes entlang der ganzen Schneidenlänge und gibt die Grundlage zur Empfehlung kleinerer Schneidspaltwerte beim genauen Lochen.
Bei der Konstruktion der Gleitliniennetze, sowohl mit Hilfe graphischer als auch analitischer Methode - letztere wird mit Hilfe numerischer Intergration der Charakteristiken durchgeführt - werden vorausgesetzt z.B.

- *die Orthogonalität der Charakteristiklinien,*
- *die Konstanz des Winkels zwischen den Tangenten,*
- *konstante Spannungen innerhalb der geraden Linien des Netzes sowie*
- *die Wiederholbarkeit der geraden Abschnitte.*

Besonders behilflich bei der Netzkonstruktion sind die Elementarnetze, die bestimmten Grundfällen entsprechen, z.B. das Elementarnetz der gleichmäßigen Spannung, das ein- und zweipolige Netz....
Aus der Sicht der Analyse des Lochungsprozesses ist die Bestimmung der Anwendbarkeit der Netze, die auf folgenden Problemen beruht:

- *ist das Gleitliniennetz bekannt, so ist auch die Größe des Winkels* φ *an jeder Stelle des verformten Werkstoffes bekannt,*
- *ist das Gleitliniennetz und die beiden Werte* φ *und* χ *eines beliebigen Punktes des verformten Werkstoffes bekannt, so kann man weitere Werte* χ *für andere Netzpunkte berechnen, z.B. für den Punkt A kann* χ_A *mit Hilfe der Gleichung*

$$p = 0{,}5(\sigma_1 + \sigma_2) = \sigma_o + 2k\chi_A \qquad (1)$$

wobei $k = \sigma_{pl}$, $\sigma_o = 0$

Danach werden die Werte von χ für andere Netzpunkte ermittelt, z.B. für den Punkt B:

$$\chi_B = \chi_A + \varphi_A - \varphi_B \qquad (2)$$

- *wenn die Werte von χ und φ bekannt sind, so kann man für jeden weiteren beliebigen Punkt des Netzes des verformten Werkstoffes die Spannungen σ_y, σ_z und σ_{xy} anhand der Gleichungen errechnen:*

$$\sigma_x = \sigma_o + 2k\chi + k\cos 2\varphi \qquad (3)$$

$$\sigma_y = \sigma_o + 2k\chi - k\cos 2\varphi \qquad (4)$$

$$\tau_{xy} = k\sin 2\varphi \qquad (5)$$

Diese Vorgehensweise erlaubt die Ermittlung des Spannungszustandes im Falle eines analytisch untersuchten Prozesses der spanlosen Umformung, so auch des Lochens.

Mit Hilfe eines Schliffbildes quer zur Schnittfläche des Loches werden charakteristische Linien, die Gleitlinien, sichtbar gemacht. Diese Linien entstehen infolge der Strukturdeformation des verformten Werkstoffes. Sie stellen also eine objektiv zu beobachtende Erscheinung dar. Die Gleitlinien können als Linien der maximalen tangentialen Spannungen betrachtet werden, d.h., daß sie unter einem Winkel von $\pi/4$ rad (45°) zu der Hauptspannungsrichtung geneigt sind.

Setzt man einen ebenen Spannungszustand voraus (Bild 75), so kann man zwei

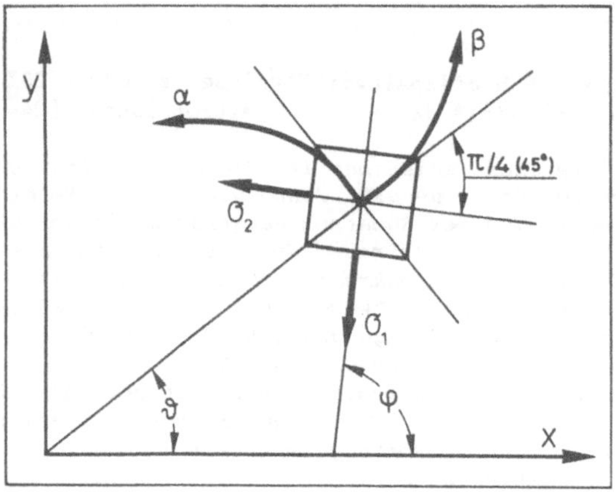

Bild 75
Linien der Charakteristiken α und β des ebenen Verformungszustandes
Polański [243]

Arten der Charakteristiken unterscheiden:

- *α-Linien und deren Gleichungen:*

$$\frac{dy}{dx} = \tan\left(\varphi + \frac{\pi}{4}\right) = -\cot\delta \qquad \chi + \varphi = \eta = \text{const} \qquad (6)$$

- *β-Linien und deren Gleichungen:*

$$\frac{dy}{dx} = \tan\left(\varphi - \frac{\pi}{4}\right) = \tan\delta \qquad \chi - \varphi = \eta = \text{const} \qquad (7)$$

Die Unbekannten φ und χ treten in den Gleichungen (3), (4) und (5) sowie in der Gleichung (8) auf:

$$\frac{\sigma_1 + \sigma_2}{2} = \sigma_o + 2k\chi \qquad (8)$$

3.24.1 ZUSAMMENFASSUNG DER ANGABEN ÜBER DIE GRÖSSE DER RÜCKZUGSKRAFT ALS FUNKTION VON VERSCHIEDENEN GRÖSSEN AUS DER FACHLITERATUR

Nachstehend werden Angaben über die Größe der Rückzugskraft als Funktion von verschiedenen Größen anhand der Literatur zusammengefaßt.

G ö h r e [67] gibt die Rückzugskraft mit durchschnittlich 20 bis 30 N/mm^2 der Schnittfläche an und bemerkt: *"Sie kann bei dicken Werkstoffen und bei zu geringem Spiel und Schnittwinkel sehr hoch wachsen".*

R i c h a r d [252] beziffert die Rückzugskraft mit 30 bis 50 N/mm^2 der Schnittfläche oder etwa 10% der Schnittkraft.

K i e n z l e [104] gibt an, daß die Rückzugskraft selbst bei engstem Schneidspalt keinesfalls die 10%-Grenze überschreitet.

E i c k h o f f [56] schreibt: *"Die größten Rückzugskräfte liegen bei dem Werkstoff St 37 und kleinen Schneidspalten zwischen 30 und 35% der Schnittkraft; beim Ck 35 dagegen, bei gleichem Schneidspalt bei nur 20 bis 25% der Schnittkraft. ...die Größe der Schnittkraft vom Schneidspalt ist unbedeutend, die der Rückzugskraft dagegen maßgebend beeinflußt wird".*

D i e s [42-50]: *"Der Oberflächenzustand der Stempelmantelfläche beeinflußt teilweise erheblich die auf die Stempel wirkenden Rückzugskräfte. Am stärksten betroffen werden die dünnen Stempel, d.h. alle die Fälle, in denen das Verhältnis Stempeldurchmesser/Blechdicke (d/s) gegen 1 geht. So wurden in einigen Fällen bei Buntmetallen mit einem rundgeläppten 5 mm Stempel Rückzugskräfte von über 40% der Schnittkraft gemessen, während sie für den gedrehten Stempel erheblich tiefer lagen. Hingegen wurden beim Arbeiten mit großen Stempeldurchmessern, mit größer werdendem Verhältnis d/s keine Rückzugskräfte, die höher lagen als 10% der Schnittkraft gemessen".*

S t r o m b e r g e r [200] schreibt: *"Die Größe der Rückzugskraft liegt durchschnittlich zwischen 25 und 35% der Schnittkraft und damit ganz erheblich über den sonst algemein angegebenen Werten von 10%".*

E i c k h o f f [46] gibt für den Blechwerkstoff St 37 und 8 mm Dicke sowie Stempeldurchmesser 15 mm für das Schneidspaltverhältnis u/s=0,005 Frv/Fsv=0,39 und für u/s=0,1 Frv/Fsv=0,o8 an.

S t r o m b e r g e r und P f a f f [203] geben für den Werkstoff X 5 CrNi189
für Blechdicke s = 2,5 mm, Stempeldurchmesser 5 mm und u/s = 0,01 Frv/Fsv = 0,29,
für Blechdicke s = 2,5 mm, Stempeldurchmesser 5 mm und u/s = 0,10 Frv/Fsv = 0,01,
für Blechdicke s = 2,0 mm, Stempeldurchmesser 2 mm und u/s = 0,05 Frv/Fsv = 0,10,
für Blechdicke s = 4,0 mm, Stempeldurchmesser 4 mm und u/s = 0,01 Frv/Fsv = 0,01
an.

K r ä m e r [120] hat folgende Werte für Aluminiumblech Al 99,5 ermittelt:
für Blechdicke s = 2,5 mm, Stempeldurchmesser 40 mm und u/s = 0,01 Frv/Fsv = 0,06,
für Blechdicke s = 2,5 mm, Stempeldurchmesser 40 mm und u/s = 0,05 Frv/Fsv = 0,02,

für den Blechwerkstoff C 10, R_m = 400 N/mm^2 :
für Blechdicke s = 2,5 mm, Stempeldurchmesser 40 mm und u/s = 0,01 Frv/Fsv = 0,03,
für Blechdicke s = 2,5 mm, Stempeldurchmesser 40 mm und u/s = 0,10 Frv/Fsv = 0,02,

für den Blechwerkstoff C 10, R_m = 600 N/mm^2 :
für Blechdicke s = 2,5 mm, Stempeldurchmesser 40 mm und u/s = 0,01 Frv/Fsv = 0,07,
für Blechdicke s = 2,5 mm, Stempeldurchmesser 40 mm und u/s = 0,10 Frv/Fsv = 0,03,

für den Blechwerkstoff C 35 , R_m = 505 N/mm^2 :
für Blechdicke s = 10 mm, Stempeldurchmesser 40 mm und u/s = 0,01 Frv/Fsv = 0,05,
für Blechdicke s = 10 mm, Stempeldurchmesser 40 mm und u/s = 0,05 Frv/Fsv = 0,015.

Wie aus dieser Aufstellung ersichtlich, ist mit Verhältniswerten für Frv/Fsv zwischen 0,01 und 0,40 zu rechnen. Die Rückzugskraft Frv wird mit zunehmendem Schneidspalt und größer werdendem Stempeldurchmesser geringer.

3.24.2. RECHNERISCHE ERMITTLUNG DER RÜCKZUGSKRAFT Frv

Zur rechnerischen Ermittlung der Größe der Rückzugskraft Frr gibt es nur wenige Angaben. Die Größe der Rückzugskraft wird meistens als prozentuales Verhältnis zur Schnittkraft Fsr bzw. Fsv angegeben. Einige Forscher, die sich mit dem Problem der Größe der Rückzugskraft beschäftigten, haben anhand der von ihnen durchgeführten Versuche Gleichungen zur Ermittlung der Rückzugskraft Frr aufgestellt.

Langjährige Untersuchungen von Kretschmer [125-127] führten zu einer mathematischen Beschreibung der Rückzugskraft Frr. Dies gelang mit Hilfe von Rechnerprogrammen, mit welchen die empirisch ermittelten Daten ausgewertet wurden. Den Werdegang beschreibt Kretschmer [127]: *"es..wurden Ausgleichskurven errechnet und diese wiederum durch Geraden angenähert, und zwar so, daß die oberen Vertrauensgrenzen der Meßpunkte möglichst unter der verschobenen Gerade liegen, um mit den errechneten Werten immer auf der "sicheren Seite", d.h. also bei größeren Werten, zu bleiben. Auf diesem Wege erhält man für die Rückzugskraft folgende Funktion; bezogen auf den Schneidspalt u = 0".*

$$Frr = 6 \cdot M_k + 130 \qquad (1)$$

Bei dem in dieser Gleichung auftretenden Faktor M_k handelt es sich um einen von Kretschmer empirisch ermittelten Werkstoffkennwert, der wie folgt definiert wird:

$$M_k = \frac{R_p^{1,5}}{R_m^{0,5}} \qquad (2)$$

wobei R_p die Streckgrenze und R_m die Zugfestigkeit des zu lochenden Blechwerkstoffes bedeuten. Der Zusammenhang der Rückzugskräfte mit dem Parameter Schneidspalt läßt sich durch Einbringen eines Zusatzgliedes Fr in die Formel (1) einbauen, so daß man allgemein formulieren kann:

$$Frr = 6 \cdot M + 130 - \Delta Fr \qquad (3)$$

Es wurde nachgewiesen, daß für die Funktion Fr = f(u) kein linearer Zusammenhang besteht. Die Auswertung von Kurven ergaben, daß sich das Zusatzglied am besten schreiben läßt:

$$\Delta Fr = m \cdot \ln\left(\frac{u + x}{x}\right) \qquad (4)$$

Die Faktoren m und x wurden mit m = 140 und x = 70 bestimmt, so daß sich als ganze Funktion ergibt:

$$Frr = 6 \cdot M_k + 130 - 140 \cdot \ln\left(\frac{u + 70}{70}\right) \qquad (5)$$

Vergleiche zwischen den empirisch ermittelten Werten und den mit Hilfe dieser Formel errechneten Werten ergaben, daß diese Formel für 96,8% aller durchgeführten Versuche zutrifft. Der Stichprobenumfang *i* für ermittelte Stichprobenwerte Frr betrug i = 413.

Auch Eickhoff [56] hat aus den von ihm durchgeführten Untersuchungen Gesetztmäßigkeiten abzuleiten. Ausgangspunkt seiner Überlegungen ist die Vorstellung daß: *"zwischen Stempel und Werkstück bei der Rückwertsbewegung des Stempels eine Preßpassung besteht, so.. daß.. sich gemäß DIN 7182 für eine Preßpassung die Gleichung*

$$F = p \cdot A \cdot \nu \qquad (6)$$

ergibt". "Überträgt man also Gleichung (6) auf die Rückzugskraft, so ergibt sich:

$$Frr = \nu_r \cdot p_r \cdot A_r \qquad (7)$$

Das Produkt $\nu_r \cdot p_r$ hat die Dimension N/mm², kann deshalb als eine auf die Fläche bezogene Kraft angesehen werden. Es entspricht somit der spezifischen Rückzugskraft.... Die Fläche A_r ist Gleichbedeutend mit der Fläche des Loches in der Anschnittzone und nicht mit der Fläche über die gesamte Blechdicke. Nur im Bereich der Anschnittzone wird die erwähnte Preßpassung zwischen Stempel und

Werkstoff erreicht. Setzt man also für A_r die für das Lochen charakteristischen Werte in Gleichung (7) ein, so erhält man:

$$Frr = p_r \cdot d_{St} \cdot \pi \cdot s_{At} \cdot \nu_r \qquad (8)$$

Die Rückzugskraft ist demnach abhängig von dem Stempeldurchmesser d_{St}, der Anschnittiefe s_{At}, der Flächenpressung P_R und dem Reibungsbeiwert ν_r".
Während die Faktoren d_{St}, s_{At} eindeutig bestimmt werden können, bestehen jedoch Schwierigkeiten die beiden restlichen Faktoren eindeutig zu bestimmen.

Untersuchungen von Stöferle und Theimert [198] führten zu einer zugeschnittenen Größengleichung für die Ermittlung der Rückzugskraft:

$$Frr = 0{,}0125\,[\,a(s + b)^2 - 0{,}25 \cdot \frac{2u}{s} - c\,] \cdot 1 \qquad (9)$$

Darin bedeuten Frr die Rückzugskraft, s die Blechdicke im Bereich von 4 - 12 mm, 2u/s (%) das Schneidspaltverhältnis im Bereich von 6 - 18% und l die Schnittlänge (mm) im Bereich von 80 bis 160 mm. a, b und c sind Koeffizienten, die werkstoffabhängig sind und zwar nach den Beziehungen:

$$a = 0{,}004 \cdot R_m - 0{,}28$$
$$b = 0{,}17 \cdot R_m - 14{,}4$$
$$c = 0{,}06 \cdot R_m - 10{,}4$$

Darin bedeutet R_m (N/mm^2) die Zugfestigkeit im Bereich von 340 bis 520 N/mm^2. Diese Gleichung wurde auch in Form von drei gekoppelten Netztafeln dargestellt (s. Kap.

Romanowski [181] gibt folgende Formel für die Berechnung der Rückzugskraft Frr an:

$$Frr = K_b \cdot Fs_{Ges.} \qquad (10)$$

in der K_b - Faktor, der die Art des Werkzeuges und die Blechdicke s berücksichtigt und $Fs_{Ges.}$ die Gesamtschnittkraft bedeutet. Der Faktor K_b kann aus der auf S. aufgeführten Aufstellung ermittelt werden.

Hilbert [80] gibt eine Faustformel an:

$$Frr = 0{,}1 \cdot Fsr \qquad (11)$$

und in der gleichen Quelle auch Werte für Frr die zwischen 5 und 16% von Fsr betragen.

Krämer [120] führt auf:

$$Frr_b = (0{,}02 \ldots 0{,}12) \cdot Fsr_b \qquad (12)$$

worin Frr_b die bezogene Rückzugskraft und Fsr_b die bezogene Schnittkraft bedeuten.

Die aufgeführten Möglichkeiten der rechnerischen Ermittlung der Größe der Rückzugskraft sowie andere Verhältniswerte sind in der Aufstellung auf S. zusammengestellt. Dabei sind auch Restriktionen der Geltungsbereiche aufgeführt.

Zur Anwendung der empirisch gefundenen Größengleichungen und der nachstehend aufgeführten gekoppelten Netztafeln sei nochmals ausdrücklich gesagt, daß ihre Gültigkeit auf die angegebenen Bereiche der Parameter beschränkt ist. Die Anwendung bei Über- bzw. Unterschreitung der Grenzen um geringe Beträge dürfte auch noch gute Anhaltswerte für die rechnerische Ermittlung der Rückzugskraft Frr liefern. Dies wird besonders für die Schnittlänge gelten [198].

Die graphische Ermittlung der Rückzugskraft Frr ist einfacher und schneller durchführbar, als mit Hilfe von Formeln. Deshalb wurden formelmäßige Zusammenhänge in Form von Nomogrammen von Kretschmer (Bild 76) sowie Stöferle und Theimert (Bild 77) definiert.

Die Formeln wie auch die Nomogramme wurden aus einer Vielzahl von empirisch ermittelten Werten gewonnen, wobei versucht wurde die mathematischen Zusammenhänge theoretisch fundiert zu untermauern. Wenn die zusätzlichen Randbedingungen die den Versuchen zugrunde liegen beachtet werden, lassen sich die Werte für die Rückzugskraft Frr einfach und mit genügender Sicherheit vorausbestimmen, wobei jedoch mit Ausnahmefällen (s. Gegenüberstellung der rechnerischen Ergebnisse mit den tatsächlich gemessenen Werten auf S.74-76) gerechnet werden muß.

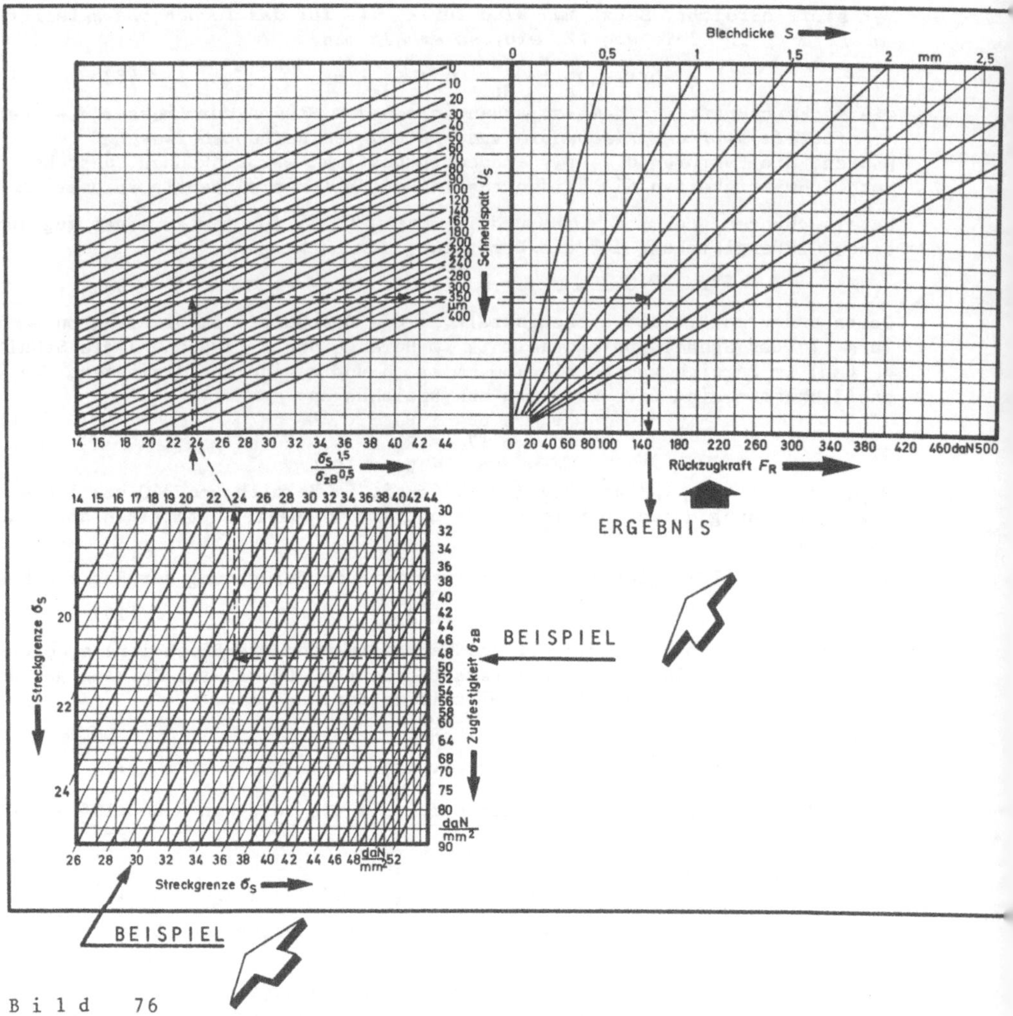

B i l d 76

Nomogramm zur Ermittlung der Rückzugskraft Frr beim Lochen von Stahlblechen
Kretschmer [127]

Nach Hinweisen von Kretschmer [127] sollten bei der Ermittlung der Größe der Rückzugskraft Frr folgende Randbedingungen beachtet werden:

1. Es können nur die Rückzugskräfte Frr für Stahlbleche berechnet werden,
2. Die Streckgrenze Rp des Werkstoffes sollte zwischen 200 bis 520 N/mm^2 liegen.
3. Die Zugfestigkeit Rm sollte zwischen 300 und 900 N/mm^2 liegen.
4. Der Schneidspalt sollte den Wert von 0,5 mm nicht übersteigen.
5. Die Stempel müssen sorgfältig geschmiert sein.
6. Die Stempelberfläche sollte Ra = 0,4 μm und R_t = 0,75 bis 1,0 μm aufweisen.
7. Der Stempeldurchmesser soll bei d = 20 mm Durchmesser liegen.
8. Stempel und Matrize sollten Parallelschliff (kein Schrägschliff) haben.

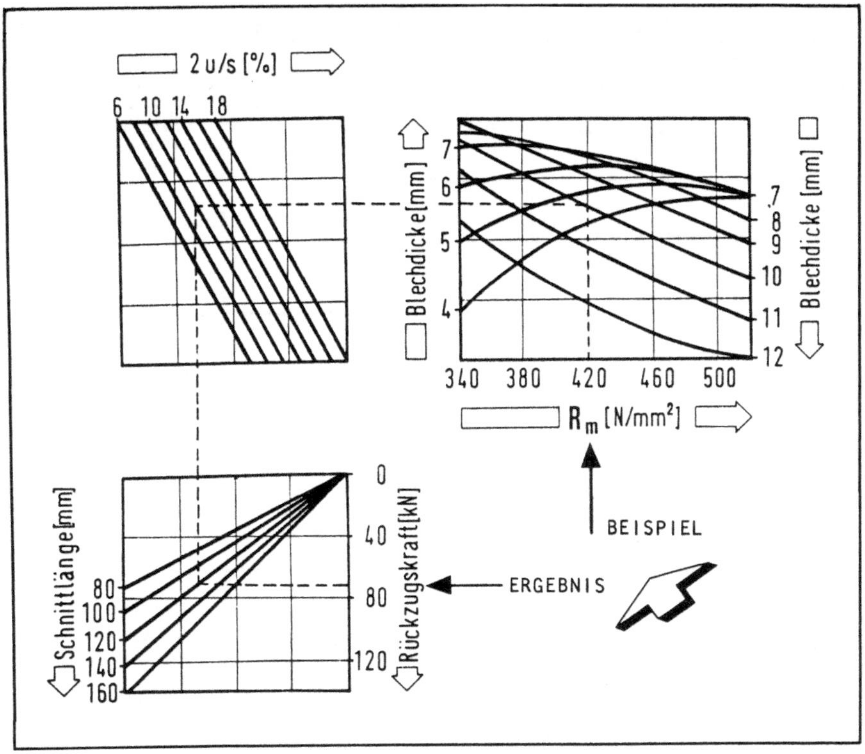

B i l d 77

Gekoppelte Netztafeln zur Bestimmung der Rückzugskraft Frr in Abhängigkeit der Zugfestigkeit R_m, der Blechdicke s, des Schneidspaltverhältnisses u/s und der Schnittlänge l

Stöferele und Theimert [198]

3.24.3 TABELLARISCHE AUFSTELLUNG DER BERECHNUNGSMÖGLICHKEITEN DER RÜCKZUGSKRAFT Frr ANHAND DER LITERATURANGABEN

In der nachstehenden tabellarischen Aufstellung der Berechungsmöglichkeiten der Größe der Rückzugskraft Frr wurden rechnerische und graphische Methoden aufgestellt. Bei jeder Berechnungsmöglichkeit wurden auch die Restriktionen sowie Literaturquelle angegeben. Um die Brauchbarkeit dieser Berechungsmethoden und die Grenzen der Anwendbarkeit festzustellen, werden nachstehend verschiedene Blechdicken, Stempeldurchmesser sowie Schneidspalte u in % von der Blechdicke als Parameter verwendet. Die rechnerisch bzw. graphisch ermittelten Werte der Rückzugskraft Frr werden mit den durch Versuche ermittelten Werten der Rückzugskraft Frv verglichen. Die gemessenen Werte der einzelnen Proben sind in Bild 79 aufgestellt. Mit Hilfe von Balkendiagrammen wird das Ergebnis dieser Untersuchung graphisch dargestellt.

BERECHNUNG DER RÜCKZUGSKRAFT

NR.	GLEICHUNG	RESTRIKTIONEN	QUELLE
1	$Frr = Fsr \cdot Kr$ Fsr - Schnittkraft rechn. ermitt. Kr - Korrekturfaktor = 0,1	In ungünstigstem Fall keine größeren Werte für Frr als 10% von Fsr	Dies, zitiert: Kretschmer [125] "Vorausbestimmung der Rückzugskraft beim Lochen von Blechen"
2	$Frr = \mu \cdot p \cdot d_{st} \cdot s_{At}$ μ - Reibungsfaktor p - Flächenpressung d_{st} - Stempeldurchmesser s_{At} - Anschnittiefe	Umständlich, da von den Werten des Reibungsfaktors, der Flächenpressung und Anschnittiefe abhängig.	Eickhoff [56]: "Über das Lochen von Grobblechen"
3	Frr = ca. 20 bis 30 N gerechnet pro 1 mm² der Schnittfläche		Göhre [57], zitiert: Stromberger und Dies [43], "Untersuchung über die Kraft-..."
4.1	$Frr = 0{,}1 \cdot Fsr$ (Faustformel) Fsr - Schnittkraft rechn. ermitt.		Hilbert [80]: "Stanzereitechnik" Bd. 1
4.2	Blechdicke / Frr in % von Fsr: bis 1 mm: 5 - 8 % bis 2,5 mm: 8 - 10 % bis 4 mm: 10 - 12,5 % bis 6 mm: 12,5 - 16 %	Die unteren %-Werte gelten dabei für günstigere Verhältnisse d/s und u/s.	
5	$Frr = 0{,}05 \cdot Fsr$ Fsr - Schnittkraft rechn. ermitt.	In ungünstigstem Fall keine größeren Werte für Frr als 5% von Fsr	Kaczmarek [94], zitiert: Eickhoff [56] "Über das Lochen..."
6	$Frr = 0{,}1 \cdot Fsr$ Fsr - Schnittkraft rechn. ermitt.	In ungünstigstem Fall keine größeren Werte für Frr als 10% von Fsr	Kienzle [106], zitiert: Eickhoff [56] "Über das Lochen von.."
7	$Frr_b = (0{,}02 \ldots 0{,}12) \cdot Fsr_b$ Frr_b - Bezogene Rückzugskraft Frs_b - Bezogene Schnittkraft	Gültig nur für Stempeldurchmesser von 40 mm	Krämer [120]: "Beitrag zur Kraft- und Arbeitsermittlung beim Schneiden von Blechen"
8.1	Ermittlung der Rückzugskraft nach Nomogramm	Maximale Blechdicke 3,5 mm	Kretschmer: [127] "Vorausbestimmung der Rückzugskraft..."
8.2	$Frr = 6 \cdot M_k + 130 \ldots 140 \ln \frac{u + 70}{70}$ $M_k = \frac{Rp \cdot 1{,}5}{Rm \cdot 0{,}5}$ u - Schneidspalt Rp - Streckgrenze Rm - Zugfestigkeit	Gültig nur für Stahlbleche: Re = 200 bis 520 N/mm² und Rm = 300 bis 900 N/mm² sowie u = 0,5 mm, Stempel sorgfältig geschmiert. Stempeloberfläche sollte $R_a = 0{,}4$ µm und $R_t = 0{,}75$ µm bis 1,0 µm aufweisen. Stempeldurchmesser $d_{st} = 20$ mm. Stempel und Matrize parallelgeschliffen !	s. oben
9	$Frr = \frac{Fs_{max}}{3}$ Fs_{max} - Max. Schnittkraft		Krist [128]: "Werkstatt-Tabellen"
10	Frr = 30...50 N gerechnet pro 1 mm² der Schnittfläche		Richard, zitiert: Eickhoff [56] "Über das Lochen von ..."
11	$Frr = K_b \cdot Fs_{ges.}$ K_b - Faktor, der die Art des Werkzeuges und die Blechdicke berücksichtigt - s. u. $Fs_{ges.}$ - Gesamtschnittkraft		Romanowski [181]: "Handbuch der Stanzereitechnik"

Blechdicke s	Lochen u. Ausschn. mit einem Stempel	Nachfolgendes Lochen und Ausschn.	Lochen mit Mehrfachwerkzeug
bis 1 mm	0,02... 0,06	0,06... 0,08	0,10... 0,12
1 - 5 mm	0,06... 0,08	0,10... 0,12	0,12... 0,15
über 5 mm	0,08... 0,10	0,12... 0,15	0,15... 0,20

12	Frr = 3 bis 5% der Schnittkraft bei d/s = 10, bei d/s < 10 steigt die Rückzugskraft an und beträgt bei d/s = 2 ca. 10% bis 20% der Schnittkraft Fsr. Bei d/s > 10 fallen die Werte für Frr ab.	Bei zähen Werkstoffen wird für das Abstreifen eine größere Rückzugskraft benötigt als bei spröden Werkstoffen	"Handbuch für die spanlose Formung" - Schuler AG
13	Frr nach Tabelle: Blechdicke: bis 2 — Frr in % von Fsr: 12 - 18 Blechdicke: 2 bis 3,5 — Frr in % von Fsr: 20 - 25 Blechdicke: über 3,5 — Frr in % von Fsr: 25 - 30	Der niedrigere Prozentsatz gilt für runde und ovale Stempelformen sowie beim Schneiden harter, spröder Werkstoffe mit: $\frac{\text{Zugfestigkeit Rm}}{\text{Streckgrenze Rp}} < 1{,}2$ Kleine Lochstempel (d < 2 s), ebenso ungeschmierte Stempel, erfordern noch höhere Rückzugskräfte	Semlinger [188]: "Stanztechnik"
14	$Frr = 0{,}125 \cdot l \cdot \left[a\,(s+b)^2 - o{,}25 \cdot 2 \cdot u/s - c \right]$ l - Schnittlänge in mm s - Blechdicke in mm u/s - Schneidspaltverhältnis in % a = 0,004 · Rm - 0,28 b = 0,17 · Rm - 14,4 c = 0,06 · Rm - 10,4 Rm - Zugfestigkeit in N/mm	Anwendung nur innerhalb der unten definierten Grenzen, oder geringen Über- bzw. Unterschreitungen begrenzt. s = 4 ... 12 mm, 2 u/s = 6 ... 18% l = 80 ... 160 mm, Rm = 340 ... 520 N/mm²	Stöferle, Theimert [198]: "Berechnung von Rückzugskräften beim Lochen von Grobblechen"
15	Frr - Durchschnittlich zwischen 25% und 35% der Schnittkraft Fsr		Stromberger, Dies [202]: "Untersuchung über die Kraft..."
16	Ermittlung der Rückzugskraft nach Diagramm	Gültig nur für bestimmte Blechdicken, Lochungsverhältnisse und Schneidspalte.	Stromberger, Pfaff [203]: Lochen von austenitischen, rostfreien...."

B i l d 78 Zusammenstellung der Gleichungen und Daten für die rechnerische Ermittlung der Rückzugskraft Frr

3.25. VERGLEICH DER RECHNERISCH ERMITTELTEN GRÖSSEN DER RÜCKZUGSKRAFT Frr MIT IM VERSUCH GEMESSENEN WERTEN DER Frv

Die nachstehend aufgeführten gemessenen Werte für Frv werden mit den rechnerisch ermittelten Werten für Frr verglichen. In der Tabelle aufgeführten Werte wurden beim Lochen von Stahlblech St 37 ermittelt. Das Ergebnis dieses Vergleiches ist in Form von Balkendiagrammen nachstehend zusammengefaßt.

Blechdicke s mm	Versuch Nr.	Stempeldurchm. mm	Schneidspalt u mm	Schneidspalt u % v.s	Fsr N	Fsv N	Frv N	d/s
1,00	2302	14,93	0,05	5,00	17371	14147	1399	14,9
2,00	1274	9,81	0,11	5,50	12482	9064	2489	4,9
4,30	2224	3,57	0,22	5,00	19879	19785	3477	0,8
5,25	2236	4,48	0,26	4,95	30338	27872	10874	0,9
6,00	2259	9,86	0,12	2,00	70038	62365	11149	1,6
8,00	2181	7,71	0,17	2,13	74430	70119	19468	1,0
8,00	2001	7,34	0,33	4,13	73977	63767	13981	0,9
8,00	2142	6,67	0,69	8,50	74245	54261	8105	0,8

B i l d 79 Zusammenstellung der Meßergebnisse

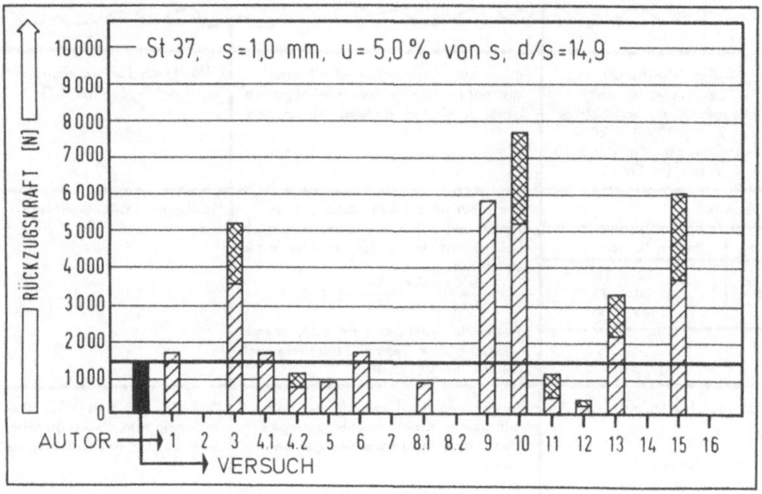

Bild 80a

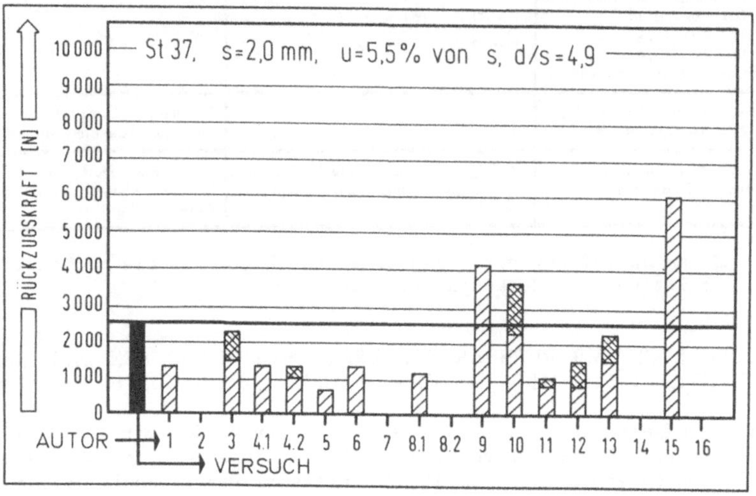

Bild 80b

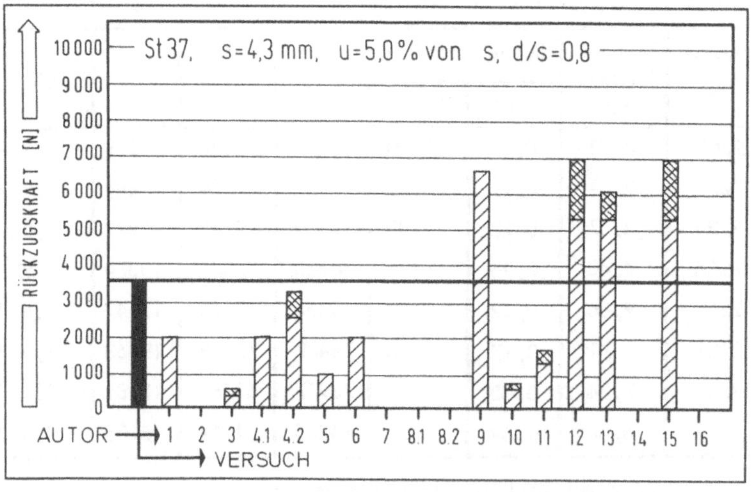

Bild 80c

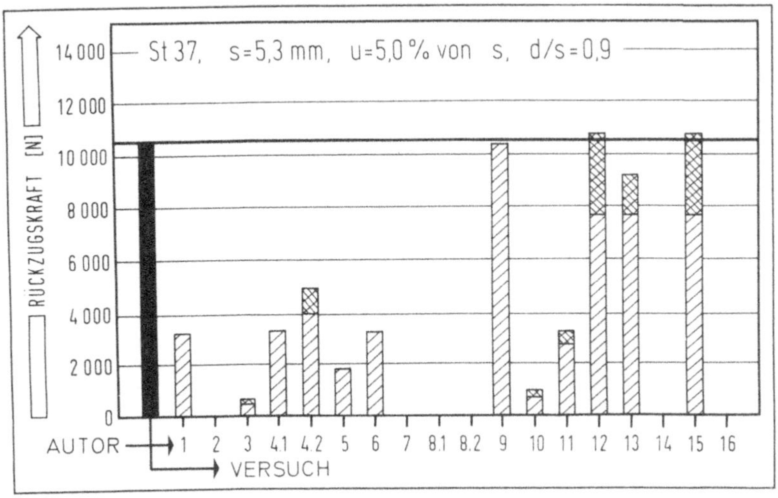

Bild 80d

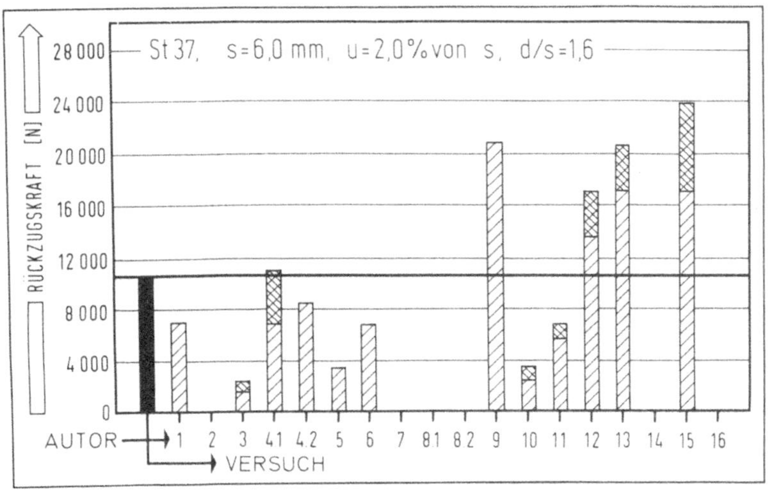

Bild 80e

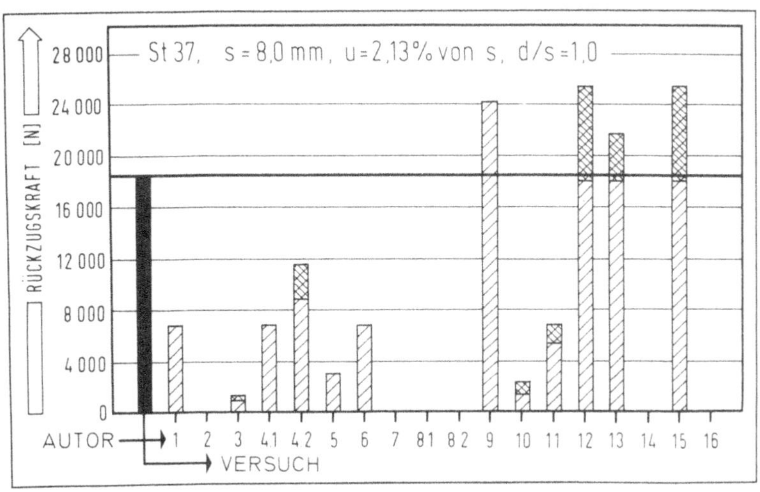

Bild 80f

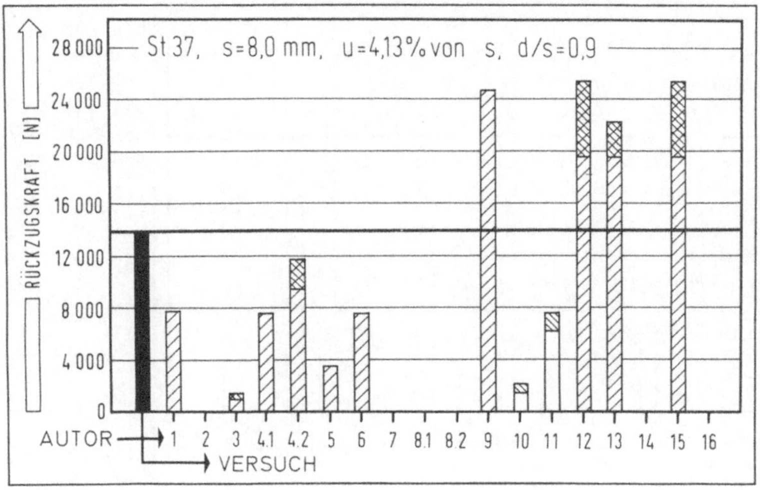

Bild 80g

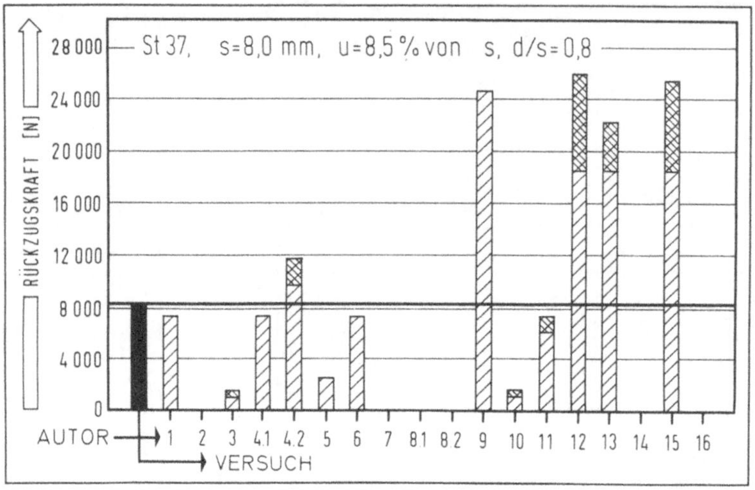

Bild 80h

B i l d 80a-h Balkendiagramme - Vergleich der rechnerisch ermittelten Werte für Frr mit im Versuch gemessenen Werten der Rückzugskraft Frv

Der schwarze Balken bedeutet die durch Versuch ermittelte Rückzugskraft Frv. Einfach schraffierte Balkenhöhe betrifft den rechnerischen Mindestwert und die kreuzschraffierte Länge des Balkens bedeutet jeweils den Streubereich der bei Anwendung der Gleichungen des betroffenen Autors (Nr. entspricht der Nr. in der Tabelle in Bild 78).

4. V E R S U C H S A U F B A U

Für die Durchführung der Versuche stand eine Zweiständer-Hydraulikpresse 200 kN, Fabrikat Hymag (1 - Bild 81) zur Verfügung. Als Kraftmeßgerät (2) wurde ein Zug- und Druck-Kraftaufnehmer (Klassengenauigkeit 0,1%) eingesetzt. Ein induktiver Wegaufnehmer (3) wurde für die Stempelwegmessung verwendet. Die Meßsignale wurden über eine Trägerfrequenz-Meßbrücke (1 - Bild 82) und einen Meßumformer mit Hilfe eines xy-Compensationsschreibers (2 - Bild 82) in Form von Kraft-Weg-Diagrammen (Bild 85) aufgezeichnet. Als zusätzliches Meßgerät wurde ein Maximalwertspeicher (Bild 83)(Eigenbau) angeschlossen, so daß die

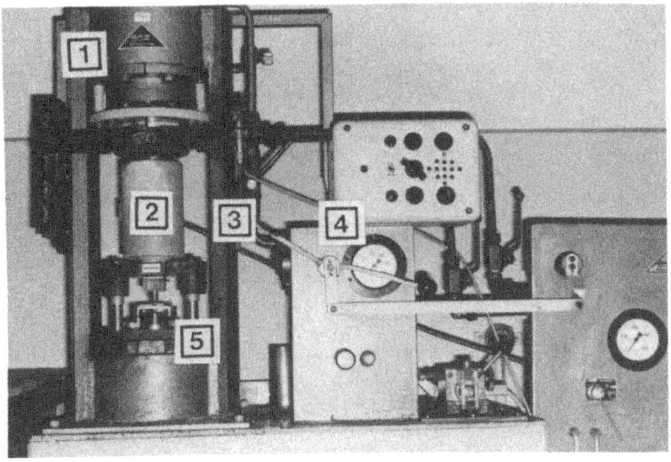

B i l d 81

Versuchsaufbau

1 - Zweiständer-Hydraulikpresse
2 - Kraftaufnehmer
3 - Wegaufnehmer
4 - Pressensteuerteil
5 - Werkzeugaufbau

B i l d 82

Versuchsaufbau (Registrierteil)

1 - Trägerfrequenz-Meßbrücke

2 - xy-Compensationsschreiber

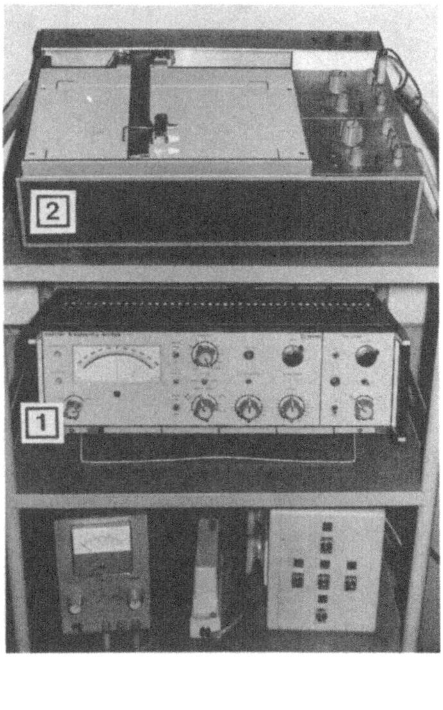

Maximalwerte der gemessenen Schnittkraft Fsv und Rückzugskraft Frv einer Versuchsreihe jeweils gespeichert werden konnten.

Um Spannungsschwankungen und damit Meßwertverfälschungen auszuschalten und reproduzierbare Ergebnisse zu erzielen, wurde eine 24V-Batterie als Stromquelle verwendet.

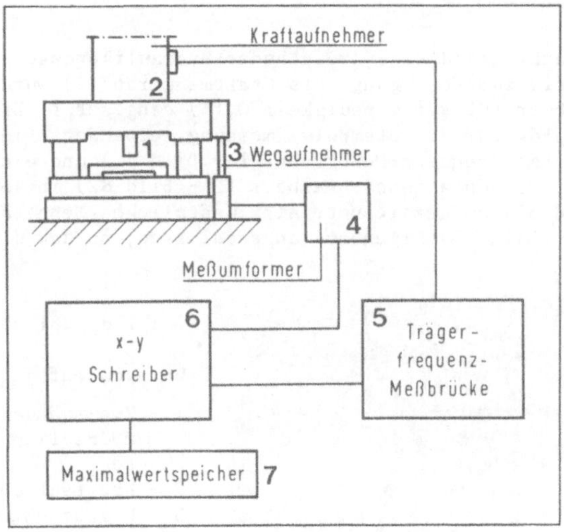

B i l d 83

Schematische Darstellung der Versuchsanordnung

1 - Werkzeug
2 - Kraftaufnehmer
3 - Wegaufnehmer
4 - Meßumformer
5 - Trägerfrequenz-Meßbrücke
6 - x-y-Schreiber
7 - Maximalwertspeicher

5. W E R K Z E U G E

In ein kräftig dimensioniertes Säulenführungsgestell (B i l d 84) mit Kugelführung wurde eine auswechselbare Stempelhalteplatte und eine Schnittbuchsenhalterung genau in einer Achse montiert. Das Säulengestell wurde mit einer Kugelführung versehen, da dadurch unnötige Reibung in den Führungen vermieden und die Meßgenauigkeit erhöht worden sind. Durch die praktisch spielfreie Führung wurde auch eine exakte Einhaltung des Schneidspaltes um den Stempel garantiert. Auf der Schnittplattenhalterung wurde eine auswechselbare Abstreiferplatte befestigt, so daß der Abstreifer-Bohrungsdurchmesser dem jeweiligen Stempeldurchmesser (Kap. 3.13) angepaßt werden konnte. Die Stempel und Schnittbuchsen konnten leicht ausgewechselt werden, um verschiedene Lochdurchmesser und Schneidspalte wählen zu können. Es wurden Schneidstempel DIN 9844 Form A und B sowie werksgenormte Schneidbuchsen mit Bund benutzt.

WERKZEUGWERKSTOFF

Stempelwerkstoff: Hochleistungswerkzeugstahl mit 12% Chromgehalt, X 210 Cr 12 (nach DIN 17006), Werkstoff-Nr. 1.2080

Härte: $62^{\pm 2}$ HRc (Schafthärte)

Oberfläche: R_t = 1,0 um

R_a = 0,4 um

Schneidbuchsenwerkstoff: Hochleistungswerkzeugstahl mit 12% Chromgehalt, X 210 Cr 12 , Werkstoff-Nr. 1.2080

Härte: $62^{\pm 2}$ HRc

B i l d 84

Säulenführungsgestell mit Kugelführung

6. VERSUCHSDATENAUSWERTUNG

Die aufgenommenen Kraft-Weg-Diagramme (Bild 85) zeigen den bekannten Verlauf der Schnittkraft Fsv und der Rückzugskraft Frv. Der sichtbare Ausschlag, der nach der Aufzeichnung des Schnittkraftverlaufs verursacht wird, tritt beim Umschalten des Meßgerätes in einen kleineren Sensivity-Bereich auf und ist für die Auswertung ohne Bedeutung.

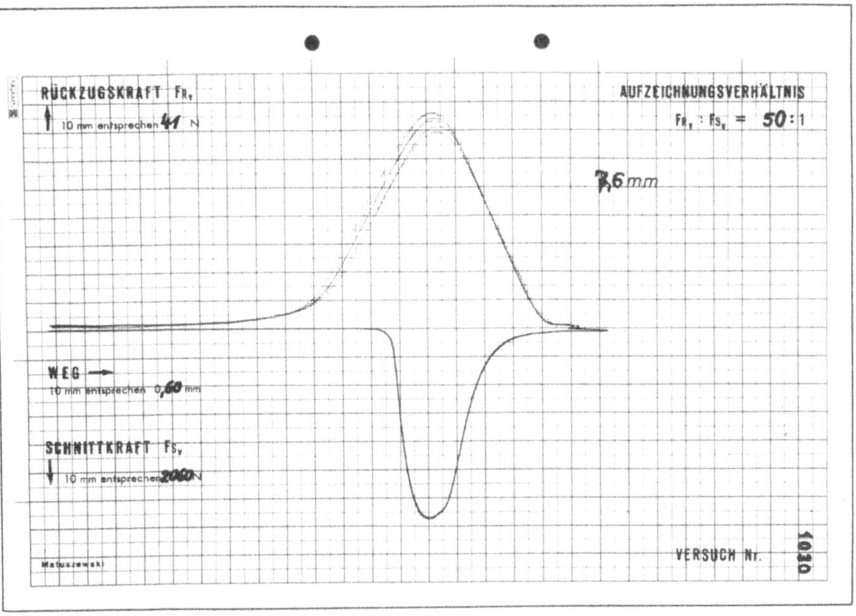

B i l d 85 Kraft-Weg-Diagramm für Schnittkraft Fsv und Rückzugskraft Frv

VERSUCHSDATEN BLATT NR.

DIE REIHENFOLGE DER DATEN STIMMT MIT DEM PROGRAMM DES RECHNERS ÜBEREIN

1	VERSUCH Nr.										
2	SCHMIERMITTEL Nr.										
3	WERKSTOFF *										
4	BLECHDICKE (mm)										
5	HÄRTE (HB)										
6	STEMPEL Nr.										
7	STEMPELDURCHMESSER (mm)										
8	MATRIZE Nr.										
9	MATRIZENDURCHMESSER (mm)										
10	OBERFLÄCHENQUALITÄT										
11	SENSIVITY Fsv										
12	RANGE Fsv										
13	SENSIVITY Frv										
14	RANGE Frv										
15	RANGE X										
16											
17											
18											
19											
20											
21	BEMERKUNGEN										

Matuszewski

B i l d 86 Versuchsdatenblatt mit allen Versuchsdaten

Anhand der Kraft-Weg-Diagramme und den dazugehörigen Versuchsdaten (Bild 85) wurde das Blatt "Versuchsdaten-Ablochschema" ausgefüllt. Diese Werte wurden dann auf Lochkarten übertragen und mittels der Rechnerprogramme auf der EDV-Anlage IBM 370/158 des Hochschulrechenzentrums des Gesamthochschulbereiches Dortmund ausgewertet. Zur Überprüfung der eingegebenen Werte wurde ein Kontrolldruck (Bild 88) in das Rechnerprogramm eingebaut.

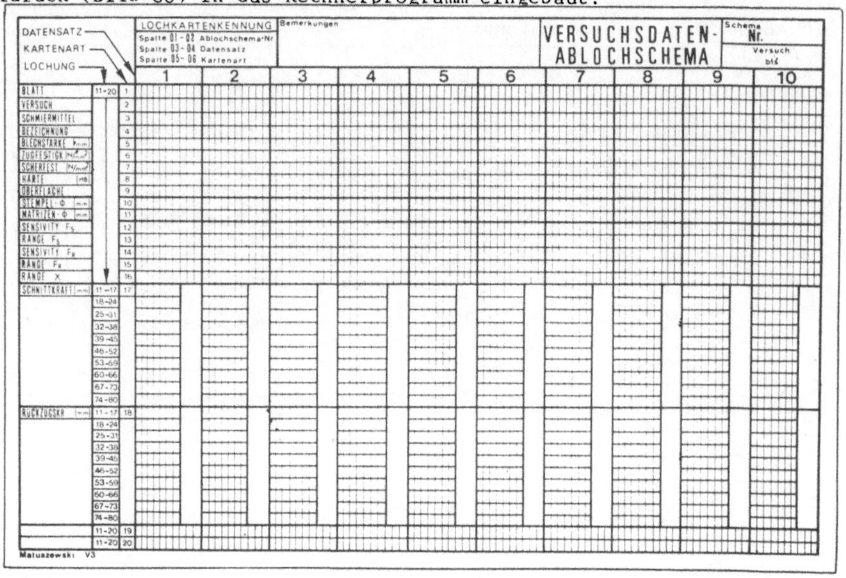

B i l d 87 Versuchsdaten-Ablochschema

K O N T R O L L D R U C K										
BLATT - SCHEMA	1	1	1	1	1	1	1	1	1	1
VERSUCH	1001	1002	1003	1004	1005	1006	1007	1008	1009	1010
SCHMIERMITTEL	0	5	0	5	0	5	0	5	0	5
BEZEICHNUNG	ST.	ST.	AL	AL	ST.	ST.	AL	AL	ST.	ST.
BLECH (MM)	1.500	1.500	1.500	1.500	2.000	2.000	2.000	2.000	2.500	2.500
ZUGFEST.(N/MM**2)	378.	378.	251.	251.	343.	343.	248.	248.	365.	365.
SCHERF. (N/MM**2)	302.	302.	201.	201.	275.	275.	198.	198.	292.	292.
HAERTE (HB)	107	107	71	71	97	97	70	70	103	103
OBERFLAECHE	GL	GL	GL	GL	GL	GL	GL	GL	GL	GL
STEMPELD. (MM)	9.800	9.800	9.800	9.800	9.800	9.800	9.800	9.800	9.800	9.800
MATR.-D. (MM)	10.030	10.030	10.030	10.030	10.030	10.030	10.030	10.030	10.030	10.030
SENS.FS	10.00	10.00	2.00	2.00	10.00	10.00	2.00	2.00	10.00	10.00
RANGE FS	10.00	10.00	20.00	20.00	10.00	10.00	50.00	50.00	20.00	20.00
SENS.FR	10.00	10.00	2.00	2.00	10.00	10.00	2.00	2.00	10.00	10.00
RANGE FR	0.50	0.50	2.00	1.00	0.50	0.50	0.50	0.50	0.50	0.50
RANGE X	20.00	20.00	20.00	20.00	20.00	20.00	20.00	20.00	20.00	20.00
SCHNITTKRAFT (MM)	69.0	67.0	77.0	73.0	87.0	87.0	42.0	41.0	57.0	55.0
SCHNITTKRAFT (MM)	69.0	67.0	77.0	74.0	88.0	87.0	42.0	41.0	57.0	55.0
SCHNITTKRAFT (MM)	69.0	67.0	77.0	74.0	88.0	88.0	42.0	41.0	57.0	55.0
SCHNITTKRAFT (MM)	69.0	67.0	77.0	74.0	88.0	88.0	42.0	41.0	57.0	55.0
SCHNITTKRAFT (MM)	69.0	67.0	77.0	75.0	88.0	88.0	42.0	41.0	57.0	55.0
SCHNITTKRAFT (MM)	69.0	67.0	77.0	75.0	88.0	88.0	42.0	41.0	57.0	55.0
SCHNITTKRAFT (MM)	69.0	67.0	77.0	76.0	88.0	89.0	42.0	41.0	57.0	55.0
SCHNITTKRAFT (MM)	59.0	67.0	77.0	77.0	88.0	88.0	42.0	41.0	57.0	55.0
SCHNITTKRAFT (MM)	69.0	67.0	77.0	73.0	88.0	89.0	42.0	41.0	57.0	55.0
SCHNITTKRAFT (MM)	69.0	67.0	77.0	73.0	88.0	89.0	42.0	41.0	57.0	55.0
RUECKZUGSKR. (MM)	65.0	21.0	23.0	15.0	55.0	59.0	30.0	31.0	35.0	41.0
RUECKZUGSKR. (MM)	68.0	23.0	6.0	16.0	61.0	60.0	41.0	32.0	42.0	55.0
RUECKZUGSKR. (MM)	68.0	24.0	5.0	16.0	69.0	63.0	45.0	37.0	45.0	61.0
RUECKZUGSKR. (MM)	71.0	26.0	5.0	12.0	70.0	67.0	48.0	38.0	47.0	62.0
RUECKZUGSKR. (MM)	74.0	27.0	5.0	18.0	71.0	68.0	53.0	38.0	48.0	64.0
RUECKZUGSKR. (MM)	74.0	28.0	5.0	16.0	74.0	72.0	61.0	41.0	49.0	64.0
RUECKZUGSKR. (MM)	77.0	21.0	5.0	17.0	75.0	73.0	66.0	47.0	50.0	67.0
RUECKZUGSKR. (MM)	79.0	28.0	5.0	14.0	76.0	83.0	68.0	53.0	50.0	68.0
RUECKZUGSKR. (MM)	74.0	28.0	4.0	17.0	78.0	72.0	68.0	56.0	60.0	70.0
RUECKZUGSKR. (MM)	74.0	28.0	3.0	14.0	71.0	72.0	84.0	38.0	66.0	73.0
MASS-ST. FS (N/CM)	2060.0	2060.0	824.0	824.0	2060.0	2060.0	2060.0	2060.0	4120.0	4120.0
MASS-ST. FR (N/CM)	103.0	103.0	82.4	41.2	103.0	103.0	20.6	20.6	103.0	103.0
VERHAELTN. FS/FR	20.0	20.0	10.0	20.0	20.0	20.0	100.0	100.0	40.0	40.0
STEMPELWEG.(MM/CM)	0.6	0.6	0.6	0.6	0.6	0.6	0.6	0.6	0.6	0.6

B i l d 88 Kontrollausdruck mit allen Versuchsdaten

Nach jeweils zehn Programmdurchläufen, bei denen insgesamt zehn Versuche mit den jeweiligen Meßdaten bearbeitet worden sind, wurde der Kontrollausdruck ausgegeben. Alle aufbereiteten und berechneten Versuchsdaten, die ausgedruckt werden sollten, wurden überprüft und auf einem Versuchsprotokollausdruck (Bild 89) ausgedruckt.

```
*************************************************************************
* V E R S U C H S P R O T O K O L L                    BLATT   1/1      *
*************************************************************************
* V   E   R   S   U   C   H                            NR.     1001     *
*************************************************************************
* B L E C H W E R K S T O F F        * BEMERKUNGEN:                     *
*                                    *                                  *
* BEZEICHNUNG     : ST 12.02         *                                  *
*                                  2 *                                  *
* ZUGFESTIGKEIT   :      378.   N/MM * UMRECHNUNG DER ZUG- UND SCHERFEST. *
*                                  2 *                                  *
* SCHERFESTIGKEIT:       107.   N/MM * NACH DIN 50150 AUS DEN HAERTEWERTEN *
*                                    *                                  *
* HAERTE          :      107     HB  *                                  *
*                                    *                                  *
* BLECHDICKE      :      1.500   MM  *                                  *
*                                    *                                  *
* OBERFLAECHE     : GLATT  ZUNDERFR. *                                  *
*************************************************************************
* S C H M I E R U N G :    0    UNGESCHMIERT                            *
*************************************************************************
* W   E   R   K   Z   E   U   G      * RESULTIERENDE WERTE:             *
*                                    *                                  *
* MATR.-DURCHM. :     10.030   MM    * SCHNEIDSPALT:          0.11   MM *
*                                    *                                  *
* STEMPELDURCHM.:      9.800   MM    * SCHNEIDSPALT:     7.67   0/0 VON S *
*                    ----------      *                                  *
* SCHNEIDSPIEL  :      0.230   MM    * LOCHUNGSVERH. D/S:      6.5      *
*************************************************************************
* E R M I T T E L T  -  VERSUCH      *   SCHNITTKRAFT  *  RUECKZUGSKRAFT *
*                                    *       FSV       *       FRV      *
*************************************************************************
*                              *  1  *   14214.0  N    *    669.5  N    *
* SCHNITTKRAFT  -  ERRECHNET   *     *                 *                *
*                              *  2  *   14214.0  N    *    700.4  N    *
*          FSR =  14273.0 N    *     *                 *                *
*                              *  3  *   14214.0  N    *    700.4  N    *
*                              *     *                 *                *
********************************  4  *   14214.0  N    *    731.3  N    *
*                              *     *                 *                *
*      FSV = 99.59 0/0 VON FSR *  5  *   14214.0  N    *    762.2  N    *
*                              *     *                 *                *
*                              *  6  *   14214.0  N    *    762.2  N    *
*                              *     *                 *                *
*      FRV =  5.22 0/0 VON FSR *  7  *   14214.0  N    *    793.1  N    *
*                              *     *                 *                *
*                              *  8  *   14214.0  N    *    762.2  N    *
*                              *     *                 *                *
*      FRV =  5.25 0/0 VON FSV *  9  *   14214.0  N    *    762.2  N    *
*                              *     *                 *                *
*                              * 10  *   14214.0  N    *    762.2  N    *
*************************************************************************
*        AUSREISSER NACH NALIMOV :   *   KEINE     N   *   KEINE    N   *
*                                    *             N   *            N   *
*                                    *             N   *            N   *
*************************************************************************
*               M I T T E L W E R T :  *  14214.0  N   *    745.7   N   *
*************************************************************************
*               STANDARDABWEICHUNG :   *    0.00  0/0  *    0.00  0/0   *
*************************************************************************
* 002 MATUSZEWSKI                                        FH DORTMUND    *
*************************************************************************
```

B i l d 89 Versuchsprotokollausdruck mit Versuchs- und Ergebnisdaten

Um nach dem vorläufigen Abschluß der Versuchsreihe eine übersichtliche und jederzeit zugängliche Bereitstellung aller Versuchsdaten und Meßergebnisse zu ermöglichen, wurden diese auf einem Magnetband mit den dazugehörigen Rechnerprogrammen (Bearbeitungsprogramm) gespeichert. Einmal erreicht man dadurch, daß man willkürlich auf jeden beliebigen Versuch jederzeit zurückgreifen kann und außerdem ist eine Teil- bzw. Gesamtauswertung bestimmter Versuchsreihen möglich. Der Datenfluß ist in Bild 90 graphisch dargestellt.

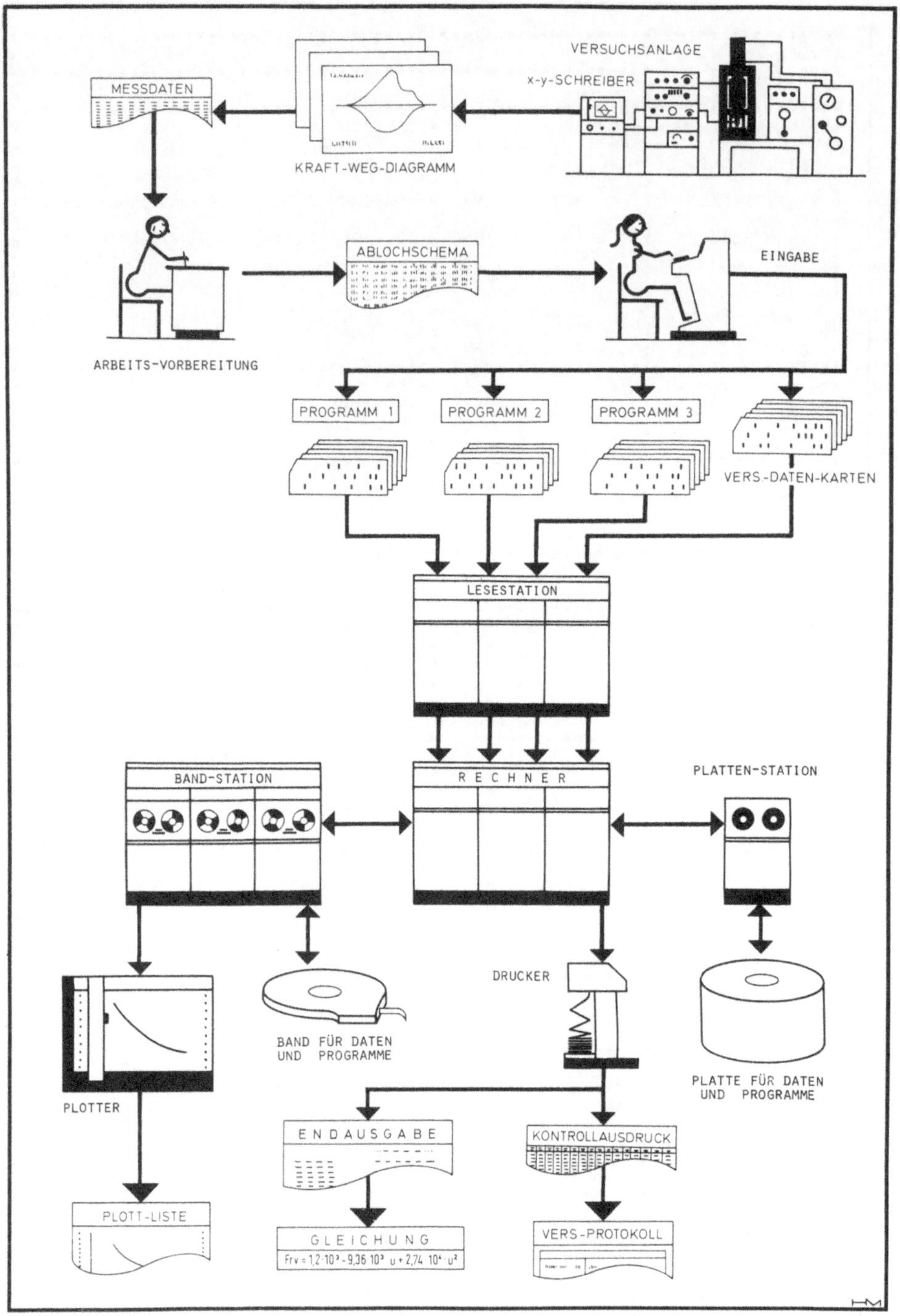

Bild 90 Datenfluß (Versuchsdaten) graphisch dargestellt

6.1. RECHNERPROGRAMME

Eine manuelle Auswertung der bei den Versuchen gewonnenen Daten unter Berücksichtigung statistischer Gesichtspunkte mit Ausreißerberechnung, Sortierung nach vorgegebenen Parametern und andere Berechnungen würde bei der anfallenden Datenfülle sehr schnell die Grenzen des Möglichen erreichen und somit ein verzerrtes Bild ergeben. Zur Auswertung der anfallenden Daten wurden Quellprogramme in Fortran IV ausgearbeitet.

AUSWERTUNGSPROGRAMM 1 (Sortierung der Versuchsdaten)
Dieses Programm bildet die Basis der Versuchsauswertung. Im einzelnen enthält es folgende Schritte:
A) Einlesen der Meßwerte
B) Ausrechnen der Umrechnungsmaßstäbe
C) Ausrechnung der Schnittkräfte Fsv und der Rückzugskräfte Frv
D) Ausrechnung der Mittelwerte und der Standartabweichung
E) Auswählen des maximal vom Mittelwert abweichenden Wertes (mittels des Ausreißertestes nach Nalimov)
F) Ausrechnen eines Vergleichswertes für den Ausreißertest
G) Vergleichen des Wertes mit einem Tabellenwert
H) Entfernen oder Nicht-Entfernen des Wertes aus der Meßreihe
I) Gegebenfalls eine erneute Rechnung von "D" an
K) Ausrechnen der restlichen Werte
L) Ausdrucken eines Versuchsprotokolls (Bild 89)
M) Nach 10 Durchläufen Ausgabe eines Kontrollausdruckes (Bild 88)

AUSWERTUNGSPROGRAMM 2 (Auswertung der Versuchsdaten)
Dieses Programm dient der Gesamtauswertung der Versuche. Es bietet die Möglichkeit die ermittelten Daten nach bis zu drei vorgegebenen Parametern zu sortieren, zusammenzustellen und herauszusuchen. Im Einzelnen kann man das Programm wie folgt aufgliedern:
A) Aufbereitung der Daten wie in Programm 1
B) Speicherung aller Versuchsdaten
C) Prüfen nach ausgewählten Parametern
D) Umspeichern der geordneten Daten
E) Wahlweise Sortierung der Versuche nach einem gewähltem Parameter im Unterprogramm SORT
F) Erstellen der Ausgabe mit dem Unterprogramm AUSG 1
G) Wahlweise neue Rechnung von "C" an beginnend und Erstellung weiterer Ausgaben

AUSWERTUNGSPROGRAMM 3 (Approximation eines Polynoms)
Aufgabe diese Programmes ist es, mittels einiger Versuchsdaten, einen funktionellen Zusammenhang zwischen bestimmten ausgewählten Parametern und der Größe der Rückzugskraft Frv in Form eines Polynoms zu aproximieren. Mit Hilfe dieses Polynoms ist es dann möglich, den funktionellen Zusammenhang zwischen den zur Aproximation des Polynoms ausgewählten Parametern und der Rückzugskraft Frv graphisch darzustellen.

Weitere Programme:

Programm 4: Aufbringen der Versuchsdaten auf Platte

Programm 5: Aufbringen der Programme 1-3 auf Platte

Programm 6: Kopieren der Programme 1-3 und der Versuchsdaten von Platte auf Magnetband

Programm 7: Kopieren der Programme 1-3 und der Versuchsdaten von Magnetband auf Platte

Programm 8: Komprimieren der Versuchsdaten

Programm 9: Kontrolle der Versuchsdaten

Die Programme 4-9 sind in der graphischen Darstellung (Bild 90) nicht dargestellt.

Durch die Vervollständigung der elektronischen Datenverarbeitungsanlage, wird es in Zukunft möglich sein, sämtliche Versuchsdaten über die Anlage Siemens 300 30 direkt zu erfassen. Um die durch die Einflüsse der verschiedenen Parameter auftretenden Veränderungen der Größe der Rückzugskräfte Frv beurteilen zu können, waren Zusammenfassungen von Versuchen mit gleichen Versuchsbedingungen zu Versuchsreihen notwendig. Hieraus wurden Mittelwerte gebildet, die dann mit Zusammenfassungen anderer Versuchsreihen, bei welchen ein Parameter verändert wurde, in Vergleich gesetzt werden konnten.

V E R S U C H S D A T E N   U N D   E R G E B N I S S E

SORTIERUNG NACH BLECHDICKE   DER GROESSE NACH AUFSTEIGEND

VERS. NR.	SCHM MTTL NR.	WERK-STOFF BEZ.	HAERTE HB	OBERFLAECHE	S MM	MATR.-DURCHM. MM	STEMPELD. MM	SCHNEIDSPALT U MM	U 0/0 V.S	F SV N	F RV N	FSV ---*100 FSR	FRV ---*100 FSR	FRV ---*100 FSV	D/S
5556	3	ST	80	GL	0.50	8.000	7.920	0.040	8.000	2596	49	91.8	1.72	1.87	15.8
5557	4	ST	80	GL	0.50	8.000	7.920	0.040	8.000	2596	49	91.8	1.73	1.88	15.8
5558	5	ST	80	GL	0.50	8.000	7.920	0.040	8.000	2596	47	91.8	1.66	1.81	15.8
5559	6	ST	80	GL	0.50	8.000	7.920	0.040	8.000	2596	47	91.8	1.66	1.81	15.8
5560	7	ST	80	GL	0.50	8.000	7.920	0.040	8.000	2596	46	91.8	1.61	1.76	15.8
5649	0	ST	80	GL	0.50	8.000	7.889	0.056	11.100	2554	32	90.0	1.12	1.23	15.8
5650	1	ST	80	GL	0.50	8.000	7.889	0.056	11.100	2513	34	88.9	1.22	1.37	15.8
5651	2	ST	80	GL	0.50	8.000	7.788	0.056	11.100	2513	40	88.9	141	1.59	15.8
5652	3	ST	80	GL	0.50	8.000	7.889	0.056	11.100	2513	37	88.9	1.30	1.47	15.8
5653	4	ST	80	GL	0.50	8.000	7.889	0.056	11.100	2554	36	90.4	1.26	1.40	15.8
5654	5	ST	80	GL	0.50	8.000	7.889	0.056	11.100	2513	34	88.9	1.21	1.36	15.8
5655	6	ST	80	GL	0.50	8.000	7.889	0.056	11.100	2554	34	90.4	1.20	1.33	15.8
5656	7	ST	80	GL	0.50	8.00	7.889	0.056	11.100	2554	34	90.4	1.22	1.35	15.8
5857	0	ST	80	GL	0.75	10.010	9.860	0.075	10.000	6741	278	114.8	4.74	4.13	13.1
5858	1	ST	80	GL	0.75	10.010	9.860	0.075	10.000	6623	75	112.8	1.27	1.13	13.1
5859	2	ST	88	GL	0.75	10.010	9.860	0.075	10.000	6644	100	113.2	1.70	1.51	13.1

B i l d 91 Beispiel der Sortierung nach der Blechdicke s

V E R S U C H S D A T E N   U N D   E R G E B N I S S E

SORTIERUNG NACH FRV   DER GROESSE NACH AUFSTEIGEND   HAERTE VON 84 BIS 107

VERS. NR.	SCHM MITTL NR.	WERK-STOFF BEZ.	HAERTE HB	OBERFLAECHE	S MM	MATR.-DURCHM. MM	STEMPELD. MM	SCHNEIDSPALT U MM	U 0/0 V.S	F SV N	F RV N	FSV ---*100 FSR	FRV ---*100 FSR	FRV ---*100 FSV	D/S
1334	0	ST	97	GL	2.00	10.030	9.810	0.110	5.500	17716	987	102.4	5.70	5.57	4.9
1224	0	ST	107	GL	1.50	10.030	9.910	0.060	4.000	14420	989	101.0	6.93	6.86	6.6
1317	5	ST	97	GL	2.00	10.030	9.810	0.110	5.500	18540	995	107.2	5.75	5.34	4.9
1340	0	ST	97	GL	2.00	10.030	9.810	0.110	5.500	17716	999	102.4	5.77	5.64	4.9
1341	0	ST	97	GL	2.00	10.030	9.810	0.110	5.500	17716	1003	102.4	5.80	5.66	4.9
1222	0	ST	107	GL	1.50	10.030	9.910	0.060	4.000	14420	1066	101.0	7.47	7.39	6.6
1225	0	ST	107	GL	1.50	10.030	9.910	0.060	4.000	14420	1067	101.0	7.48	7.40	6.6
1223	0	ST	107	GL	1.50	10.030	9.910	0.060	4.000	14420	1079	101.0	7.56	7.49	6.6
1357	5	ST	97	GL	2.00	10.030	9.810	0.110	5.500	18540	1119	107.2	6.47	6.04	4.9
1265	0	ST	97	GL	2.00	10.030	9.810	0.110	5.500	18128	1122	104.8	6.48	6.19	4.9
1266	0	ST	97	GL	2.00	10.030	9.810	0.110	5.500	18128	1143	104.8	6.61	6.31	4.9
1342	0	ST	97	GL	2.00	10.030	9.810	0.110	5.500	17716	1147	102.4	6.63	6.47	4.9
1077	0	ST	103	GL	2.50	10.030	9.910	0.060	2.400	23072	1199	100.2	5.21	5.20	4.0
1345	0	ST	97	GL	2.00	10.030	9.810	0.110	5.500	18128	1254	104.8	7.25	6.92	4.9
1185	0	ST	107	GL	1.50	10.030	9.910	0.060	4.000	13802	1436	96.7	10.06	10.40	6.6
1186	0	ST	107	GL	1.50	10.030	9.910	0.060	4.000	13802	1454	96.7	10.18	10.53	6.6

B i l d 92 Beispiel der Sortierung nach der Rückzugskraft Frv

6.2. INTERPRETATION DES RECHNERAUSDRUCKES FÜR Frv

INTERPRETATION DES RECHNERAUSDRUCKES FÜR Frv

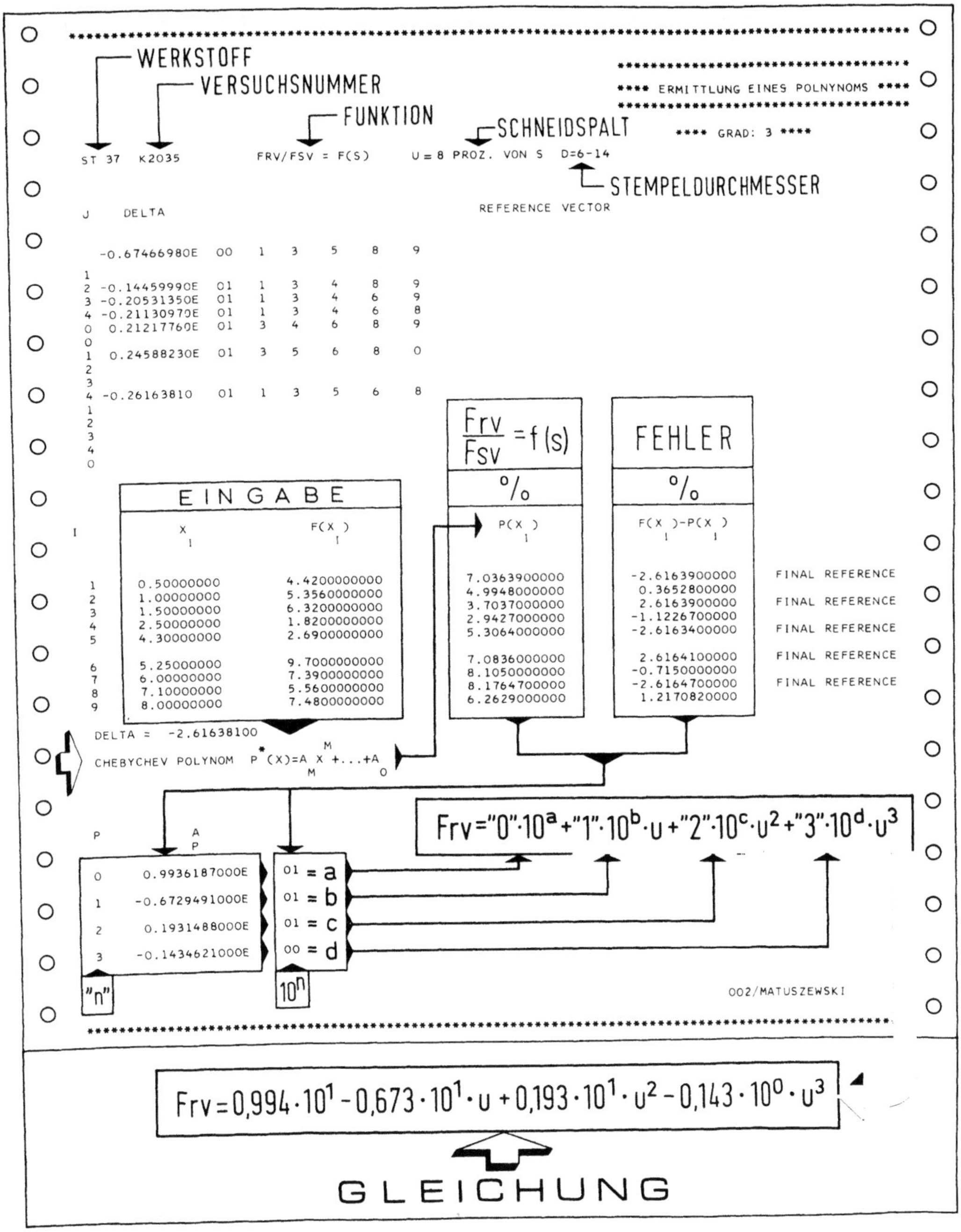

Bild 93 Interpretation des Rechnerausdruckes für die Rückzugskraft Frv

Beispiel: In der Versuchsgruppe K 0000 (Versuchs-Nr. 1 - 1920) wurden jeweils Schneidspalte u von 2%, 5%, 8% und 11% der Blechdicke s untersucht. Um einen Funktionswert für z.B. u = 2% von s zu erhalten, wurde von allen Versuchen mit u = 2% von s und gleicher Blechdicke s eine Mittelwertbildung vorgenommen. Das Programm 3 diente dazu, die errechneten Werte in Funktion zu dem veränderten Parameter zu setzen. Bei einer Eingabe von maximal 20 Meßwerten errechnete dieses Programm eine Funktion in Form eines Chebychev-Polynoms (Bild 93) .Der Grad dieses Polynoms ist frei wählbar, jedoch nicht größer als 19.

6.3. ALLGEMEINES ZUR AUSWERTUNG (Ausreißerproblem)

Die durch bestimmte Untersuchungsverfahren erhaltenen quantitativen Meßdaten geben Informationen über Vorgänge und Zustände. Sie erst bilden die Basis der kritischen Wertung von Handlungen und Objekten. Die Zuverlässigkeit einer auf Daten begründeten Aussage oder Entscheidung hängt nicht nur von der sorgfältigen Durchführung der Datenerfassung ab, sondern wird auch durch die rechnerische Auswertung dieser Daten entscheidend beeinflußt.

BERECHNUNG DER STANDARDABWEICHUNG

Das wichtigste Maß für die Streuung einer statistischen Größe ist die Standardabweichung s bzw. ihr Quadrat, die Varianz s^2. Für diese beiden Streuungsmaße gelten nach DIN 55302 folgende Definitionen:

$$s = \sqrt{\frac{1}{n-1} \sum_{i=n}^{n} (x_i - \bar{x})^2}$$

$$s^2 = \frac{1}{n-1} \sum_{i=n}^{n} (x_i - \bar{x})^2$$

s = Standartabweichung

s^2 = Varianz

n = Anzahl der Werte einer statistischen Größe

x_i = Beobachtungswert

$\bar{x}$ = Mittelwert

"Die Standartabweichung ist ein Maß für die Abweichung der Einzelwerte vom arithmetischen Mittelwert. Sie ist zugleich ein Maß für die Abweichung der Beobachtungswerte untereinander. Die Standardabweichung hat die gleiche Dimension und Einheit wie die beobachtete Größe".

Die Standardabweichung aus wenigen Werten ($n < 50$) ist ein Näherungswert. Man unterscheidet die Wiederholstandardabweichung von der Vergleichsstandardabweichung und bezeichnet erstere mit s_r und letztere mit s_R. In der Regel ist s_R größer als s_r, aber die Vergleichstandardabweichung ist wirklichkeitsnäher, obgleich man zugeben muß, daß ihre Bestimmung viel aufwendiger ist. Bei der Vergleichsstandardabweichung werden am gleichen Objekt bzw. Produkt von verschiedenen Bearbeitern Messungen vorgenommen. Lediglich zur Selbstkontrolle der Meßmethoden benötigt man die Wiederholstandardabweichung s_r.

Standardabweichungen werden durch viele Einzelmessungen praktisch nicht weiter verbessert gegenüber jenem Aufwand, bei dem aus einer 5 - 8fachen Wiederhol- bzw. Vergleichsmessung ein Näherungswert erhalten wird. Schon aus zwei ausreißerfreien Messungen läßt sich allerdings nur ein sehr grober Schätzwert der Näherungsstandardabweichung ermitteln. Aus zwei Messungen läßt sich aber noch nichts über einen möglichen Ausreißer aussagen. Drei Wiederhol- bzw. Vergleichsmessungen sind der Mindestaufwand, 5 - 8 Einzelwerte zu bestimmen wird empfohlen. Wer es genauer wissen will, benötigt mindestens 30 Einzelwerte (lt. Kaiser/Gottschalk - Elementare Tests zur Beurteilung von Meßdaten - Mannheim 1972).

Wird die Berechnung der Standardabweichung mittels einer Rechenanlage durchgeführt, so empfiehlt sich folgende Formel:

$$s = \sqrt{\frac{1}{n-1} (\text{Summe } x_i)^2 - \frac{1}{n} (\text{Summe } x_i)^2}$$

Umstellung der Formel der Standardabweichung in die in einem Rechnerprogramm zu benutzende Formel, von der Grundformel ausgehend:

$$s = \sqrt{\frac{1}{n-1} \sum_{i=1}^{i=n} (x_i - \bar{x})^2} \qquad \bar{x} = \frac{x_1 + x_2 + \ldots . x_n}{n}$$

führt zu der nachstehenden Formel:

$$s = \sqrt{\frac{1}{n-1} \left[\sum_{i=1}^{i=n} x_i^2 - \frac{1}{n} \left(\sum_{i=1}^{i=n} x_i \right)^2 \right]}$$

Bei der Maschinenrechnung von großen Zahlen mit kleinen Differenzen ergibt die Rechnung falsche Werte, wenn die automatische Abrundung eingestellt ist. Daher wurde stets mit vollem Zahlenwert durchgerechnet.

AUSREISSERTEST NACH NALIMOV[1)]

Zu diesem Ausreißertest benötigt man mindestens 3, besser sind selbstverstädlich mehr als 3 Wiederhol- oder Vergleichsmessungen, also n= 3.

Man rechnet $r^▲$ - einen Vergleichswert -, indem man $x^▲$, den ausreißerverdächtigen Wert, der am stärksten vom Mittelwert abweicht, in folgende Formel einsetzt:

$$r^▲ = \frac{x^▲ - \bar{x}}{s} \sqrt{\frac{n}{n-1}}$$

Ausreißer werden ausgesondert indem der mit dieser Formel ermittelte Wert mit dem entsprechendem Tabellenwert (s.Kaiser/Gottschalk - Tabelle der r-Werte für den Ausreißertest nach Nalimov) verglichen wird. Zunächst wird die Lage des Tabellenwertes bestimmt, indem von der Anzahl der Meßwerte die Zahl 2 subtrahiert wird.

$$f = n - 2$$

Für z.B. f = 6 - 2 = 4 ergibt sich laut der r-Tabelle ein Wert 1,814 (bei der statistischen Sicherheit P von 95%).

Es gilt nun:

ist $r^▲$ größer r-Tabelle so: → "Ausreißer"
ist $r^▲$ kleiner r-Tabelle so: → "kein Ausreißer"

Da in diesem Fall $r^▲ >$ r-Tabelle vorliegt, gilt.

$\bar{x}$ = 29,22 ist: "Ausreißer"!

Nun muß erneut ein Ausreißertest mit dem neuen Mittelwert und der neuen Standardabweichung und der auf z.B. 5 Meßwerte zusammengeschrumpften Meßreihe durchgeführt werden. Dies wird so lange gemacht, bis keine Außreißer mehr vorliegen.

1) Entnommen aus: Kaiser/Gottschalk, Elementare Tests zur Beurteilung von Meßdaten - Mannheim 1972

6.4. APPROXIMATION EINES POLYNOMS AUS DEN VERSUCHSERGEBNISSEN

Aus den Versuchsdaten wird ein funktionaler Zusammenhang zwischen bestimmten Parametern und der Größe der Rückzugskraft ermittelt. Bei einer Anzahl von gegebenen Punkten ist es möglich, eine in einem bestimmten Intervall $a \leqq x \leqq b$ stetige Funktion f(x) durch ein Polynom der Form

$$P(x) = a_o + a_1 x + a_2 x^2 + a_3 x^3 + \ldots a_n x^n$$

zu approximieren.

ERMITTLUNG EINER FUNKTION (nach: Curtiss P.C. und Frank W.L. - Journal of A.C.M., 1959, S. 395-4/4)

Wenn $u = (u_o, u_1, \ldots u_{m+1})$ darstellt und u_i einer der Punkte der Reihe $x_1, x_2, \ldots x_n$ ist, so gelten die Beziehungen (m - Grad des Polynoms):

$$a_o + a_1 u_k + a_2 u_k^2 + \ldots + a_n n_k^n + (-1)^k \cdot \delta = f(u_k) \qquad (1)$$

bei k = 0, 1, 2, ... n und

$$|\delta| = \max |f(x_i) - (a_o + a_1 x_i + \ldots + a_n x_i^n)| \qquad (2)$$

bei i = 1, 2, ... n

Dann kann i aufgelöst werden für: a_o, a_1, ... a_n und . Nach mehrmaliger Approximation ergibt sich ein u welches die Lösungen von (1) und (2) befriedigt.
Wenn q(x) ein Polynom mit den Koeffizienten a_o, a_1, ... a_n ist, dann gilt auch

$$p^*(x) = q(x)$$

Nachstehend sind einige Beispiele der ermittelten Polynomgleichungen für die Rückzugskraft Frv für verschiedene Versuche dargestellt.

VERSUCH NR.	BLECH DICKE	STEMPEL Ø	U/S %	D/S	POLYNOMGLEICHUNG FÜR DIE RÜCKZUGSKRAFT FRV
GESAMTAUSW.	0.45	8		18	$0{,}310 \cdot 10 - 0{,}428 \cdot U + 0{,}686 \cdot 10^{-1} U^2 - 0{,}393 \cdot 10^{-2} \cdot U$
GESAMTAUSW,		10	5		$-0{,}245 \cdot 10^2 + 0{,}116 \cdot 10^3 \cdot U - 0{,}181 \cdot 10^3 \cdot U + 0{,}143 \cdot 10^3 \cdot U^3 - 0.595 \cdot 10^2 \cdot U^4$
5000-5166	6,00				$0{,}860 \cdot 10^3 - 0{,}947 \cdot 10^3 \cdot U + 0{,}649 \cdot 10^3 \cdot U^2 - 0{,}525 \cdot 10^2 \cdot U^3$
2000-2400	0,50	6-14			$0{,}232 \cdot 10 + 0{,}168 \cdot 10 \cdot U - 0{,}286 \cdot U^2 + 0{,}136 \cdot 10^{-1} \cdot U^3$
3000-3230	1,50	8		5,3	$0{,}167 \cdot 10^2 - 0{,}584 \cdot 10 \cdot U + 0{,}672 \cdot U^2 - 0{,}241 \cdot 10^{-1} \cdot U^3$
3000-3230	3,00	8		2,7	$0{,}649 \cdot 10^2 - 0{,}256 \cdot 10^2 \cdot U + 0{,}332 \cdot 10 \cdot U^2 - 0{,}138 \cdot U^3$
3000-3240	4,10	8		2,0	$0{,}788 \cdot 10^2 - 0{,}307 \cdot 10^2 \cdot U + 0{,}380 \cdot 10 \cdot U^2 - 0{,}146 \cdot U^3$
0001-0352	0,45	10		22,0	$0{,}210 \cdot 10 + 0{,}378 \cdot U - 0{,}750 \cdot 10^{-1} \cdot U^2 + 0{,}333 \cdot 10^{-2} \cdot U^3$
0001-0352	0,85	10		12,0	$0{,}447 \cdot 10 - 0{,}973 \cdot U + 0{,}132 \cdot U^2 - 0{,}617 \cdot 10^{-2} \cdot U^3$
0001-0352	1,25	10		8,0	$0{,}525 \cdot 10 - 0{,}650 \cdot U - 0{,}341 \cdot 10^{-1} \cdot U^2 + 0{,}475 \cdot 10^{-2} \cdot U^3$
0001-0325	2,00	10		5,0	$0{,}241 \cdot 10 - 0{,}109 \cdot 10 \cdot U + 0{,}160 \cdot U^2 - 0{,}735 \cdot 10^{-2} \cdot U^3$
0001-0325	3,00	10		3,4	$0{,}414 \cdot 10 - 0{,}131 \cdot 10 \cdot U + 0{,}138 \cdot U^2 - 0{,}469 \cdot 10^{-2} \cdot U^3$
GESAMTAUSW.			2		$0{,}447 \cdot 10^2 - 0{,}329 \cdot 10^3 \cdot U + 0{,}834 \cdot 10^3 \cdot U^2 - 0{,}967 \cdot 10^3 \cdot U^3 + 0{,}605 \cdot 10^3 \cdot U^4$
GESAMTAUSW.		10	2		$-0{,}137 \cdot 10^3 + 0{,}595 \cdot 10^3 \cdot U - 0{,}900 \cdot 10^3 \cdot U^2 + 0{,}653 \cdot 10^3 \cdot U^3 - 0{,}745 \cdot 10^3 \cdot U^4$
GESAMTAUSW.		10	8		$-0{,}145 \cdot 10^2 + 0{,}708 \cdot 10^2 \cdot U - 0{,}108 \cdot 10^3 \cdot U^2 + 0{,}775 \cdot 10^3 \cdot U^3 - 0{,}290 \cdot 10^3 \cdot U^4$
GESAMTAUSW.		6			$0{,}435 \cdot 10^2 - 0{,}116 \cdot 10^2 \cdot U + 0{,}150 \cdot 10 \cdot U^2 - 0{,}639 \cdot 10^{-1} \cdot U^3$
GESAMTAUSW.		8	2		$-0{,}359 \cdot 10^2 + 0{,}138 \cdot 10^3 \cdot U - 0{,}176 \cdot 10^3 \cdot U^2 + 0{,}107 \cdot 10^3 \cdot U^3 - 0{,}344 \cdot 10^2 \cdot U^4 + 0{,}597 \cdot 10 \cdot U^5 - 0{,}529 \cdot U^6 + 0{,}187 \cdot 10^{-1} \cdot U^7$
GESAMTAUSW.		8	5		$0{,}126 \cdot 10^2 - 0{,}515 \cdot 10^2 \cdot U + 0{,}110 \cdot 10^3 \cdot U^2 - 0{,}950 \cdot 10^2 \cdot U^3 + 0{,}412 \cdot 10^2 \cdot U^4 - 0{,}931 \cdot 10^5 + 0{,}105 \cdot 10^6 \cdot U^6 - 0{,}462 \cdot 10^{-1} \cdot U^7$

Bild 94 - Polynomgleichungen

6.5. APPROXIMIERTE POLYNOME UND DEREN GRAPHISCHE DARSTELLUNG IN FORM VON DIAGRAMMEN

Bei der Untersuchung der einzelnen Einflußgrößen, wurden die einzelnen Parameter jeweils verändert (z.B. der Schneidspalt u, die Blechdicke s - daraus ergibt sich das Lochungsverhältnis Lv = u/s - der Stempeldurchmesser d), so daß daraus der Einfluß der einzelnen Parameter auf die Größe der Schnittkraft Fsv und der Rückzugskraft Frv ermittelt werden konnten. Aus den gewonnenen Versuchsdaten resultierte das Verhältnis der Rückzugskraft Frv zu der Schnittkraft Fsr (in %). Zunächst wurde die Rückzugskraft Frv als die wichtigste zu ermittelnde Hauptgröße angesehen, da hinsichtlich der Größe der Schnittkraft Fsv keine gravierenden Unterschiede zu der Schnittkraft Fsr festgestellt worden sind.

Die approximierten Polynome wurden in Form von Diagrammen (Bild 95 bis 97 - Beispiele) aufgezeichnet, so daß dadurch auch alle Zwischenwerte, die zwischen den ermittelten Versuchswerten liegen, auch abgelesen werden können. Diese Möglichkiet wurde durch viele Versuche mit Zwischenwerten untermauert.

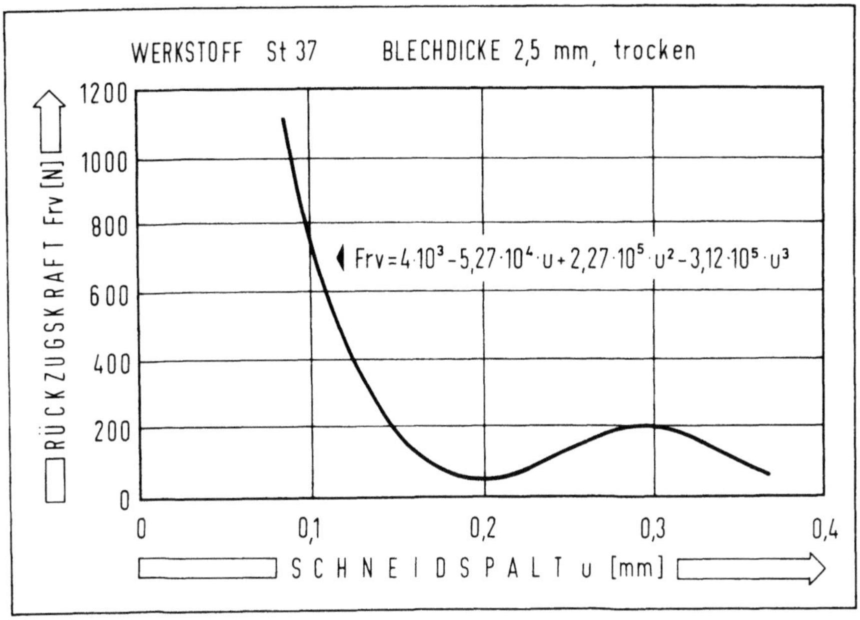

Bild 95

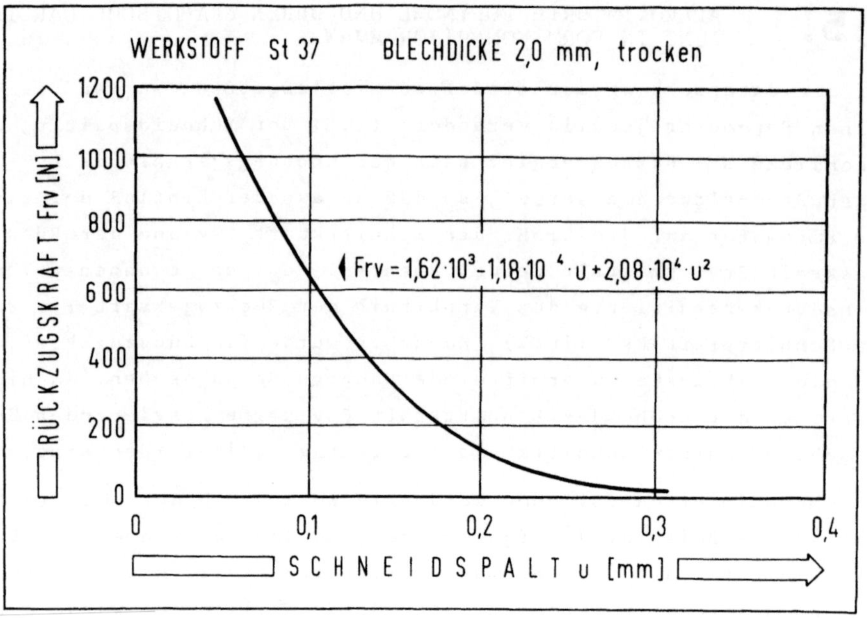

Bild 96

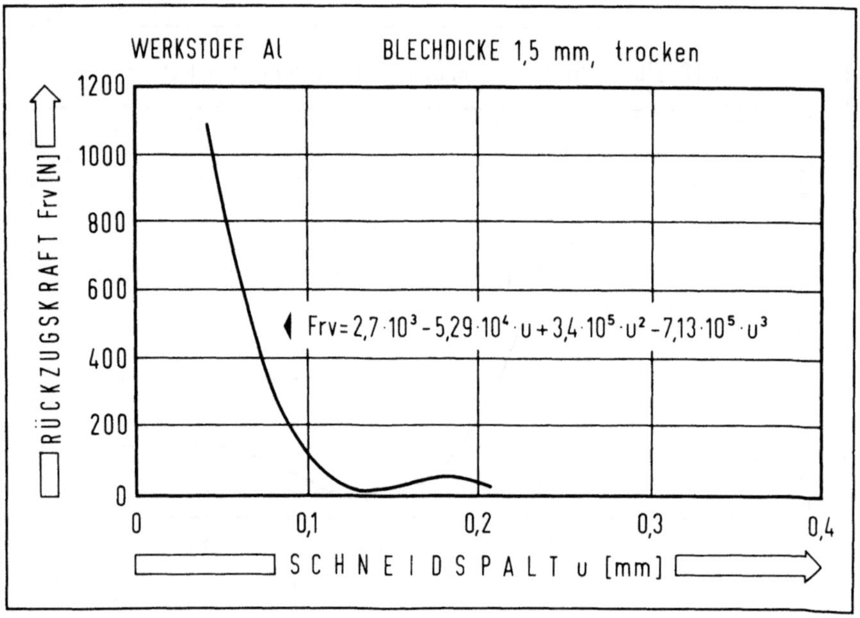

Bild 97

7. ABGRENZUNG DER AUFGABENSTELLUNG

Die Versuche wurden auf die wichtigsten Parameter begrenzt, die nach Angaben in der Fachliteratur, den größten Einfluß auf die zu untersuchenden Größen haben. Dieses bezieht sich sowohl auf die Blechwerkstoffe sowie Blechdicke s, als auch auf die Größen der Schneidspalte u und der Stempeldurchmesser d. Diese Einschränkungen wurden zu Gunsten der Zahl der Versuche mit den festgelegten Parametern vorgenommen, um gleichzeitig auch viele „Meßwertbestätigungswerte" zu bekommen. Es wurden folgende Blechwerkstoffe, Blechdicken s und andere Parameter festgelegt:

1.0. BLECHWERKSTOFF

1.1. Stahlblech St 37 (teilweise auch 12.02)

1.2. Aluminiumblech Al Mg 3 und Al 99

2.0. BLECHDICKEN

2.1. Stahlblech St 37 : o,5, o,8, 1,o, 1,25, 1,5, 2,o, 2,25, 2,5, 3,o, 4,3, 5,25, 6,o, 7,1 und 8,o mm

2.2. Aluminiumblech Al Mg 3 bzw. Al 99: 1,o, 2,o, 2,5, 3,2, 4,o und 1o,o

3.0. ZUGFESTIGKEIT DER STAHLBLECHE

o,5 mm	390 N/mm^2	2,5 mm	410 N/mm^2
o,8 mm	410 N/mm^2	3,o mm	390 N/mm^2
1,o mm	426 N/mm^2	4,3 mm	408 N/mm^2
1,25 mm	398 N/mm^2	5,25 mm	418 N/mm^2
1,5 mm	418 N/mm^2	6,o mm	406 N/mm^2
2,o mm	388 N/mm^2	7,1 mm	426 N/mm^2
2,25 mm	422 N/mm^2	8,o mm	398 N/mm^2

4.0. ANDERE WERKSTOFFE

Außer den oben aufgeführten Werkstoffen wurden auch Bleche aus nichtrostendem Stahl, konststoffbeschichtete Stahlbleche, Bleche aus Messing und Kupfer gelocht.
Diese Versuche sind durchgeführt worden, um einen Überblick über die Größenordnung der Meßwerte und andere Parameter zu erhalten. Die geringe Anzahl der in dieser Hinsicht durchgeführten Versuche erlaubt jedoch vorerst keine genauere Auswertung und Aussage.

5.0. LOCHSTEMPELDURCHMESSER

Durch Paarungen der handelsüblichen Schneidbuchsen-Durchmesser mit entsprechend angeschliffenen Stempeldurchmessern, konnten verschiedene Lochdurchmesser mit festgelegten Schneidspaltwerten u (Pkt. 6.0.) gelocht und untersucht werden.

Die Lochstempeldurchmesser wurden auf folgende Größen begrenzt: 4,o, 6,o, 8,o 10,o und 12,o mm.

6.0. BEZOGENE SCHNEIDSPALTGRÖSSEN

Durch die Paarung der Schneidbuchsendurchmesser mit jeweils auf das notwendige Maß geschliffenen Stempeln, wurden jeweils für alle Versuche nur vier auf die Blechdicke s bezogene Größen der Schneidspalte u untersucht: 2% von s, 5% von s, 8% von s und 11% von s. Diese Größen wurden als praxisgerechte Größen angesehen und festgelegt.

7. S C H M I E R M I T T E L

7.1. o h n e Schmiermittel - Versuchskennz. 0

7.2. Ratak 670/14 - Stanzöl 13,0 cSt/50°C - Versuchskennz. 1

7.3. Ratak 72 - Stanzöl 14,0 cSt/50°C - Versuchskennz. 2

7.4. Ratak MAZ 30 - Stanzöl 64,0 cSt/50°C - Versuchskennz. 3

7.5. Ratak 670/21 - Stanzöl 65,0 cSt/50°C - Versuchskennz. 4

7.6. Ratak F011 - Stanzöl 70,0 cSt/50°C - Versuchskennz. 5

7.7. Ratak 660/11 - Feinstanzöl 162,0 cSt/50°C - Versuchskennz. 6

7.8. Molykote M 55 PLUS flüssig - Versuchskennz. 7

8. S T E M P E L F O R M

Die Versuche sind nur auf runde Stempelform beschränkt worden

9. A U S S C H U B - U N D R Ü C K Z U G S G E S C H W I N D I G K E I T D E S S T E M P E L S

Für die Versuche stand eine 200 000 N - hydraulische Presse mit folgenden Ausschub- und Rückzugsgeschwindigkeiten des Pressenstößels zur Verfügung:

Stromregelventil EINSTELLUNG	AUSSCHUB mm/s	RÜCKZUG mm/s	
1	o,21	o,55	
2	o,72	2,oo	
3	1,42	4,oo	
4	2,oo	5,7o	
5	2,2o	6,6o	
6 - 7	2,35	6,6o	
8	2,85	8,oo	
9	3,65	8,5o	
1o	3,65	1o,oo	VERSUCHSGESCHWINDIGKEIT !

10. W E R K Z E U G W E R K S T O F F

Der Werkzeugwerkstoff wurde auf nur einen Werkstoff - 1.2080 - beschränkt. Es wurden Werkzeuge nur eines Herstellers verwendet. Härte: 60 - 64 HRc

11. S T E M P E L O B E R F L Ä C H E

Die Stempeloberflächen, sowohl die Stempelmantelfläche als auch die Stirnfläche, wurden rund- bzw. flachgeschliffen.

Als Versuchsgeschwindigkeit wurde die Geschwindigkeit von 3,65 mm/s angewendet, da nur eine hydraulische Presse zur Verfügung stand. Auf Grund der Untersuchungen von E i c k c h o f f [56], der festgestellt hat, daß *"mit größerer Auftreffgeschwindigkeit die Kräfte kleiner werden. ...Diese Tendenz ist bei den dargestellten Ergebnissen zu erkennen, doch unterscheiden sich die absoluten Beträge so wenig, daß keine Vergleichswerte angegeben werden können. ... Selbst bei Versuchen unter gleichen Bedingungen auf beiden Pressen, bei denen stärker voneinander abweichende Geschwindigkeitsgrenzwerte* $v_{k1} = 2,26$ *m/min und* $v_{gr} = 18,6$ *m/min verwirklicht wurden, konnte KEINE meßbare Abhängigkeit festgestellt werden"*, konnte diese Geschwindigkeit ohne Bedenken, hinsichtlich der Verfälschung der Meßregebnisse, angewendet werden.

8. MIKROSKOPISCHE AUFNAHMEN DER PROBENQUERSCHNITTE

Um die während des Lochens auftretenden Veränderungen der Mikrostruktur des gelochten Bleches St 37-2 untersuchen zu können, wurde zunächst ein Schliffbild (Bild 98) gefertigt. Danach eine Ausschnittsaufnahme der Struktur vor und nach dem Anschneiden mit Hilfe des Stempels an der gleichen Stelle.

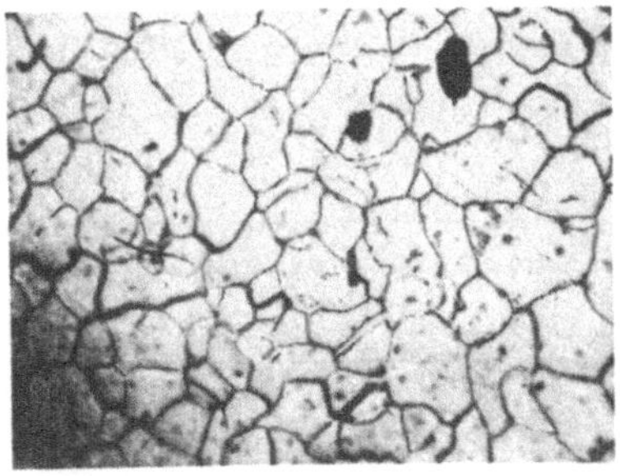

Bild 98

Schliffbild der für den Versuch verwendeten Probe. Das Gefüge zeigt einen warmgewalzten kohlenstoffarmen Stahl St 37-2

Vergrößerung 500x, alkoholische Salpetersäure

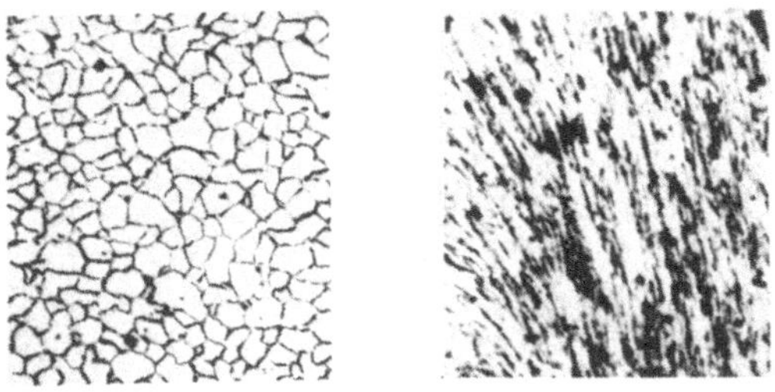

SCHNEIDZONE

VOR und NACH

ANSCHNEIDEN

Bild 99

Ausschnitt der Struktur der Schneidzone vor und nach dem Lochen

Die Kristalle werden beim Schneidvorgang gestreckt und leicht gebogen. Die Gitter nehmen dabei gleich orientierte Lagen an. Der in Bild loo gestrichelte und markierte Kreis stellt die beobachtete Stelle dar.

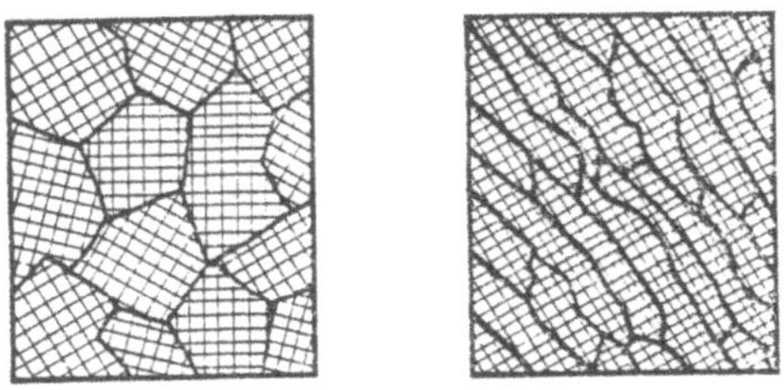

Quasiisotrope Struktur — Textur

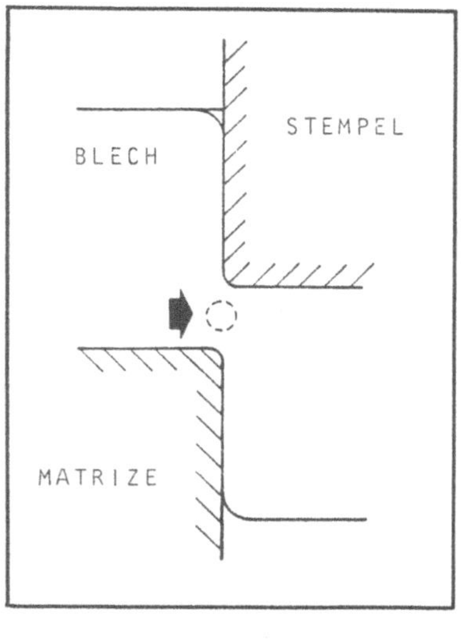

Bild loo
Beobachtete Stelle zu Bild oben

9. FESTLEGUNG DER VERSUCHS-SCHNEIDSPALTGRÖSSEN

Nachstehend wurden aus Literaturquellen Schneidspaltgrössen aufgestellt, um die Versuchs-Schneidspaltgröße festzulegen. Die Quellen-Nr. ist aufgeführt:

1. AWF-Blatt 1507 [5]
2. Firmenschrift der Firma Veith
3. VDI-Richtlinie [217]
4. AEG-Werksnorm [2]
5. Göhre [67]
6. Matuszewski [146]
7. Firmenschrift der Firma Sustan[266]
8. Krist [128]
9. Romanowski [183]
10. Semlinger [188]
11. Bremberger [20]
12. Hilbert [80]
13. Rechenschieber Atlas Steels Company
14. Schuler-Taschenbuch [229]
15. Oehler - Kaiser [169]
16. Papp [253]
17. Melzer [148]

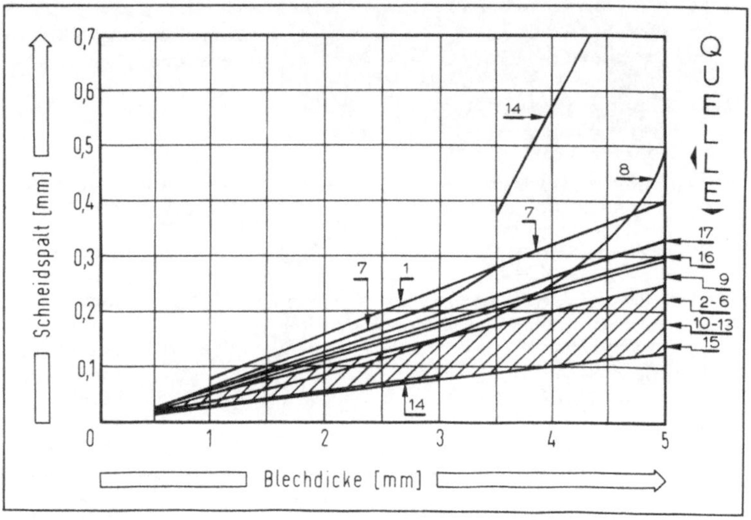

B i l d lol

Schneidspalte für Stahl St 37 nach Literaturangaben

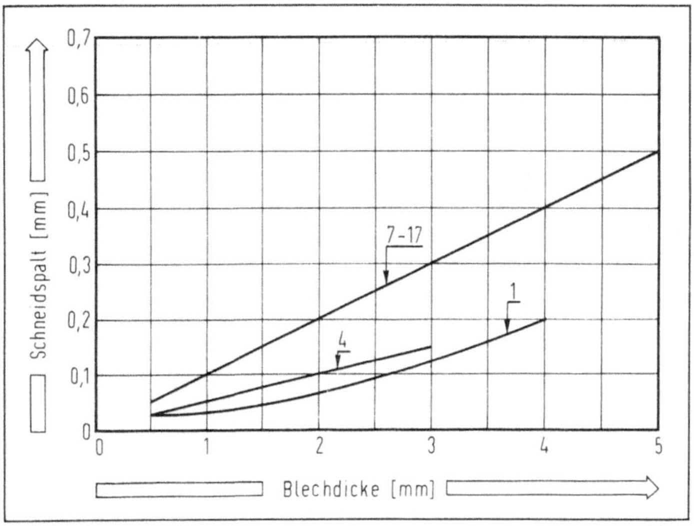

B i l d lo2

Schneidspalte für Aluminium nach Literaturangaben

Als praxisbezogene Schneidspaltgrößen wurden nach Überprüfung der o.a. Aufstellungen als untere Grenze 2% von s und als obere Grenze 11% von s festgelegt.

10. GRAPHISCHE DARSTELLUNG DER VERSUCHSERGEBNISSE IN FORM VON DIAGRAMMEN

Alle Versuchsdaten und -ergebnisse wurden einerseits tabellarisch und andererseits in Form von Diagrammen dokumentiert. Die Schnittkraft Fsr und **Fsv** sowie die Rückzugskraft Frv wurden in Newton (N) aufgezeichnet. Die ermittelten Werte der Rückzugskraft Frv wurden danach im Form eines Verhältnisses (in %) zu der Schnittkraft Fsr ebenfalls graphisch dargestellt. Diese Art der Aufzeichnung der Kräfte, wie auch der Art der Aufzeichnung des Schneidspaltverhältnisses u/s in % (im Gegensatz zu der sonst üblichen Angaben der Schneidspaltgröße in mm), ermöglicht eine übersichtliche Darstellung der Versuchsergebnisse und ebenfalls eine einfache Vergleichsmöglichkeit der Werte untereinander.
Von der „Standardaufzeichnung" (Bild 1o3) ausgehend, in der die rechnerisch ermittelte Schnittkraft Fsr, die gemessene Schnittkraft Fsv und die gemessene Rückzugskraft Frv als Funktion der Blechdicke s, des Stempeldurchmessers d, des Schneidspaltverhältnisses u/s und des Blechwerkstoffes beinhaltet, wurde eine zweite graphische Darstellung erstellt, in der die Rückzugskraft Frv (N) in Form eines Meßwertstreufeldes (zwischen zwei Kurven) als Funktion der aufgeführten Parameter, dargestellt wird (Bild 1o4).

Mit Hilfe eines dritten Diagrammes (Bild 1o5, S.96) wird das Verhältnis der gemessenen Rückzugskraft Frv zu der rechnerisch ermittelten Schnittkraft Fsr in % graphisch dargestellt.

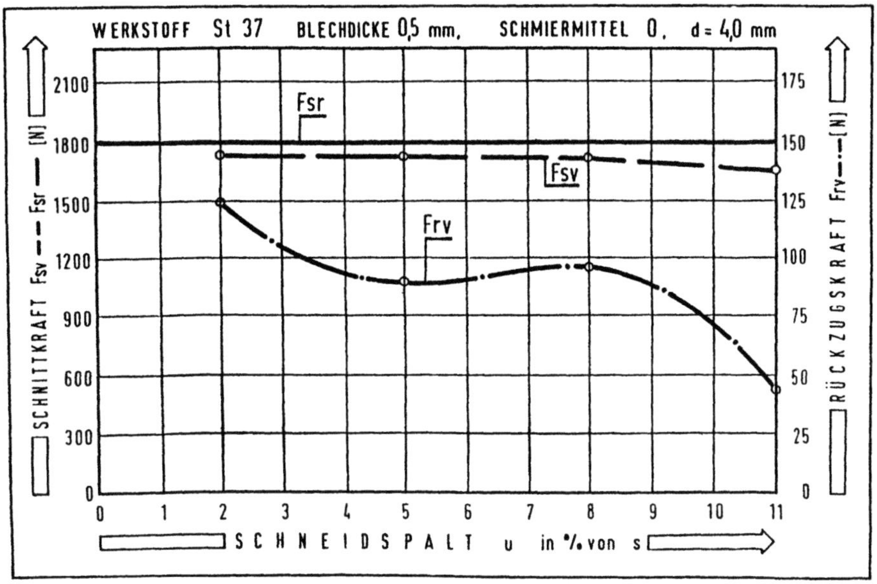

Bild 1o3 „Standardaufzeichung" von Fsr, Fsv und Frv

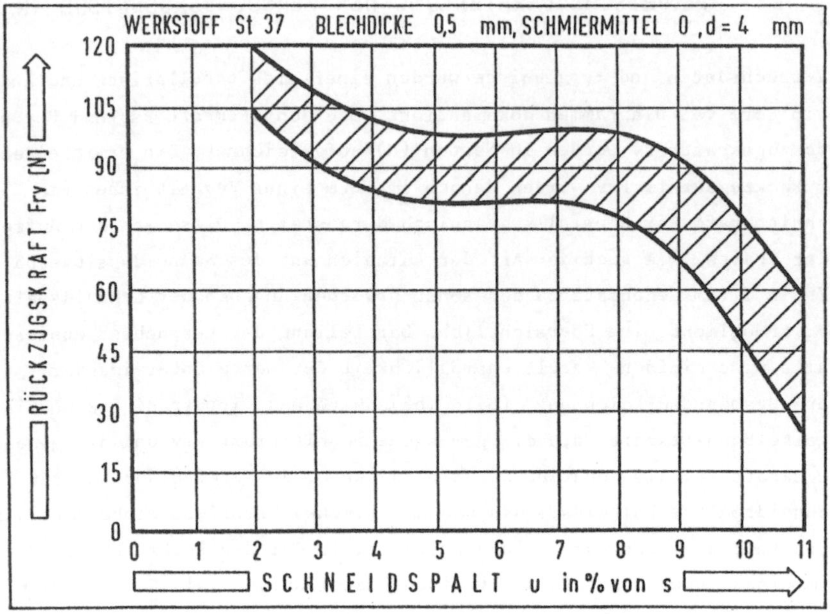

B i l d 1o4 Graphische Darstellung der Größe der Rückzugskraft Frv in Form eines Meßwertstreufeldes als Funktion der aufgeführten Parameter

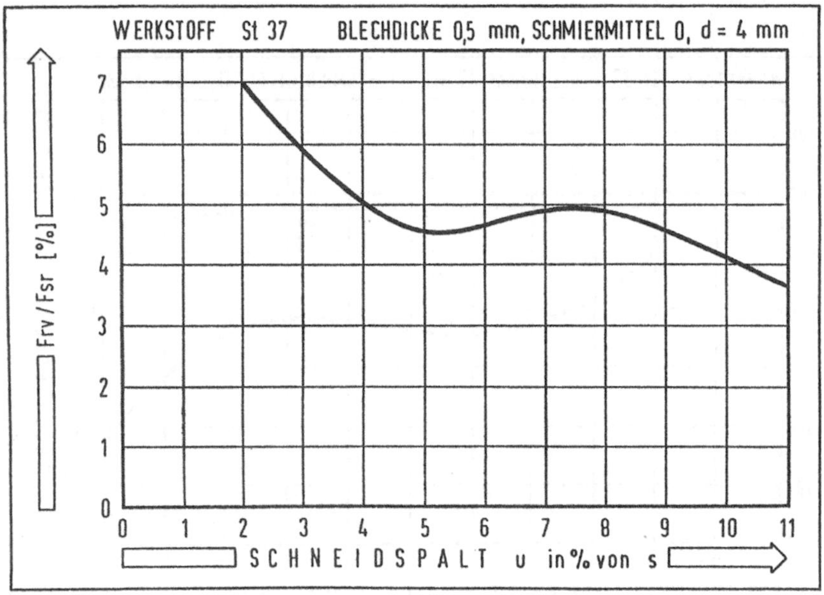

B i l d 1o5 Graphische Darstellung des Verhältnisses der Rückzugskraft Frv (Versuch) zu der rechnerisch ermittelten Schnittkraft Fsr (Frv/Fsr in %)

10.1. INTERPRETATION DER DIAGRAMME

In allen Diagrammen wurde grundsätzlich jeweils der maximale Meßwert berücksichtigt, so daß die aufgezeichneten Werte "auf der sicheren Seite" liegen. In zwei Versuchsreihen wurden jedoch zwei verschiedene Größen als Grenzwerte zum Ausdruck gebracht (in Form schraffierter Felder). Um falsche Interpretation auszuschließen wird folgendes erläutert:

1. Im Rahmen der Untersuchung des „Einflußes des Schneidspaltverhältnisses u/s (%) auf die Größe der Rückzugskraft Frv (Kap. 12) wurden jeweils:

   1.1. die maximalen gemessenen Werte der Rückzugskraft Frv in der Form berücksichtigt, daß diese Werte mit Hilfe einer „oberen Kurve" zum Ausdruck gebracht werden. Diese Kurve stellt tatsächlich die Abgrenzung aller gemessenen maximalen Werte dar und schließt das gesamte „Meßwertfeld" nach „oben" ab.

   1.2. die minimalen gemessenen Werte in der Form berücksichtigt, daß diese Werte mit Hilfe einer „unteren Kurve" zum Ausdruck gebracht werden. Diese Kurve grenzt alle gemessenen Werte nach „unten" ab.

   Das schraffierte Feld zwischen den beiden Kurven stellt den tatsächlicnen Meßwertstreubereich dar und soll in diesem Sinne interpretiert werden.

   Im Rahmen dieser Versuchsreihe wurden anhand der oben aufgeführten Diagramme weitere Diagramme erstellt, die Kurven beinhalten, die bestimmte gemeinsame Größe aufweisen (Blechdicke s, Stempeldurchmesser d) und somit einen Einblick in diese Zusammenhänge geben.

2. In den Diagrammen, die die Versuchsreihen „Einfluß der Schmierung und der Schmiermittelart auf die Größe der Rückzugskraft Frv bei Stahlblech St 37 und bei Aluminiumblech"(Kap. 20 und 21) betreffen, kommen auch zwei Kurven vor, die ebenfalls ein schraffiertes Feld umranden. Das umgrenzte schraffierte Feld stellt jedoch nicht einen Meßwertstreubereich dar. Diese Diagramme sollen wie folgt interpretiert werden:

   2.1. Als „obere", mit „max." bezeichnete Kurve (Bild 212) gilt die Kurve, die alls maximalen Werte begrenzt, die aus dem Verlauf ALLER Kurven (verschiedene Schmiermittel und trocken) resultiert. Hierbei handelt es sich zwar um maximale Werte, die jedoch aus vielen maximalen Werten mehrerer Kurven resultieren. Diese Kurve entstand also aus den maximalen Werten vieler unterschiedlichen Versuche mit verschiedenen Arten von Schmiermitteln und dem trockenen Lochen.

   2.2. Analog zu der unter Pkt. 2.1. beschriebenen Entstehung der „oberen" Kurve, entstand die „untere" mit „min." bezeichnete Kurve. Sie umgrenzt alle minimalen Werte der einzelnen Versuche mit verschiedenen Schmiermitteln und dem trockenen Lochen.

   Es ist möglich, daß eine Kurve einer Versuchsreihe gleichzeitig beide resultierenden Kurven berührt, da die letzteren den ganzen Meßbereich aller Versuchsreihen einbeziehen.

3. Innerhalb der unter Pkt. 2 genannten Versuchsreihen wurden neben Kurvendiagrammen auch Balkendiagramme erstellt. Diese Art der Darstellung wurde deshalb vorgezogen, da ihre graphische Aussage eindeutiger als die Aussage der Kurvendiagramme ist. Darunter unterscheidet man folgende Diagramme:

   3.1. Einfache Balkendiagramme aus welchen die prozentualen Verhältnisse hervorgehen und

   3.2. Kombinierte Balkendiagramme, die die Ergebnisse mehrerer Versuchsreihen darstellen.

11. EINFLUSS DES SCHNEIDSPALTVERHÄLTNISSES u/s AUF DIE GRÖSSE DER SCHNITTKRAFT Fsv

Nach Untersuchungen von Keller [96] hat die Größe des Schneidspaltes u nur in bestimmten Grenzen einen Einfluß auf die Größe der Schnittkraft Fsv. Als Schneidspaltverhältniswerte u/s wurden, wie auch bei allen anderen Versuchsreihen 2%, 5%, 8% und 11% angewendet. Die Schnittkraft Fsv wurde jeweils mit der Rückzugskraft Frv gemessen.

Anhand der Meßergebnisse kann hinsichtlich des Einflusses des Schneispaltverhältnisses u/s suf die Größe der Schnittkraft Fsv folgendes festgestellt werden:

1. Grundsätzlich wurde die rechnerisch ermittelte Schnittkraft Fsr nicht überschritten. Dieses gilt insbesondere für den Werkstoff St 37.
2. Bei einem Schneidspaltverhältnis u/s = 2% zeigt sich die Tendenz zur Überschreitung der rechnerisch ermittelten Schnittkraft Fsr.
3. Bei Aluminium Al 99 und Al Mg 3 sind bereits bei einem Schneidspaltverhältnis von 6,5% Überschreitungen der rechnerisch ermittelten Schnittkraft Fsr durch die versuchsmäßig ermittelte Schnittkraft Fsv verzeichnet worden.
4. Die Werte von Fsr weichen jedoch nur geringfügig von den Werten Fsr ab, wenn eine Überschreitung dieser vorliegt.
5. Beim Vorliegen extremer Bedingungen werden die Werte von Fsr von den Werten der Schnittkraft Fsr tangiert.

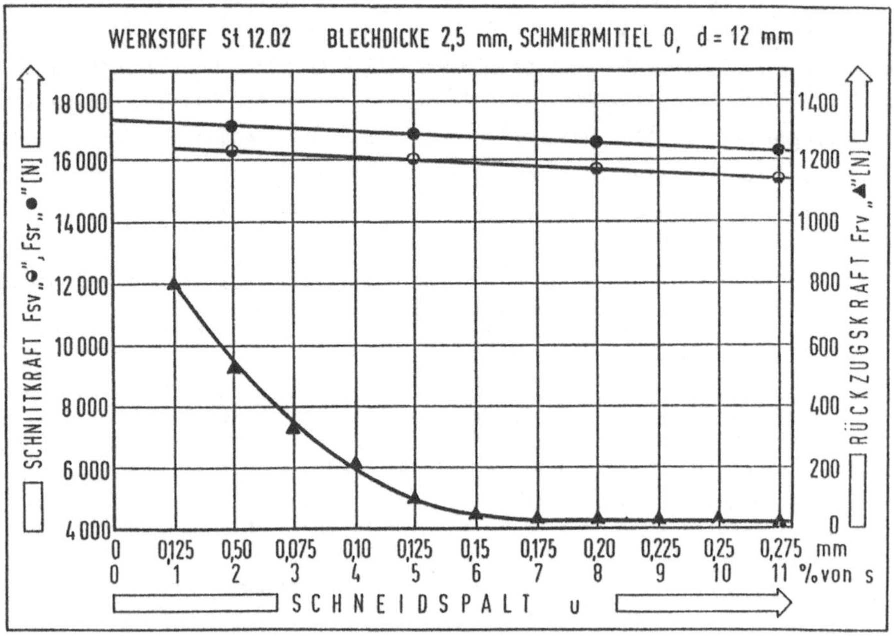

Bild 106 "Standardaufzeichung" mit Meßpunkten

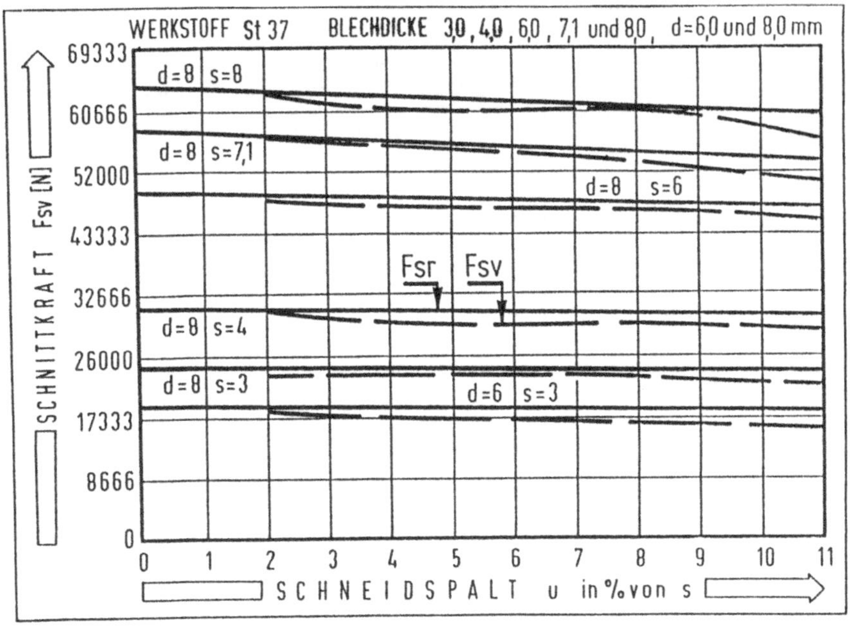

Bild 1o7

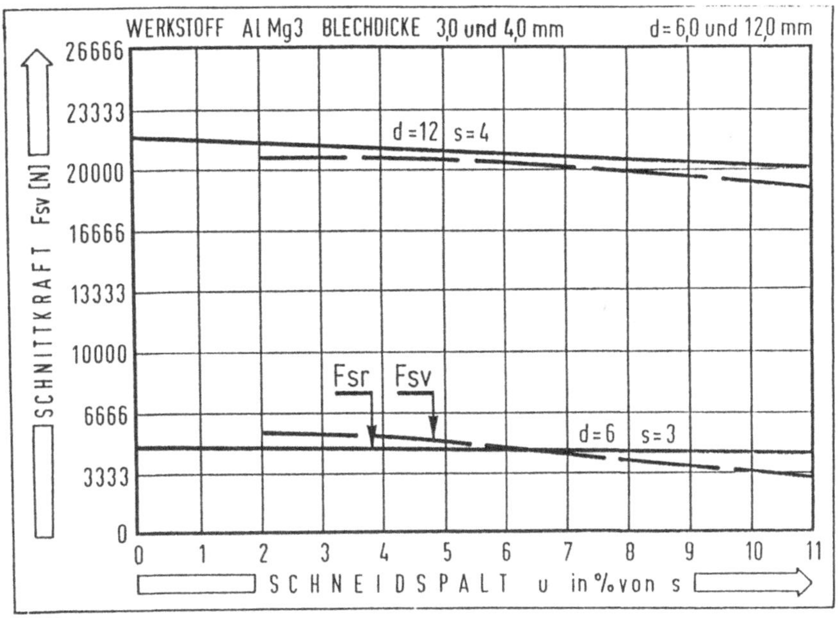

Bild 1o8

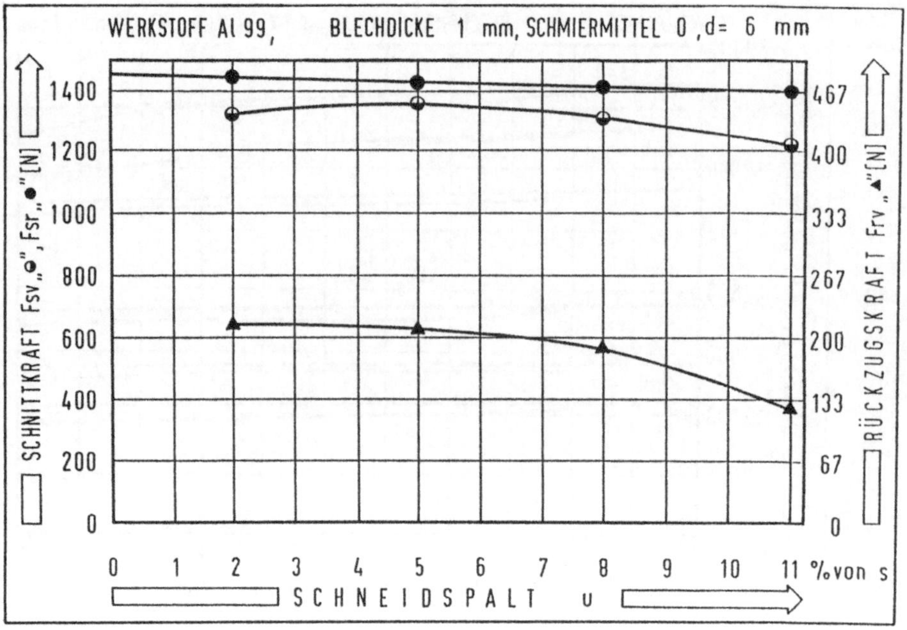

B i l d 1o9

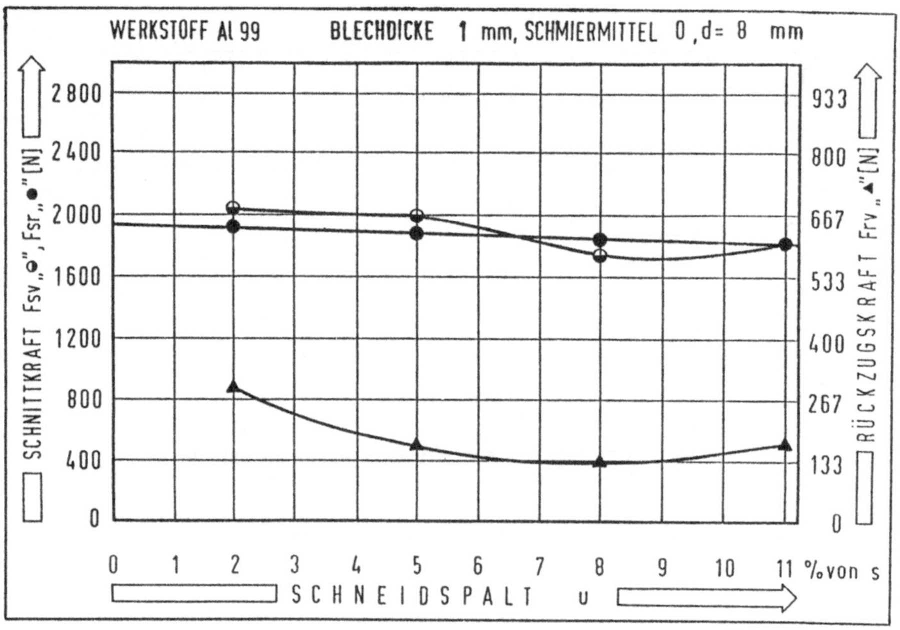

B i l d 11o

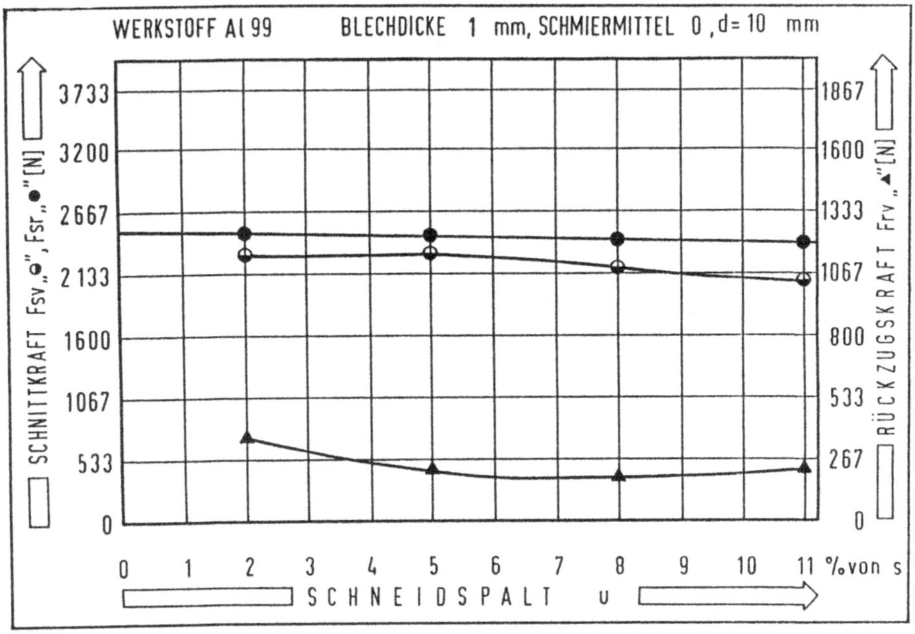

B i l d 111

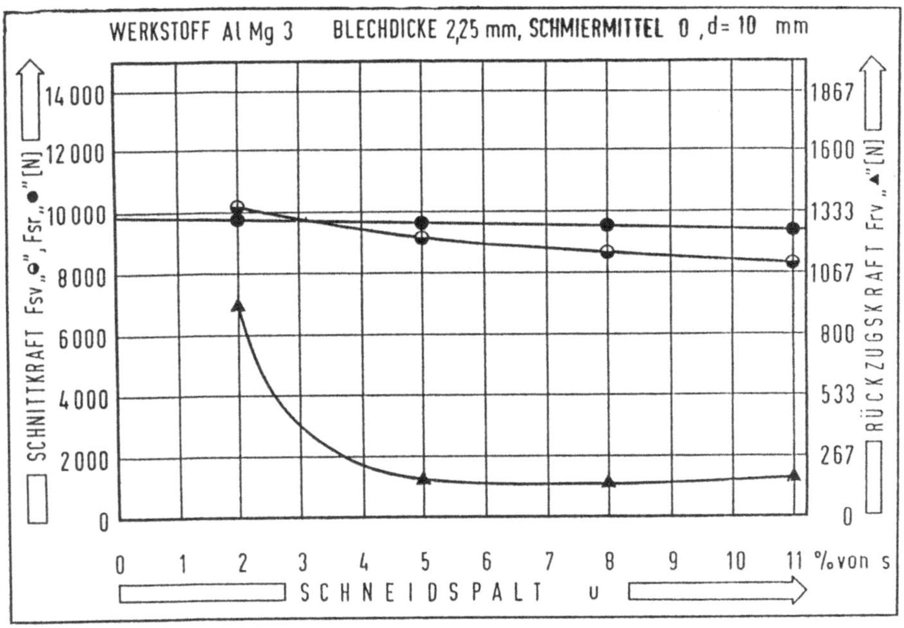

B i l d 112

12. EINFLUSS DES SCHNEIDSPALTVERHÄLTNISSES u/s AUF DIE GRÖSSE DER RÜCKZUGSKRAFT Frv

Im Rahmen dieser Versuchsreihe wurde die Größe der Rückzugskraft Frv in Abhängigkeit von der Größe des Schneidspaltverhältnisses u/s untersucht.

Anhand der nachstehenden Diagramme kann man folgende Rückschlüsse ziehen:

1. Bei kleinem Schneidspaltverhältnis u/s (%) erreicht die Rückzugskraft Frv bei gleichen Parametern (s, d, Werkstoff) den höchsten Wert, wobei diese Größe einem Meßwertstreubereich (schraffiertes Feld zwischen den maximalen und minimalen Werten) unterworfen ist. Deshalb sollten für die Konstruktion von Werkzeugen die maximalen Werte in Betracht gezogen werden.
2. In der Mehrzahl der untersuchten Fälle liegt der größte Streubereich bei einem Schneidspaltverhältnis u/s = 2%.
3. Der kleinste Meßwertstreubereich liegt in der Mehrzahl der Versuchsfälle bei einem Schneidspaltverhältnis u/s = 11%.
4. Eine Ausnahme zu Pkt. 2. und 3. stellen die Versuche mit Blechdicke s = 8 mm und Stempeldurchmesser d = 8 mm, also einem Lochungsverhältnis Lv = 1, dar.

Die Auswahl der nachstehend aufgeführten Diagramme ist unter dem Gesichtspunkt einer alle durchgeführten Versuche repräsentierenden Aussage getroffen worden.

B i l d 113

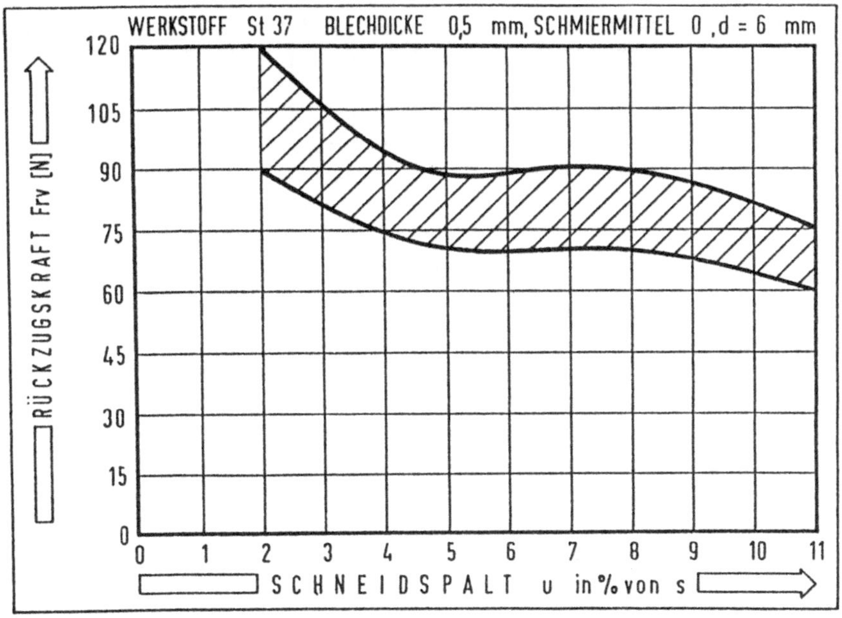

Bild 114

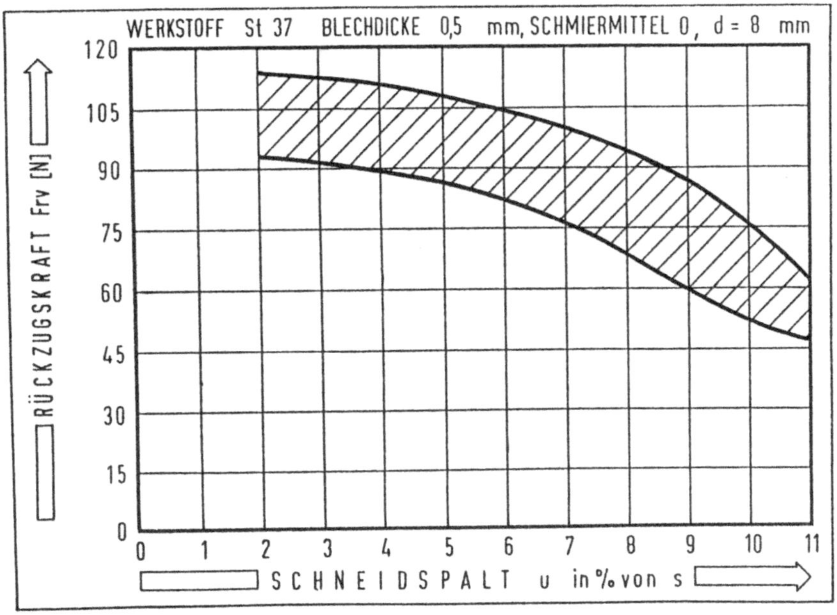

Bild 115

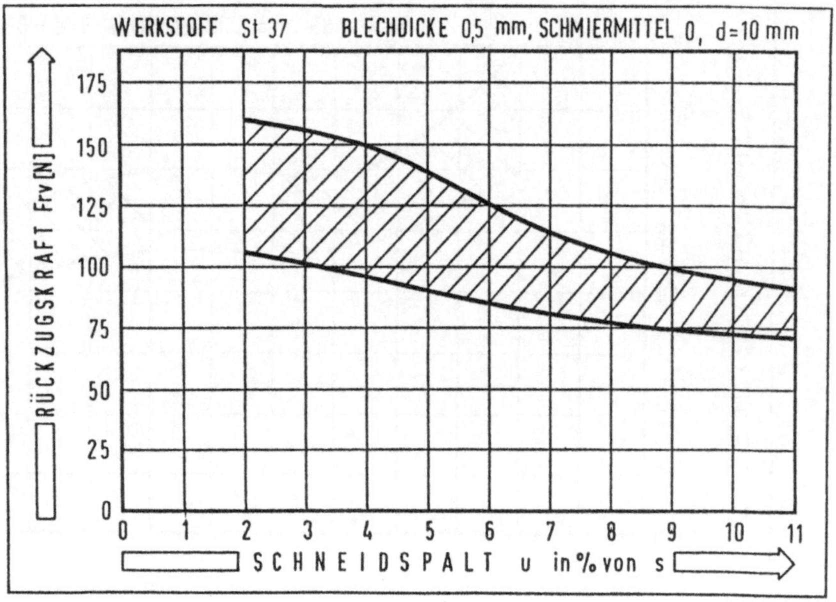
WERKSTOFF St 37 BLECHDICKE 0,5 mm, SCHMIERMITTEL 0, d=10 mm
RÜCKZUGSKRAFT Frv [N]
175
150
125
100
75
50
25
0
0 1 2 3 4 5 6 7 8 9 10 11
SCHNEIDSPALT u in % von s

B i l d 116

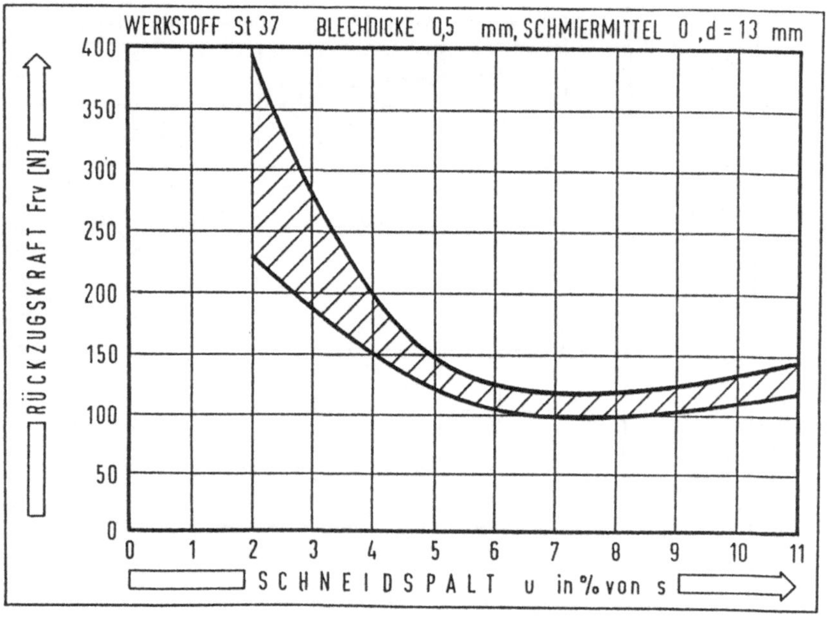
WERKSTOFF St 37 BLECHDICKE 0,5 mm, SCHMIERMITTEL 0 ,d = 13 mm
RÜCKZUGSKRAFT Frv [N]
400
350
300
250
200
150
100
50
0
0 1 2 3 4 5 6 7 8 9 10 11
SCHNEIDSPALT u in % von s

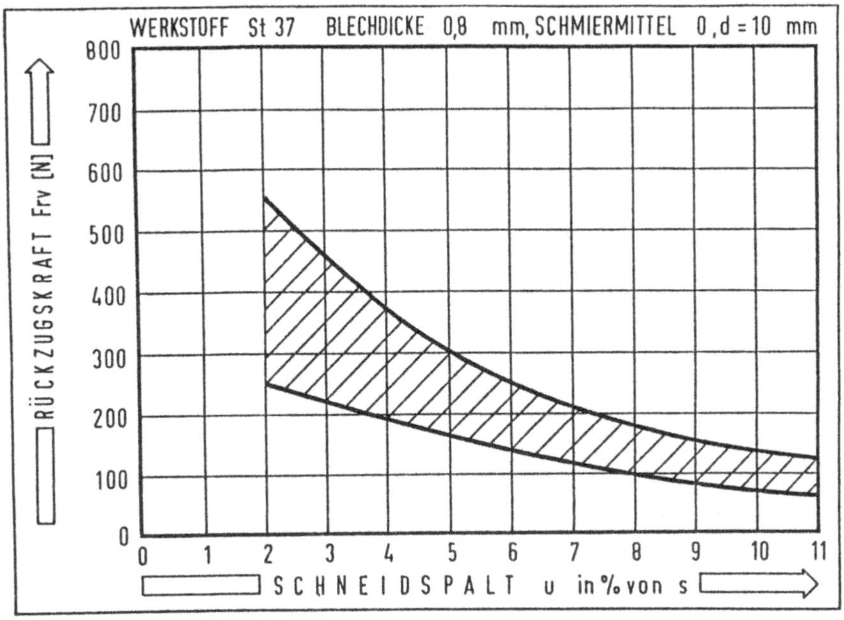

Bild 118

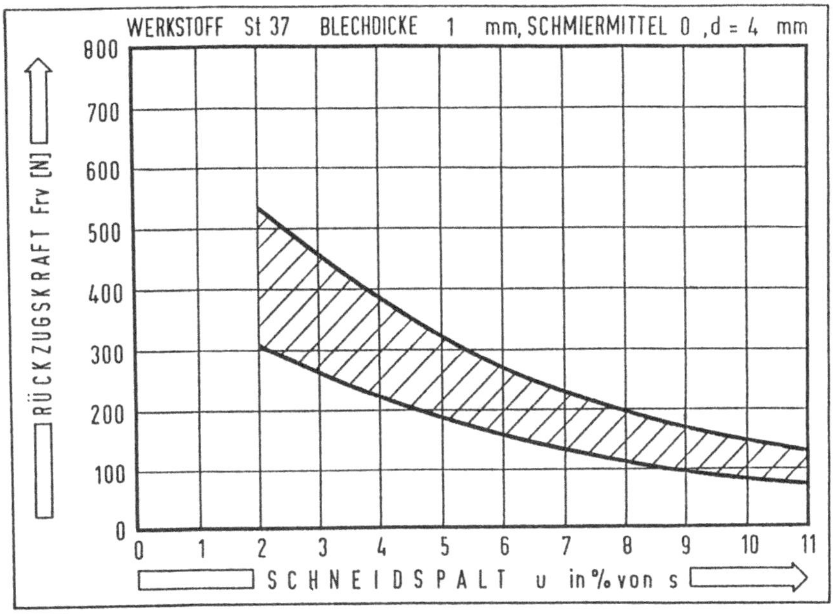

Bild 119

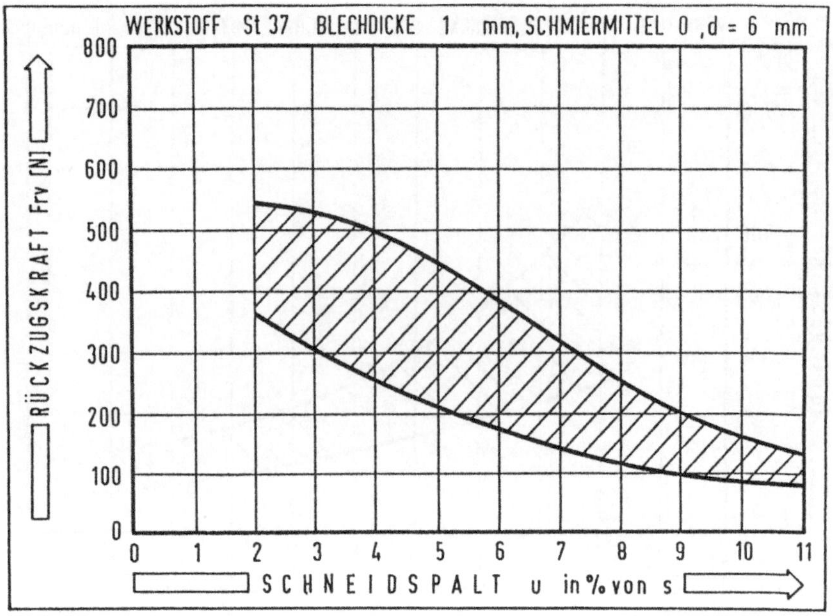

B i l d 12o

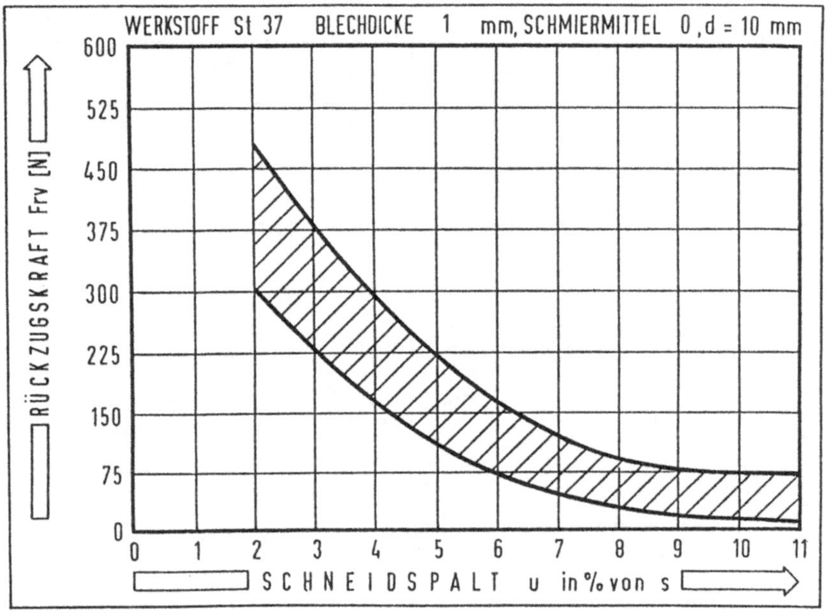

B i l d 121

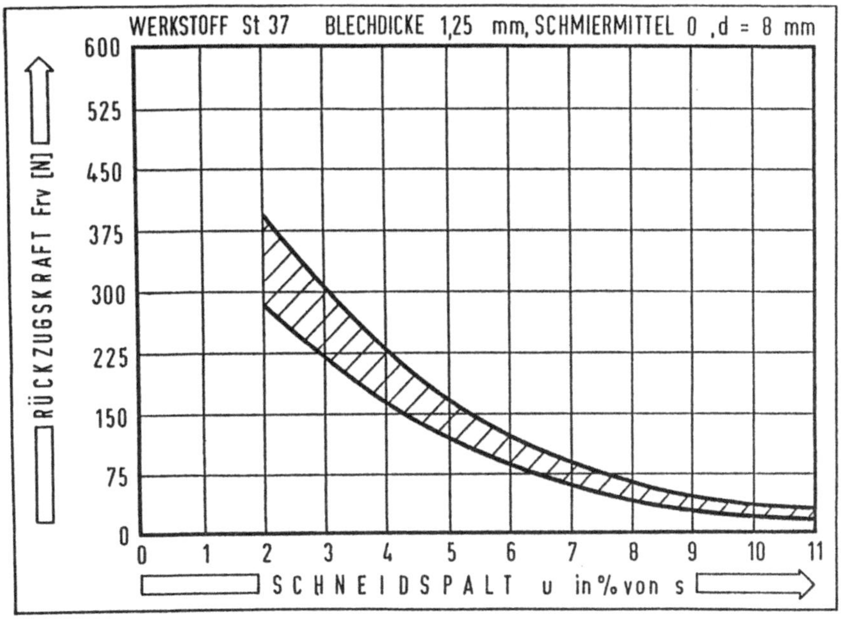

B i l d 122

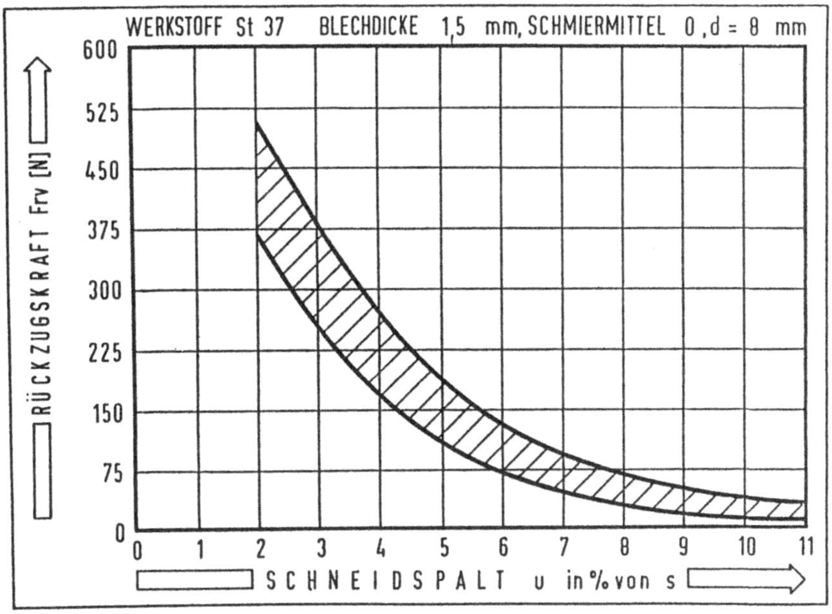

B i l d 123

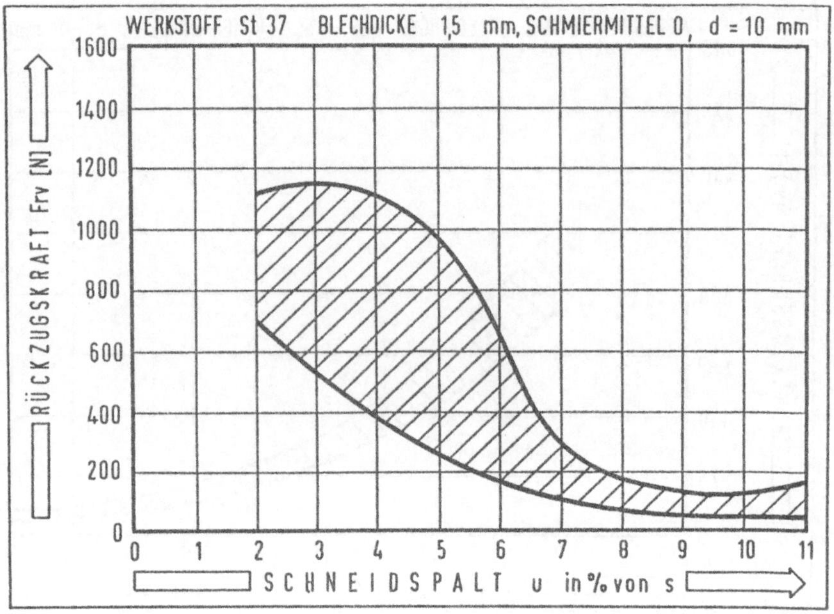

B i l d 124

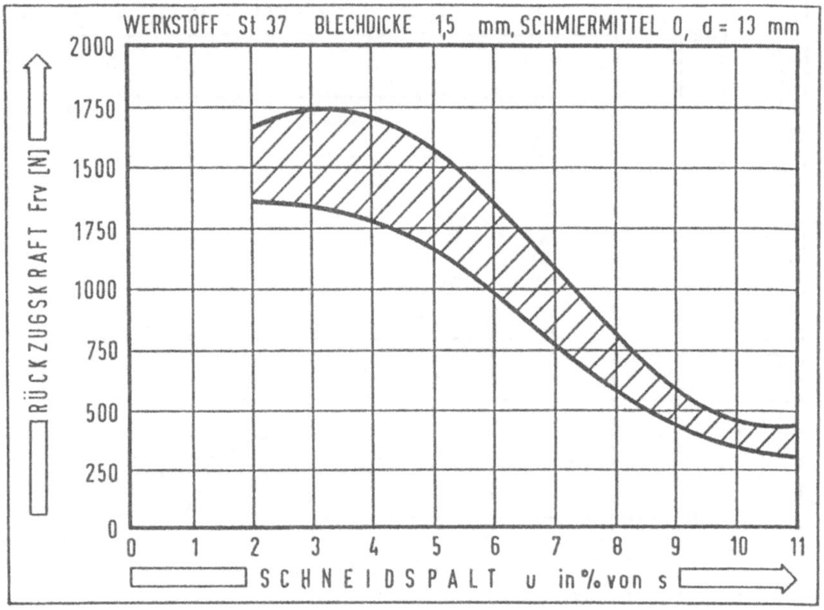

B i l d 125

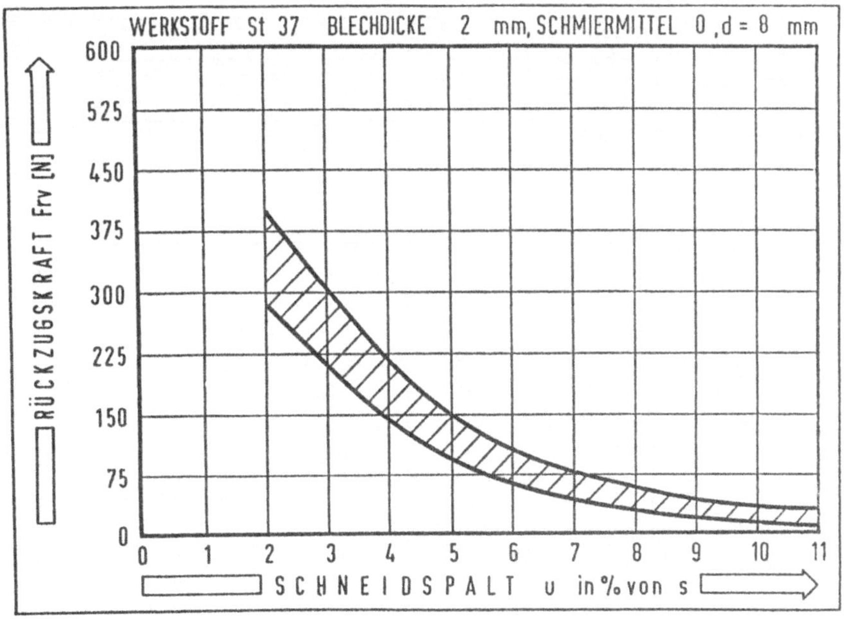

B i l d 126

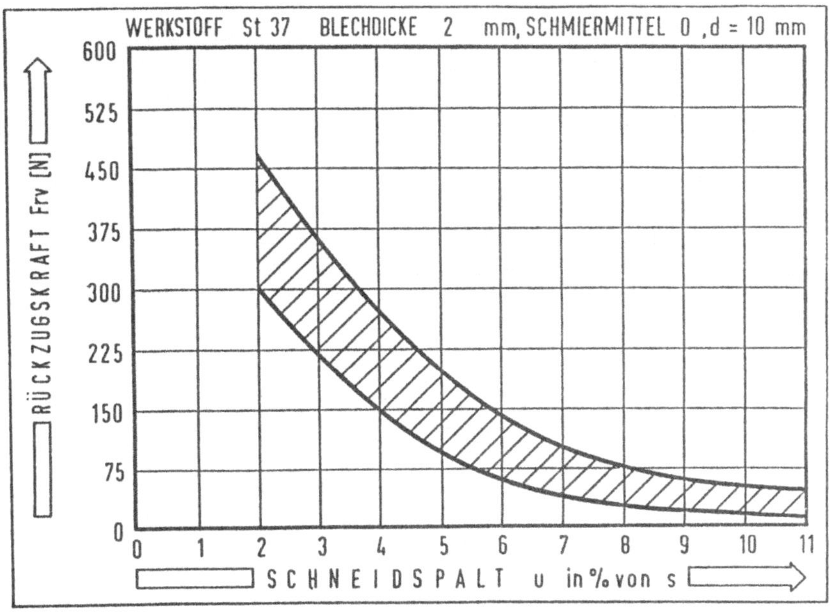

B i l d 127

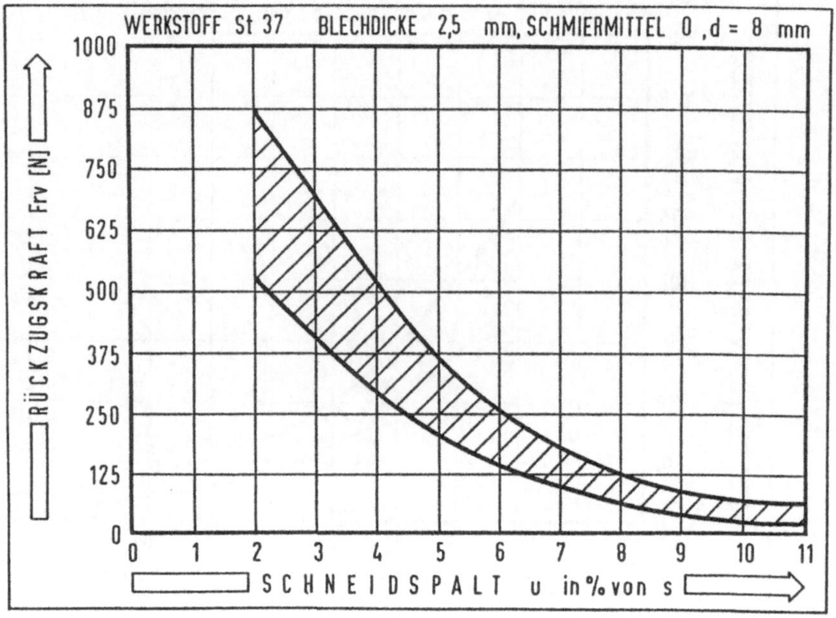

Bild 128

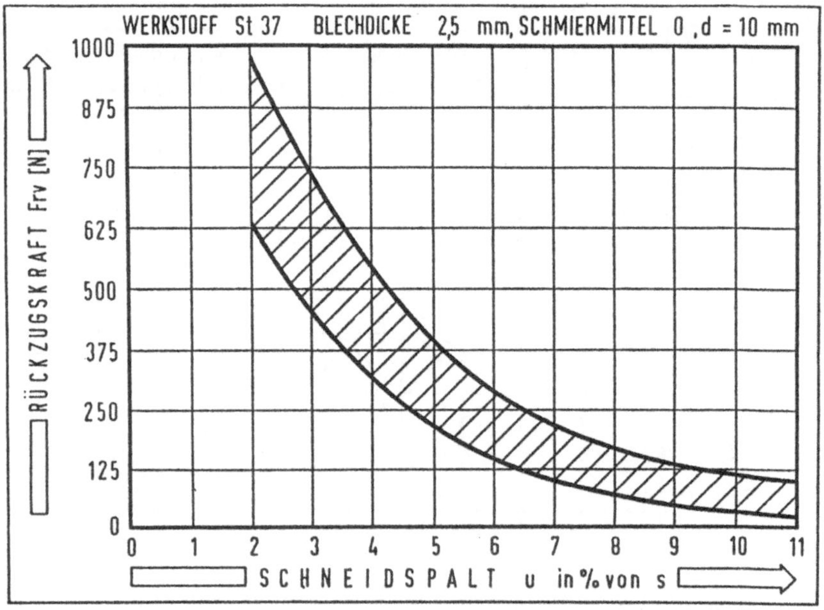

Bild 129

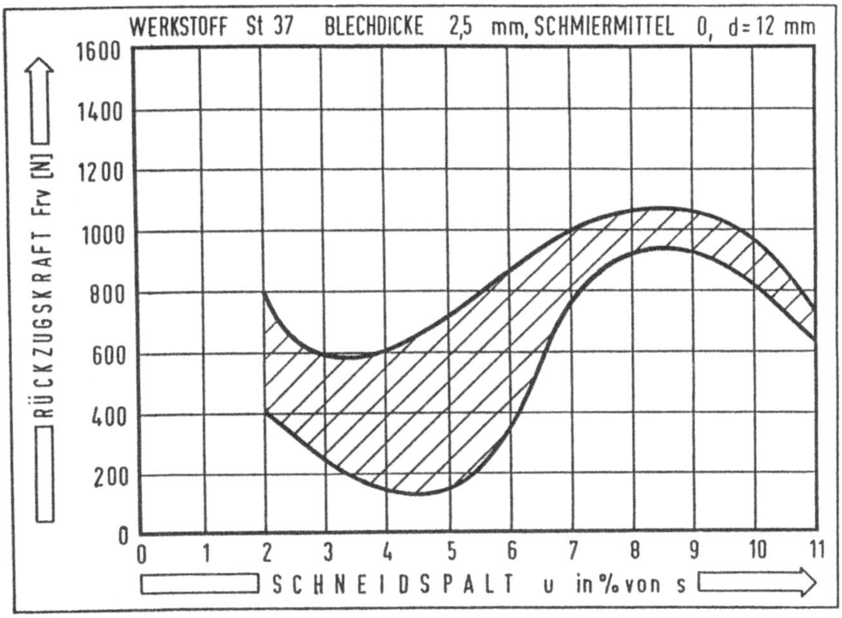

Bild 13o

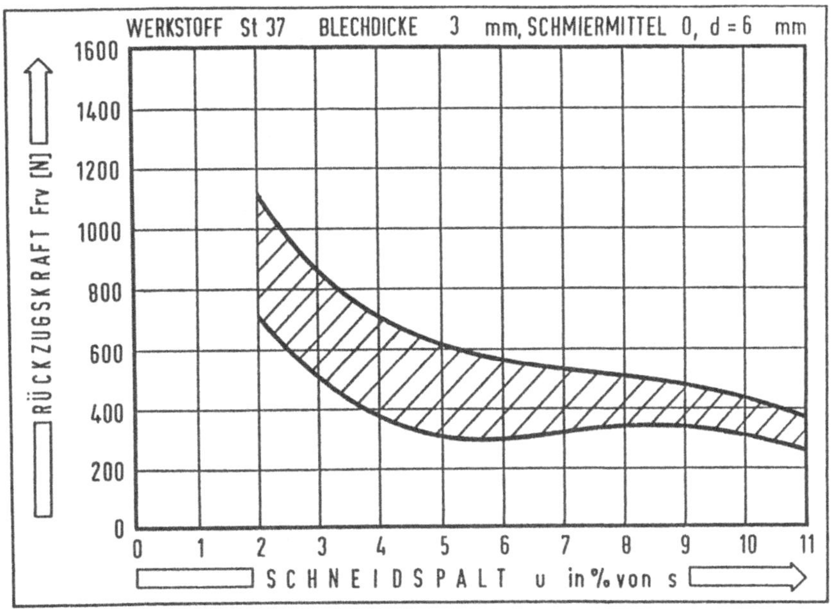

Bild 131

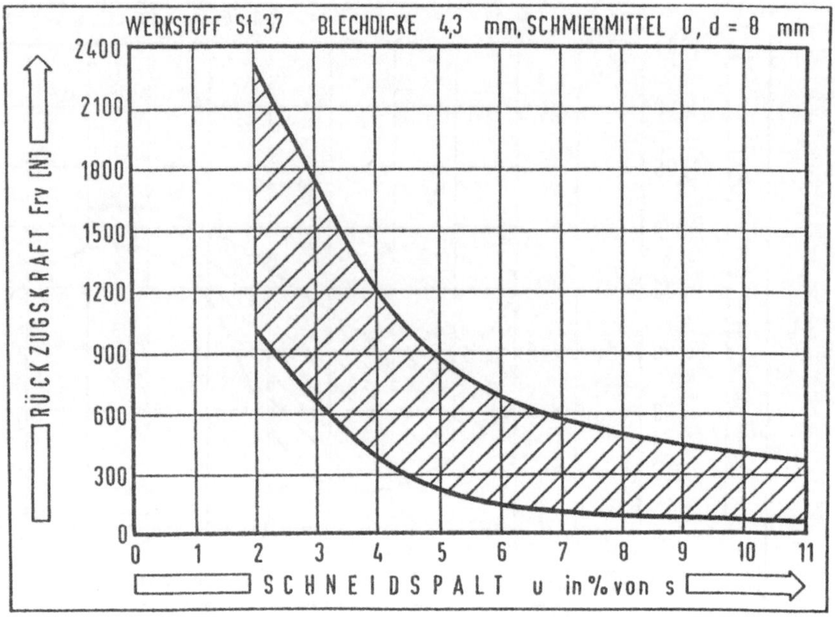

Bild 132

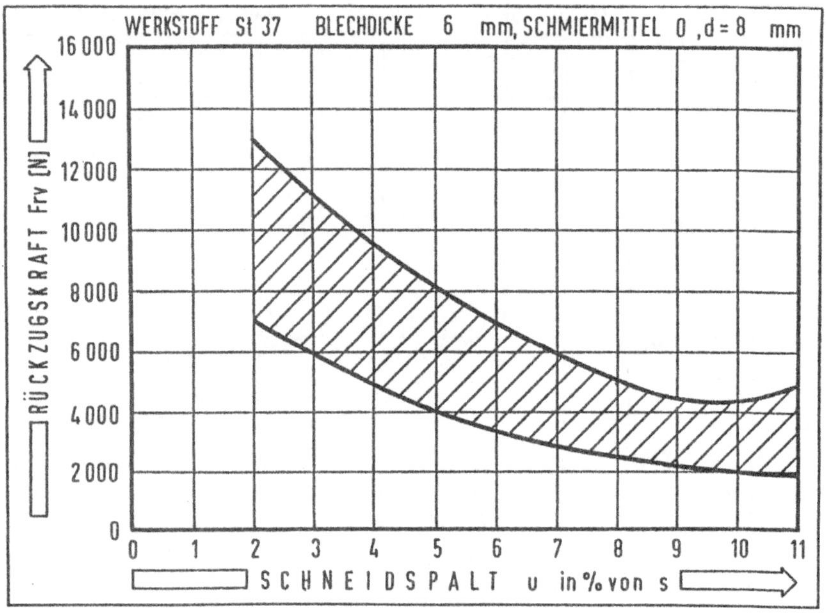

Bild 133

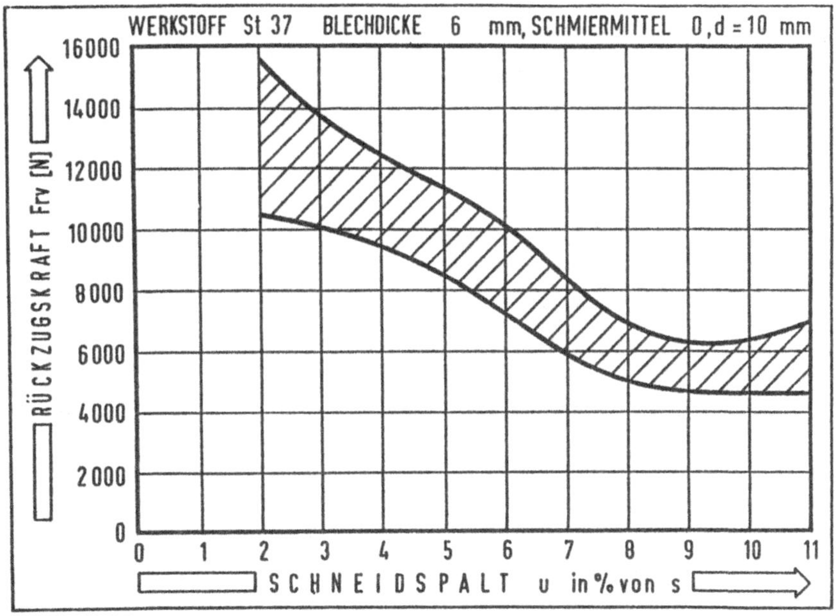

B i l d 134

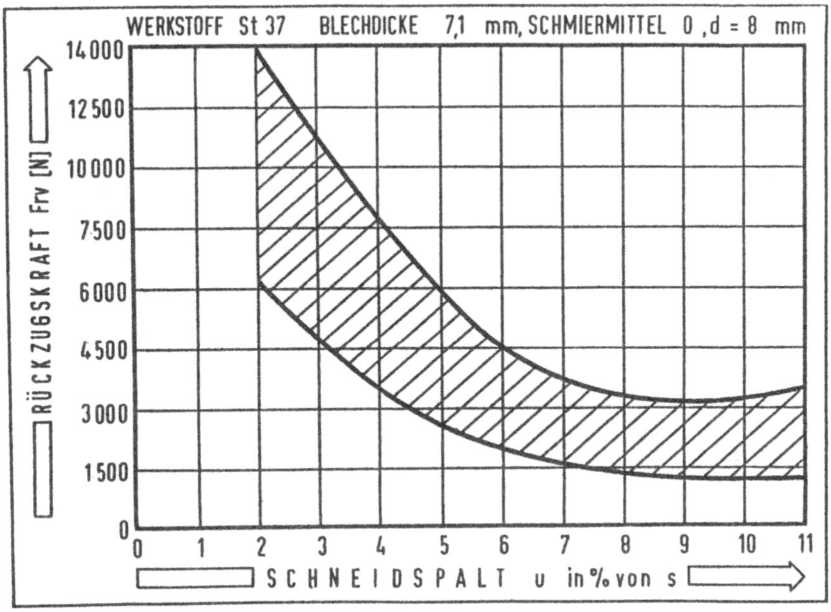

B i l d 135

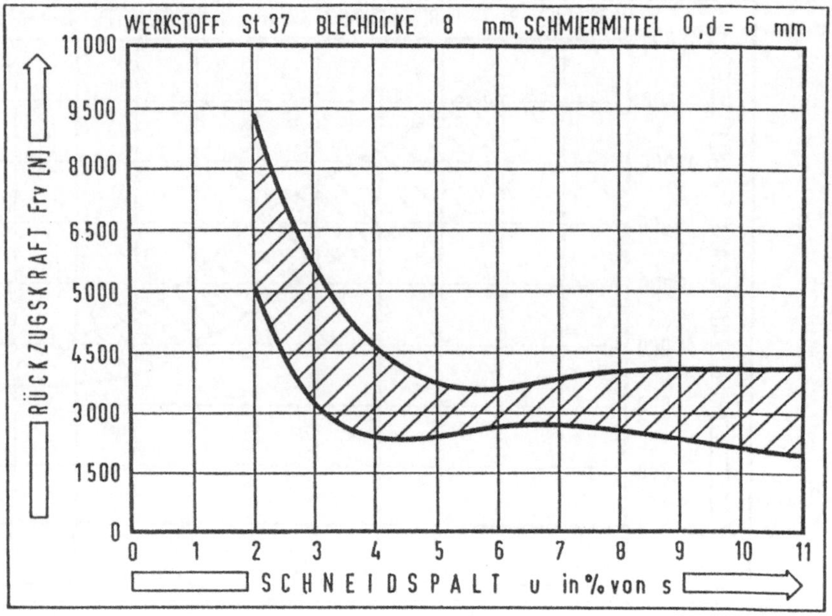

Bild 136

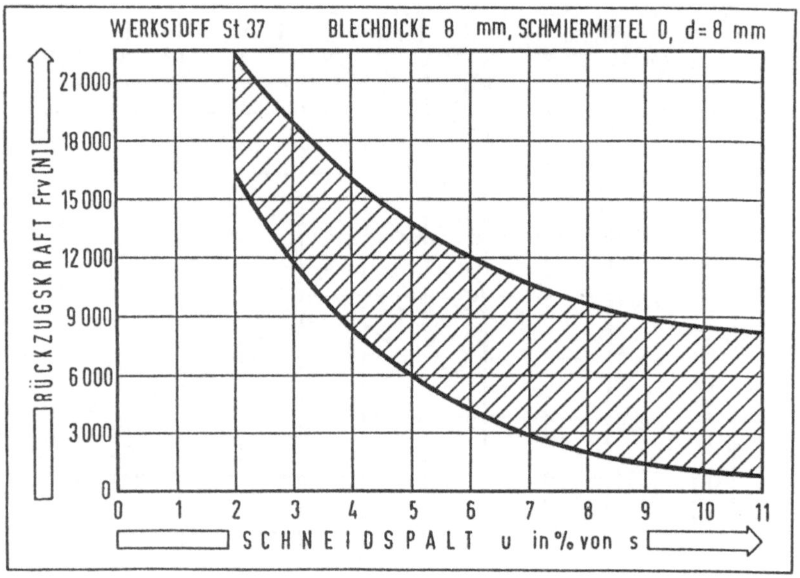

Bild 137

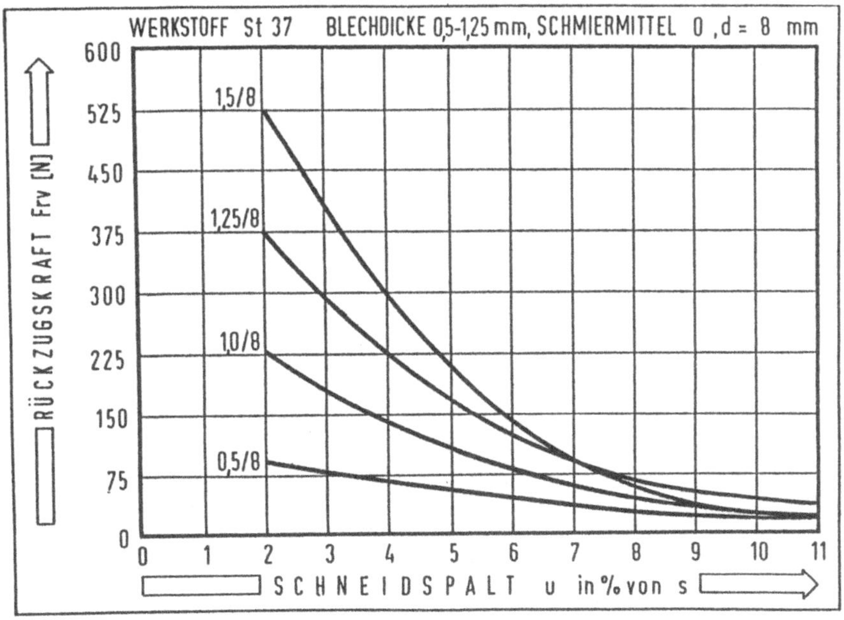

Bild 138

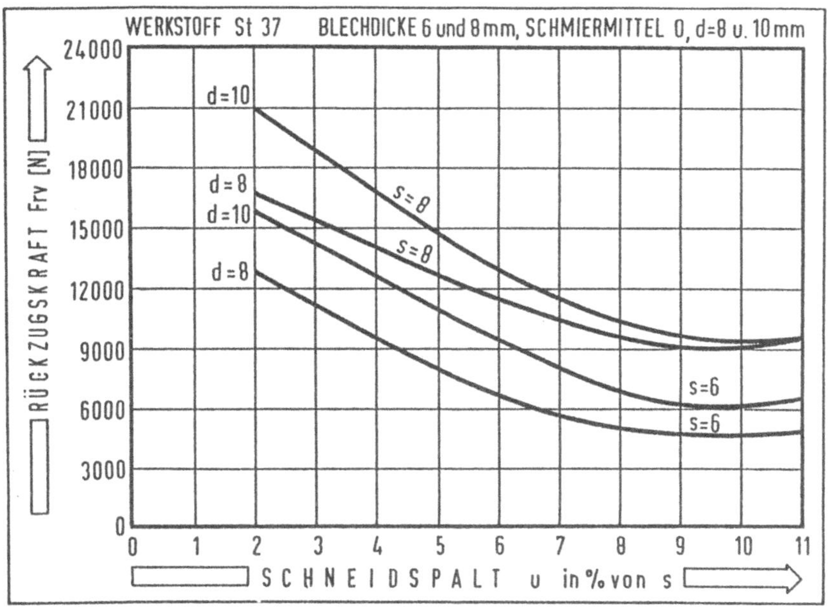

Bild 139

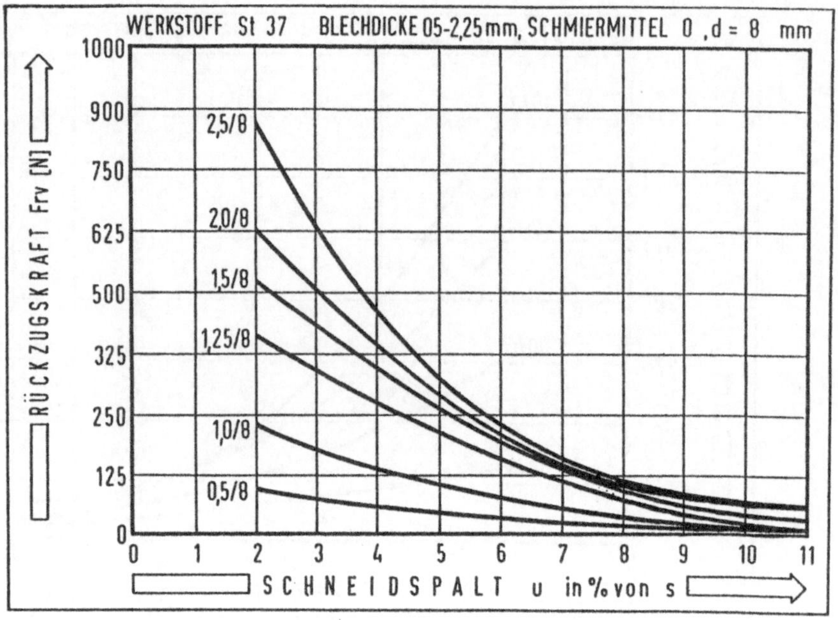

Bild 14o

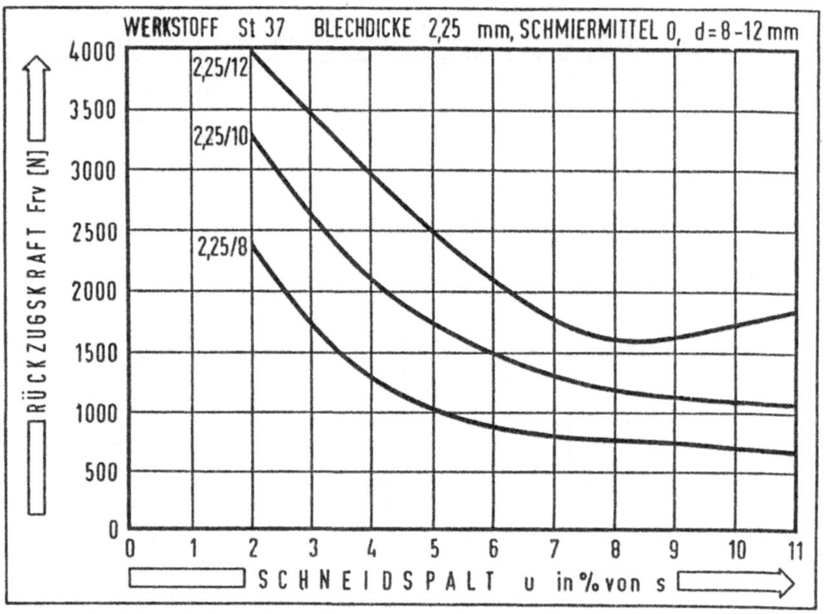

Bild 141

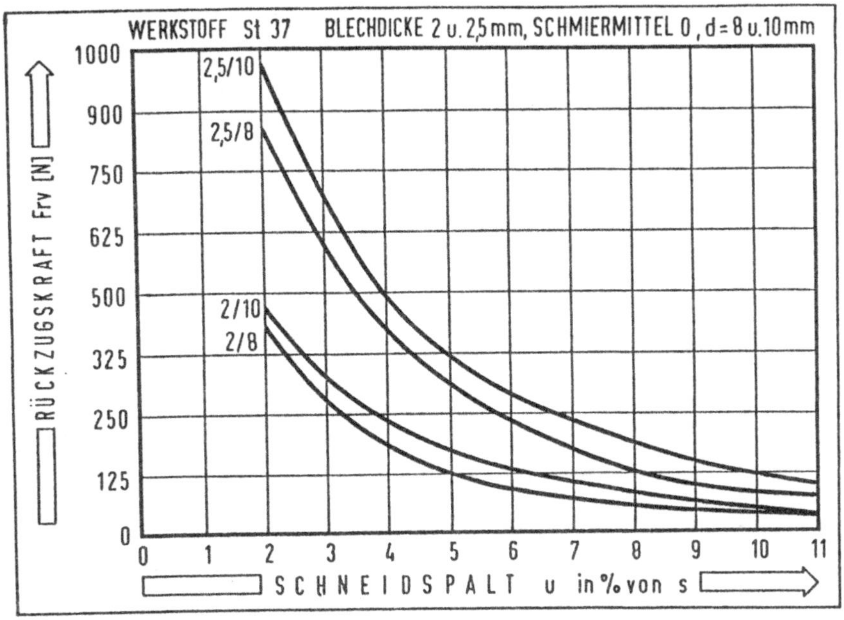

Bild 142

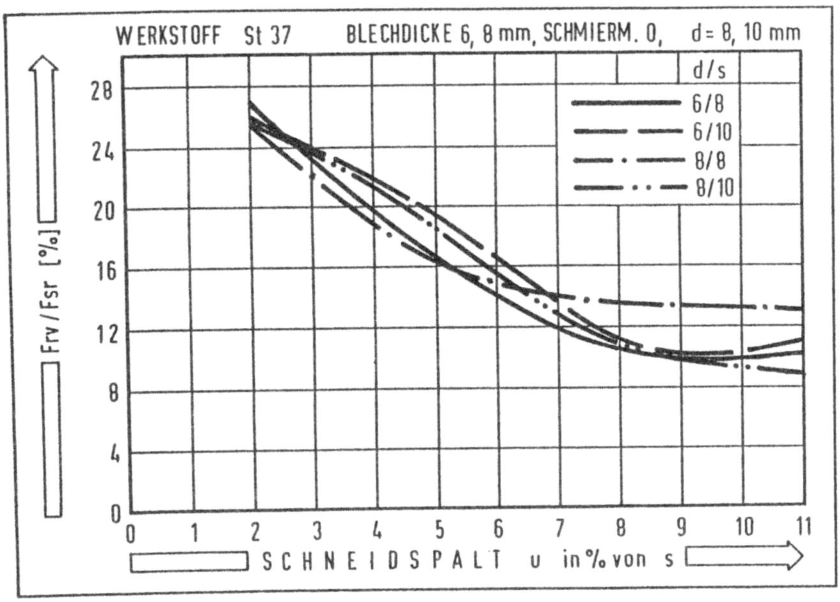

Bild 143

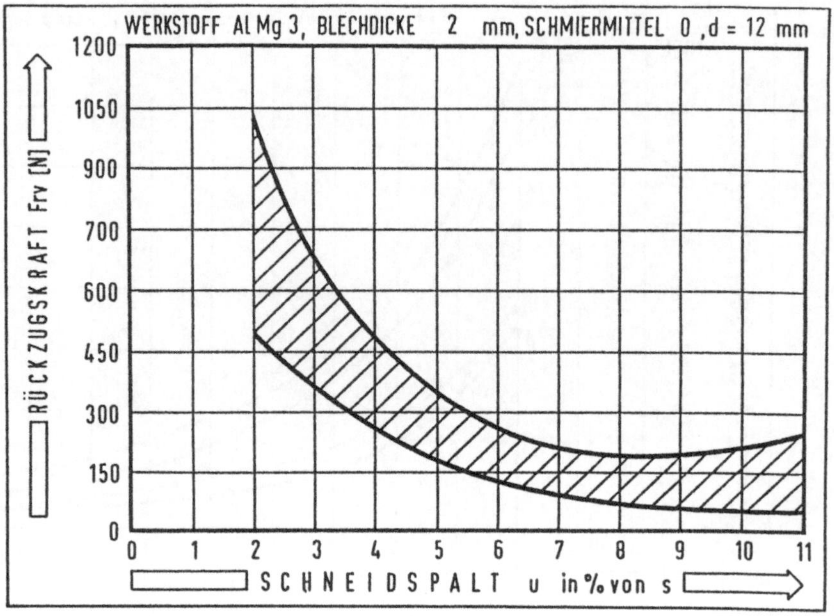

Bild 144

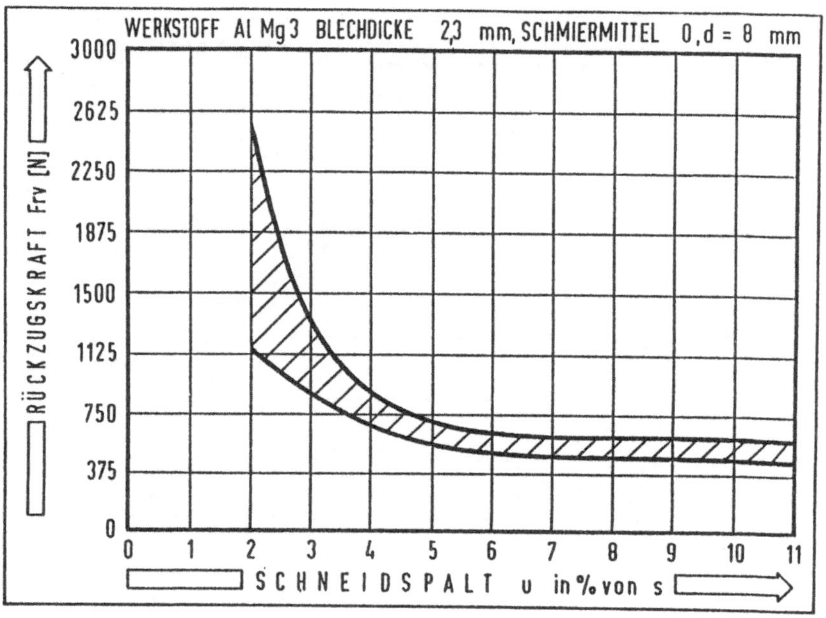

Bild 145

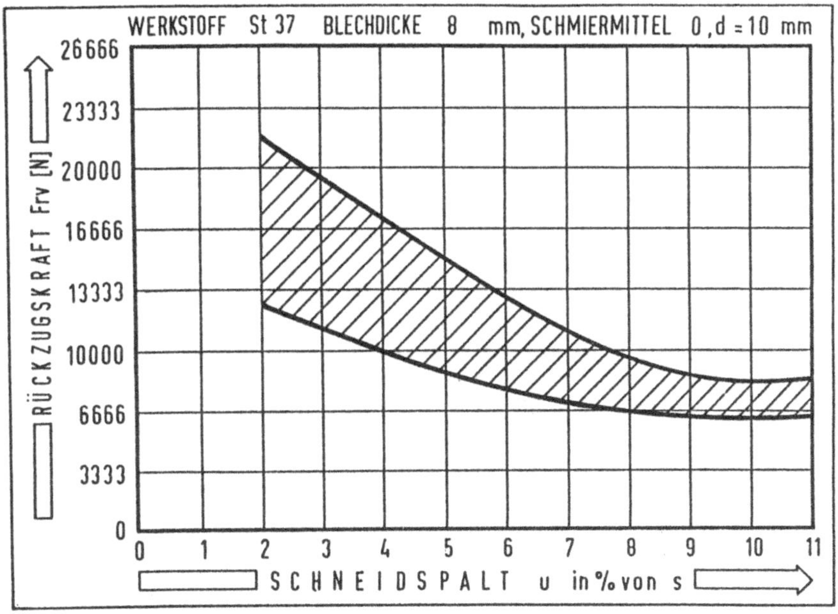

B i l d 146

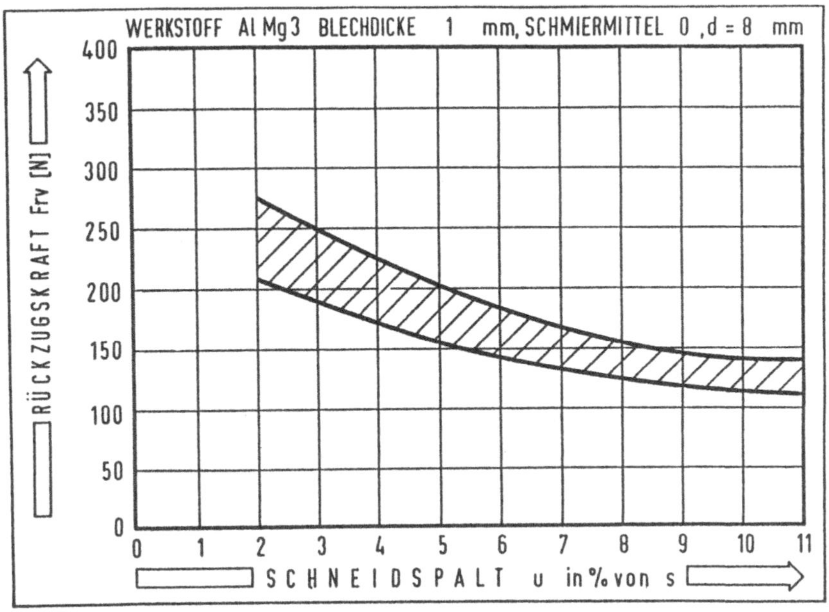

B i l d 147

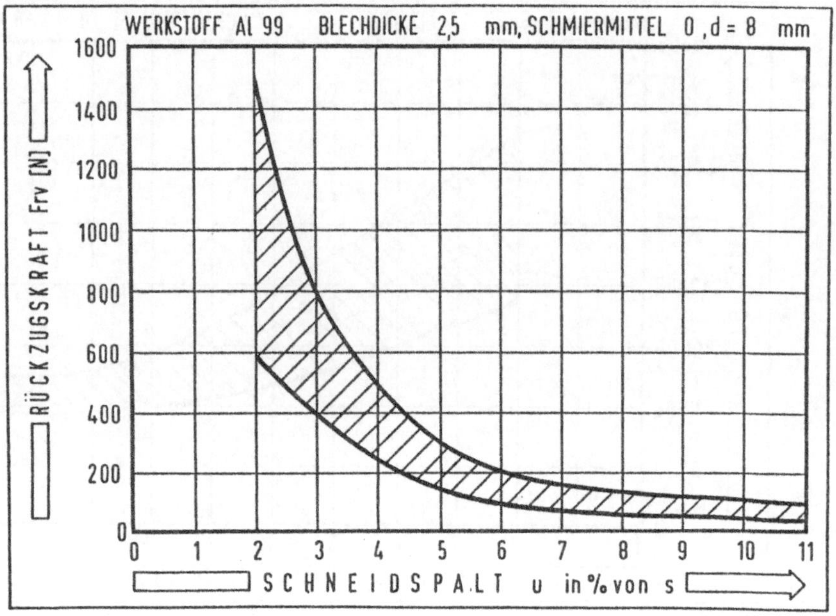

Bild 148

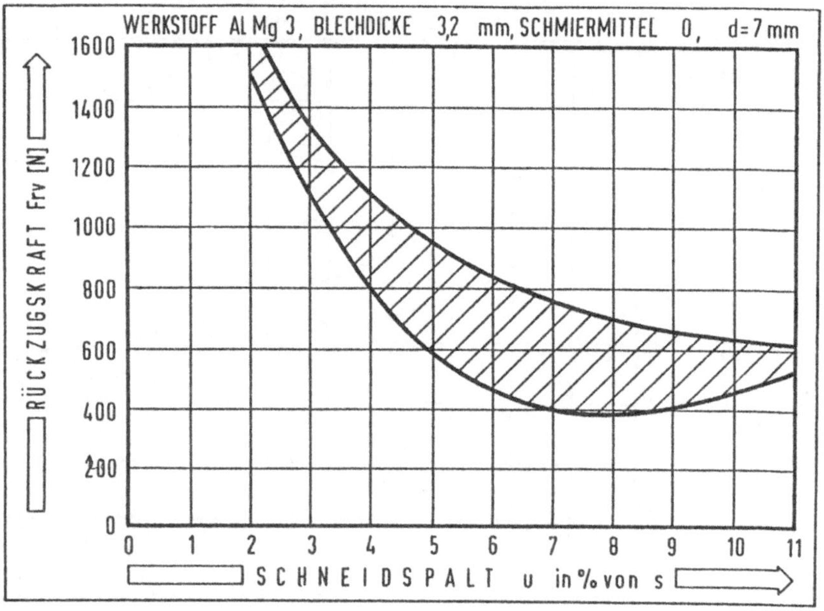

Bild 149

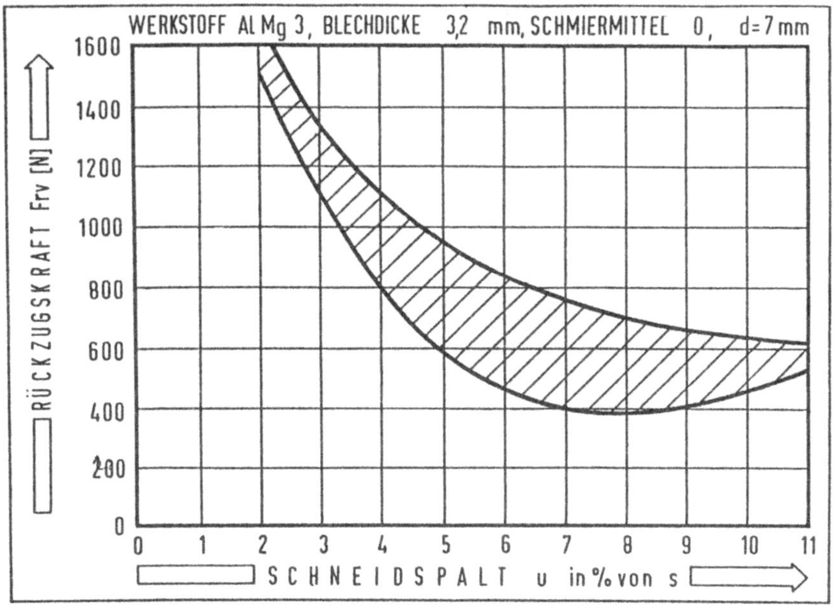

B i l d 15o

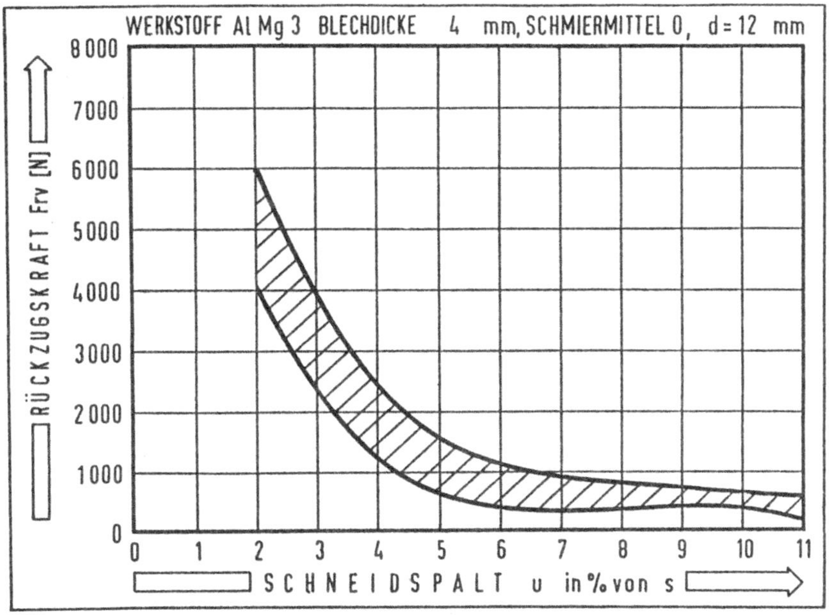

B i l d 151

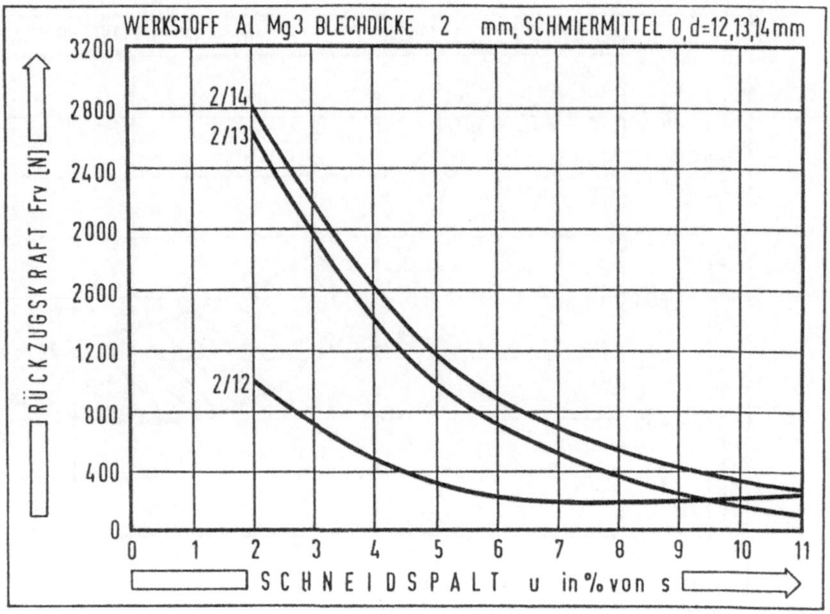

Bild 152

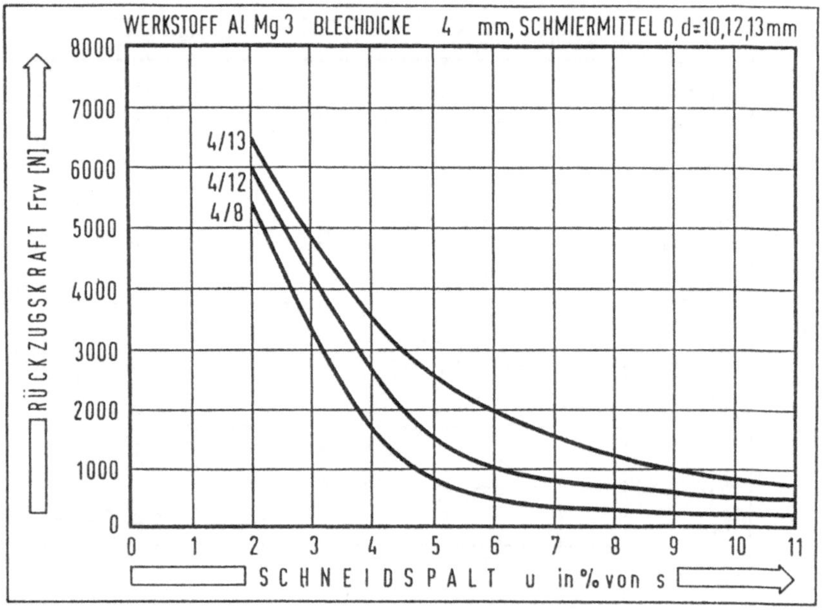

Bild 153

13. EINFLUSS DES SCHNEIDSPALTVERHÄLTNISSES u/s (in %) AUF DAS VERHÄLTNIS DER RÜCKZUGSKRAFT Frv ZU DER SCHNITT-KRAFT Fsr

Im Rahmen dieser Untersuchung wurde der Einfluß des Schneidspaltverhältnisses u/s (in %) auf das Verhältnis der Rückzugskraft Frv zu der Schnittkraft Fsr (in %) untersucht. Die Schnittkraft Fsr wurde deshalb als Vergleichswert gewählt, da sie anhand von Literaturangaben jeweils für eine bestimmte Werkstoffart rechnerisch ermittelt werden kann.

Als Parameter dienten :

1. Schneidspalte u in % von s: 2%, 5%, 8% und 11%
2. Bleche aus St 37
3. Bleche aus Al Mg 3 bzw. Al 99
4. verschiedene Blechdicken
5. verschiedene Stempeldurchmesser
6. verschiedene Schmiermittel und
7. Lochen ohne Anwendung von Schmiermitteln

Nachstehend aufgeführte Diagramme stellen aine repräsentative Auswahl aus der ganzen Palette der Versuche dar.

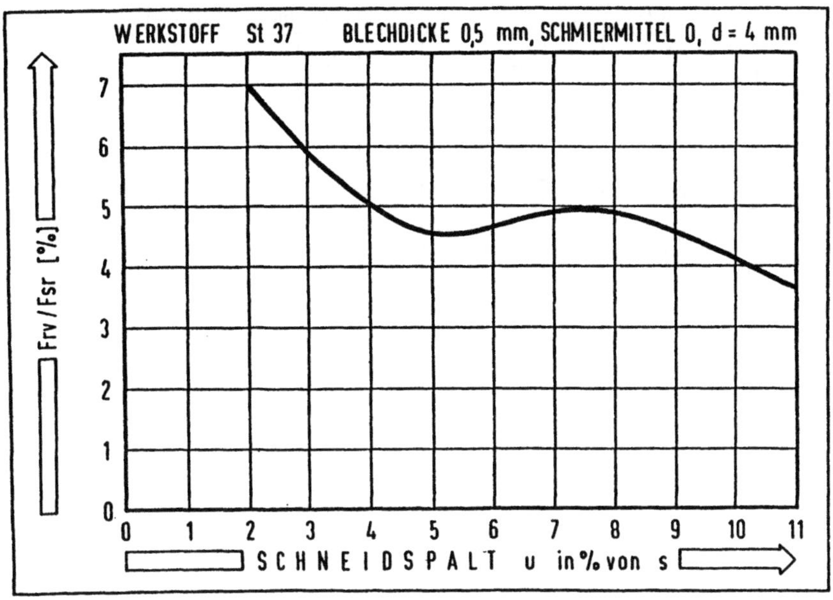

Bild 154

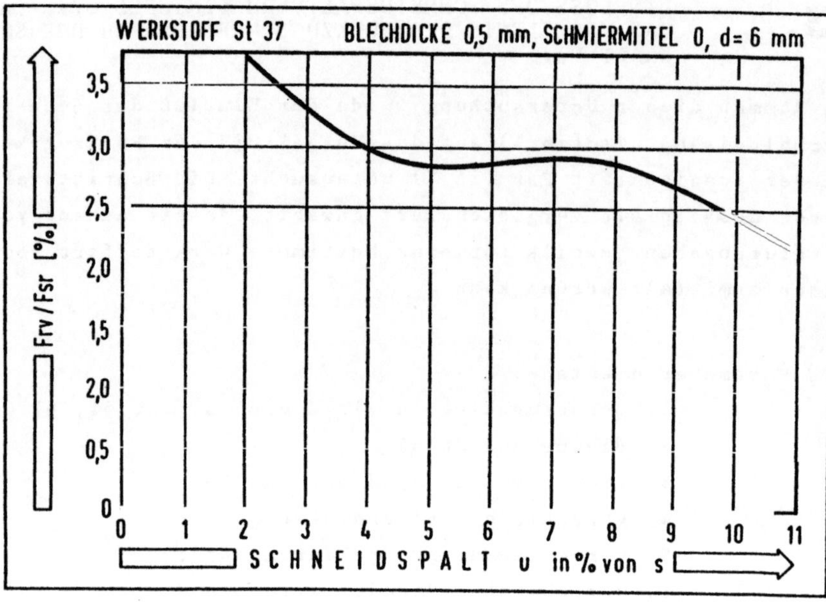

Bild 155

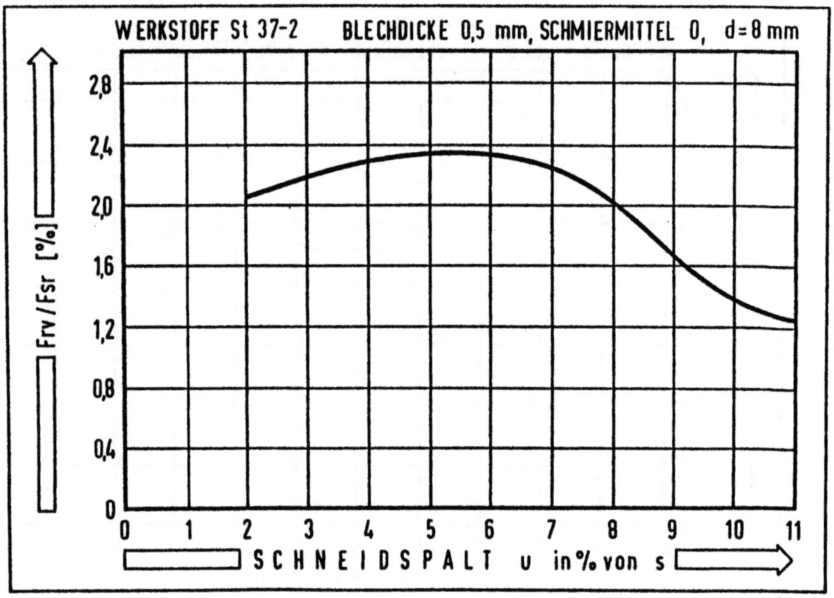

Bild 156

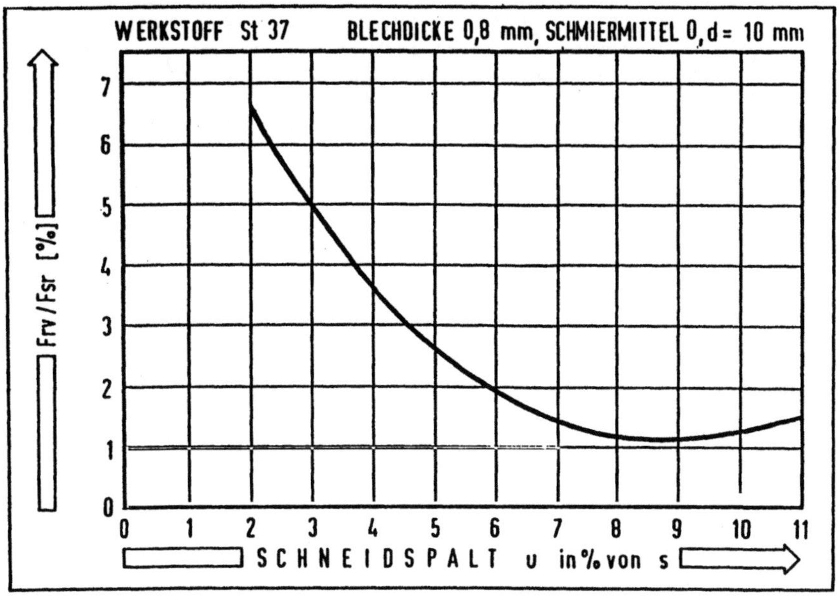

Bild 157

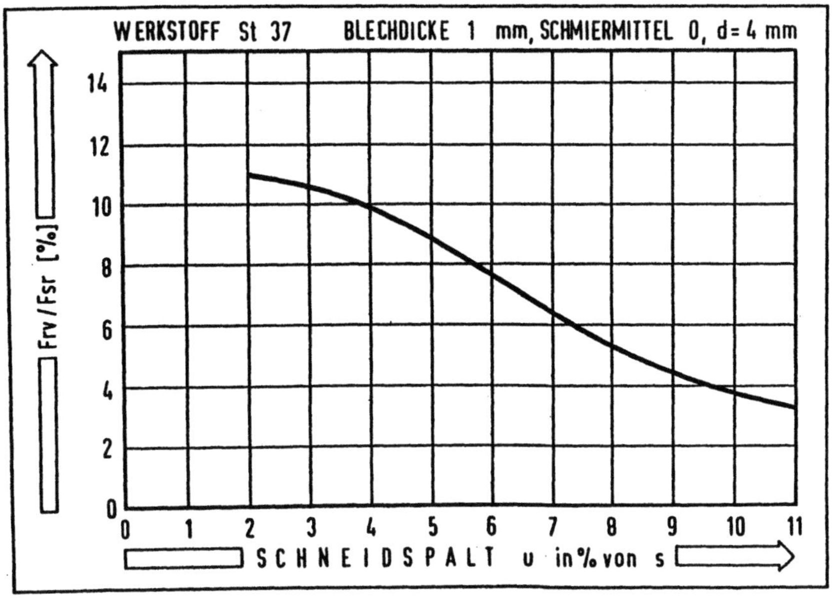

Bild 158

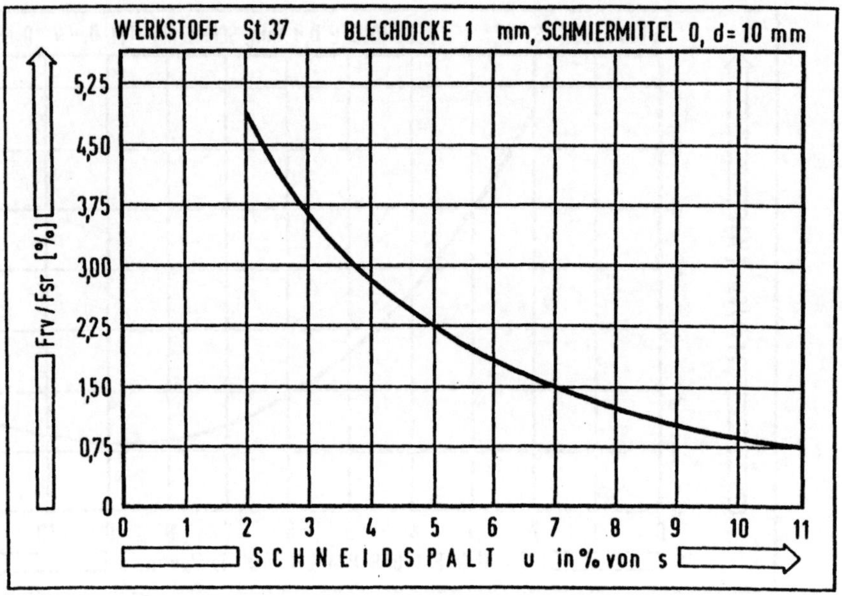

B i l d 159

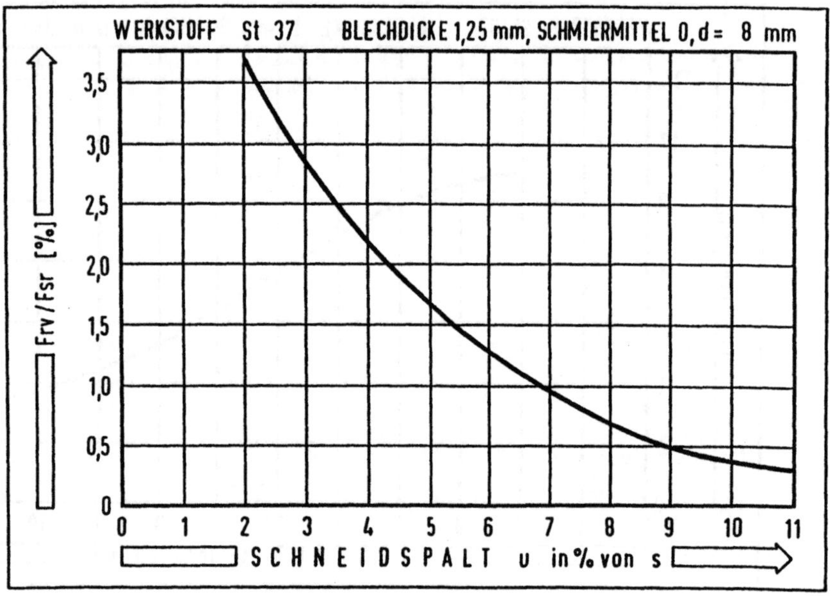

B i l d 16o

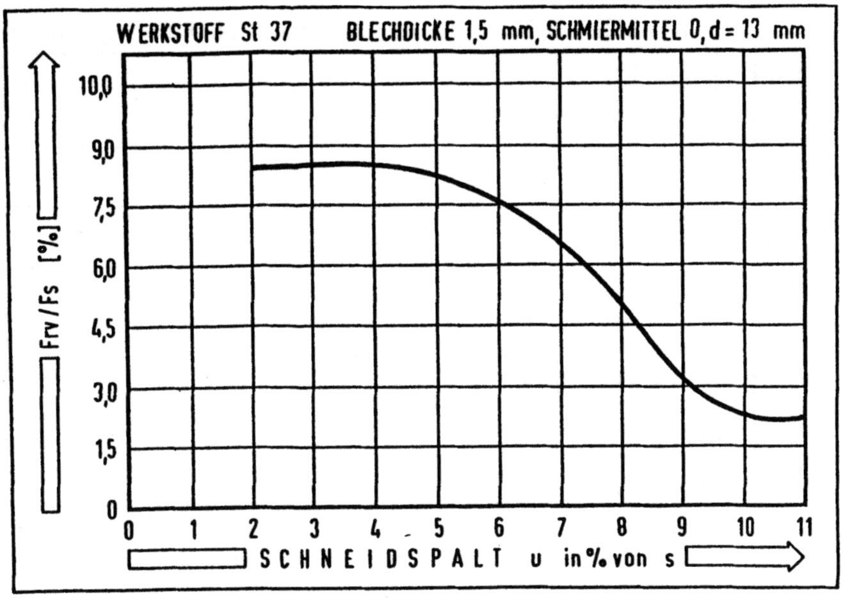

B i l d 161

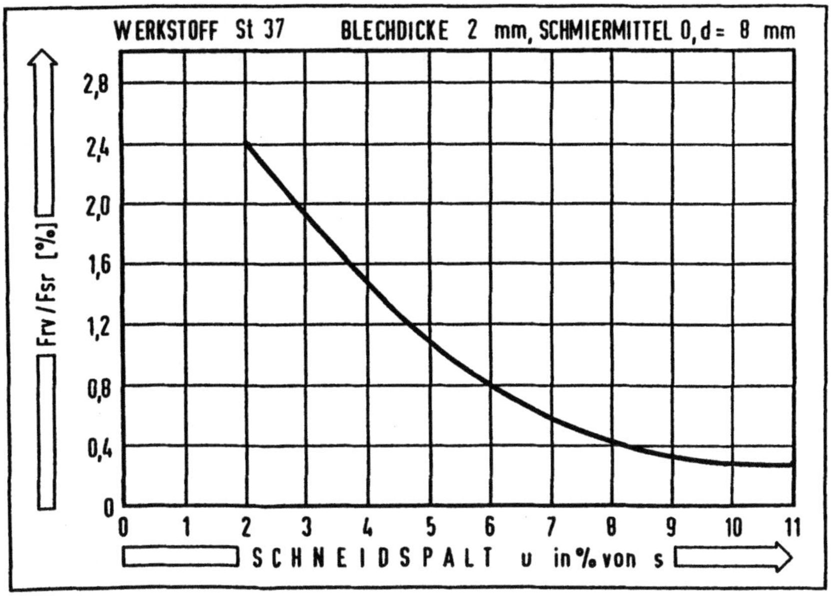

B i l d 162

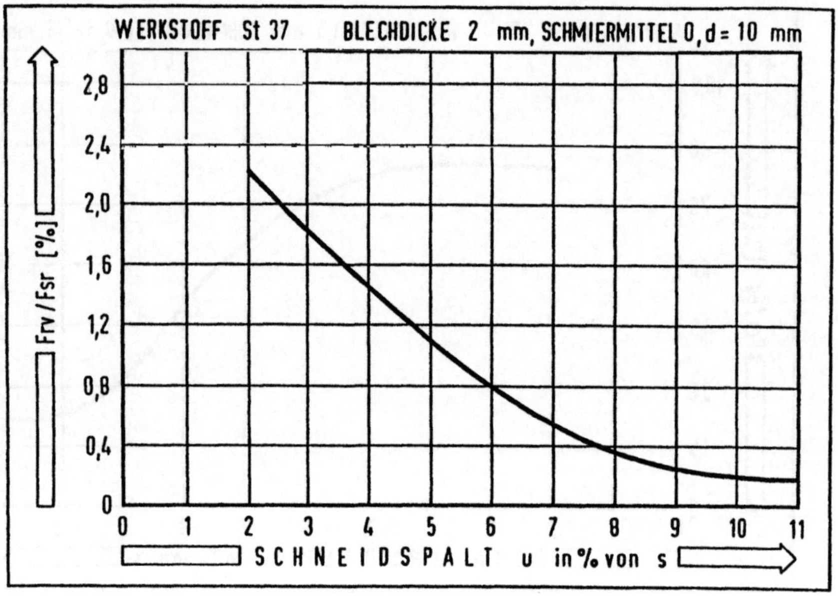

B i l d 163

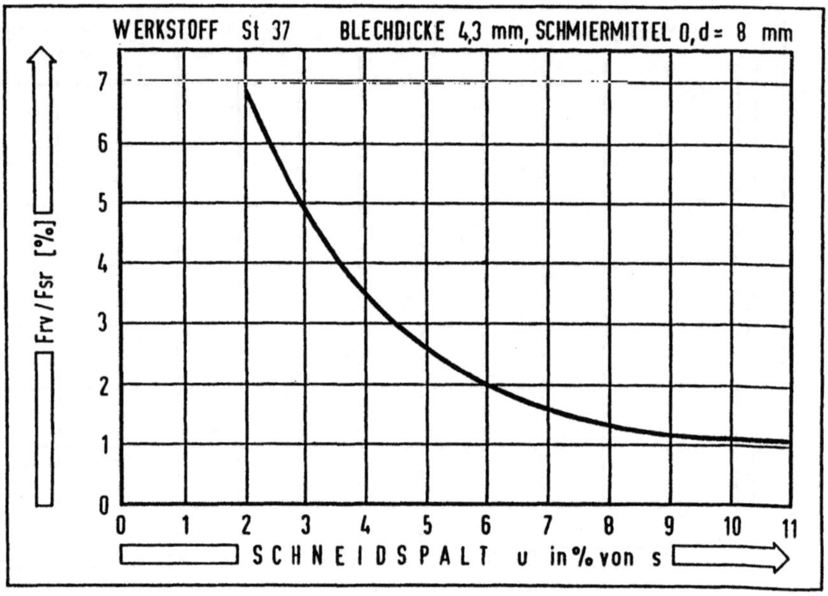

B i l d 164

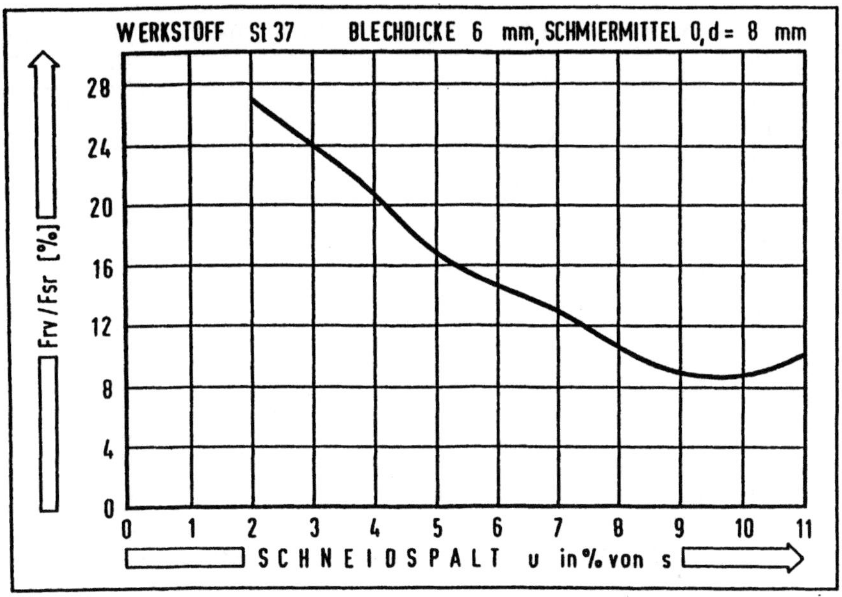

B i l d 165

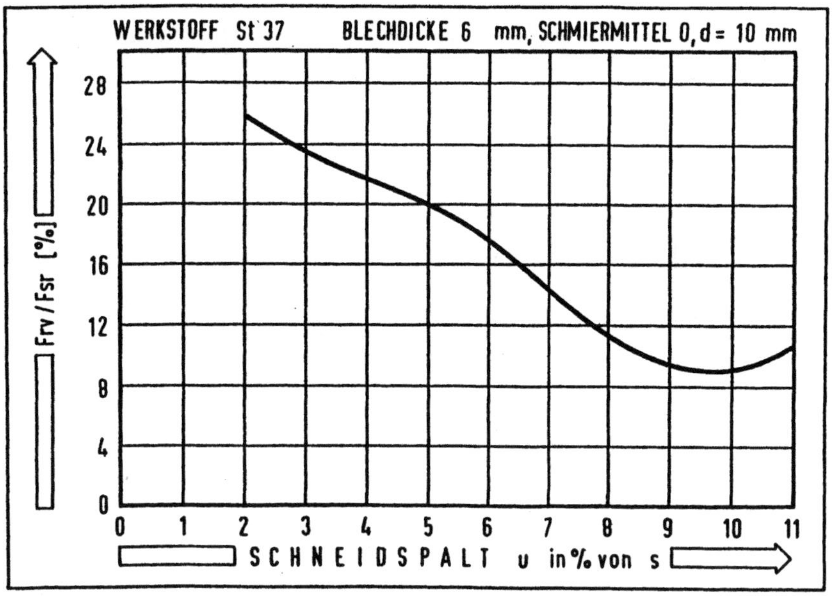

B i l d 166

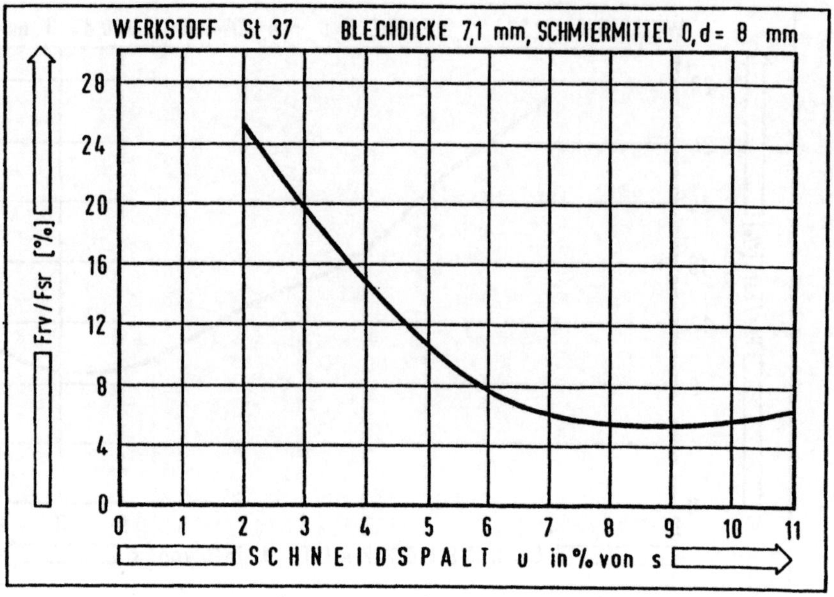

B i l d 167

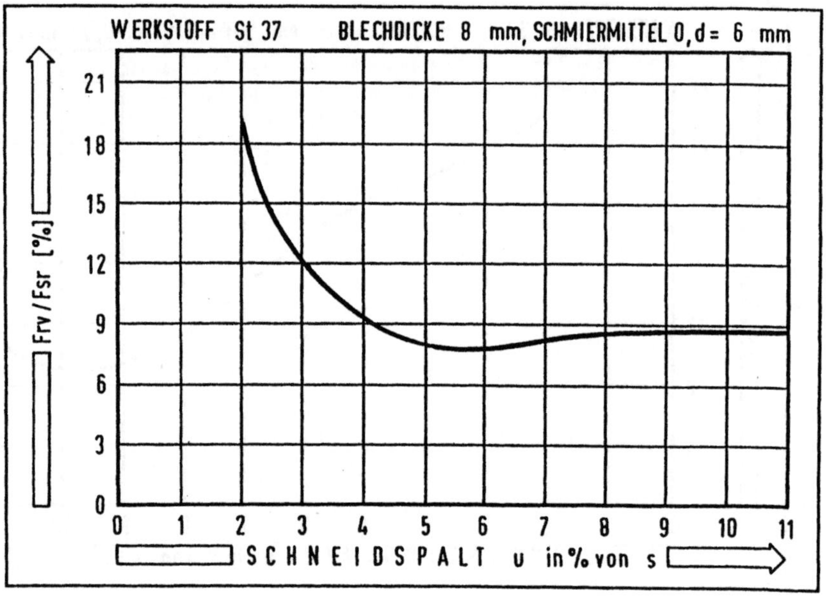

B i l d 168

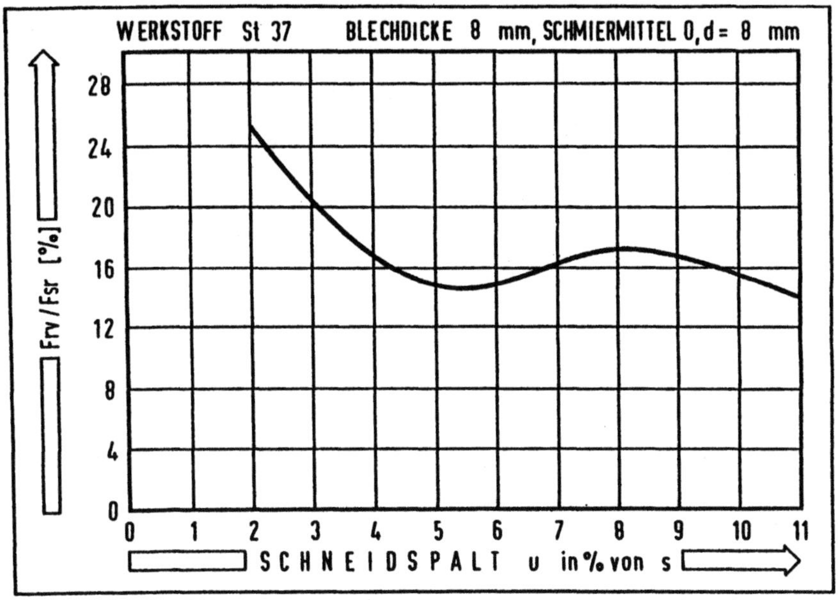

B i l d 169

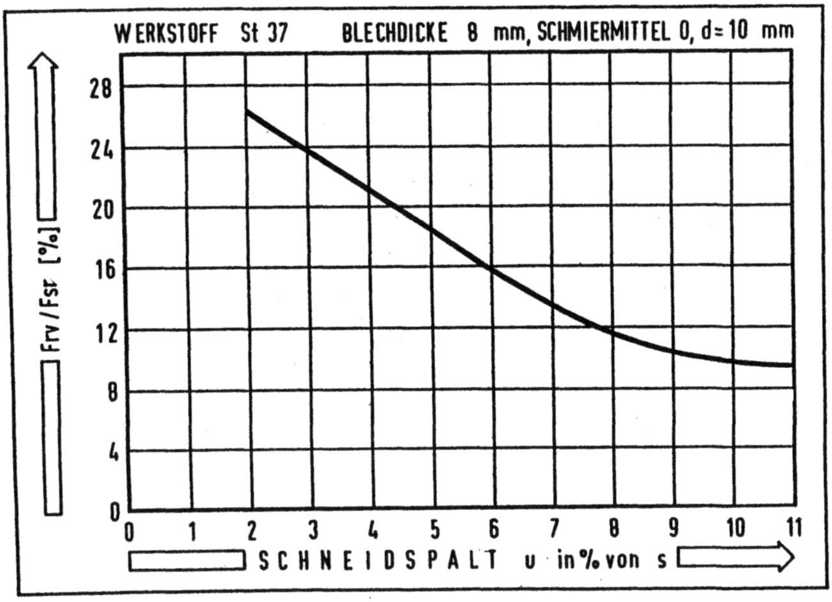

B i l d 17o

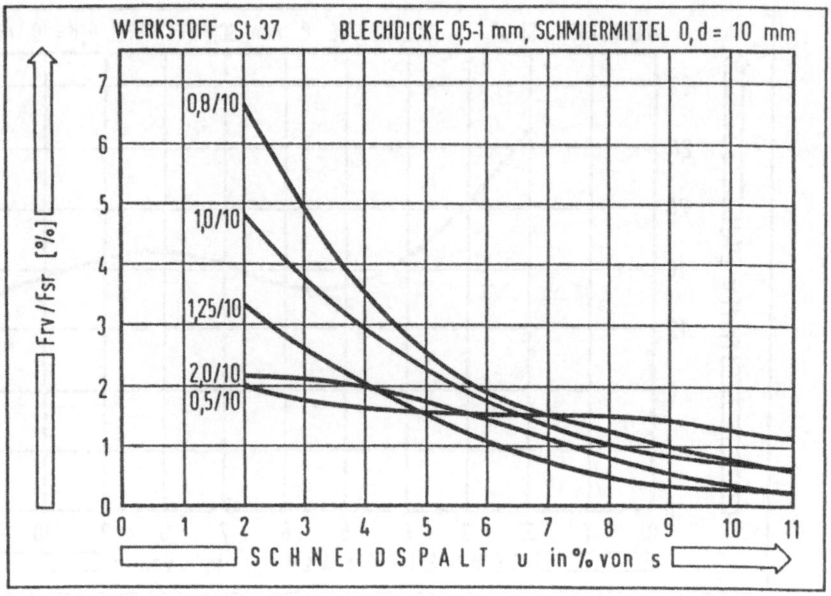

B i l d 171

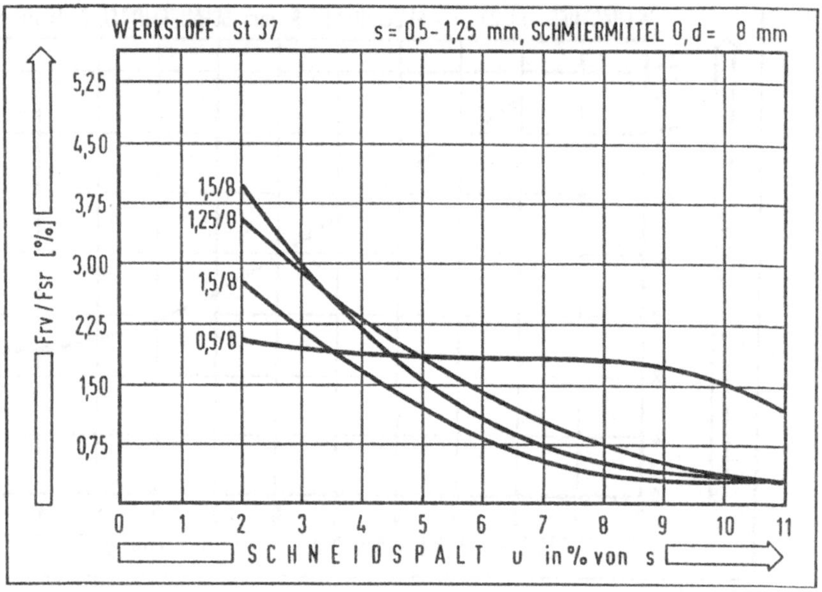

B i l d 172

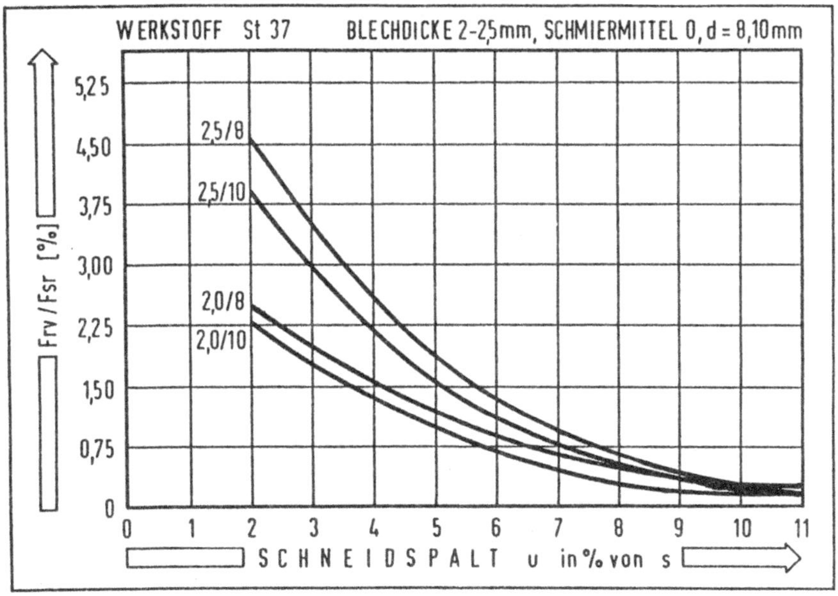

B i l d 173

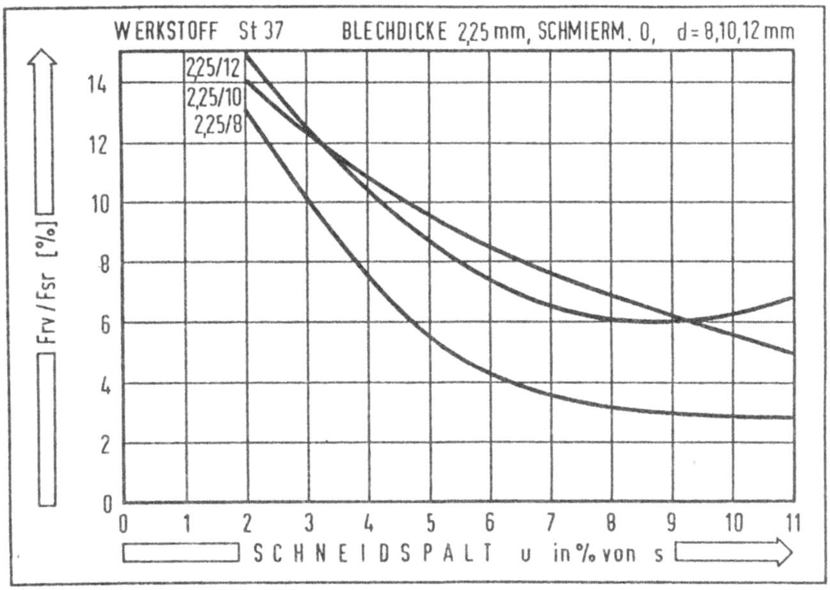

B i l d 174

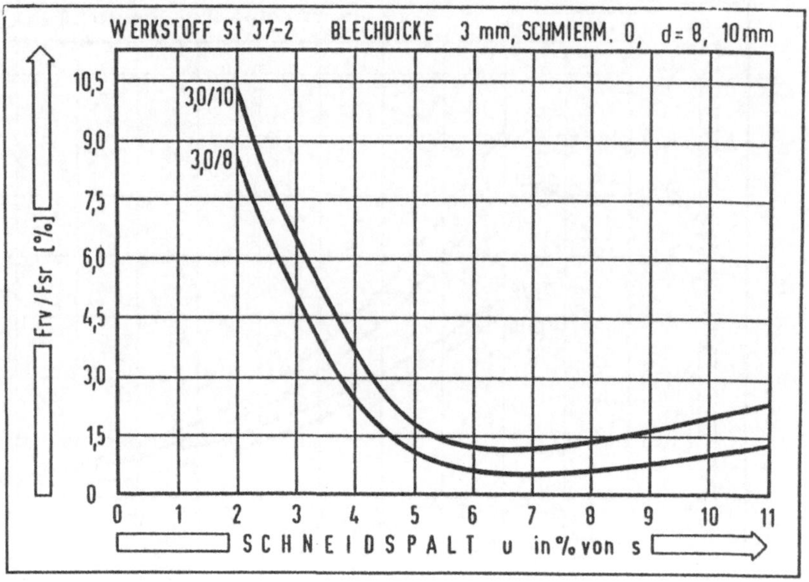

Bild 175

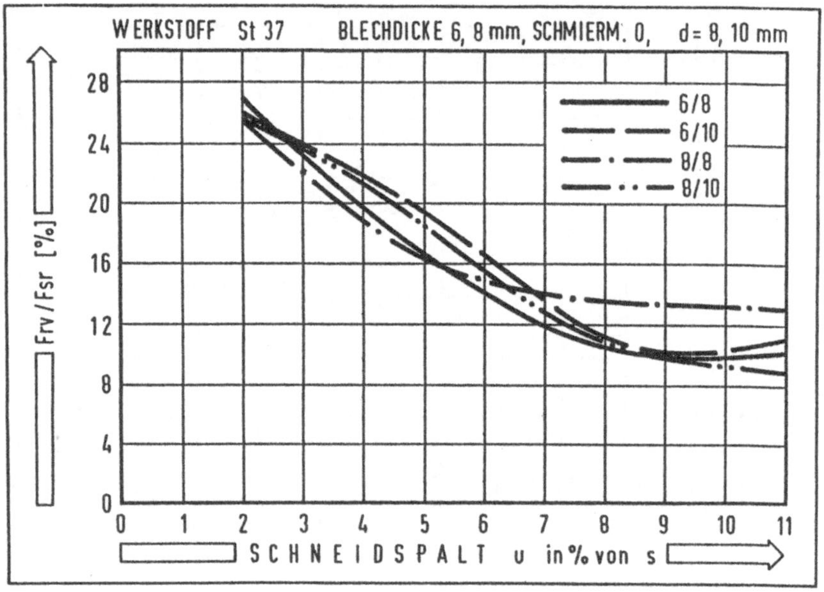

Bild 176

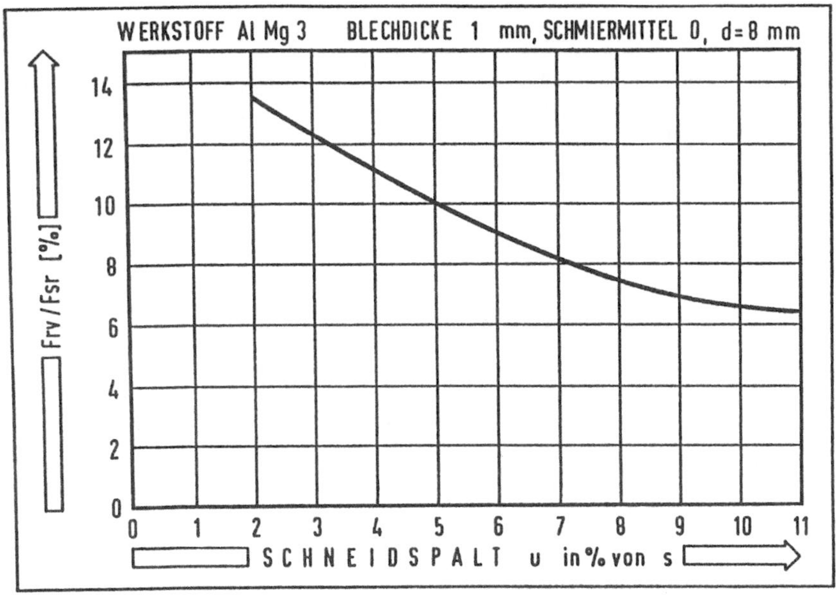

Bild 177

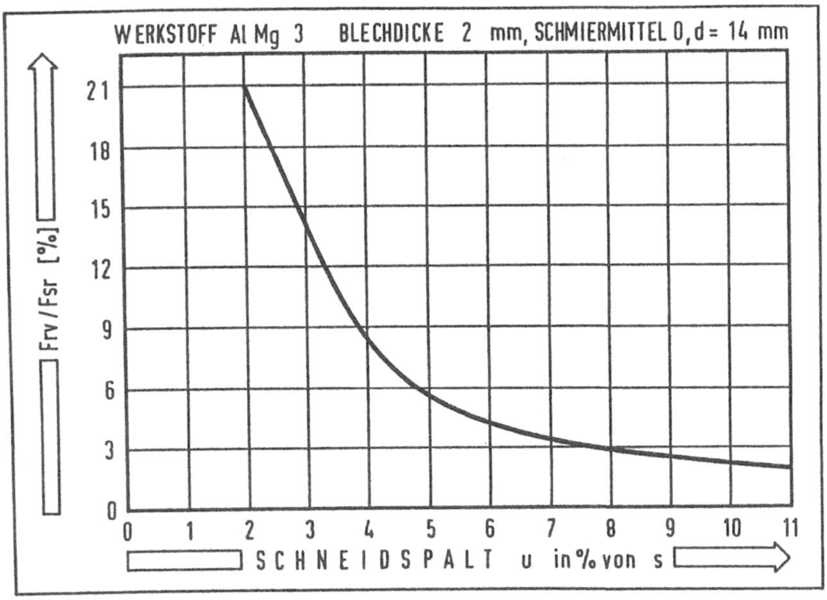

Bild 178

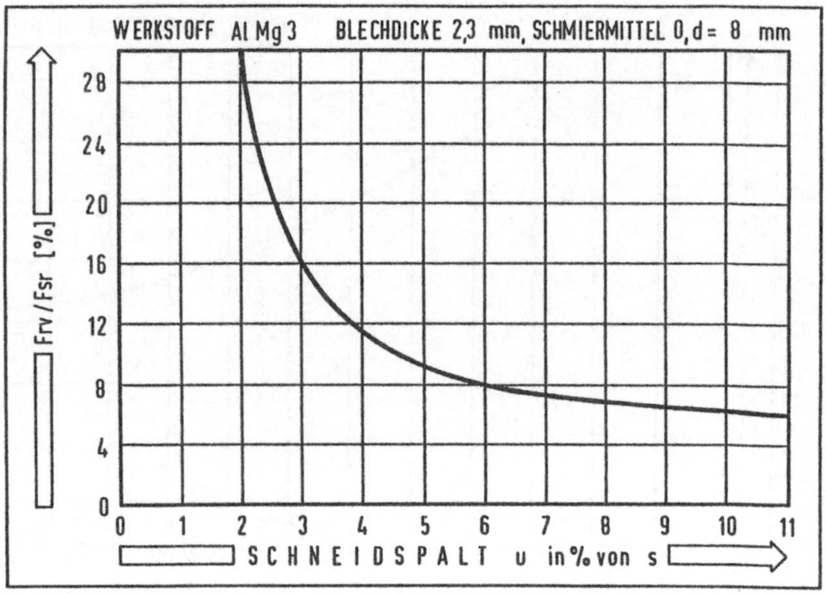

B i l d 179

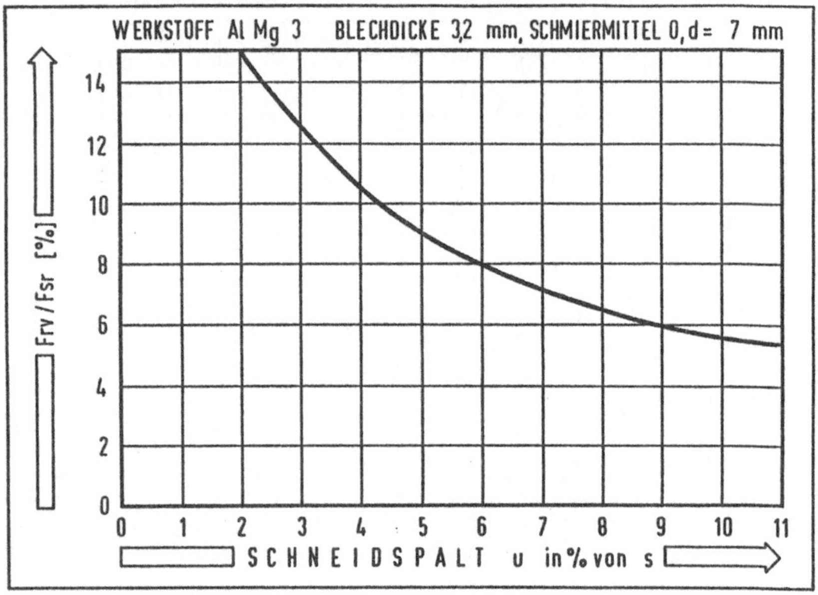

B i l d 18o

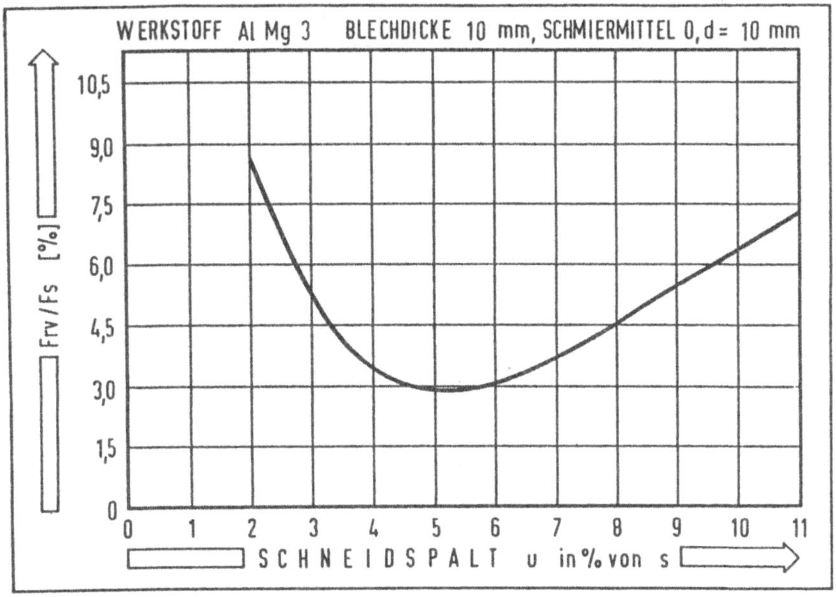

B i l d 181

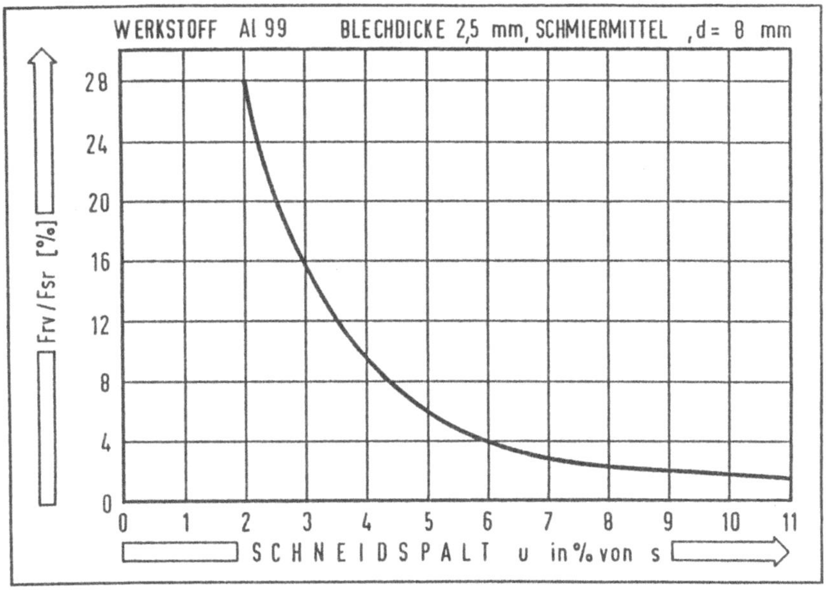

B i l d 182

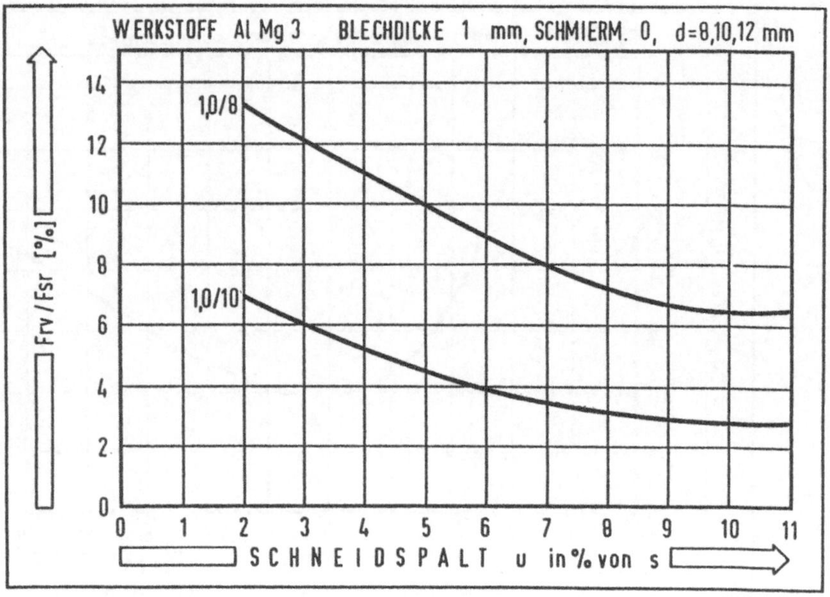

Bild 183

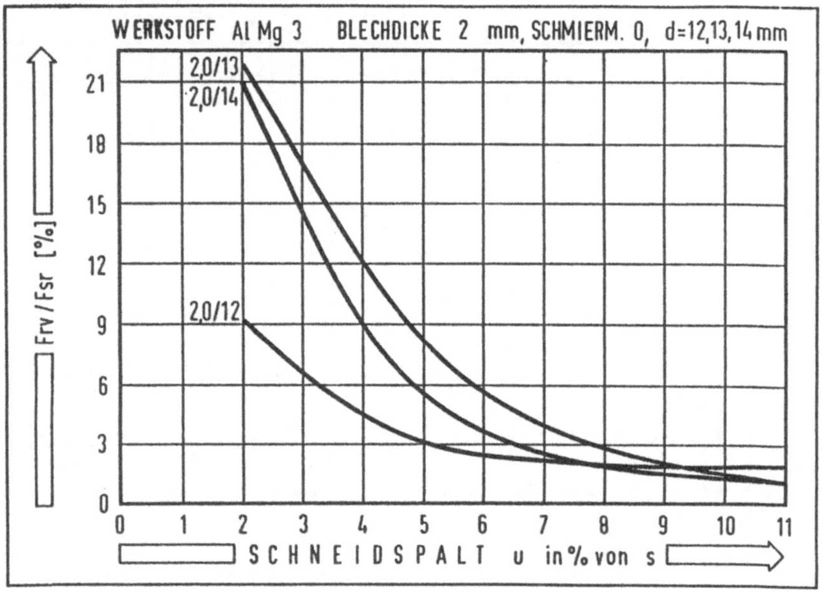

Bild 184

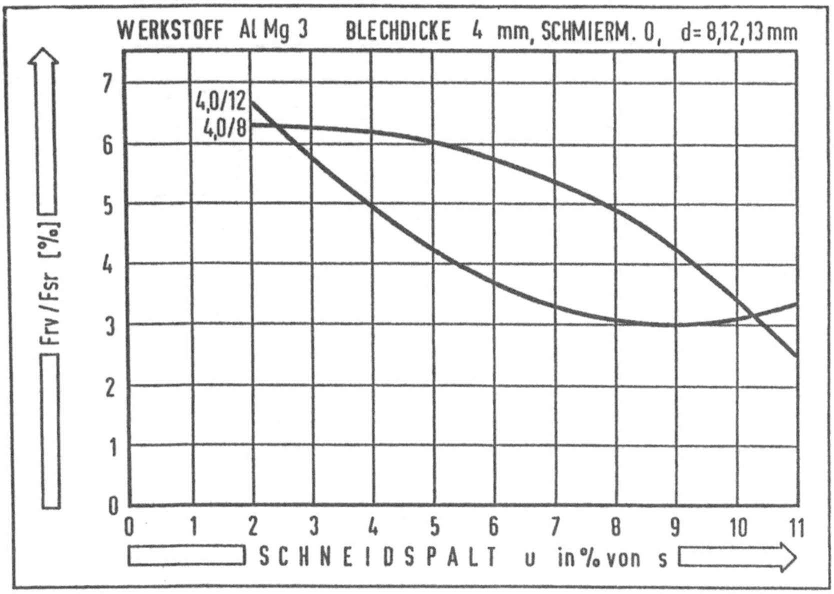

B i l d 185

Die Untersuchungsergebnisse dieser Versuchsreihe - Kap. 13 - Einfluß des Schneidspaltverhältnisses u/s auf das Verhältnis der Größe der Rückzugskraft Frv zu der Größe der Schnittkraft Fsr (in %) sind in Kap. 14 auf S. 14o für den Blechwerkstoff Stahl 37 und in Kap. 15 auf S. 141 für den Blechwerkstoff Aluminium Al Mg 3 in Form von Tabellen aufgestellt. Der Werkzeugkonstrukteur kann aus diesen Tabellen die ihn interessierenden Werte entnehmen, da es sich hierbei jeweils um die maximalen ermittelten Werte handelt.

Die anhand der durchgeführten Versuche gewonnenen Rückschlüsse sind in Kap. 16 „Rückschlüsse aus den Versuchsergebnissen hinsichtlich des Verhältnisses der Rückzugskraft Frv zu der Schnittkraft Fsr" auf S. 142 - 143 aufgestellt.

Auch im Rahmen der „Zusammenfassung der Versuchsergebnisse zu den Kapiteln 4 bis 27" sind die Ergebnisse dieser Versuchsreihe aufgeführt.

14. GESAMTAUSWERTUNG Frv/Fsr (%) - WERKSTOFF STAHL St 37

Frv/Fsr (%) — St 37

d mm	u/s %	0,5	0,8	1,0	1,25	1,5	2,0	2,25	2,5	3,0	4,3	5,25	6,0	7,1	8,0
		BLECHDICKE mm													
4	2	▷ 6,5	▶ 11,0	12,0	15,0	17,0	18,0	18,5	19,0	19,3	▶ 21,0	28,0	?		
	5	▷ 4,5	5,8	6,0	7,8	9,5	▶ 12,5	13,5	14,5	15,8	17,5	▶ 22,5	?		
	8	▷ 5,5	7,0	7,5	8,5	▶ 10,0	11,8	12,5	13,0	14,0	16,2	19,0	▶ ?		
	11	▷ 3,0	4,2	5,0	6,0	6,5	6,8	6,8	6,8	7,0	8,5	▶ 11,2	?		
6	2	▷ 3,0	6,5	8,5	9,0	▶ 10,0	13,5	14,0	14,0	16,0	▶ 20,0	24,0	26,0	17,0	27,5
	5	▷ 2,0	5,5	6,0	7,5	9,0	▶ 11,0	11,5	12,5	14,0	17,5	▶ 20,5	21,0	▶ 19,0	18,0
	8	▷ 2,0	3,0	4,0	5,0	6,0	9,5	8,5	9,5	▶ 11,0	14,0	15,0	15,5	12,5	11,0
	11	▷ 2,0	2,5	2,8	3,0	3,5	4,3	5,0	6,0	7,5	▶ 11,5	13,0	12,5	11,0	9,0
8	2	▷ 2,5	2,6	2,7	3,0	3,0	3,5	3,8	4,0	5,5	▶ 10,0	16,0	▶ 21,0	25,0	25,5
	5	▷ 2,0	2,0	2,0	2,1	2,2	2,3	2,5	2,8	3,5	7,5	▶ 11,5	15,0	17,5	18,0
	8	▷ 1,8	1,8	1,8	1,8	1,9	2,0	2,3	2,5	3,5	8,2	▶ 13,0	15,0	17,0	17,5
	11	▷ 1,8	1,8	1,8	1,8	1,9	1,9	1,9	2,0	2,5	5,0	8,0	▶ 11,5	14,5	15,0
10	2	▷ 6,0	6,5	6,8	7,0	7,5	9,0	9,5	▶ 10,0	12,0	19,0	▶ 24,5	26,0	26,5	26,5
	5	▷ 5,0	5,5	5,8	6,0	6,5	7,5	8,5	9,0	▶ 10,5	14,5	17,5	19,0	19,0	18,5
	8	▷ 2,0	3,0	3,5	4,0	5,0	6,0	6,5	7,0	7,8	▶ 10,0	11,0	11,5	11,5	11,0
	11	▷ 0,5	0,5	0,5	0,5	0,5	0,5	0,6	0,8	1,2	3,0	6,0	7,5	9,5	9,8
12	2	▷ 6,5	7,0	7,2	7,0	6,5	6,0	5,7	5,0	5,0	9,0	▶ 15,0	▶ 20,0	23,0	22.0
	5	▷ 3,0	3,0	3,0	3,2	3,2	3,3	3,4	3,5	4,0	6,5	▶ 10,0	14,0	16,0	15,0
	8	▷ 2,5	2,5	2,5	2,5	2,5	2,8	3,0	3,2	3,5	5,5	7,0	9,0	▶ 11,0	11,5
	11	▷ 2,5	2,5	2,5	2,5	2,5	2,5	2,7	2,8	3,0	4,0	5,0	6,0	8,0	▶ 10,5

▷ Frv beträgt bis 9,9 % der Fsr — ▶ Frv beträgt 10 bis 19,9 % der Fsr — ▶ Frv beträgt 20 bis 28 % der Fsr

Bild 186 - Verhältnis der Rückzugskraft Frv zu der Schnittkraft Fsr (%) als Funktion des Schneidspaltverhältnisses u/s (%) - Blechwerkstoff: Stahl St 37

Diese Auswertung, wie auch die meisten in dieser Arbeit, beruht auf dem Verhältnis der Rückzugskraft Frv zu der Schnittkraft Fsr (in %) aus folgenden Gründen:

1. Die Handhabung mit einem Verhältniswert (%), in dem die eine Größe verhältnismäßig genau und einfach ermittelt werden kann, ist einfach.
2. Alle Versuche der formelmäßigen Erfassung aller Parameter sind einerseits an der großen Anzahl und andererseits an den engen Grenzen der in Frage kommenden Restriktionen gescheitert.
3. Mit Hilfe graphischer Methoden (Diagramme) lassen sich auch Zwischenwerte (zwischen den Meßpunkten) einfach ermitteln.

15. GESAMTAUSWERTUNG Frv/Fsr (%) - WERKSTOFF Al Mg 3

Frv/Fsr (%)						Al Mg3
d mm	u/s %	BLECHDICKE mm 1,0	2,0	2,5	3,2	4,0
6	2	▸ 12,0	▶ 24,4	26,5	⚑ 32,0	34,0
	5	▷ 6,3	▸ 12,0	16,2	17,4	22,0
	8	▷ 4,2	7,0	8,2	9,7	8,0
	11	▷ 2,3	2,2	5,6	5,2	4,2
8	2	▸ 13,8	▶ 23,0	26,0	27,0	⚑ 32,0
	5	▸ 10,5	16,2	17,5	18,0	▶ 20,2
	8	▷ 7,5	▸ 10,2	11,2	12,5	11,5
	11	▷ 6,0	6,3	9,0	9,6	8,2
10	2	▸ 15,3	17,5	19,0	▶ 26,2	⚑ 30,0
	5	▸ 10,2	11,0	13,0	15,3	16,2
	8	▷ 9,2	7,8	7,6	8,0	5,3
	11	▷ 7,6	7,7	2,2	2,5	7,8
12	2	▷ 8,0	▸ 12,2	13,0	▶ 20,3	28,0
	5	▷ 4,0	4,7	6,9	8,7	▸ 13,2
	8	▷ 3,6	2,3	2,6	4,0	6,2
	11	▷ 2,3	2,2	2,0	2,2	2,8

▷ Frv beträgt bis 9,9 % der Fsr
▸ Frv beträgt 10 bis 19,9 % der Fsr
▶ Frv beträgt 20 bis 29,9 % der Fsr
⚑ Frv beträgt ab 30 % der Fsr

Bild 187 - Verhältnis der Rückzugskraft Frv zu der Schnittkraft Fsr (%) als Funktion des Schneidspaltverhältnisses u/s (%) - Blechwerkstoff: Aluminium Al Mg 3

Die in Tabellenform (Bild 186 - S. 14o und Bild 187 - S. 141) aufgeführten Gesamtauswertungen der Versuchsreihen hinsichtlich des Einflusses des Schneidspaltverhältnisses u/s auf das Verhältnis der Rückzugskraft Frv zu der Schnittkraft Fsr (%) für die Werkstoffe Stahl St 37 und Aluminium Al Mg 3, werden ausführlich in Kap. 16 (S.142) „Rückschlüsse aus den Versuchsergebnissen hinsichtlich des Einflusses...." sowie in Kap. 31 (S.224) „Zusammenfassung der Versuchsergebnisse zu Kap. 4 bis 27" besprochen.

16. RÜCKSCHLÜSSE AUS DEN VERSUCHSERGEBNISSEN HINSICHTLICH DES EINFLUSSES DES SCHNEIDSPALTVERHÄLTNISSES u/s AUF DAS VERHÄLTNIS DER RÜCKZUGSKRAFT Frv ZU DER SCHNITTKRAFT Fsr

Das Verhältnis (in % ausgedrückt) der durch Versuche ermittelten Größe der Rückzugskraft Frv zu der rechnerisch ermittelten Schnittkraft Fsr stellt das Hauptthema dieser Arbeit dar. Es wurde deshalb besonders umfangreich behandelt. Die in den Tabellen (Bild 186 auf S. 14o und Bild 187 auf S. 141) aufgestellten Versuchsergebnisse hinsichtlich des Verhältnisses Frv/Fsr (%)·für die Blechwerkstoffe Stahl St 37 und Aluminium Al Mg 3 werden nachstehend durch die aus den Versuchen und Ergebnissen stammenden Rückschlüsse ergänzt. Es sind:

1. Allgemein betrachtet liegt die eindeutige Aussage vor, daß bei einem Schneidspalt u = 2% von der Blechdicke s jeweils die MAXIMALEN WERTE des Verhältnisses der Größe der Rückzugskraft Frv zu der Größe der Schnittkraft Fsr (%) der untersuchten Proben erreicht worden sind. Diese Feststellung betrifft alle durchgeführten Versuche im Rahmen der untersuchten Werte des Schneidspaltverhältnisses u/s.
2. Es liegt eine eindeutige Tendenz vor, daß bei Schneidspaltverhältniswerten u/s größer als 11% sich ein Wendepunkt des Kurvenverlaufes abzeichnet, der einen steilen Anstieg dieser Kurve oberhalb des genannten Schneidspaltverhältniswertes eindeutig signalisiert.
3. Bei fast allen Versuchsreihen liegt der minimale Wert des Verhältnisses der Rückzugskraft Frv zu der Schnittkraft Fsr (%) eindeutig bei dem maximalen untersuchten Schneidspaltverhältnis u/s = 11% vor. Ausnahmen stellen dar: (Angaben jeweils s/d) 6/8, 7,1/7, o,8/1o und 6/1o.
4. Bei den unter Pkt. 3 genannten Ausnahmen tritt der unter Pkt. 2 genannte Wendepunkt früher auf und zwar zwischen u/s = 8% und 9% mit wiederum einer Ausnahme, die den Blechwerkstoff Aluminium Al Mg 3, Blechdicke s = 10 mm und den Stempeldurchmesser d = 10 mm betrifft. Diese Versuchsreihe wurde außerhalb der ganzen Versuchspalette durchgeführt um die Tendenzen festzustellen, die sich bei diesen Parametern abzeichnen. Der Grund für diese Ausnahme wurde nicht gefunden.
5. Die maximalen Werte des Verhältnisses der Größe der Rückzugskraft Frv zu der Größe der Schnittkraft Fsv (%), die innerhalb der durchgeführten Versuchsreihen ermittelt worden sind, betragen:
   - 5.1. Bei Stahlblechen St 37 betrug der Wert für Frv/Fsr = 28% (Schmiermittel Nr. 0 - trocken), Blechdicke s = 5,25 mm, Stempeldurchmesser d = 4,o mm.
   - 5.2. Der Wert Frv/Fsr = 27,5% bei Stahlblech St 37 (Schmiermittel Nr. 0) betrug bei Blechdicke s = 8,o mm und Stempeldurchmesser d = 6,o mm.
   - 5.3. Ein anderer in diesem Bereich liegender Wert von Frv/Fsr = 26,5% wurde bei Stahlblech (Schmiermittel Nr. 0), Blechdicke s = 8 mm und Stem-

peldurchmesser d = 10 mm ermittelt.

5.4. Bei verhältnismäßig kleinem Stempeldurchmesser (d = 4 mm) wurden bei Stahlblech St 37 bereits bei einer Blechdicke s = 0,8 mm Werte für das Verhältnis Frv/Fsr von ÜBER 10% erreicht. Das bedeutet, daß bereits bei dünnen Blechen und zur Blechdicke s verhältnismäßig dicken Stempeln ziemlich hohe Rückzugskräfte Frv auftreten.

5.5. Bei Aluminiumblechen Al Mg 3 wurd der maximale Wert für Frv/Fsr = 34% (Schmiermittel Nr. 0) für Blechdicke s = 2,5 mm und Stempeldurchmesser d = 1o mm ermittelt. Dieser Wert ist der größte Wert des Verhältnisses Frv/Fsr, der ermittelt worden ist.

5.6. Bei Aluminiumblech Al Mg 3 wurde Frv/Fsr = 32% (Schmiermittel Nr. 0) bei Blechdicke s = 4,o mm und Stempeldurchmesser d = 8,o mm gemessen.

5.7. Bei Aluminiumblech Al Mg 3 ist Frv/Fsr = 30% (Schmiermittel Nr. 0) bei Blechdicke s = 4,o mm und Stempeldurchmesser d = 10 mm ermittelt worden.

5.8. Bei Aluminiumblech Al Mg 3 wurde Frv/Fsr = 28% (Schmiermittel Nr. 0) und Blechdicke s = 4,o mm und Stempeldurchmesser d = 8 mm ermittelt.

5.9. Bei Aluminiumblech Al 99 hat Frv/Fsr = 28% (Schmiermittel Nr. 0) bei Blechdicke s = 2,5 mm und Stempeldurchmesser d = 8 mm vorgelegen.

6. Die minimalen Werte des Verhältnisses der Größe der Rückzugskraft Frv zu der Schnittkraft Fsr (%) wurden ermittelt:

6.1. Bei Stahlblech St 37 - Frv/Fsr = 0,5%

6.2. Bei Aluminiumblech Al Mg 3 - Frv/Fsr = 2,2%

6.3. Bei Aluminiumblech Al 99 - Frv/Fsr = 2,3%.

Daraus resultiert, daß bei gleichen Parametern bei Stahlblech St 37 mit geringeren Werten Frv/Fsr (%) gerechnet werden kann als bei Aluminiumblechen.

7. Werden gleiche Blechdicken s und Stempeldurchmesser d, also das Lochungsverhältnis d/s bei Stahlblech St 37 und Aluminiumblech Al Mg 3 vorausgesetzt und die Werte des Verhältnisses Frv/Fsr verglichen, so zeigt es sich, daß die Werte für Frv/Fsr für Stahlbleche St 37 zwischen 50% bis 70% und mehr niedriger sind als bei Aluminiumblechen Al Mg 3. Dieser Vergleich betrifft besonders die Blechdicken s = 1 mm und s = 2 mm und das Schneidspaltverhältnis u/s = 2%. Mit wachsendem Stempeldurchmesser verringert sich der Unterschied.

8. Bei der Blechdicke s = 4 mm beträgt der Unterschied für die Werte Frv/Fsr und gleichen Stempeldruchmessern bei u/s = 2% durchschnittlich ca. 40% zu gunsten des Stahlbleches St 37.

9. Es liegen Fälle vor, bei welchen die Werte für Frv/Fsr einen Mindestwert bei bestimmten Werten von u/s erreichen, dann ansteigen um wieder abzusteigen (meistens u/s = ca. 9%). Eine Erklärung für dieses Verhalten wurde nicht gefunden.

1o. Der Einfluß der Schmiermittel und der Schmiermittelart auf das Verhältnis Frv/Fsr (%) wird in Kap. 20 (S.157) und Kap. 21 (S.164) erörtert.

17. EINFLUSS DES LOCHUNGSVERHÄLTNISSES Lv = d/s AUF DAS VERHÄLTNIS DER RÜCKZUGSKRAFT Frv ZU DER SCHNITTKRAFT Fsr

Im Rahmen dieser Versuchsreihe sollte der Einfluß des Lochungsverhältnisses Lv = d/s auf das Verhältnis der Rückzugskraft Frv zu der Schnittkraft Fsr (in %) untersucht werden. Es wurden folgende Parameter untersucht:

1. Blechwerkstoff St 37
2. Blechdicke s = 1, 2, 3, 5,25 und 8 mm
3. Schneidspaltverhältniswerte u/s: 2%, 5%, 8% und 11%
4. Stempeldurchmesser d = 4, 6, 8, 1o und 12 mm

Anhand der Versuchsergebnisse lassen sich folgende Rückschlüsse (s. nachstehende Diagramme) ziehen:

1. Mit kleiner werdendem Lochungsverhältnis Lv = d/s steigt die Rückzugskraft Frv und dem entsprechend auch das Verhältnis der Rückzugskraft Frv zu der Schnittkraft Fsr.
2. Bei einem bestimmten Wert des Lochungsverhältnisses Lv zeichnet sich ein steiler Anstieg der Größe des Verhältnisses Frv/Fsr.
3. Zum Beispiel bei einem Stempeldurchmesser d = 8 mm liegt der Punkt des steileren Anstieges bei Lv = 4. Bei einem Stempeldurchmesser d = 10 mm liegt dieser Punkt bei Lv = 5.
4. Diese Erscheinung gilt ebenfalls für kleinere Stempeldurchmesser, wobei sie jedoch nicht so ausgeprägt auftritt.
5. Mit kleiner werdendem Stempeldurchmesser wird der Größenunterschied des Verhältnisses Frv/Fsr als Funktion des Schneidspaltverhältnisses u/s bedeutend größer.
6. Im Grenzbereich des „Grenzlochungsverhältnisses" Lv = 1 werden sehr hohe Werte für das Verhältnis Frv/Fsr (28%) erreicht.
7. Zwischen den Werten des Lochungsverhältnisses Lv = 6 bis Lv = 14 traten, besonders bei Stempeldurchmessern 8 mm und 10 mm Unregelmäßigkeiten hinsichtlich der Größe des Verhältnisses Frv/Fsr auf. Dieses ist anhand der nachstehend abgebildeten Diagramme verdeutlicht. Eine Erklärung für diese Erscheinung konnte nicht gefunden werden.
8. In allen Versuchsfällen treten die maximalen Werte für das Verhältnis Frv/Fsr bei kleinen Lochungsverhältniswerten auf.
9. Die unter Pkt. 7 genannte Erscheinung tritt besonders auffällig bei den Schnieidspaltverhältnisswerten u/s = 8% und 11% auf. Bei den Stempeldurchmessern d = 4 mm und d = 6 mm ist diese Erscheinung nicht aufgetreten.

Die nachstehend abgebildeten Diagramme für Stempeldurchmesser 4, 6, 8 und 10 mm veranschaulichen den Einfluß des Lochungsverhältnisses Lv = d/s auf das Verhältnis der Rückzugskraft Frv zu der Schnittkraft Fsr.

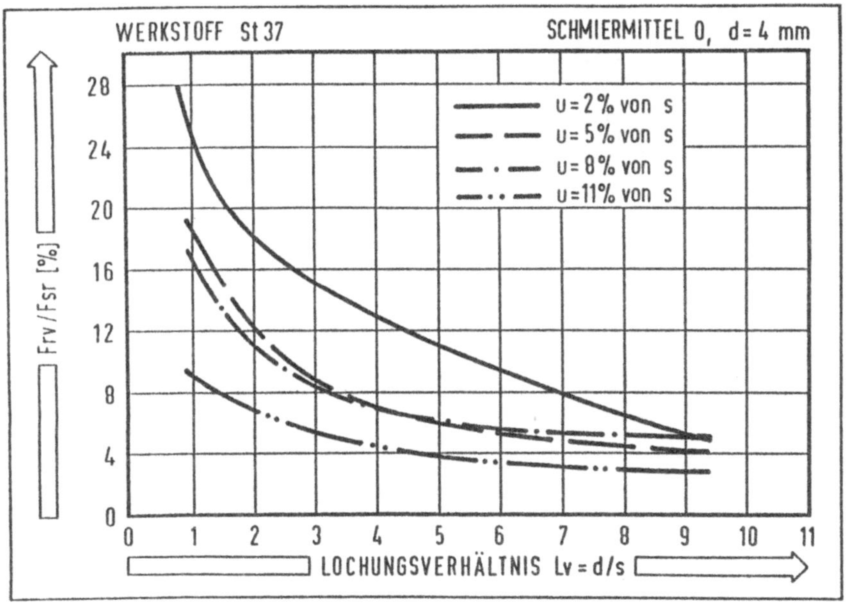

B i l d 188

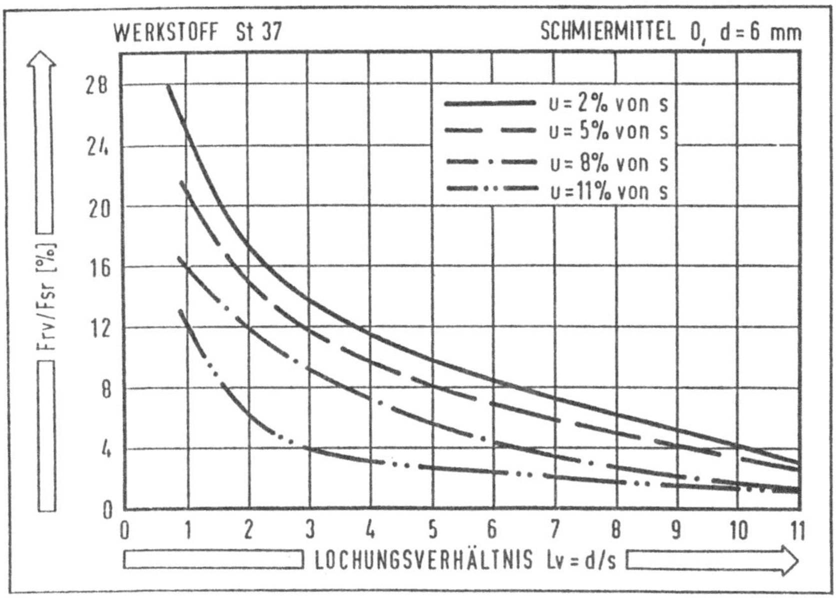

B i l d 189

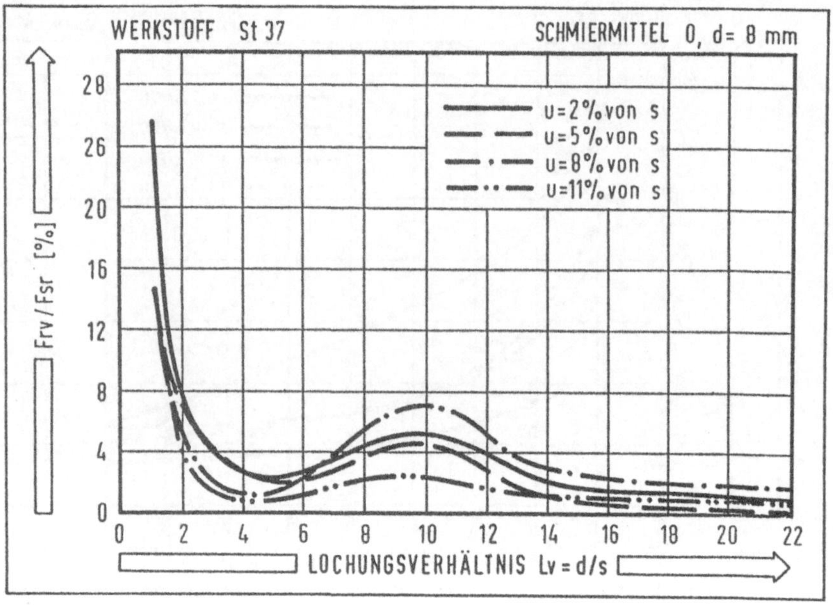

B i l d 19o

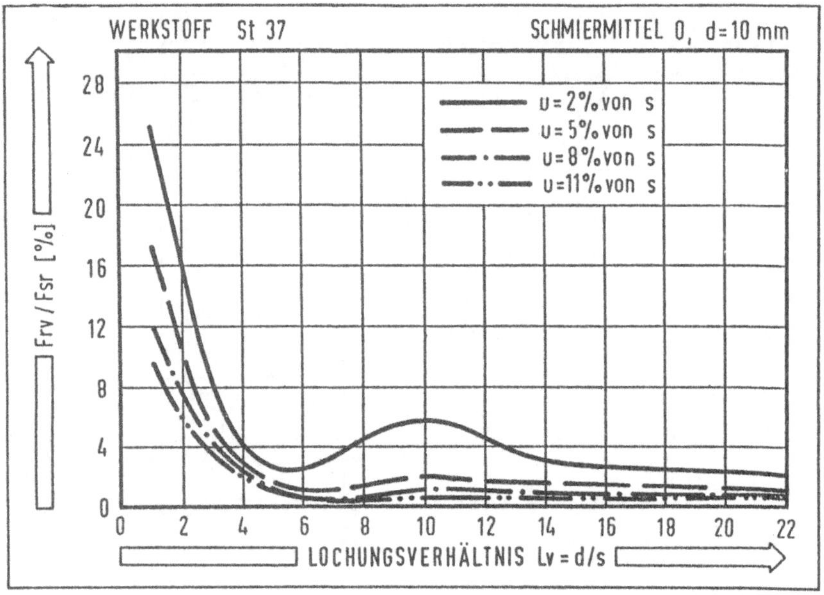

B i l d 191

18. EINFLUSS DER BLECHDICKE AUF DIE GRÖSSE DER RÜCKZUGS-KRAFT Frv

Bei dieser Untersuchung wurde der Einfluß der Blechdicke s bei Stahl St 37 auf die Größe der Rückzugskraft Frv untersucht. Dabei wurde eine Aufgliederung bei unterschiedlichem Schneidspaltverhältnis u/s (%) vorgenommen, um auf diese Art eine weitere Einflußgröße zu berücksichtigen. Innerhalb dieser Versuchsreihe wurden Blechdicken s = o,5 bis 8 mm gelocht.

Die nachstehenden Aufzeichnungen lassen folgende Rückschlüsse zu:

1. Der Kurvenverlauf zeigt mit steigender Blechdicke s steigende Größe der Rückzugskraft Frv, bis ein Maximum erreicht wird (s. Pkt.4).
2. Im Bereich kleinerer Blechdicken s (s = o,5 bis 2,5 bzw. 3 mm) steigt die Rückzugskraft Frv sehr langsam an.
3. Ab Blechdicke s = 2,5 bzw 3 mm bis 5 bzw. 8 mm wird der Anstieg steiler.
4. Bei einer bestimmten Blechdicke kann man bei verschiedenen Stempeldurchmessern ein Maximum der Rückzugskraft Frv beobachten. Danach ist ein Absinken feststellbar. Diese Erscheinung tritt besonders bei den Schneidspaltverhältniswerten u/s = 8% und 11% auf (Bild 192 und 194). Die betrof-

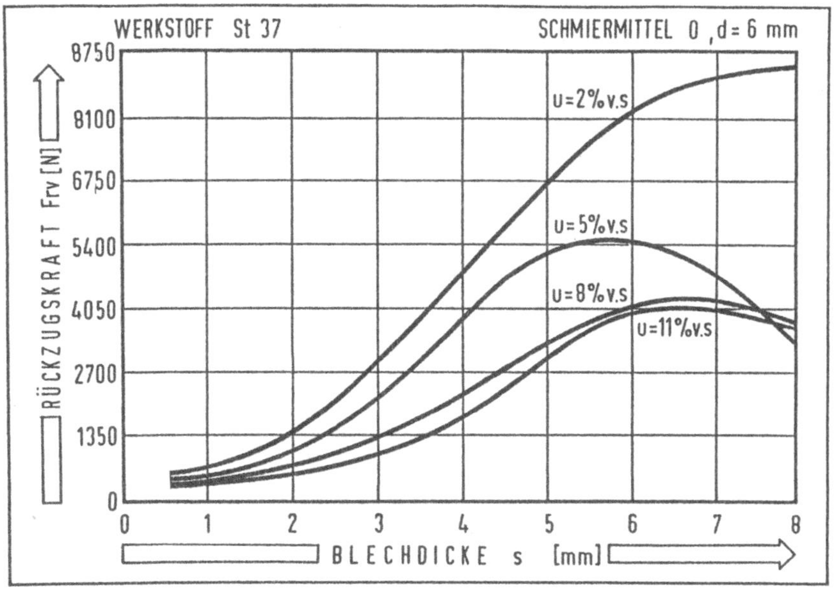

B i l d 192

fene Blechdicke s liegt bei ca. 6 bis 7 mm. In einigen Fällen ist diese Erscheinung auch bei u/s =5% (z.B. Bild 192) aufgetreten. Danach ist die Rückzugskraft Frv rasch abgesunken. Eine Erklärung für dieses Verhalten wurde nicht gefunden.

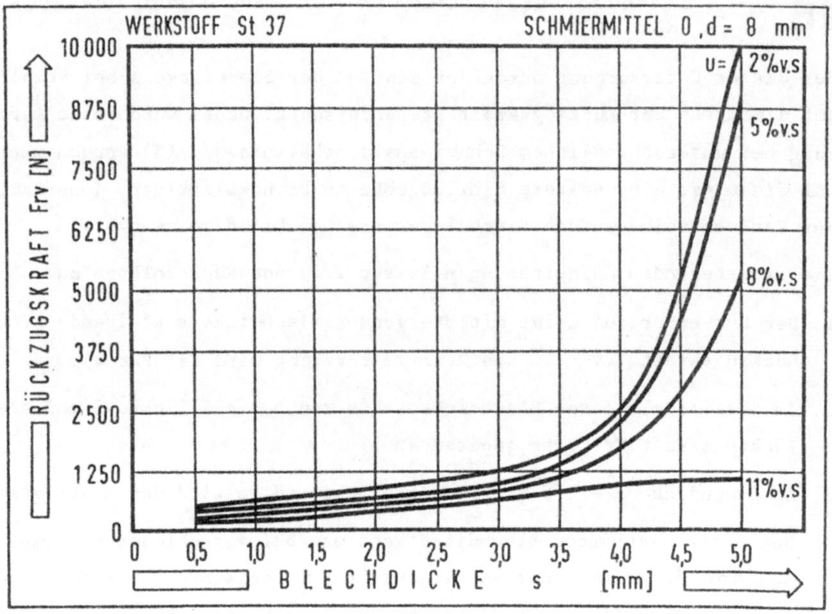

B i l d 193

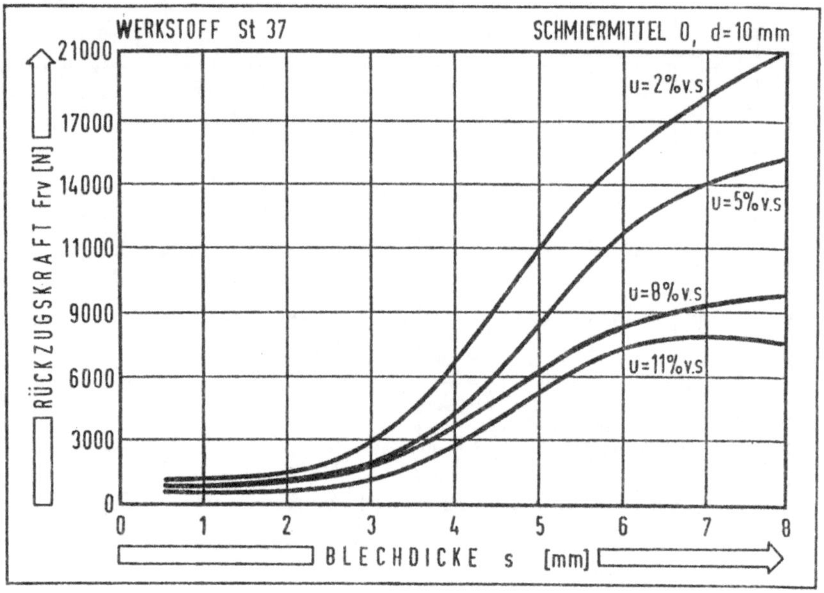

B i l d 194

19. EINFLUSS DER BLECHDICKE AUF DAS VERHÄLTNIS DER RÜCKZUGSKRAFT Frv ZU DER SCHNITTKRAFT Fsr

Bei dieser Untersuchung wurde der Einfluß der Blechdicke s bei Stahl St 37 auf das Verhältnis der Rückzugskraft Frv zu der Schnittkraft Frs untersucht. Dabei wurden die Schneidspalte u = 2%, 5%, 8% und 11% von s berücksichtigt.

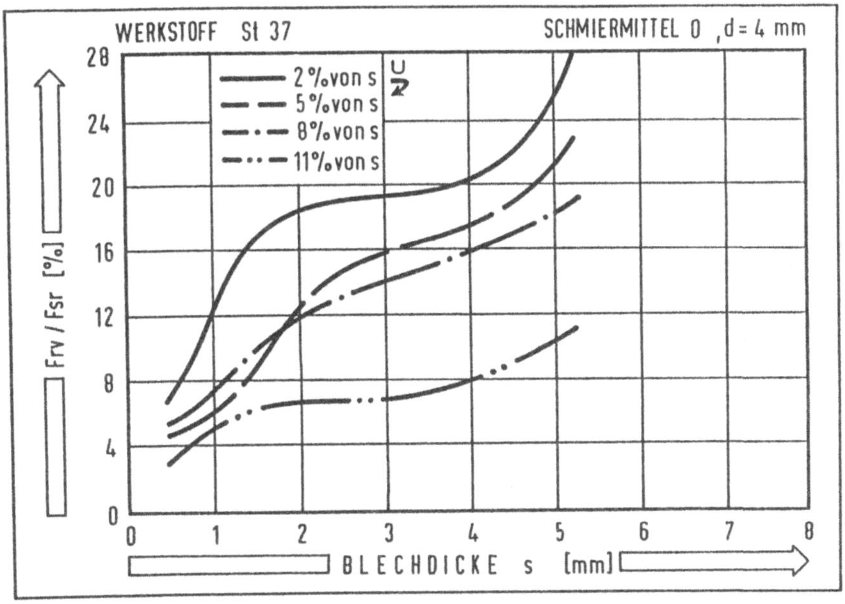

Bild 195

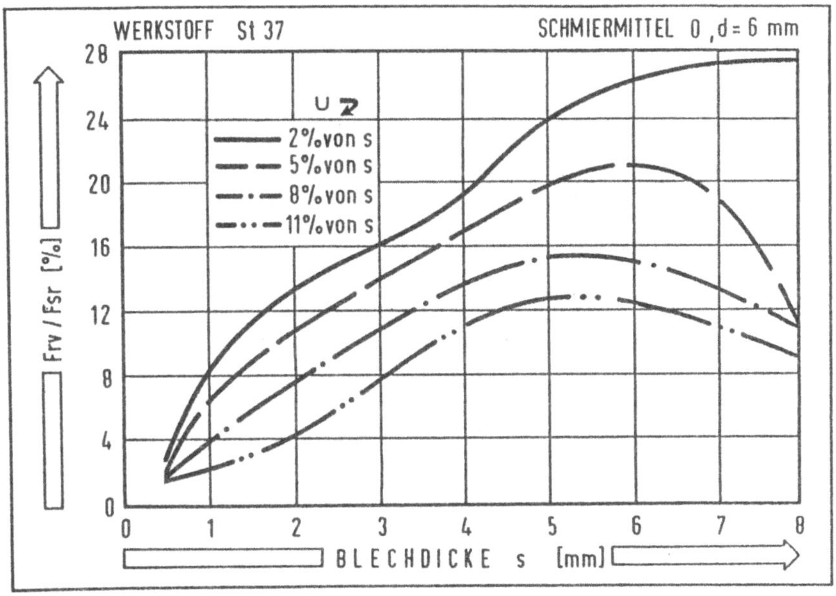

Bild 196

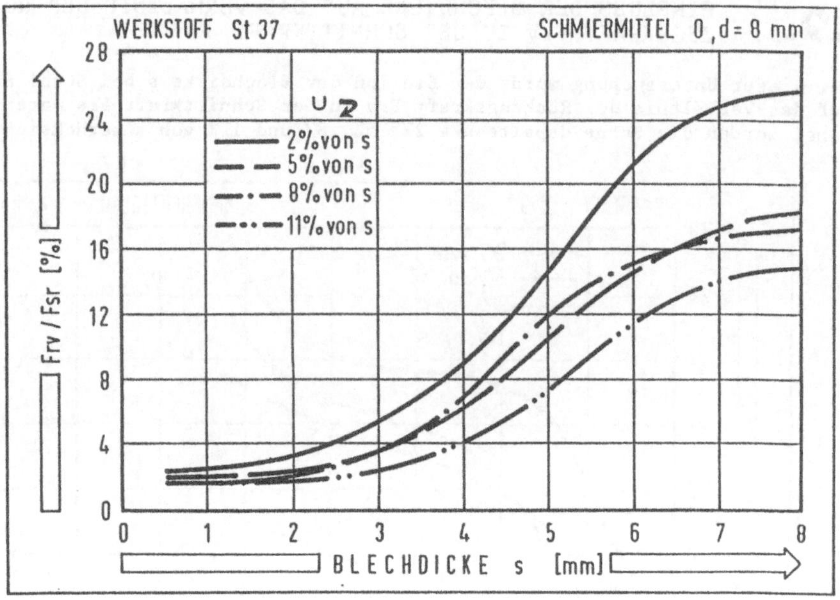

B i l d 197

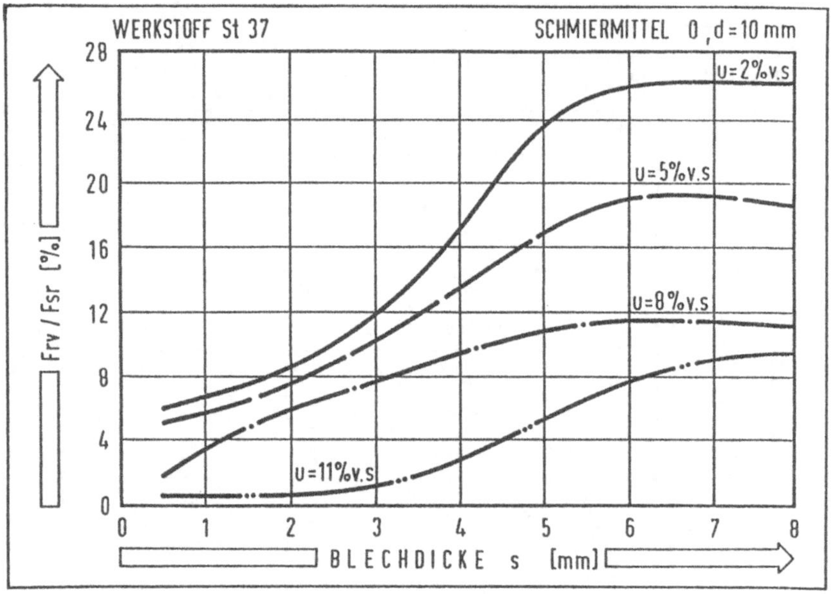

B i l d 198

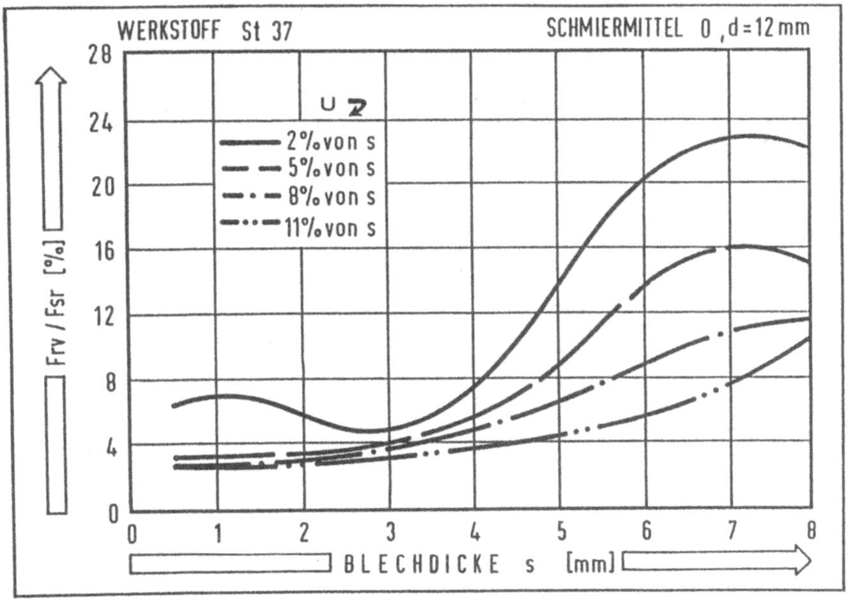

B i l d 199

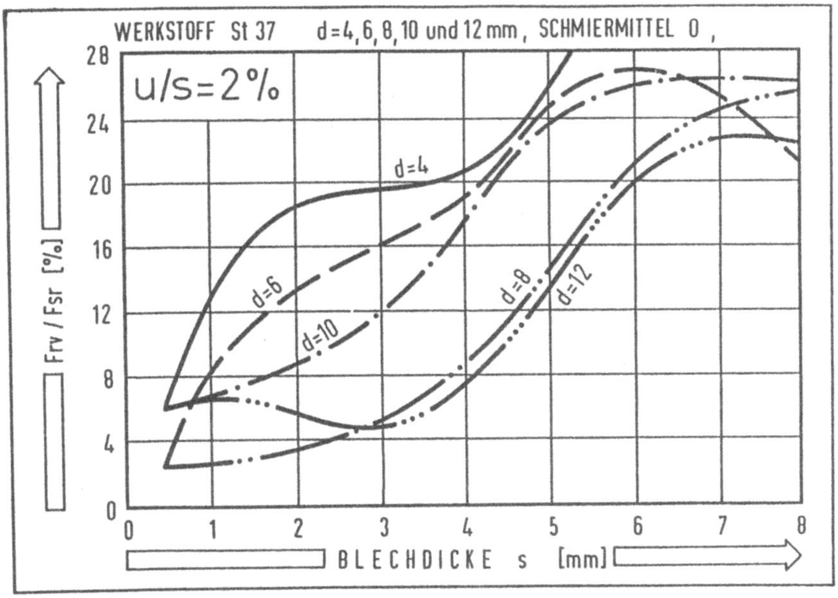

B i l d 2oo

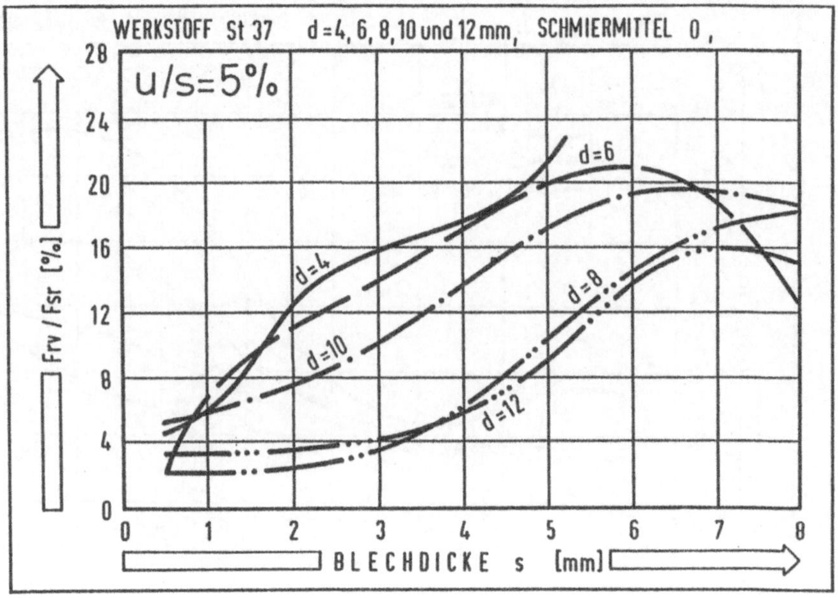

B i l d 2o1

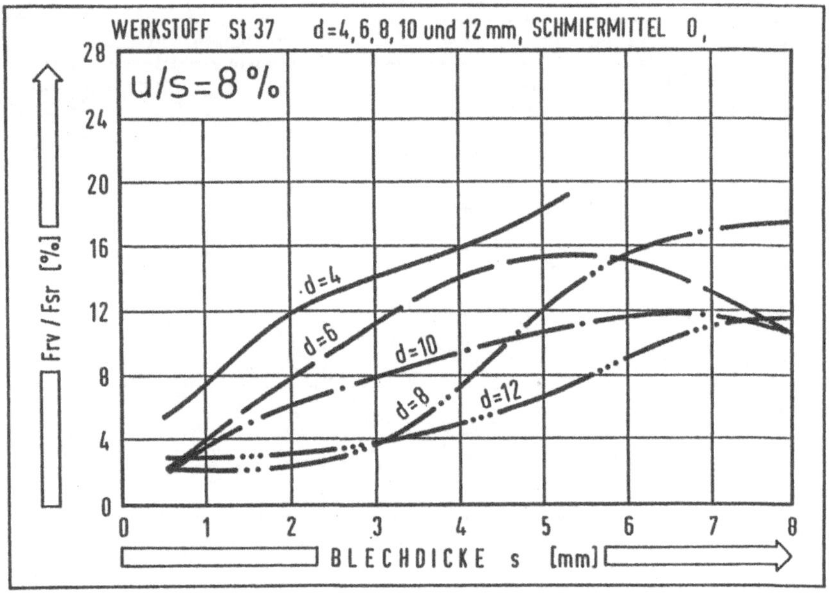

B i l d 2o2

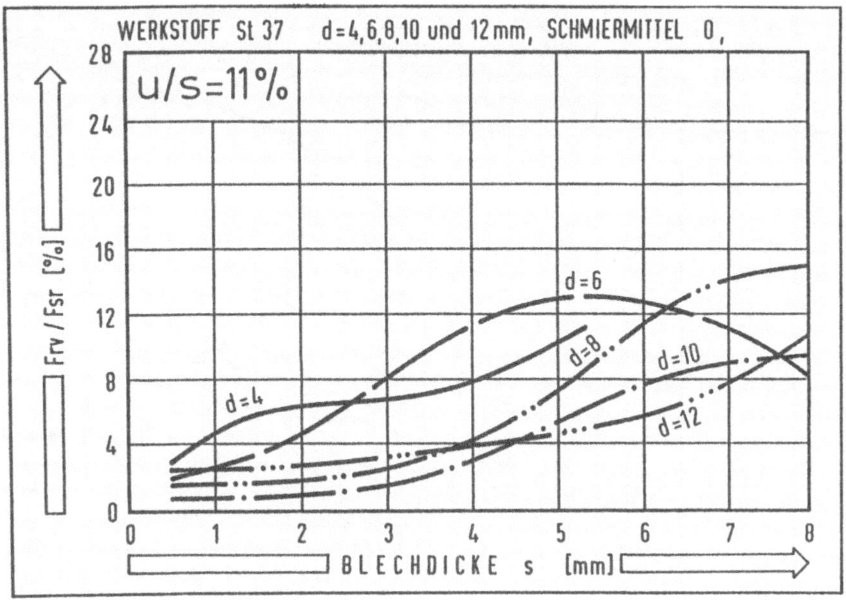

B i l d 2o3

Anhand der graphisch dargestellten Versuchsergebnisse (repräsentativ für alle durchgeführten Versuchsreihen: Bild 195-2o3 für Stahlbleche aus St 37 und Bild 2o4-211 für Aluminiumbleche aus Al Mg 3) können hinsichtlich des Einflusses der Blechdicke s auf das Verhältnis der Größe der Rückzugskraft Frv zu der Größe der Schnittkraft Fsr (%) folgende Rückschlüsse gezogen werden:

1. Der Kurvenverlauf zeigt mit steigender Blechdicke s grundsätzlich steigende Werte des Verhältnisses Frv/Fsr bis ein maximaler Wert, mit Ausnahme einiger Fälle, erreicht wird.

2. Der maximale Wert von Frv/Fsr wird bei Stempeln kleineren Durchmessers und bei kleineren Werten von s, als bei Stempeln größeren Durchmessers und gleicher Blechdicke erreicht.

3. Bei größeren Stempeldurchmessern (d = 8, 10 und 12 mm) und besonders im Bereich der geringen Blechdicken s, sind die Unterschiede der Werte des Verhältnisses Frv/Fsr zwischen den Werten von u/s = 2% und u/s = 11% geringer als bei kleinen Stempeldurchmessern (z.B. d = 4 bzw. 6 mm).

4. Bei einem Stempeldurchmesser ab d = 8 mm ist der Kurvenanstieg bei geringen Blechdicken (s = o,5 bis 3 mm) bedeutend flacher als bei Stempeln geringeren Durchmessers (Einfluß des Stempeldurchmessers!) . Bei Aluminiumblech Al Mg 3 tritt diese Erscheinung früher auf als bei Stahlblechen St 37.

5. Bei dünnen Stempeln werden bei gleichen Werten von u/s und gleicher Blechdicke s höhere Werte des Verhältnisses Frv/Fsr als bei dickeren Stempeln erreicht. Wenn z.B. bei d = 4 mm und s = 1 mm mit einem Wert von Frv/Fsr = 12% zu rechnen ist, so ist bei d = 6 mm und ebenfalls s = 1 mm mit einem Wert von Frv/Fsr = 8% und bei d = 10 mm nur mit 3% bei einem Schneidspaltverhältnis u/s von 2% zu rechnen.

6. Die unter Pkt. 5 genannten Unterschiede sind im Bereich von s = o,5 mm sehr gering. Ebenfalls im Bereich dicker Bleche (s = 8 mm) sind die Unterschiede geringer als bei Blechdicken s = 1 bis 4 mm.

Nachstehend (Bild 2o4-211) sind die Diagramme für Bleche aus Al Mg 3 dargestellt.

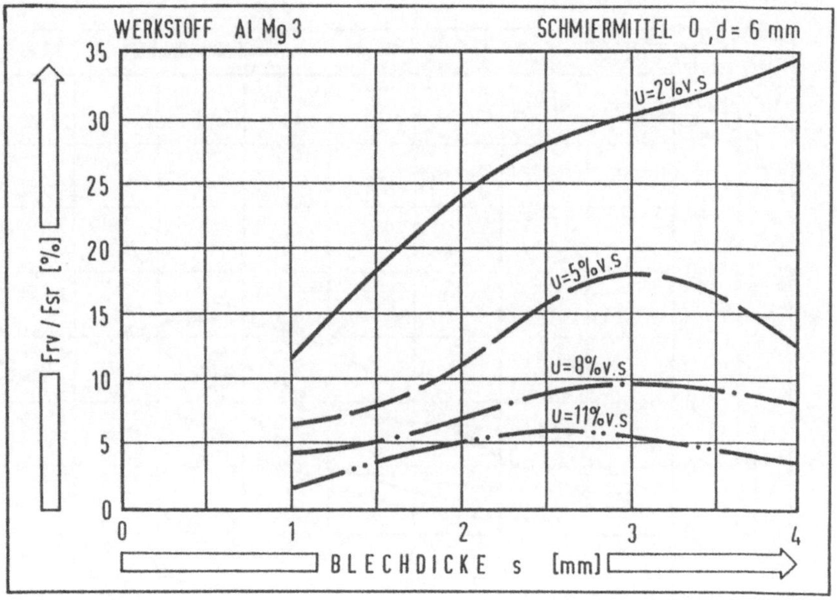

B i l d 2o4

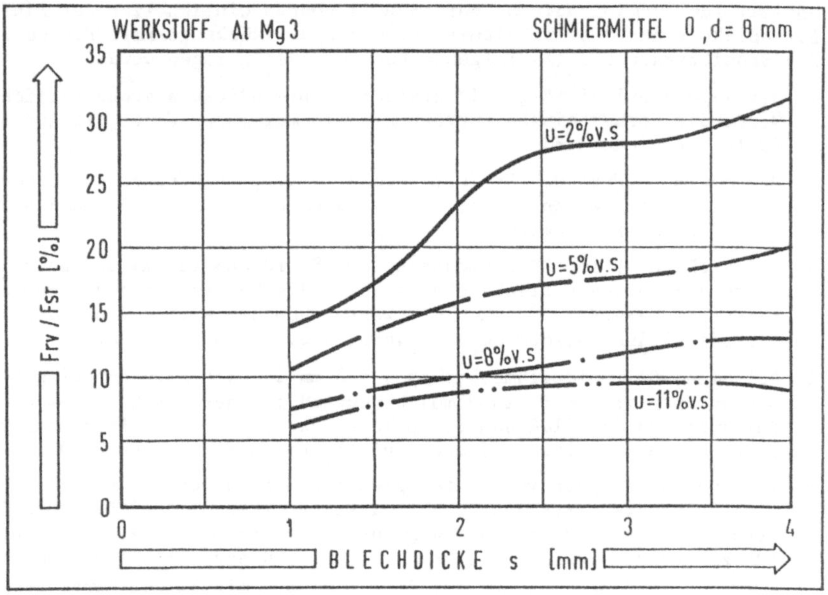

B i l d 2o5

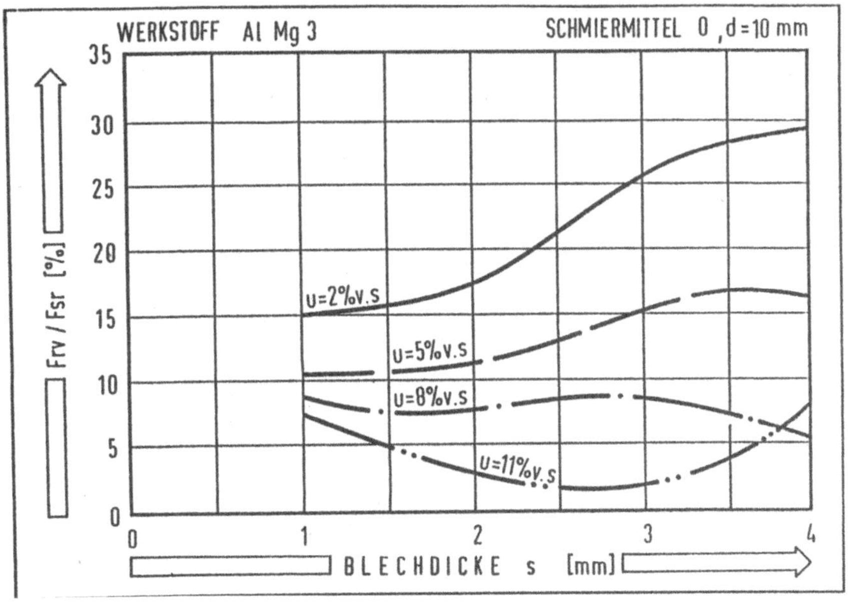

Bild 2o6

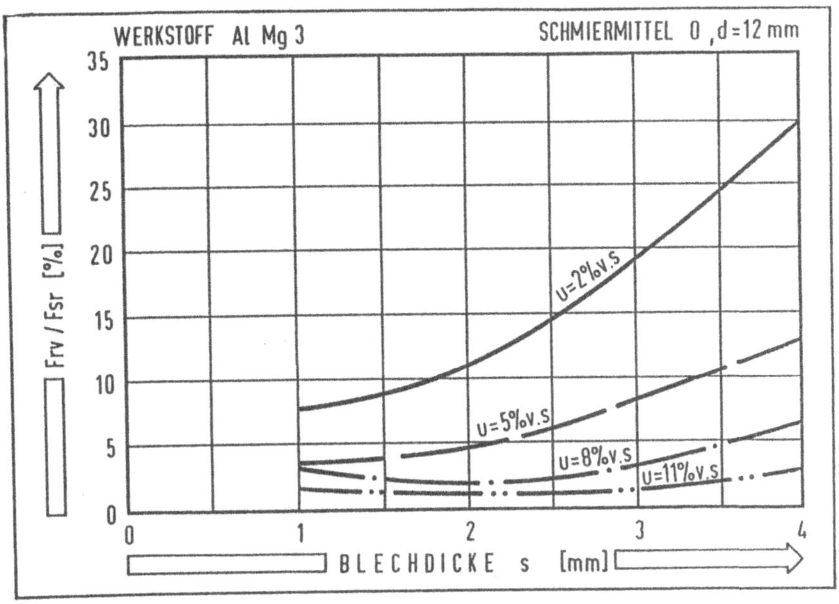

Bild 2o7

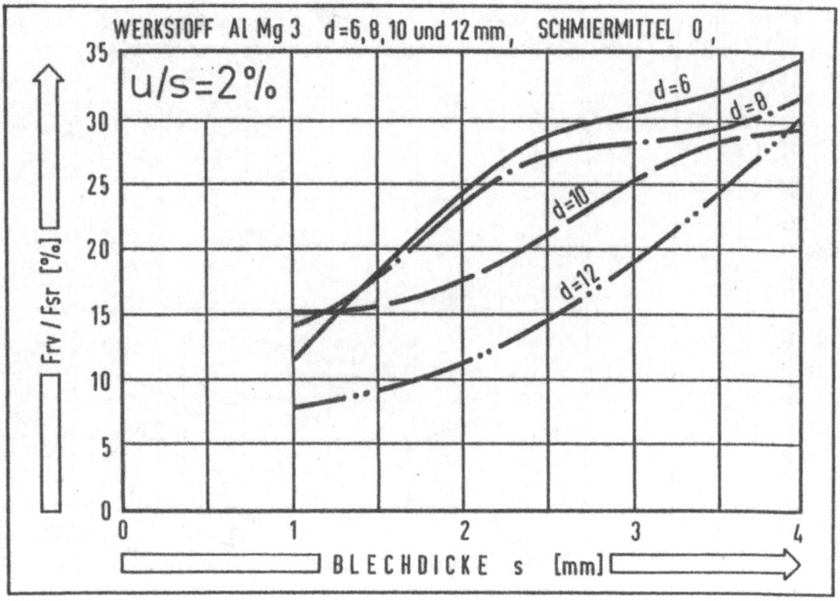

B i l d 2o8

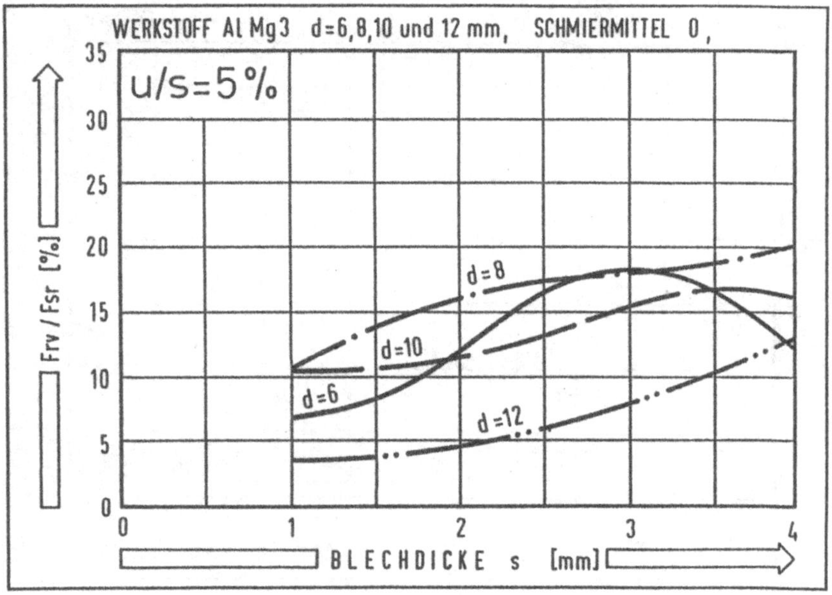

B i l d 2o9

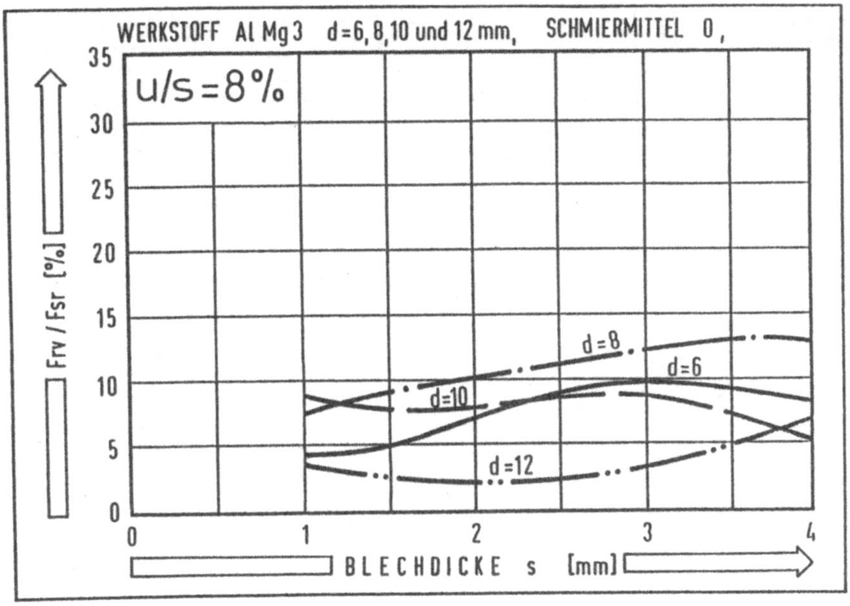

B i l d 21o

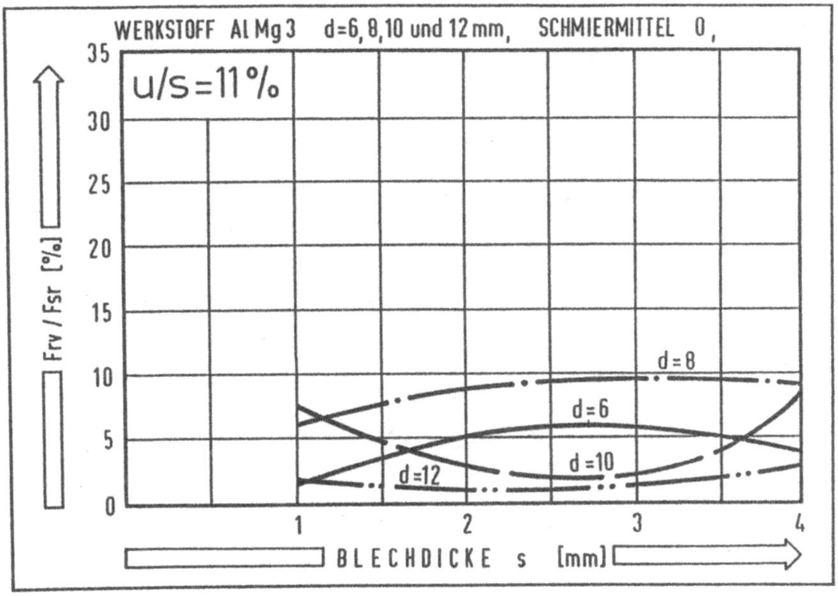

B i l d 211

20. EINFLUSS DER SCHMIERUNG UND DER SCHMIERMITTELART AUF DIE GRÖSSE DER RÜCKZUGSKRAFT Frv BEI STAHLBLECH St 37

Diese Versuchsreihe gliedert sich in zwei Gruppen:

1. Es sollte der Einfluß der Schmierung auf die Größe der Rückzugskraft Frv untersucht werden. Es sollte festgestellt werden ob nennenswerter Einfluß vorhanden ist und falls ja, seine Größenordnung.
2. Außerdem sollte untersucht werden, ob die Schmiermittelart dabei eine Rolle spielt und falls ja, wie groß der Unterschied in dieser Hinsicht gegenüber dem trockenen Lochen ist.

Es wurden folgende Schmiermittel verwendet:

Nr. 0 - ungeschmiert. Alle mit Nr. 0 bezeichneten Versuche wurden ohne Anwendung eines Schmiermittels durchgeführt.

Nr. 1 - Stanzöl 13,0 cSt/50°C

Nr. 2 - Stanzöl 14,0 cSt/50°C

Nr. 3 - Stanzöl 64,0 cSt/50°C

Nr. 4 - Stanzöl 65,0 cSt/50°C

Nr. 5 - Stanzöl 70,0 cSt/50°C

Nr. 6 - Feinstanzöl 162,0/50°C

Nr. 7 - Molykote M 55 PLUS flüssig

Von der „Standardaufzeichnung" (z.B. Diagramm - Bild 212) ausgehend, wurde die Versuchsauswertung vorgenommen. Die daraus resultierenden Ergebnisse sind in den nachfolgenden Balkendiagrammen sowie in Kap. 22 (S. 168) zusammengestellt.

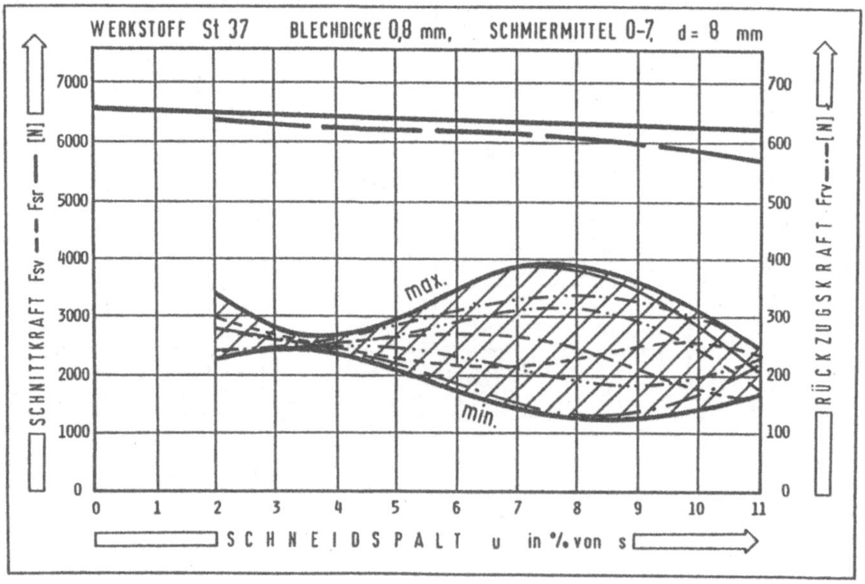

Bild 212

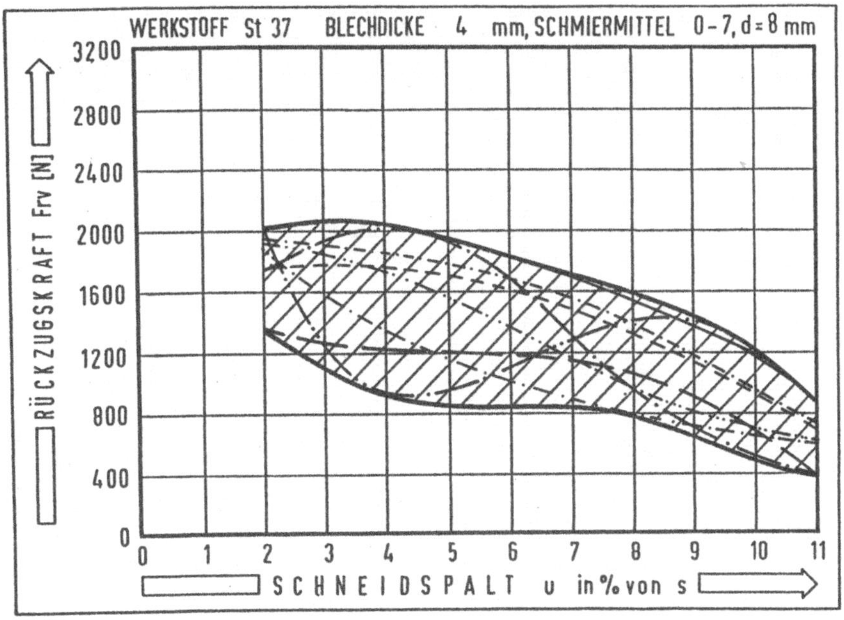

Bild 213

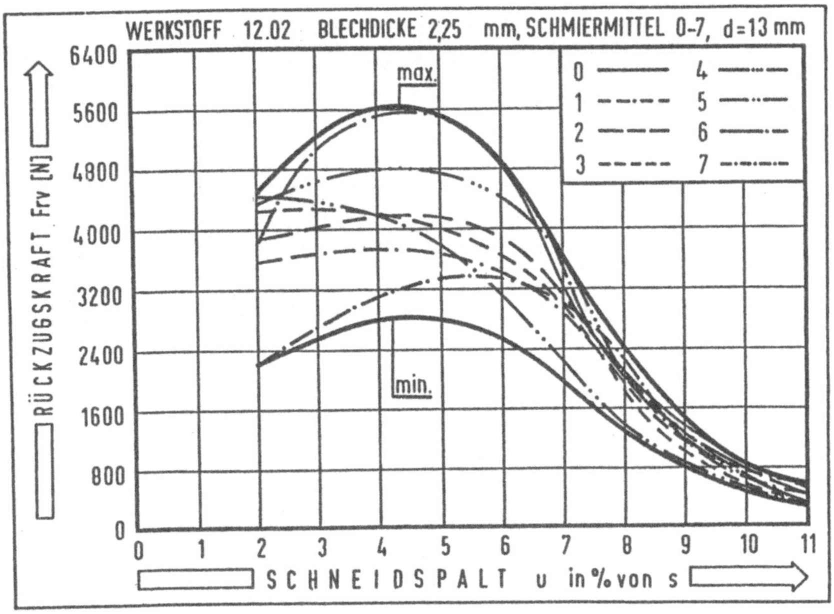

Bild 214

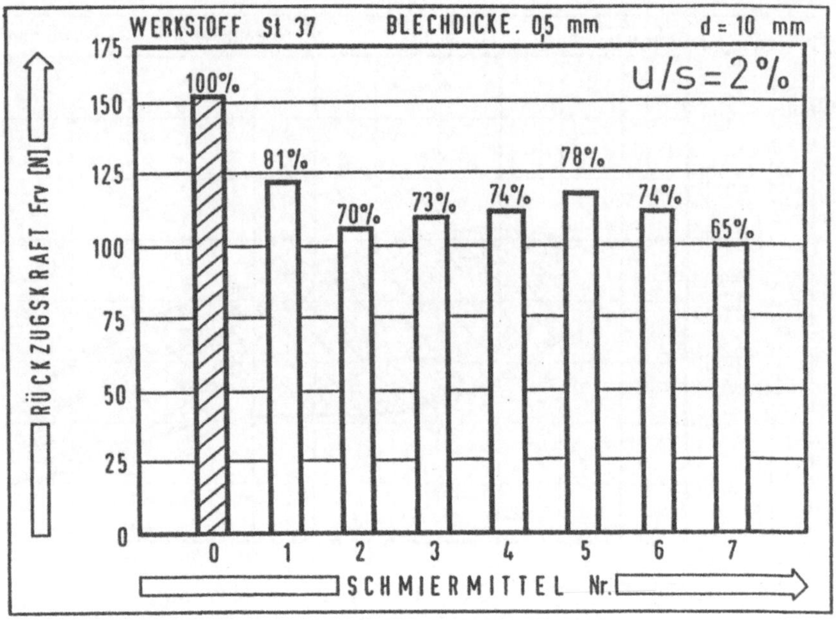

B i l d 215

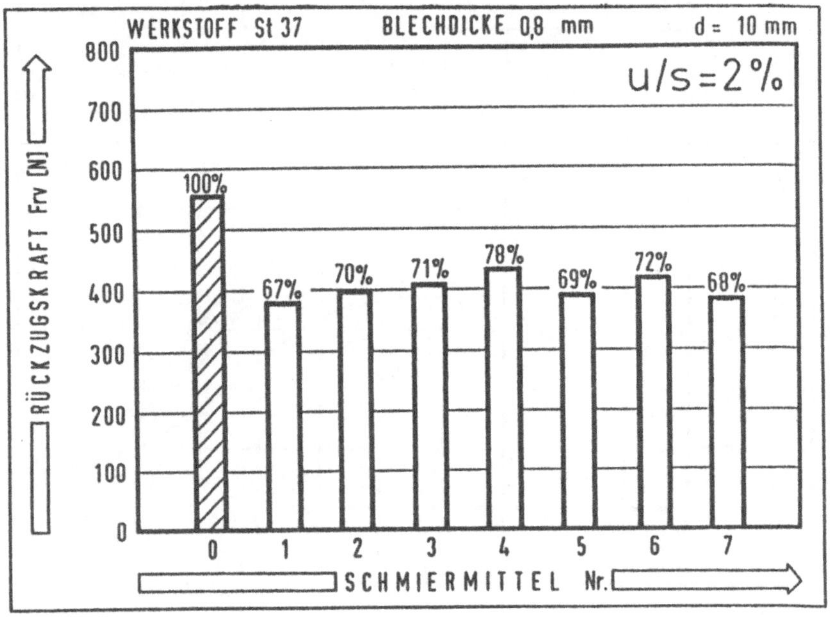

B i l d 216

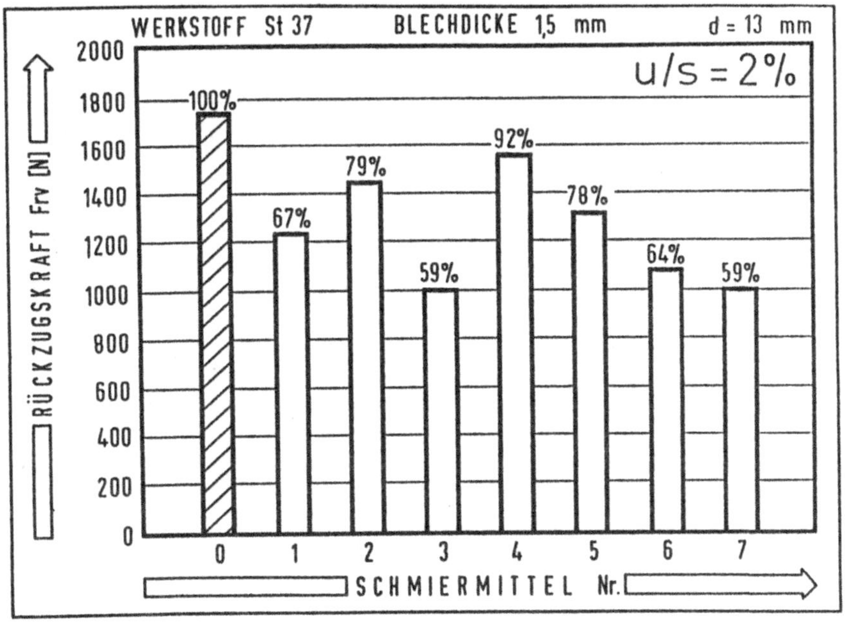

Bild 217

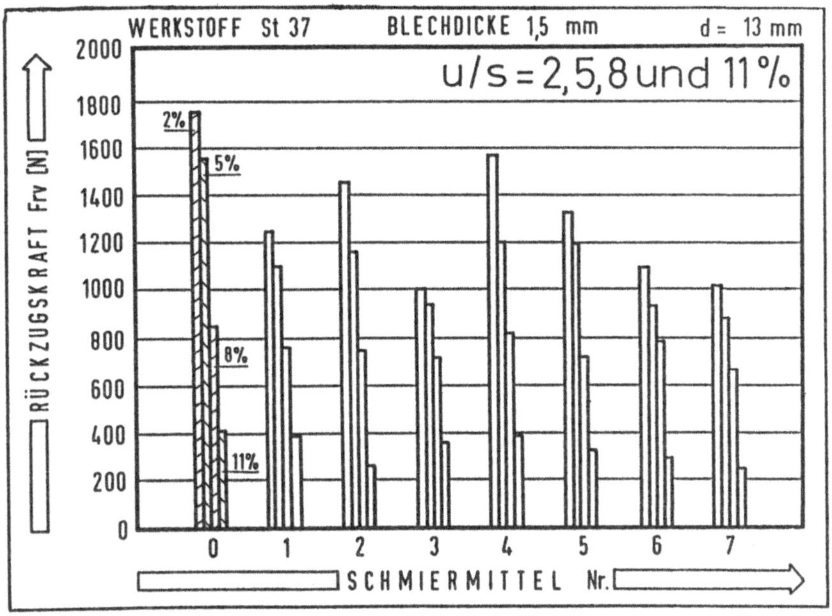

Bild 218

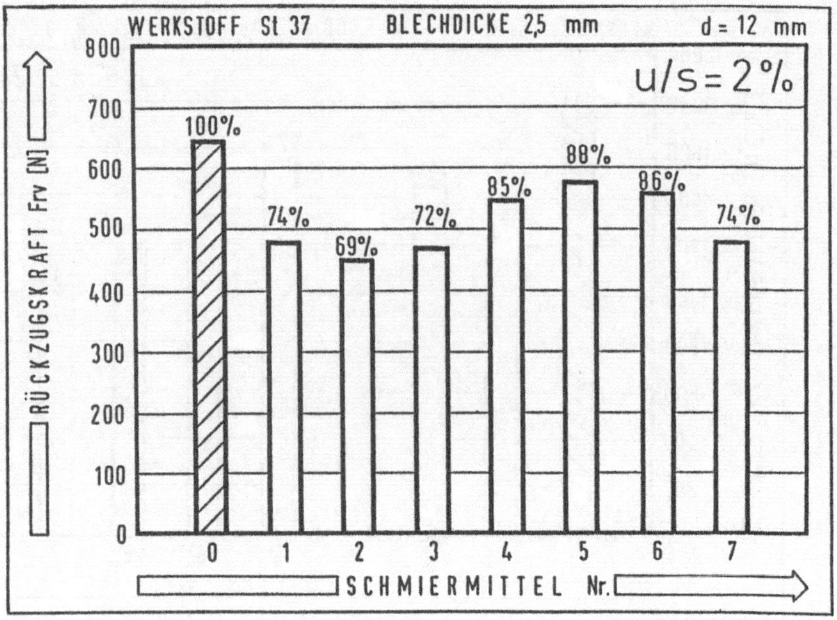

B i l d 219

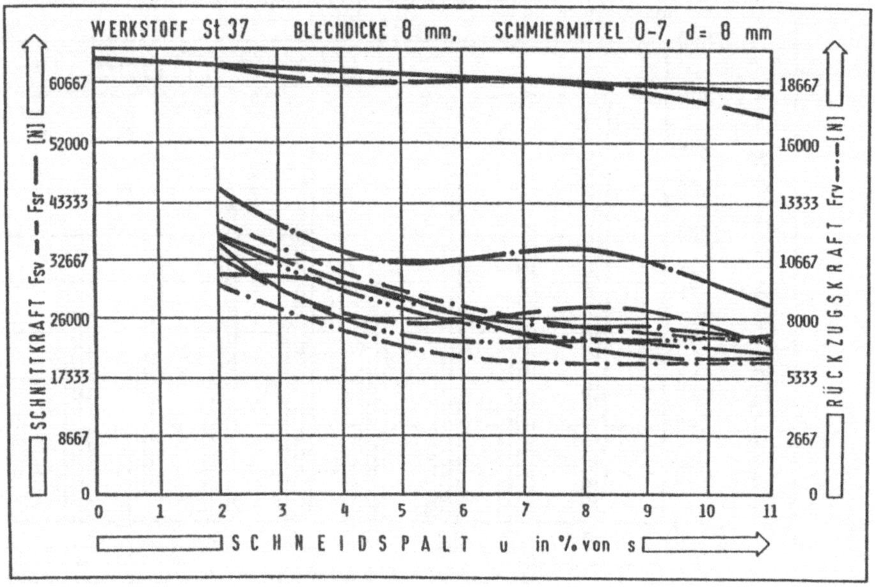

B i l d 22o

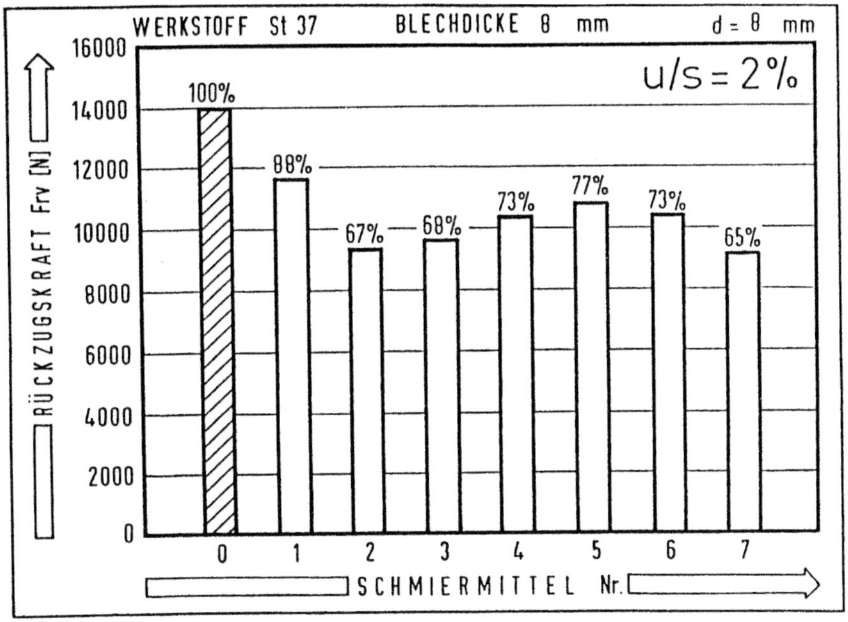

Bild 221

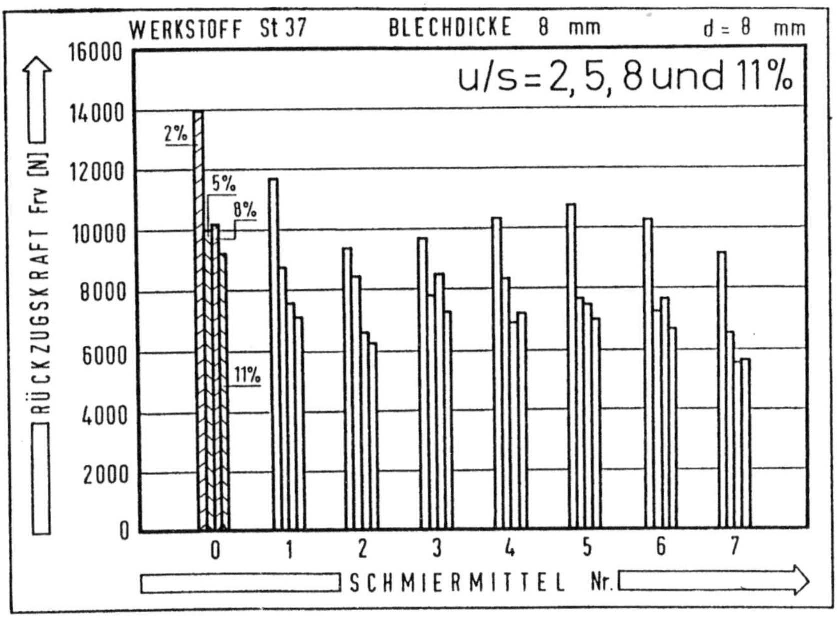

Bild 222

21. EINFLUSS DER SCHMIERUNG UND DER SCHMIERMITTELART AUF DIE GRÖSSE DER RÜCKZUGSKRAFT Frv BEI ALUMINIUMBLECH

Bei dieser Untersuchung, wie auch bei Stahl St 37, wurden die gleichen Schmiermittel (Nr. 1 bis 7) eingesetzt. Es wurde auch ohne Schmierung (Nr. 0) gelocht.

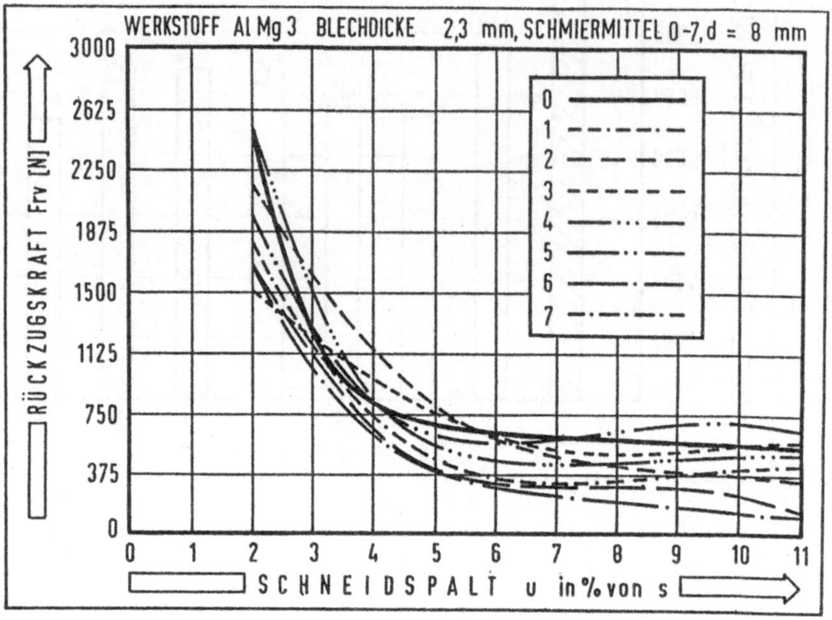

Bild 223

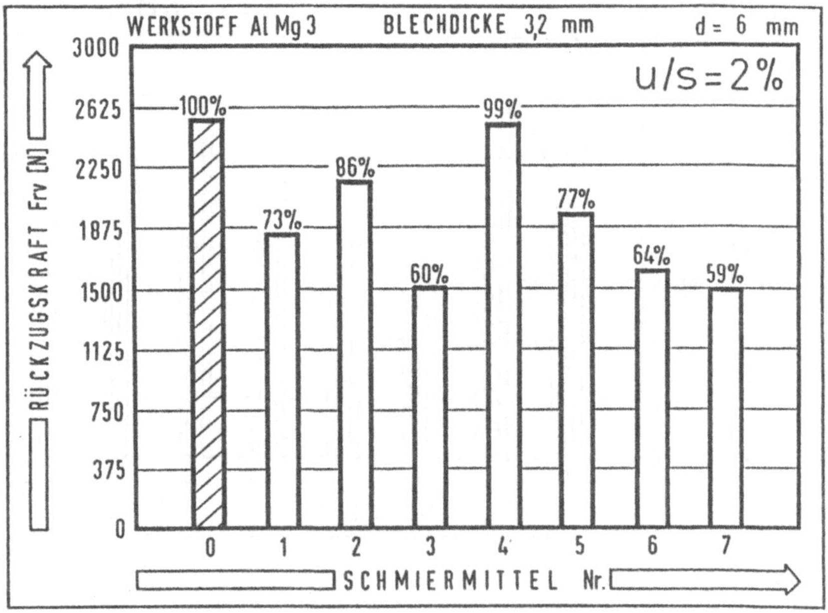

Bild 224

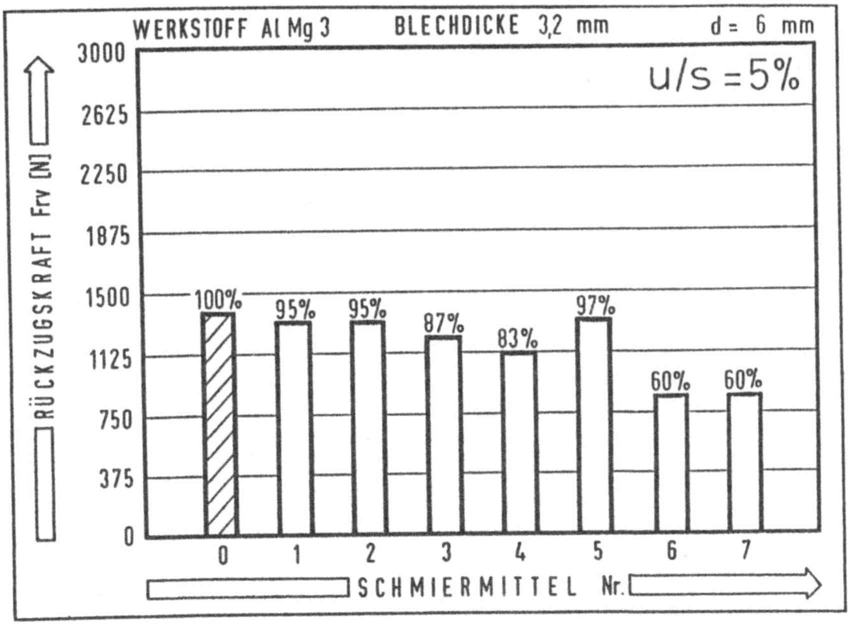

Bild 225

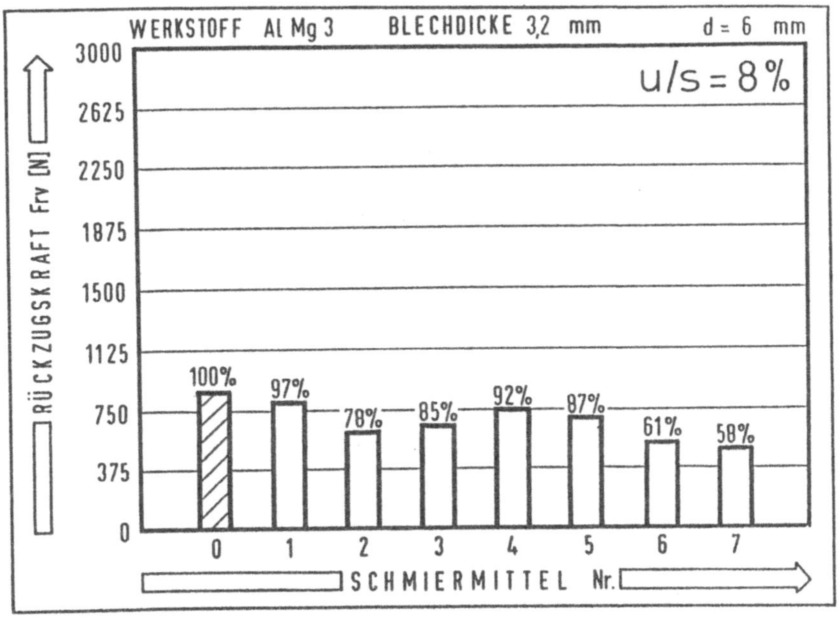

Bild 226

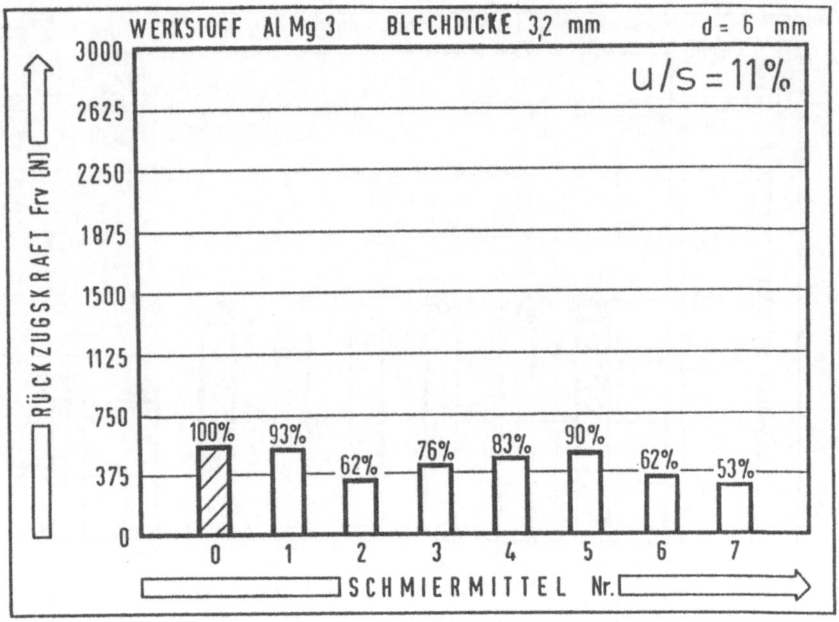

B i l d 227

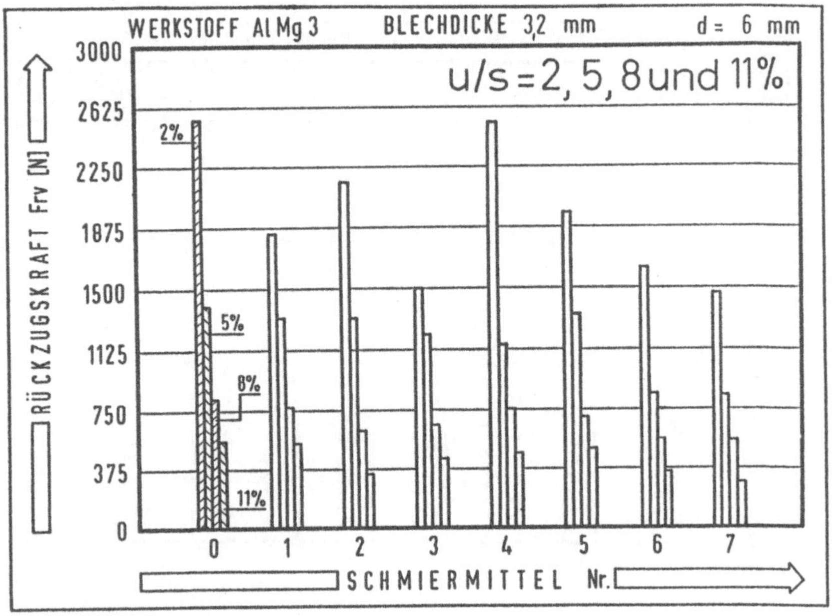

B i l d. 228

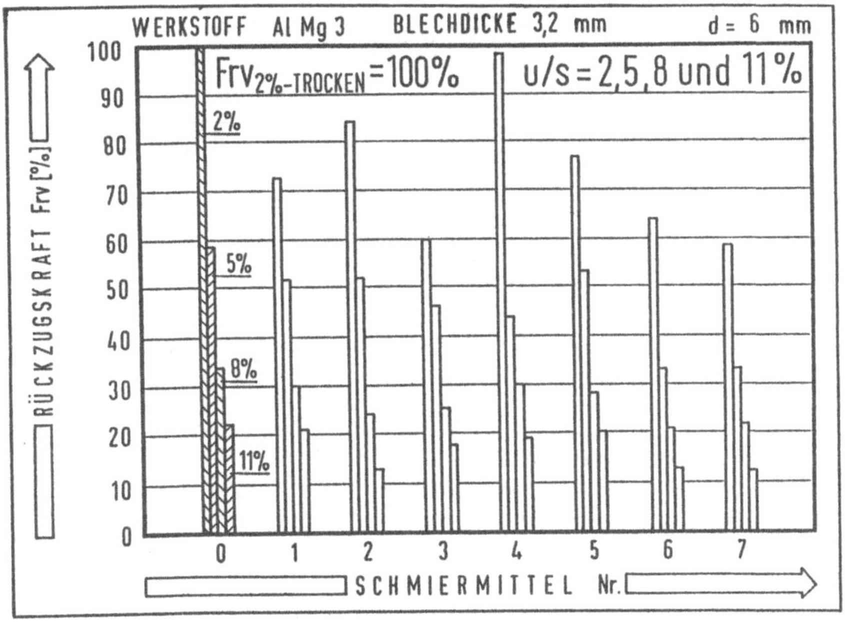

B i l d 229 Aufstellung der gemessenen Werte der Rückzugskraft Frv als Funktion des trockenen Lochens (Nr. 0) und der verschiedenen Schmiermittelsorten (Nr. 1 bis 7).

Blechwerkstoff:	Al Mg 3
Blechdicke:	s = 3,2 mm
Stempeldurchmesser	d = 6 mm

Die Rückzugskraft Frv wurde in dieser Aufzeichnung als eine Grundgröße (100%) bei u/s = 2% angesehen. Andere Werte (ebenfalls in %) können mit der Grundgröße und auch untereinander verglichen werden.

Die einzelnen Balken jeder Balkenhruppe (Nr. 0 bis 7) vertreten (von links nach rechts) jeweils die Werte von u/s, wie in der Belkengruppe „Schmiermittel Nr. 0" eingezeichnet, 2%, 5%, 8% und 11%.

22. RÜCKSCHLÜSSE AUS DEN VERSUCHSERGEBNISSEN DER UNTERSUCHUNG DES EINFLUSSES DER SCHMIERUNG UND DER SCHMIERMITTELART AUF DIE GRÖSSE DER RÜCKZUGSKRAFT Frv

Hinsichtlich des Einflusses der Schmiermittel im Allgemeinen und auch hinsichtlich des Einflusses der Schmiermittelart auf die Größe der Schnittkraft Fsv und der Rückzugskraft Frv, im Gegensatz zum Lochen ohne Anwendung eines Schmiermittels, können folgende Rückschlüsse gezogen werden:

1. Eindeutig ist der gravierende Einfluß des Schmiermittels auf die Größe der Rückzugskraft Frv. Sie wird durch die Anwendung von Schmiermitteln wesentlich gesenkt. Die Ergebnisse dieser Versuchsreihe haben die Aussage von Stöferle und Theimert [198] bestätigt.
2. Innerhalb der durchgeführten Versuchsreihen wurde die Rückzugskraft Frv bei Stahlblech St 37 s=0,5-8,o mm und Stempeldurchmesser d = 4-12 mm minimal um 19% und maximal um 41% bei Anwendung der Schmiermittel gegenüber dem trockenen Lochen gesenkt.
3. Beim Lochen von Aluminiumblechen Al Mg 3 und Al 99 mit Schmiermitteln wurde die Rückzugskraft Frv bei s = 1 bis 4 mm und Stempeldurchmesser d = 6 bis 12 mm minimal um 23% und maximal um 43% gegenüber dem trockenen Lochen gesenkt.
4. Markant ist, daß die besten Ergebnisse innerhalb kleiner Schneidspaltverhältnisse festgestellt worden sind (u/s = 2%). Auch in dieser Hinsicht wurde die Aussage von Stöferle und Theimert [198] eindeutig bestätigt.
5. An zweiter Stelle wurde der reduzierende Einfluß der Anwendung der Schmiermittel auf die Rückzugskraft Frv im Bereich der dicken (s=8 mm) Bleche festgestellt.
6. Der Blechwerkstoff spielt (s. Pkt. 2 und 3) hierbei eine wichtige Rolle. Beim Lochen von Aluminiumblechen wurde ein bedeutend stärkerer Abfall der Größe der Rückzugskraft Frv, als bei Blechen aus St 37, registriert.
7. Gleichbleibender Einfluß der einzelnen Schmiermittelsorten untereinander konnte nicht festgestellt werden. Wie aus den Balkendiagrammen hervorgeht, besteht kein Zusammenhang, der einen konstanten Einfluß eines bestimmten Schmiermittels,sowohl auf die Größe der Schnittkraft Fsv als auch auf die Größe der Rückzugskraft Frv,feststellen ließ. Die mit Nr. 2 und 7 bezeichneten Schmiermittel lieferten innerhalb aller durchgeführten Versuche verhältnismäßig gleichbleibende Ergebnisse gegenüber ziemlich großen Streubereichen der übrigen Schmiermittel.
8. Ein gravierender Einfluß der Schmiermittelanwendung auf die Größe der Schnittkraft Fsv konnte eindeutig nicht festgestellt werden. Die Schnittkraft Fsv wurde, wie bei allen Versuchen, parallel zu der Rückzugskraft Frv gemessen. Ihre Größe im Vergleich zum Lochen ohne Anwendung des Schmiermittels wurde zwar in fast allen Versuchsfällen gesenkt, aber der Unterschied in % ausgedrückt stellt jedoch einen sehr minimalen Wertunterschied dar, der allgemein um ca. 3 bis 6% liegt.
9. Allgemein betrachtet, kann man sagen, daß die Anwendung der Schmiermittel auf jeden Fall empfohlen werden kann, wenn dieses zulässig ist. Unter dem Begriff "zulässig" sind papierisolierte Elektrobleche gemeint, bei welchen die Anwendung von Schmiermitteln nicht möglich ist.

In Kap.28.4 ist der Einfluß der Anwendung von Schmiermitteln auf die Grathöhe des Loches und des Butzens besprochen.

23. „E I N F A H R - L O C H Z A H L" D E S S T E M P E L S

Unter dem Begriff:„Einfahr-Lochzahl" des Stempels wird die Zahl der ausgeführten Lochungen verstanden, bei der sich ein ein Zustand einstellt, bei dem die festgelegten Verschleißparameter, wie z.B. Grathöhe, Stempelverschleiß usw.in bestimmten festgelegten Grenzen die maßgebenden Größen aufweisen und behalten.

Viele Veröffentlichungen von Versuchsergebnissen, besonders aus der spanenden Bearbeitung, haben das Vorliegen einer markanten Werkzeugverschleißkurve, die zwar als Funktion von verschiedenen Parametern ausgelegt werden muß, bewiesen. Diese Kurve weist drei charakteristische Abschnitte auf. Es sind (Bild 23o):

1. E R S T E R A B S C H N I T T - Die Phase des „EINFAHRENS" des Werkzeuges. In dieser Phase tritt ein verstärkter, ziemlich steil verlaufender Verschleiß auf, der jedoch nicht lange andauert (bestimmte Parameter vorausgesetzt).

2. Z W E I T E R A B S C H N I T T - Die Phase eines zwar stetig, aber bedeutend langsamer fortschreitenden Werkzeugverschleißes. Die Verschleißgröße (z.B. Grathöhe beim Lochen, Verschleißmarkenbreite in der spanenden Bearbeitung) tritt in dieser Phase nicht so gravierend in Erscheinung. Ihre Größe verändert sich langsam (schwach ansteigende Tendenz), so daß die Verschleißkriterien, nach welchen der Zustand des Werkzeuges beurteilt wird, langsam ihre Größe verändern. Diese Phase ist die eigentliche E I N S A T Z P H A S E des Werkzeuges. Im Rahmen dieser Phase werden Werkstücke innerhalb der festgelegten Toleranzen bzw. anderer Kriterien hergestellt.Die Werkzeugeinsatzparameter müssen so ausgelegt werden, daß diese Phase den technischen und wirtschaftlichen Voraussetzungen, die an das Werkzeug gestellt werden (Standmenge, Standzeit), erfüllen muß, ohne daß Ausschuß entstehen darf.

3. D R I T T E R A B S C H N I T T - Die Phase des rasch beschleunigten Verschleißes. In dieser Phase kann einerseits Ausschuß hergestellt werden, andererseits brauchbare Werkstücke jedoch bei wirtschaftlich nicht vertretbarem Verschleiß des Werkzeuges (kostenaufwendiges Nachschleifen usw.).

Zwischen der zweiten und der dritten Phase sollte jeweils eine "SICHERHEITSZONE" (Bild 230) vorhanden sein, die beide Möglichkeiten der dritten Phase: Ausschuß bzw. wirtschaftlich nicht vertretbarer Verschleiß, garantiert ausschließt.

Um die Zahl der Lochungen festzustellen, nach welcher die erste Phase, die "Einfahrphase" beendet ist und der Übergang in die zweite Phase stattfindet, wurden im Rahmen dieser Arbeit umfagreiche Versuchsreihen durchgeführt. Dabei wurde der größte Wert auf die Größe der Rückzugskraft Frv gelegt.

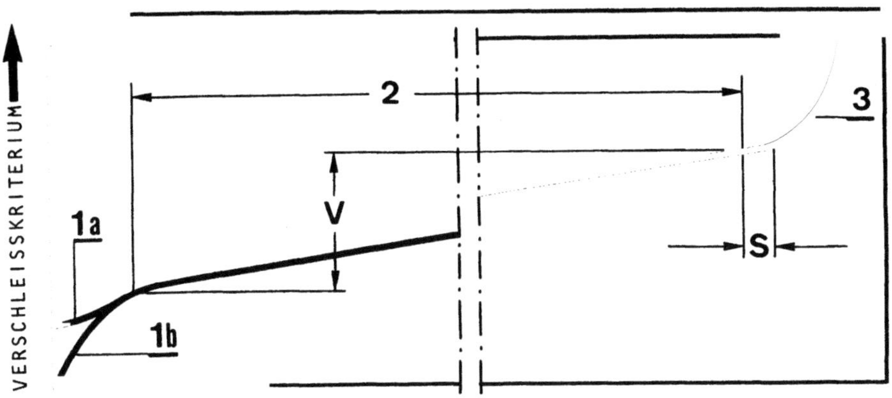

B i l d 230 Werkzeugverschleißkurve - 1a Grathöhe als Verschleißkriterium, 1b Stempelverschleiß als Verschleißkriterium, 2 Einsatzphase, 3 beschleunigter Verschleiß, V zulässiger Verschleiß, S Sicherheitszone.

Diese Untersuchung kann man in zwei Gruppen unterteilen:

1. Untersuchung der ersten Phase (Bild 23o), also der „Einfahrphase" durch Messung der Größe der Rückzugskraft Frv innerhalb von z.B. der ersten 500 durchgeführten Lochungen und
2. Untersuchung der zweiten Phase, der Phase des eigentlichen Einsatzes, durch Messung der Größe der Rückzugskraft Frv innerhalb z.B. der ersten 1200 durchgeführten Lochungen.

In Bild 231 ist die Größe der Rückzugskraft Frv beim Lochen von St 37, Blechdicke s = 1,5 mm, Schneidspaltverhältnis u/s = 2% und Stempeldurchmesser 8 mm als Funktion der Zahl der Lochungen dargestellt.

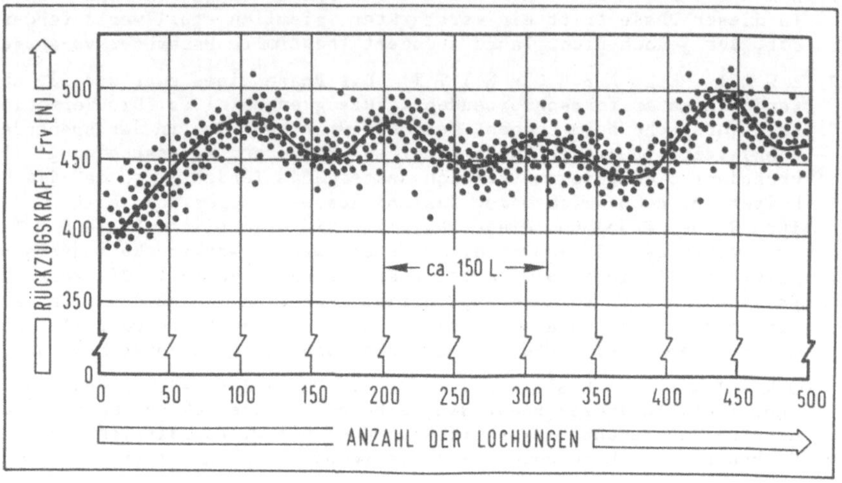

Bild 231 Auf- und Abstiege der Größe der Rückzugskraft Frv bei Stahl 37 innerhalb der ersten 500 Lochungen des Stempels

Hierbei wurde eindeutig eine Perioditát von ca. jeweils 150 Lochungen in Hinsicht auf einen regelmäßigen Ab- und Aufstieg der Rückzugskraft Frv festgestellt.

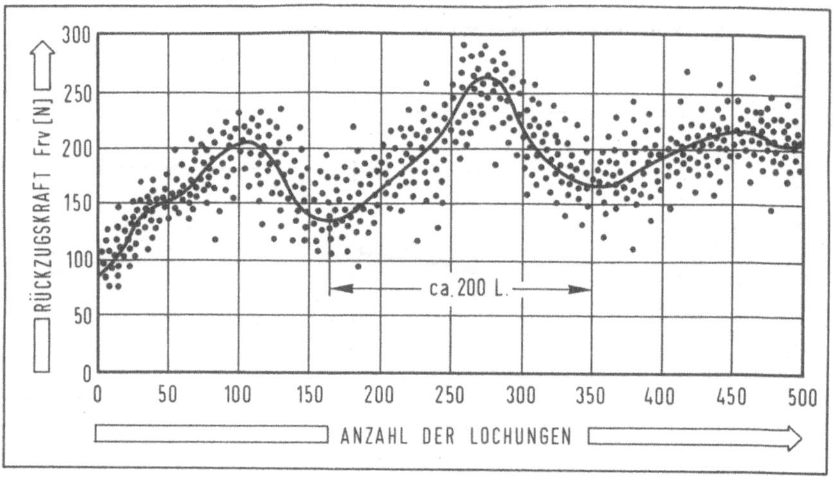

Bild 232 Auf- und Abstiege der Größe der Rückzugskraft Frv bei Aluminiumblech innerhalb der ersten 500 Lochungen des Stempels

Beim Lochen von Aluminiumblech Al Mg 3, Blechdicke s = 3,o mm, Schneidspaltverhältnis u/s = 2% und Stempeldurchmesser d = 10,o mm wurde eine Perioditát von ca. 200 Lochungen in Hinsicht auf einen fast regelmäßigen Ab- und Aufstieg der Rückzugskraft Frv registriert.

Bei Stahlblech St 37 betrug der Unterschied zwischen dem jeweiligen Minimum und Maximum der Größe der Rückzugskraft Frv zwischen den einzelnen Ab- und Aufstiegen ca. 30 bis 60 N. Bei Aluminiumblech Al Mg 3 betrug dagegen der Unterschied ca. 70 bis 100 N. Wenn man diese Größen mit der tatsächlichen Rückzugskraft Frv vergleicht, so stellt man fest, daß die Unterschiede bei Stahlblech St 37 ca. 10% der gemessenen Rückzugskraft Frv und bei Aluminiumblech Al Mg 3 ca. 40% von Frv betragen haben.

Diese Erscheinung tritt besonders extrem in der „Einfahrphase" des neugeschliffenen Stempels auf, was sicherlich hauptsächlich auf einen schnellen Auf- und Abbau der Aufschweißungen zurückzuführen ist. In dieser Einsatzphase ist der Stempel verhältnismäßig glatt und auf der Mantelfläche (besonders bei neuen Stempeln) unbeschädigt, so daß die anhaftenden Blechwerkstoffpartikel in keine stärkere Verbindung mit dem Stempelwerkstoff eingehen und ihn somit ziemlich früh wieder „verlassen". Dieses betrifft besonders den Blechwerkstoff Aluminium, der eine besondere Neigung zum Aufschweißen aufweist. Damit kann man auch den größeren Anstieg der Rückzugskraft Frv, die nur auf eine bessere Haftung des Aluminiums auf der Stempelmantelfläche zurückzuführen ist, begründen.

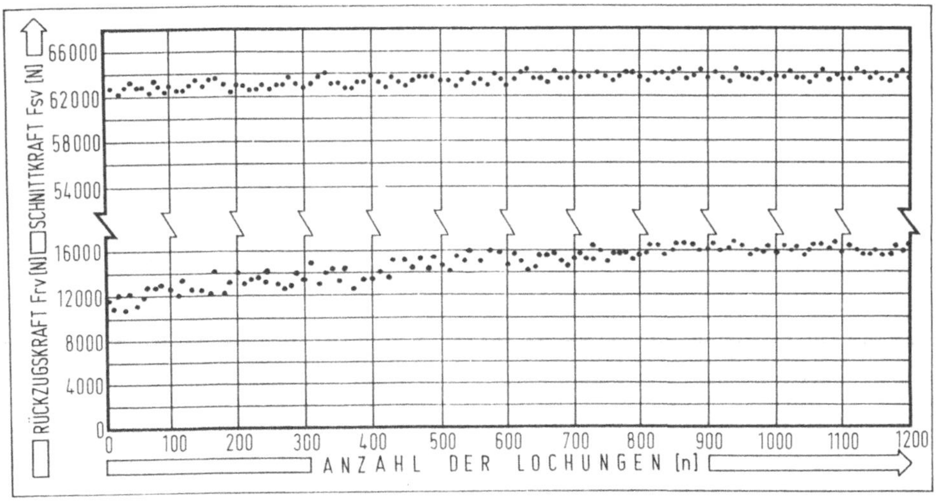

B i l d 233 - Schnittkraft Fsv und Rückzugskraft Frv als Funktion der Anzahl der Lochungen während der "Einfahrphase" des Werkzeuges

Nach ca. 700 bis 800 Lochungen (Bild 233) tritt ein Beharrungszustand ein, bei dem weitere Lochungen keinen bzw. nur unwesentlichen Einfluß auf die Größe der Rückzugskraft Frv haben. Dieser Zustand dauert bei Stahl bis ca. 60 000 und bei Aluminium bis ca. 40 000 Lochungen an.

Diese Feststellungen bedeuten, daß die maßgebende Größe der Rückzugskraft Frv nach ca. 800 Lochungen erreicht wird, wobei die Rückzugskraft der davor ausgeführten Lochungen geringere Größe aufweist. Die Lochungszahlen für alle markanten Punkte gelten repräsentativ für alle durchgeführten Versuchsreihen, wobei mit geringen Abweichungen gerechnet werden muß.

Aluminiumbleche können größere Abweichungen aufweisen, die infolge der besonderen Affinität dieses Werkstoffes zu den Stempelwerkstoffen auftreten bzw. zu Unregelmäßigkeiten führen.

24. EINFLUSS DER LOCHUNGSZAHL AUF DIE GRÖSSE DER SCHNITTKRAFT Fsv UND DER RÜCKZUGSKRAFT Frv

Mit steigender Anzahl der Lochungen, die mit einem neugeschliffenen Stempel ausgeführt werden, verändern sich die Werte der Schnittkraft Fsv und der Rückzugskraft Frv. Dieses Problem ist für den Praktiker von großer Bedeutung, da einerseits mit größer werdenden Rückzugskraft Frv das Werkzeug gefährdet ist, und andererseits die größer werdende Schnittkraft Fsv den verstärkten Verchleiß des Werkzeuges signalisiert. Anhand der Meßergebnisse der durchgeführten Versuche kann hinsichtlich der Größe der Schnittkraft Fsv und der Rückzugskraft Frv als Funktion der Anzahl der Lochungen folgendes festgestellt werden:

1. Die Größe der Schnittkraft Fsv stabilisiert sich bereits nach ca. 500 bis 700 ausgeführten Lochungen. Dieses gilt sowohl für Stahl St 37 als auch für Aluminium Al Mg 3 und Blechdicken bis 8 mm bzw. 4 mm.
2. Die „stabilisierte" Schnittkraft Fsv wird bei Stahlblech St 37 bis zu 60 000 und bei Alumniumblech Al Mg 3 bis zu 40 000 Lochungen beibehalten.
3. Bis zum Erreichen der „stabilisierten" Größe der Schnittkraft Fsv sind die Werte mit großer Sicherheit geringer als nach dem Erreichen der „stabilisierten" Größe.
4. Nach der Überschreitung der unter Pkt. 4 genannten Lochungszahlen steigt die Schnittkraft Fsv merklich an, wobei eine Unstätigkeit der Meßgrößen verzeichnet wurde.
5. Die Rückzugskraft Frv „stabilisiert" sich nach ca. 700 bis 800 Lochungen bei Stahlblech St 37 und nach ca. 1000 bis 1200 Lochungen bei Aluminium Al Mg 3.
6. Nach ca. 50 000 Lochungen bei Stahlblech St 37 und ca. 30 000 Lochungen bei Aluminiumblech Al Mg 3 ist ein Anstieg der Rückzugskraft Frv und eine Unstätigkeit zu erwarten.
7. Der Anstieg der Schnittkraft Fsv nach ausgeführten 60 000 Lochungen bei Stahlblech St 37 beträgt ca. 2 bis 5% und bei Aluminiumblech Al Mg 3 ca. 3 bis 8%.
8. Der Anstieg der Rückzugskraft Frv ist in der Regel größer als der Anstieg der Schnittkraft Fsv und tritt auch etwas früher auf.

Repräsentativ für alle durchgeführten Versuche gilt die nachstehende Aufzeichnung.

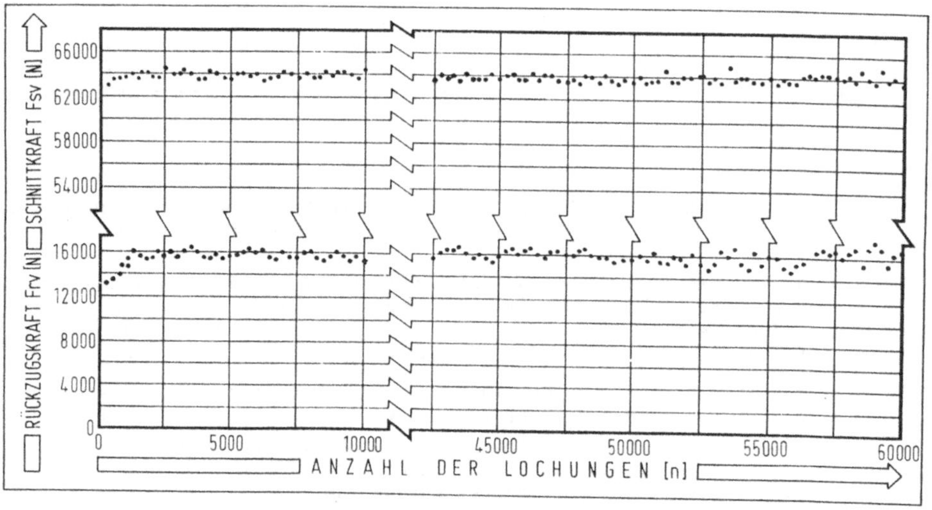

B i l d 234 - Schnittkraft Fsv und Rückzugskraft Frv als Funktion der Anzahl der Lochungen während der "Einsatzphase" des Stempels

25. EINFLUSS DER RAND- UND STEGBREITE AUF DIE GRÖSSE DER RÜCKZUGSKRAFT Frv

Die durchgeführten Versuche zeigten, daß die Rand- und Stegbreite einen Einfluß auf die Größe der Rückzugskraft Frv haben. Als Ursache für diese Abhängigkeit kann die Biegebeanspruchung des Blechstreifens während des Lochungsvorganges angesehen werden. Diese Biegebeanspruchung verursacht,daß der Blechstreifen einerseits verzogen wird und andererseits verschiedene Rückzugskraftwerte gemessen werden.

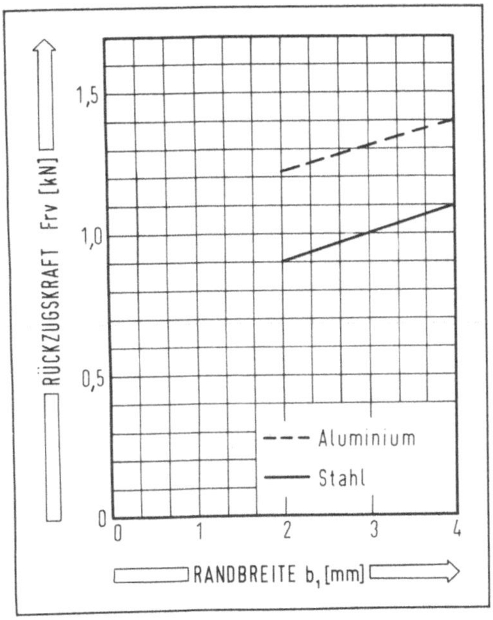

B i l d 235

Abhängigkeit der Rückzugskraft Frv von der Randbreite b_1

Werkstoff St 12.02 ---------
Werkstoff Al Mg 3 hht. ————

Stempeldurchmesser: 9,910 mm
Matrizendurchmesser: 10,030 mm

Blechdicke: 1,5 mm ungeschmiert

Schneidspalt u = 0,12 mm

B i l d 236

Abhängigkeit der Rückzugskraft Frv von der Stegbreite b

Werkstoff St 12.02 ----------
Werkstoff Al Mg 3 hht. ————

Stempeldurchmesser: 9,910 mm
Matrizendurchmesser: 10,030 mm

Blechdicke: 2,0 mm ungeschmiert

Schneidspalt u = 0,12 mm

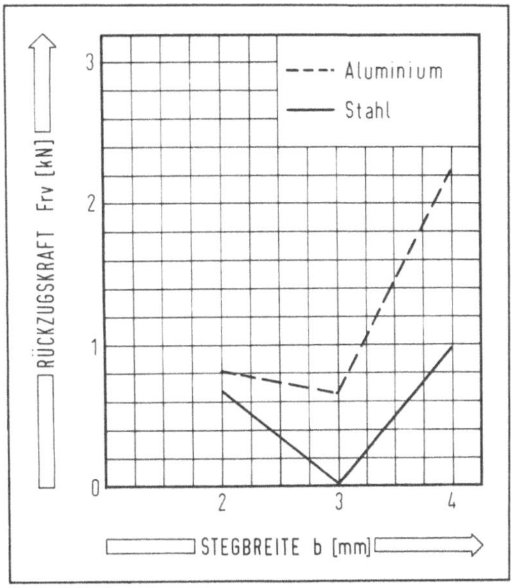

26. EINFLUSS DER HÄRTE INNERHALB EINER BLECHPROBE UND DES VERHÄLTNISSES DER BLECHDICKE s ZU DER STREIFENBREITE AUF DIE GRÖSSE DER SCHNITTKRAFT Fsv UND DER RÜCKZUGSKRAFT Frv

Um den Einfluß der Härte HB innerhalb einer Blechprobe sowie des Verhältnisses der Streifenbreite zu der Blechdicke s und des Stempeldurchmessers auf die Größe der Schnittkraft Fsv und der Rückzugskraft Frv festzustellen, wurde die Härte entlang der ganzen Streifenlänge gemessen und aufgezeichnet. Danach wurden die Proben zehn mal gelocht und die Schnittkraft Frv sowie die Rückzugskraft Frv gemessen.

VERSUCHSBEDINGUNGEN: (Beispiel)	Blechdicke	8 mm
	Probenbreite	20 mm = 5s = 2d
	Probenlänge	166 mm
	Blechwerkstoff	St 37
	Zugfestigkeit	398 N/mm^2
	Prüflast	1870 N
	Kugeldurchmesser	2,5 mm
	Stempeldurchmesser	10 mm
	Lochungsverhältnis	Lv=1,25

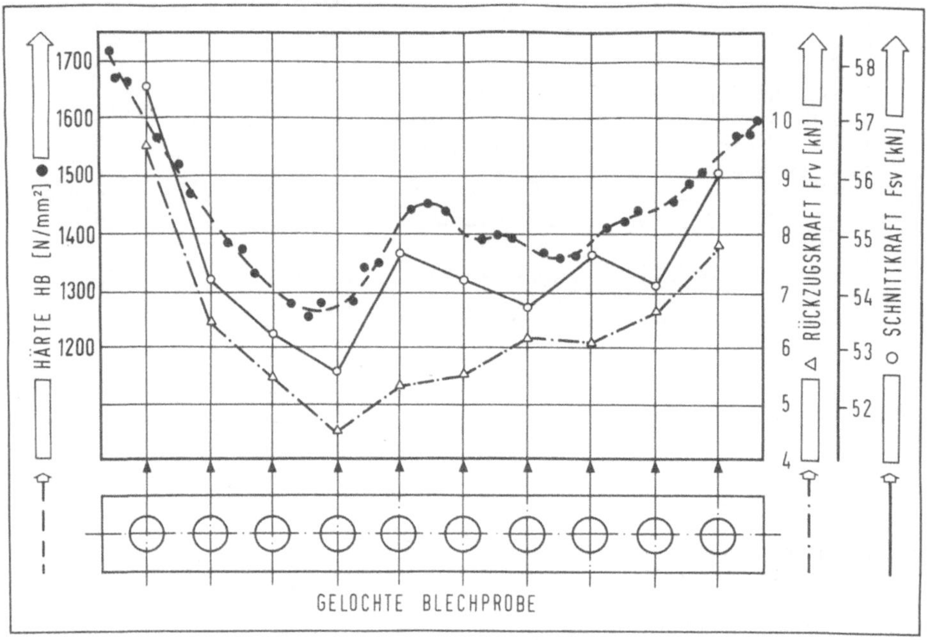

Bild 237 Schnittkraft Fsv und Rückzugskraft Frv als Funktion der Blechprobenhärte längs des Probestreifens

Diese Versuchsreihe hat gezeigt, daß bei Blechen (auch verschiedener Werkstoffe) bis 4 mm Dicke und einem Lochungsverhältnis Lv über 1,4 sowie einer Probestreifenbreite von minimal 8 · s keine nennenswerten Unterschiede in der Härte sowie der Größe der Schnittkraft Fsv und Rückzugskraft Frv, aufgetreten sind. Die Härteunterschiede, vor allem in der Querrichtung des Probestreifens, kann man als Folge der Verfestigung der Ränder, die beim Zuschneiden der Streifen entsteht, ansehen. Der Stempelverschleiß, der beim Lochen bei ungünstigen Verhältnissen d/s und verhältnismäßig dicken Blechen und schmalen Probestreifen entsteht, ist in Kap. 27.2. beschrieben.

27. VERÄNDERUNGEN AM STEMPEL NACH 1000 LOCHUNGEN IN VERSCHIEDENEN BLECHWERKSTOFFEN

Bei der mikroskopischen Betrachtung (20 x) der Stempel nach 1000 Lochungen zeigten sich Veränderungen, die für die verschiedenen Blechwerkstoffe charakteristisch sind.

1. AUSSEHEN DES STEMPELS NACH DEM LOCHEN VON 1-4 mm DICKEN STAHLBLECHEN St 37
   Die Betrachtung des Stempels ergab Abbröckelungen (Bild 238a) an der Schneidkante. Die sichtbaren Riefen unmittelbar von der Schneidkante ausgehend, (durchschnittlich 2,5 mm lang), sowie Ausbrüche sind markant für diesen Blechwerkstoff.

2. AUSSEHEN DES STEMPELS NACH DEM LOCHEN VON 5-10 mm DICKEN STAHLBLECHEN St 37
   Die Riefen, die nach dem Schleifen des Stempels vorhanden waren, wurden auf einer Länge von ca. 1,5 mm völlig abgerieben. Die Abbröckelungen der Stempelschneidkante waren an einigen Stellen (Bild 238b) besonders sichtbar und länger als die üblichen. Das markanteste Merkmal war aber die Rißbildung, die sich in bestimmten Abständen und in bestimmten Längen auf dem Umfang der Stempelmantelfläche befanden.

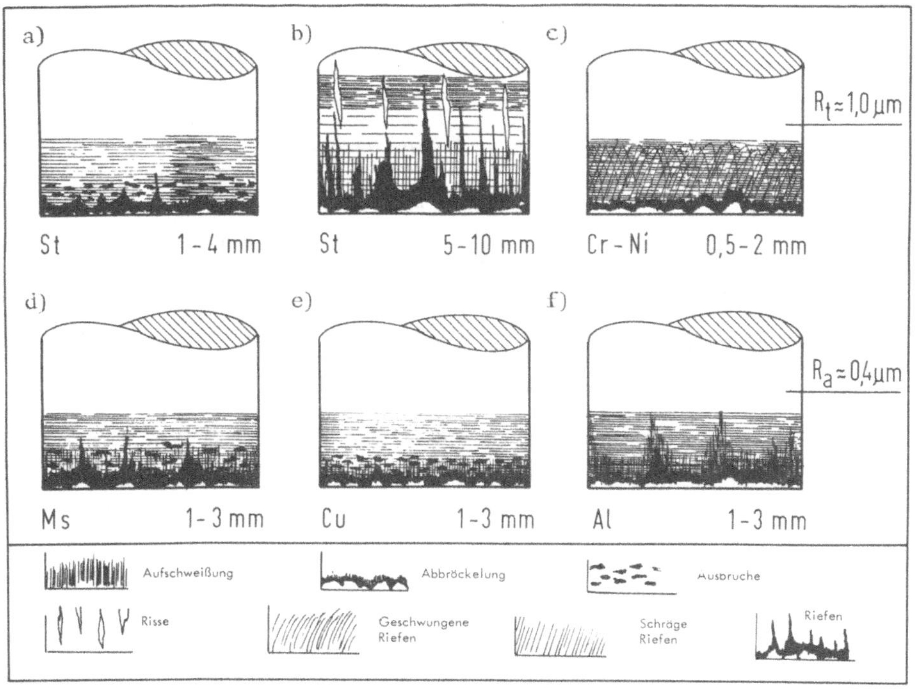

Bild 238
Veränderungen am Stempel nach 1000 Lochungen in verschiedenen Werkstoffen

3. AUSSEHEN DES STEMPELS NACH DEM LOCHEN VON o,5-2 mm DICKEN Cr-Ni-BLECHEN
   Bei diesem Werkstoff zeigte der Stempel ein sehr eigentümliches Aussehen. Schräg zur Bewegungsrichtung verliefen Riefen, die sich mit von rechts oder links verlaufenden geschwungenen Riefen kreuzten. Auf den schrägem Riefen waren punktförmige Aufschweißungen (Bild 238c) zu erkennen, die sich in einem gewissen Rythmus wiederholten. Hinzu kam noch eine verstärkte Abbröckelung der Schneidkante. Die anderen Merkmale, die beim Lochen von 1-4 mm dicken Stahlblechen (Bild 238a)hervorgerufen worden sind, sind bis auf das Verschwinden der Ausbrüche und die Verfeinerung geradliniger

Riefen unverändert geblieben.

4. AUSSEHEN DES STEMPELS NACH DEM LOCHEN VON 1-3 mm DICKEN MESSINGBLECHEN
Hierbei zeigte der Stempel fast das gleiche Aussehen wie bei 1-4 mm dicken Stahlblechen. Die Riefen sind jedoch kürzer (Bild 238e) und die Abbröckelungen geringer. Die Rißbildung ist völlig unterblieben. Die Ausbrüche ähneln den Ausbrüchen, die beim Lochen von 1-4 mm dickem Stahlblech entstanden sind. Aufschweißungen sind vorhanden.

5. AUSSEHEN DES STEMPELS NACH DEM LOCHEN VON 1-3 mm DICKEN KUPFERBLECHEN
Riefen, die auch bei Stempeln mit welchen Messingblech gelocht worden ist, aufgetreten sind, erscheinen auch bei Kupferblechen - jedoch in verkürzter Form. Hinzu kommen Aufschweißerscheinungen vor, die jedoch eine geringere Länge als bei Messingblech erreichen.

6. AUSSEHEN DES STEMPELS NACH DEM LOCHEN VON 1-3 mm DICKEN ALUMINIUMBLECHEN
Bei Aluminiumblech zeigte der Stempel (Bild 238f) sehr starke Aufschweißungen, die an der Schneidkante bzw. in ihrer unmittelbaren Nähe am stärksten waren. Auf einer Länge von ca. 4,5 mm, die genau der Eintauchtiefe (beim Lochen von 4 mm dickem Blech) entsprochen hat, klangen diese Aufschweißungen geradlinig ab.

27.1. URSACHEN FÜR DIE VERÄNDERUNGEN AM STEMPEL

Nachstehend wird versucht die Ursachen, die für die Veränderungen am Stempel verantwortlich sind, zu ergründen. Diese Auslegungen müssen jedoch nur Vermutungen bleiben, da man die Stempelflächenveränderungen nicht während des Lochungsvorganges, sondern erst nach beendetem Lochungsvorgang beobachten kann.

1. L O C H E N   V O N   S T A H L B L E C H

Infolge der Werkstoffverfestigung durch das Eindringen des Stempels in den Werkstoff, werden einzelne Werkstoffpartikelchen mehr oder minder gestaucht. Diese Stauchung hat zur Folge, daß diese Teilchen verschiedene Härte aufweisen. Beim weiteren Eindringen des Stempels werden nun einzelne, verschieden harte Werkstoffpartikelchen abgerieben bzw. abgeschert. Sie bewegen sich zwischen dem Stempel und der Blechlochwand. Die Folge des Abscherens harter Partikel sind Abbröckelungen des Werkstoffes an der Stempelkante. Durch weiteres Eindringen des Stempels in den Blechwerkstoff werden die angebröckelten Partikel in die weichere Werkstoffzone gezwängt, wo sie eingedrückt werden. Diese hängengebliebenen Partikel verursachen beim Lochungs- bzw. Rückzugvorgang Kratzer auf der Stempelmantelfläche. Diese Kratzer treten in Form von Riefen auf. Sie können auch Ausbröckelungen der Matrizenschneidkante verursachen.

Bei stärkeren Blechen steigt durch die Reibung hervorgerufene Wärme zwischen dem Stempel und der Blechlochwand. Diese Erscheinung hat zur Folge, daß die losen Werkstoffpartikelchen sich ausdehnen, so daß dann auch noch ein starker Abrieb der beim Schleifen des Stempels entstandenen Querriefen verursacht wird.

2. L O C H E N   V O N   C H R O M - N I C K E L B L E C H

Das besonders eigentümliche Aussehen des Stempels nach dem Lochen von Cr Ni - Stahlblechen ist wahrscheinlich auf die besonders starke Abbröckelung der Schneidkante des Stempels zurückzuführen. Die abgebröckelten Partikel rollen sich beim Eindringen des Stempels in den Werkstoff der Stempeloberfläche in Form von Kurven ein. Diese Kurven bilden die geschwungenen Riefen auf der Stempelmantelfläche. Die schrägen Riefen sind wahrscheinlich durch abgeriebene CrNi-Partikelchen entstanden.

3. L O C H E N   V O N   M E S S I N G -   U N D   K U P F E R B L E C H

Die Ausbrüche auf der Stempelmantelfläche und die Abbröckelungen der Schneidkante sind auf die Oberflächenhärte zurückzuführen. Die Aufschweißerscheinungen entstehen durch Abrieb kleiner Werkstoffteilchen beim Eindringen des Stempels in das Blech. Sie lagern sich - im Gegensatz zum Stahl - in den Schleifriefen des Stempels ab.

4. L O C H E N   V O N   A L U M I N I U M B L E C H

Aluminium zeigt eine ausgesprochen starke Neigung zum Abrieb von Werkstoffpartikeln. Jede Unebenheit auf der Stempelmantelfläche wird durch die abgeriebenen Werkstoffteilchen verklebt; danach wird die Oberfläche noch unebener und so kommt es zum weiteren Aufbau der Aufschweißung. Diese Aufschweißung erreicht mit wachsender Anzahl der Lochungen ihr Maximum. Die Aufschweißung wird infolge wachsender Reibung teilweise abgebaut und wächst wieder auf. Dieser Vorgang wird so lange vollzogen, bis die abbröckelnde Aufschweißung einen Teil der Stempelmantelfläche mitnimmt. Auf dieser Fläche wiederholt sich dieser Vorgang weiter. Die Abbröckelungen werden jedoch nicht gleichmäßig abgetragen, so daß die Stempelmaße sich mit der wachsenden Lochungszahl wesentlich verändern.

27.2. VERÄNDERUNG DER STEMPELFORM ALS FUNKTION DER STREIFENBREITE, BLECHDICKE usw. BEI EXTREMEN BEDINGUNGEN

Unter "extremen Bedingungen" werden nachstehend aufgeführte Bedingungen verstanden:

Blechdicke s = 8 mm
Stempeldurchmesser d = 8 mm
Lochungsverhältnis Lv = d/s = 1
Blechstreifenbreite B = 3 s = 3 d = 3 · 8 mm = 24 mm
Lochmittenabstand X = 3 s = 3 d = 3 · 8 mm = 24 mm

Bei diesen Bedingungen spielen folgende Faktoren eine ausschlaggebende Rolle auf die Veränderung der Stempelform: Randverfestigung des Probestreifens beim Zuschneiden auf der Tafelschere, Streifenverformung entlang und quer zur Lochreihenachse, Lochungsverhältnis Lv = d/s und andere.

Der geringe Umfang dieser Untersuchung erlaubt keine eindeutige Aussage hinsichtlich der Größenordnung des Einflusses der einzelnen Faktoren. Es sollte lediglich festgestellt werden, wie groß die Formveränderung des runden Stempels bei welcher Lochzahl verursacht wird. Diese Untersuchung kam deshalb zustande, weil eine außerordentliche Formveränderung bei Blechen s = 8 mm und Stempeln gleichen Durchmessers, also d = 8 mm beobachtet wurde. Das Ergebnis, das nach 40 Lochungen entstanden ist, zeigt das nachstehende Bild.

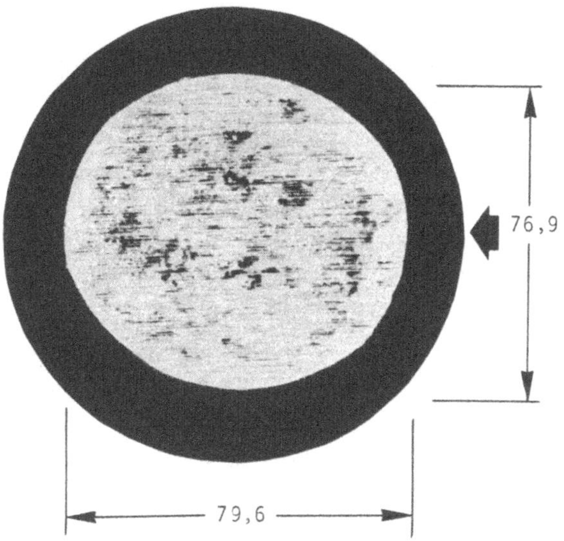

Der Stempeldurchmesser hat sich längs der Lochungsachse um 3,1 mm (die Pfeilrichtung entspricht der Lochungsachse), und quer zur Lochungsachse nur um 0,4 mm verändert.

Der Stempeldurchmesserunterschied hat sich nach 40 Lochungen von 8,0 auf 76,9 mm, also um 4% verringert, was auf die o.a. Faktoren zurückzuführen ist.

Bild 239

28. ZUSAMMENHÄNGE ZWISCHEN DEN GRATHÖHEN DES LOCHES UND DES BUTZENS ALS FUNKTION DES SCHNEIDSPALTVERHÄLTNISSES u/s

Parallel zu den Hauptthemen dieses Forschungsvorhabens ergab sich, infolge der Vielzahl der durchgeführten Lochungsversuche, die Gelegenheit der Untersuchung der Zusammenhänge zwischen den Grathöhenwerten des Loches und des Butzens als Funktion des Schneidspaltverhältnisses u/s. Dieses Problem ist in der Praxis von ausschlaggebender Bedeutung wenn beide Elemente, das Loch und der Butzen, als Werkstückteile bzw. Werkstücke dienen sollen und somit festgelegte Grathöhenwerte nicht überschreiten dürfen. Fertigungstechnisch ergeben sich dabei folgende Problemstellungen:

1.0. MINIMALE GRATHÖHENWERTE
- 1.1. Minimale Grathöhenwerte des Loches in % von der Blechdicke s
- 1.2. Minimale Grathöhenwerte des Butzens in % von der Blechdicke s
- 1.3. Minimale Grathöhenwerte des Loches als Funktion des Schneidspaltverhältnisses u/s
- 1.4. Minimale Grathöhenwerte des Butzens als Funktion des Schneidspaltverhältnisses u/s

2.0. MAXIMALE GRATHÖHENWERTE
- 2.1. Maximale Grathöhenwerte des Loches in % von der Blechdicke s
- 2.2. Maximale Grathöhenwerte des Butzens in % von der Blechdicke s
- 2.3. Maximale Grathöhenwerte des Loches als Funktion des Schneidspaltverhältnisses u/s
- 2.4. Maximale Grathöhenwerte des Butzens als Funktion des Schneidspaltverhältnisses u/s

3.0. GRATHÖHE in % von s BEI GLEICHEN GRATHÖHENWERTEN DES LOCHES UND DES BUTZENS

4.0. SCHNEIDSPALTVERHÄLTNIS BEI GLEICHEN GRATHÖHENWERTEN DES LOCHES UND DES BUTZENS

5.0. EINFLUSS DES SCHMIERMITTELS AUF DIE GRATHÖHE DES LOCHES UND DES BUTZENS UND DIE UNTER 1.0. bis 4.0. AUFGEFÜHRTEN PROBLEMMSTELLUNGEN

Anhand der Versuchsergebnisse der Gratmessungen der Grathöhen des Loches und des zum betreffenden Loch gehörenden Butzens sollte nach Zusammenhängen gesucht werden um eine Aussage hinsichtlich der oben aufgeführten Problemmstellungen zu treffen. Es wurde so vorgegangen, daß jeweils nach 500 durchgeführten Lochungen mit einem nachgeschliffenen Stempel, die Grathöhe von 20 Löchern und Butzen gemessen worden ist. In den nachstehenden Diagrammen, die repräsentativ für den Blechdickenbereich von 1,5 bis 10,o mm, Stempeldurchmesserbereich von 3,8 bis 15,o mm und für das Lochen mit und ohne Anwendung des Schmiermittels ausgewählt worden sind, sind die einzelnen Versuchswerte graphisch dargestellt. Die Ergebnisse werden diskutiert und sind in den Tabellen (Bild 283 auf S. 2o2 und Bild 284 auf S. 2o3) aufgestellt.

Die Erfahrungen aus der Praxis bestätigen, daß es nicht einfach ist an beiden Elementen, am Loch und am Butzen, gleichzeitig eine bestimmte minimale und verhältnismäßig gleiche Grathöhe zu erzeugen. Hinzu kommt, daß an diese beiden Elemente auch eine Forderung hinsichtlich der Qualität der Schnittflächen gestellt wird. Die Schnittflächenqualität hängt wiederum von der Größe des Schneidspaltes "u" ab.

Die Ergebnisse dieser Untersuchung sind zunächst in Form von Diagrammen aufgezeichnet, die folgende Daten beinhalten:

1. Grathöhe des Loches (in mm sowie in % von der Blechdicke s)
2. Grathöhe des Butzens (in mm sowie in % von der Blechdicke s)
3. Schneidspalt u in % von der Blechdicke s
4. Blechwerkstoffbezeichnung
5. Blechdicke s (mm)
6. Angabe ob ohne oder mit Anwendung eines Schmiermittels (Nr.) gelocht wurde
7. Lochungsverhältnis Lv = d/s

Nachstehend sind drei Beispiele mit markanten Punkten der Grathöhen-Verlaufskurven gezeigt.

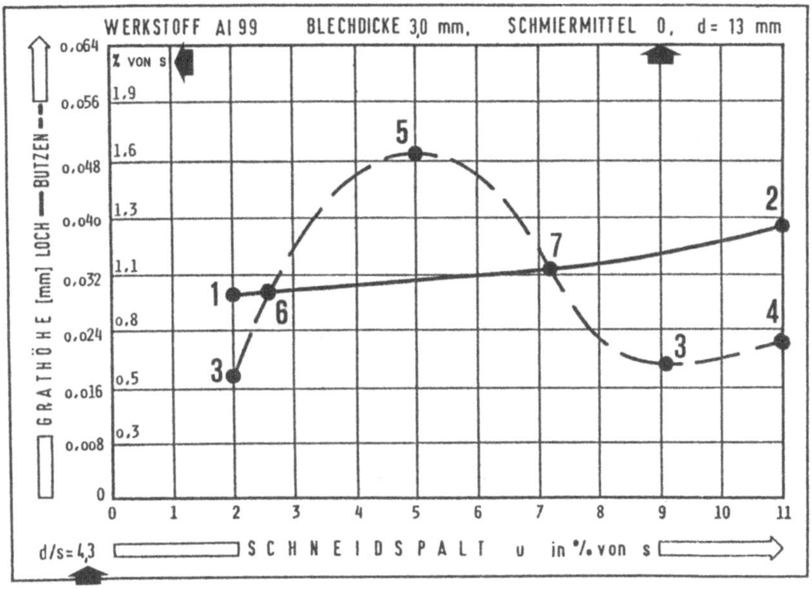

B i l d 24o

Beispiel eines Diagrammes der Grathöhe als Funktion des Schneidspaltverhältnisses Lv = u/s mit markanten Punkten

1 bis 2 - Grathöhenverlauf des Loches
3 bis 4 - Grathöhenverlauf des Butzens
1 - minimale Grathöhe am Loch
2 - maximale Grathöhe am Loch
3 - minimale Grathöhe am Butzen
5 - maximale Grathöhe am Butzen
6 und 7 gleiche Grathöhenwerte für das Loch und den Butzen

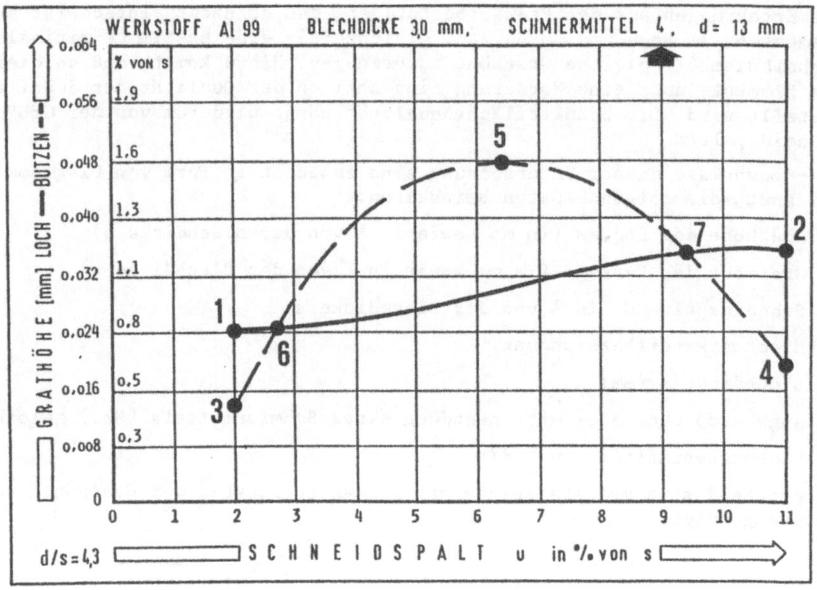

Bild 241

Beispiel mit markanten Punkten der Kurven

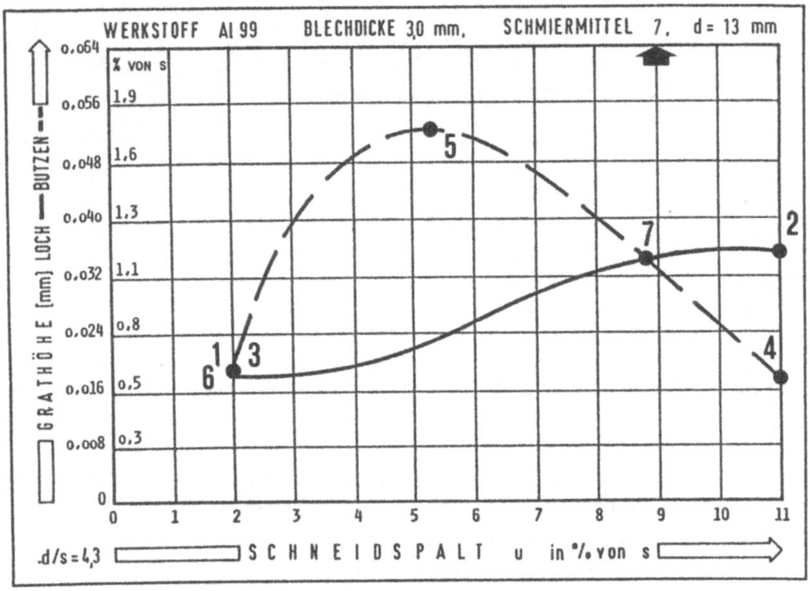

Bild 242

Beispiel mit markanten Punkten der Kurven

28.1. GRAPHISCHE DARSTELLUNGEN DER ZUSAMMENHÄNGE ZWISCHEN DEN GRATHÖHEN DES LOCHES UND DES BUTZENS ALS FUNKTION DES SCHNEIDSPALTVERHÄLTNISSES u/s

Nachstehend werden die ausgeplotteten Diagramme, jeweils für eine Blechdicke s, einen Stempeldurchmesser und verschiedene Werte des Schneidspaltverhältnisses u/s, dargestellt. Die Grathöhe ist in mm sowie in % von der Blechdicke s angegeben. Letztere wird auch in den beiden Auswertungsaufstellungen, die anschließend aufgeführt sind, ebenfalls angegeben. Die ununterbrochene Kurve stellt den Verlauf der Grathöhe des Loches und die unterbrochene den Verlauf der Grathöhe des Butzens dar. In den meisten Fällen werden jeweils zwei Diagramme, die mit Ausnahme der Schmierung (trocken oder geschmiert) die gleichen Parameter betreffen, auf einer Seite untergebracht. So wird ein Vergleich beider Fälle untereinander ermöglicht. In einigen Fällen ist dieses jedoch nicht möglich, da nicht alle Beispiele paarweise aufgestellt worden sind (zu Gunsten markanter Fälle). Dieses ist beim Vergleich zu beachten, um falsche Auslegung zu vermeiden. Die unter den Diagrammen aufgeführte Proben-Nummer stimmt mit der Nummer der beiden Tabellen Bild 283 (S.2o2) und Bild 284 (S.2o3) überein.

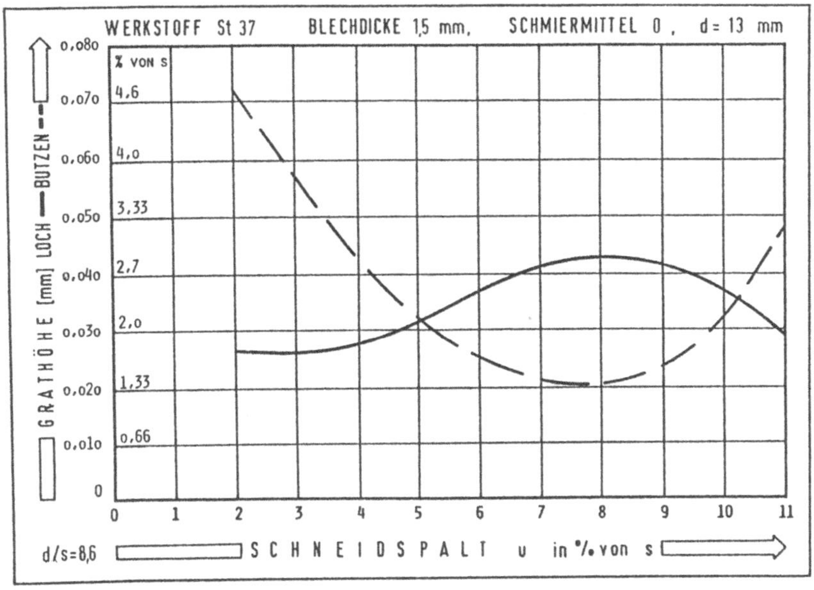

Bild 243 Probe Nr.1

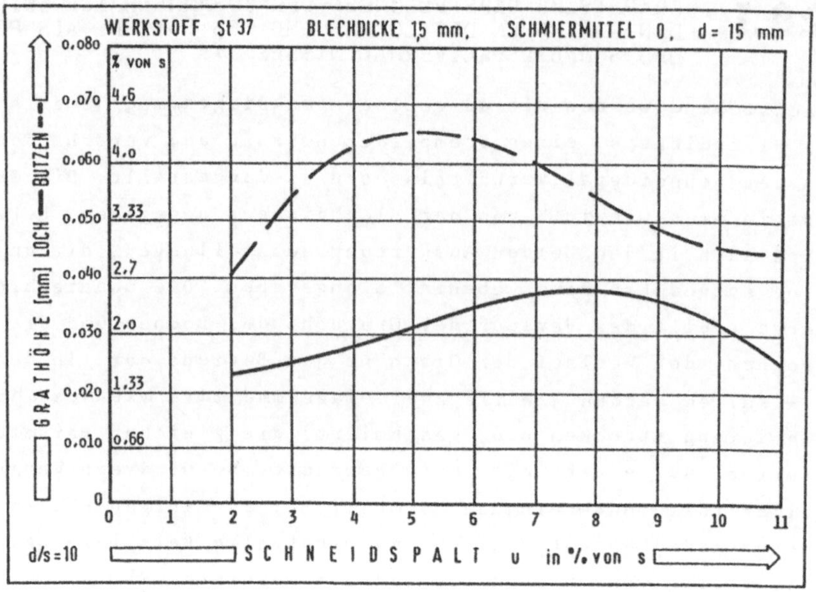

B i l d 244

Probe Nr. 2

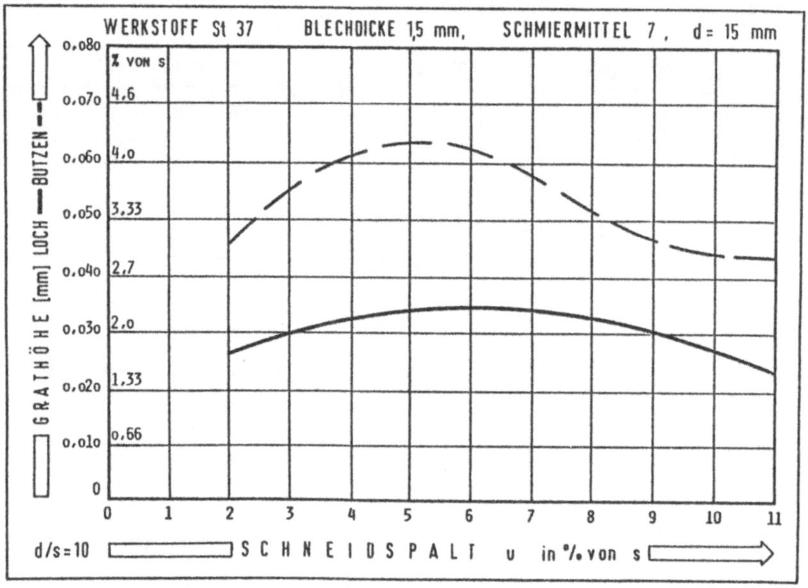

B i l d 245

Probe Nr. 3

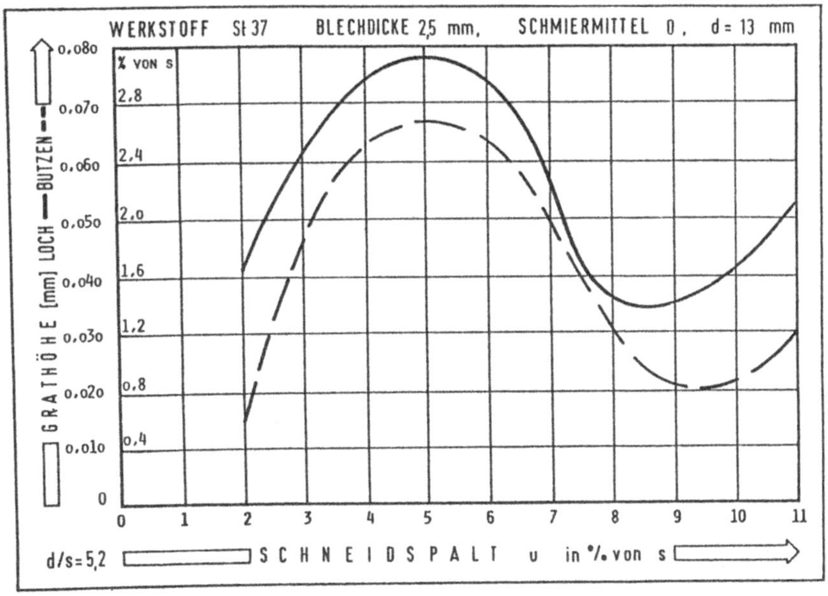

B i l d 246

Probe Nr. 4

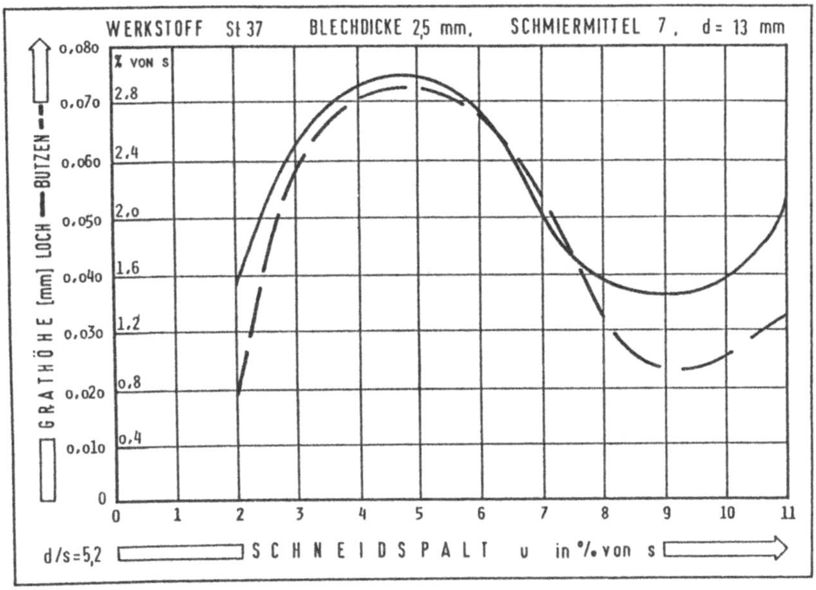

B i l d 247

Probe Nr. 5

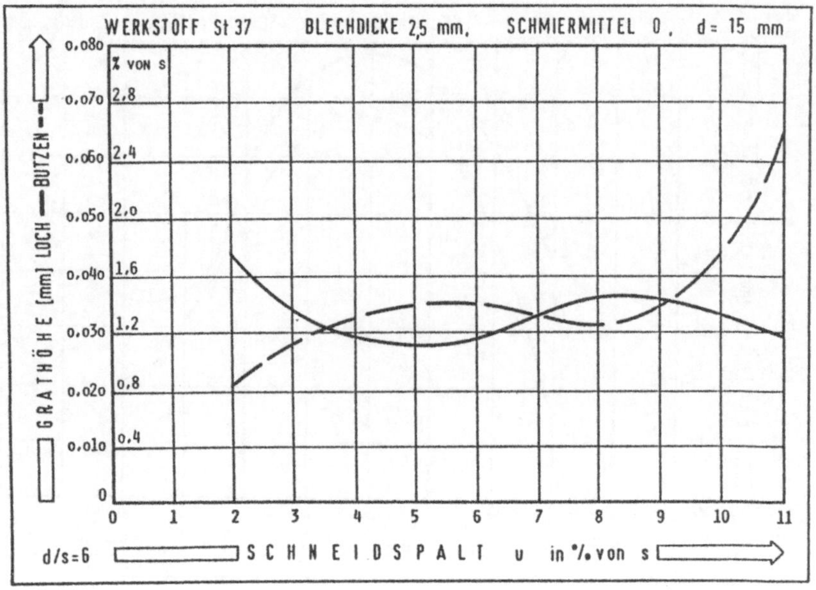

Bild 248

Probe Nr. 6

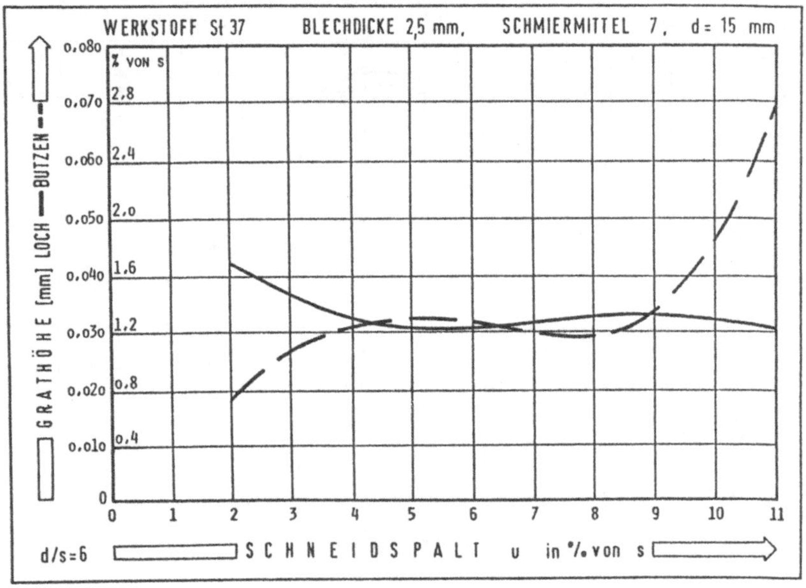

Bild 249

Probe Nr. 7

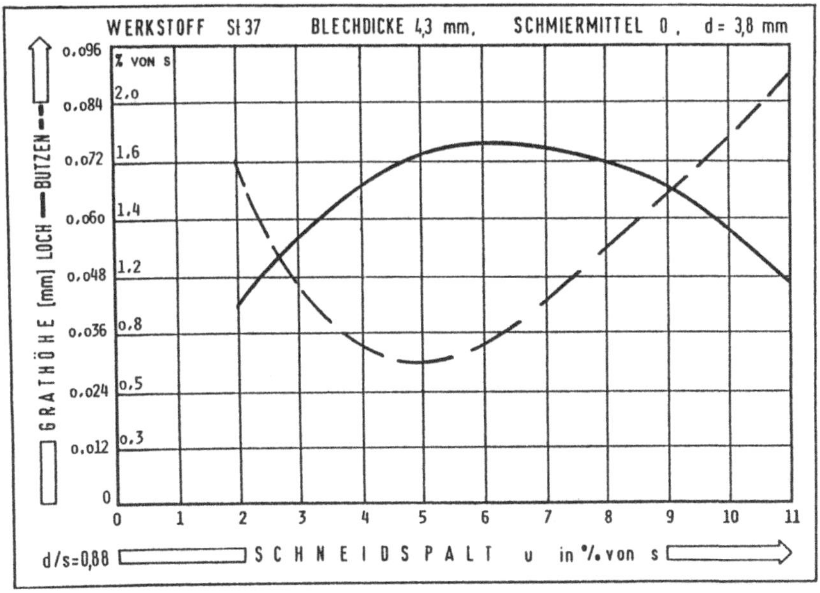

Bild 25o

Probe Nr.8

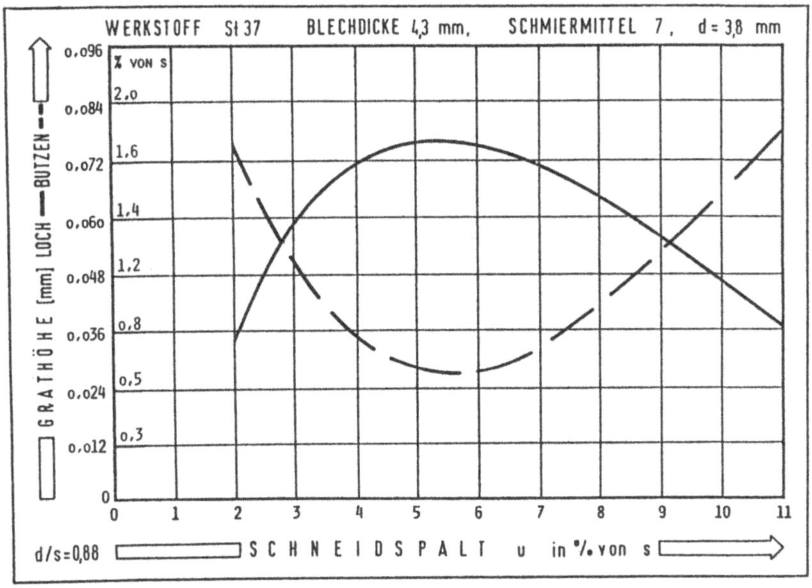

Bild 251

Probe Nr. 9

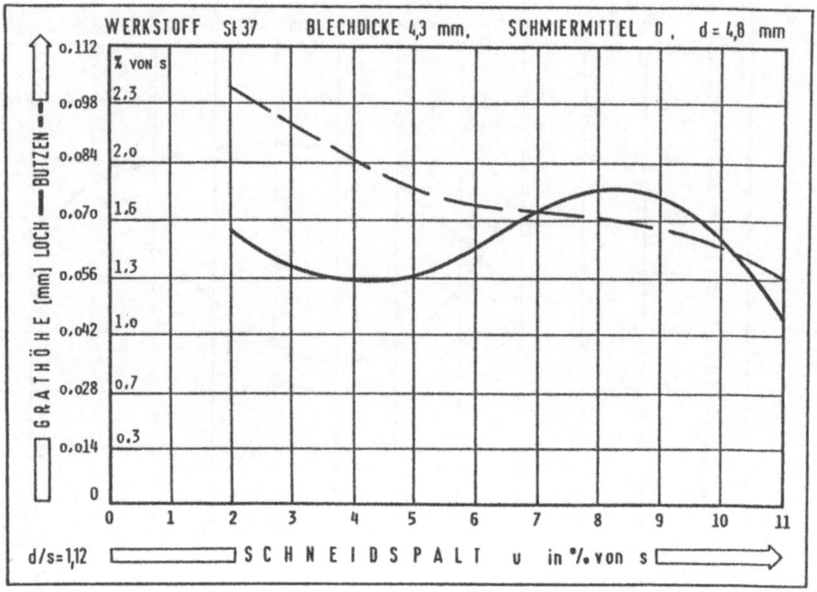

B i l d 252

Probe Nr. 10

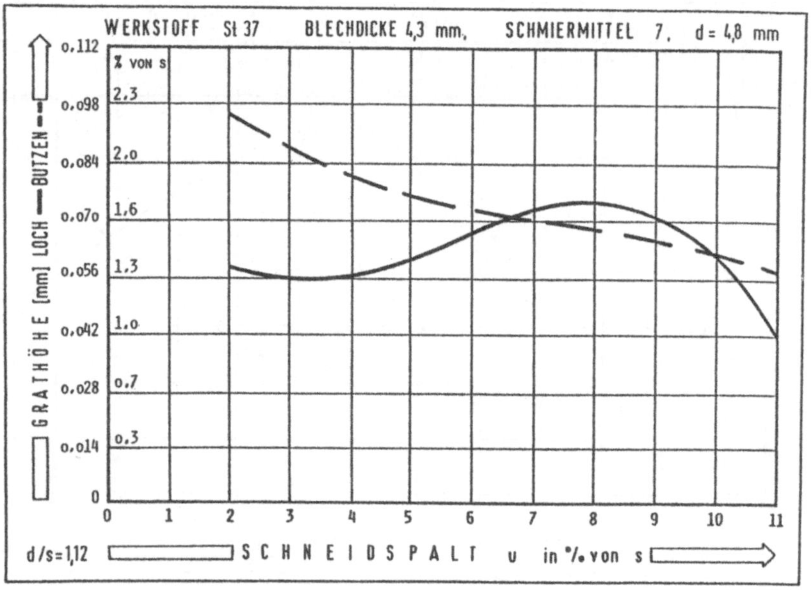

B i l d 253

Probe Nr. 11

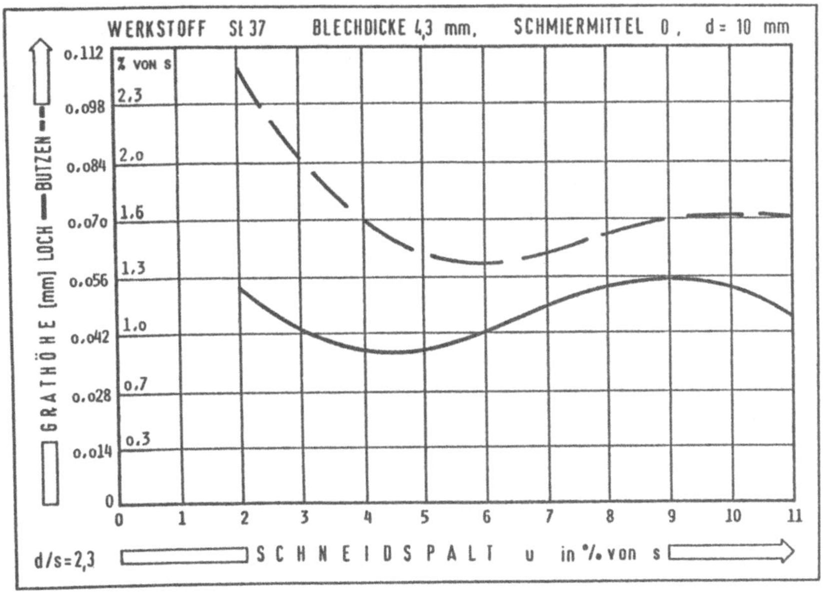

Bild 254 Probe Nr.12

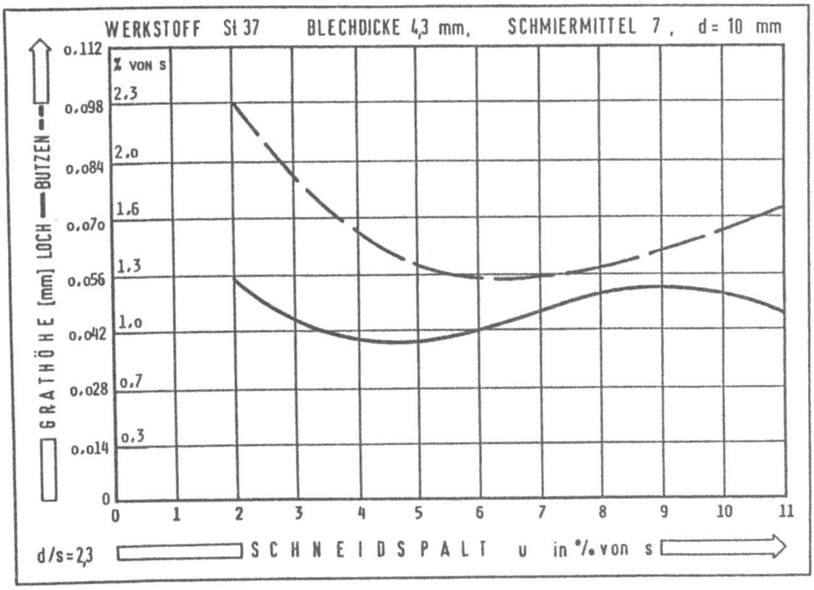

Bild 255 Probe Nr.13

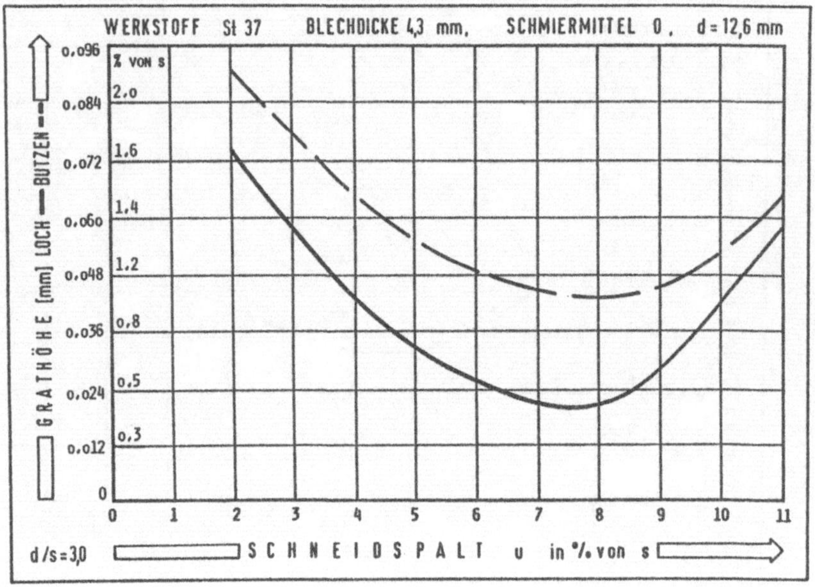

Bild 256 Probe Nr.14

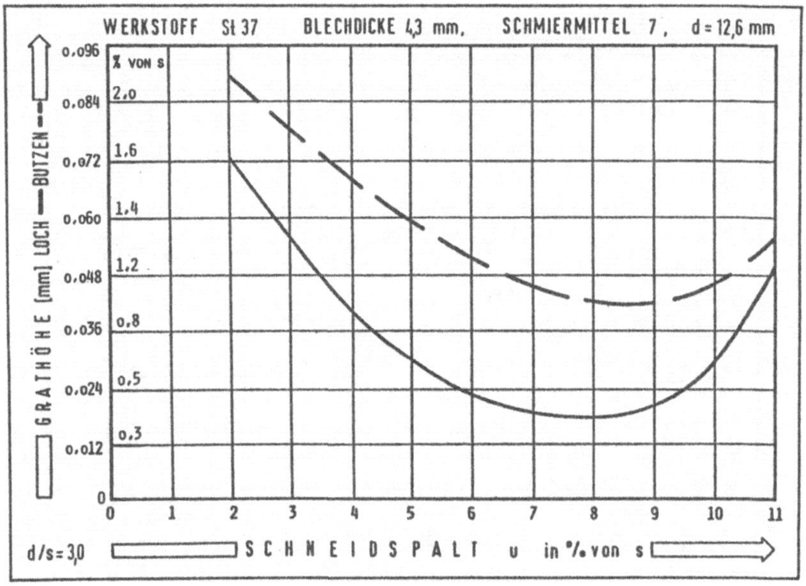

Bild 257 Probe Nr.15

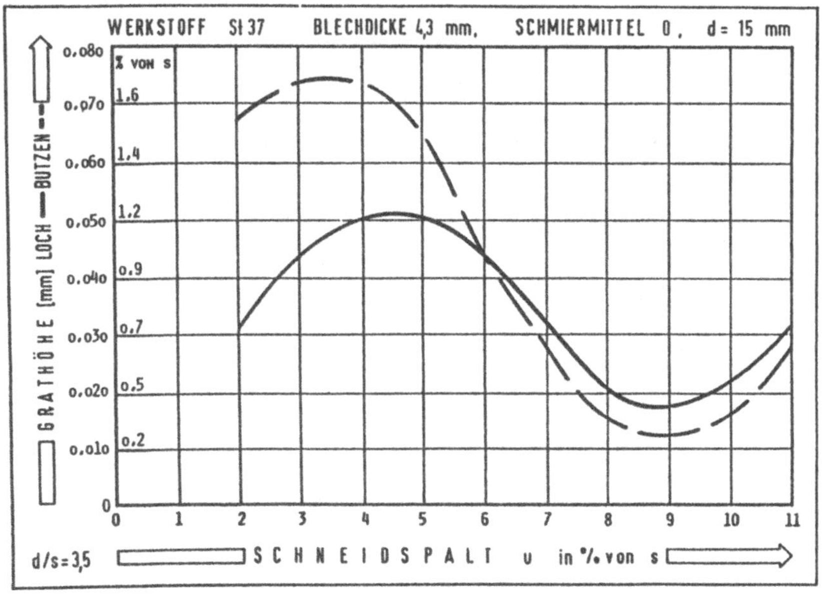

Bild 258 Probe Nr.16

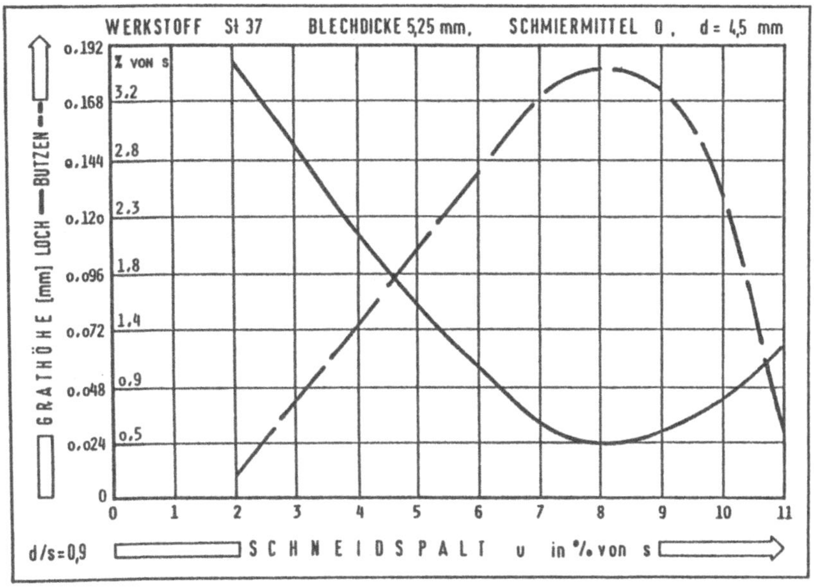

Bild 259 Probe Nr.17

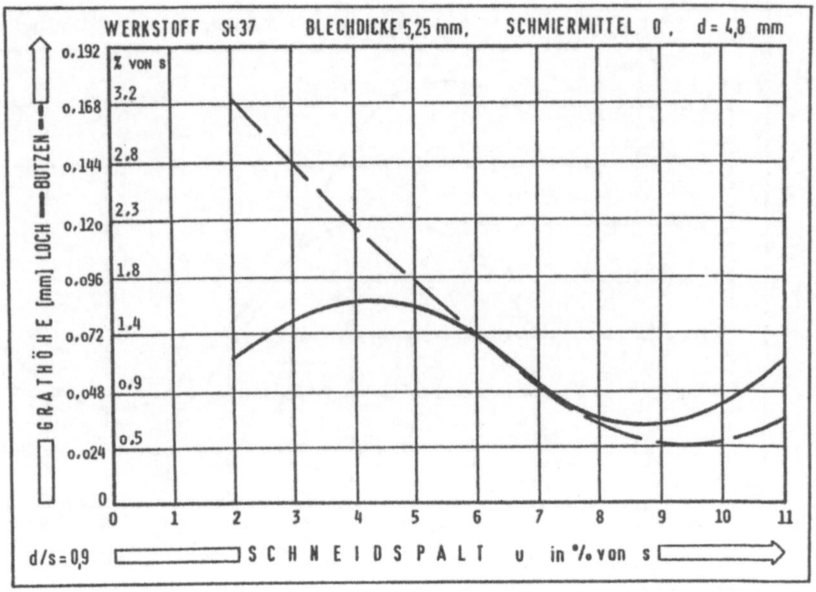

Bild 26o

Probe Nr.18

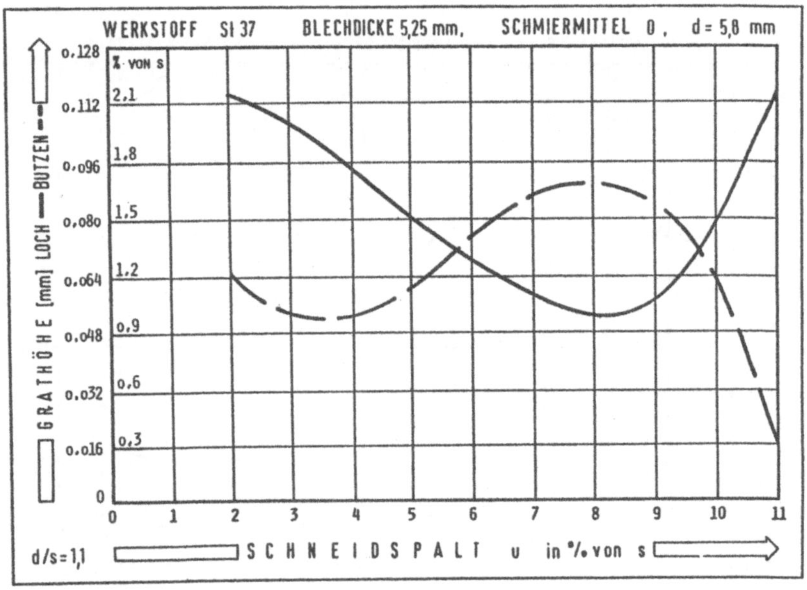

Bild 261

Probe Nr.19

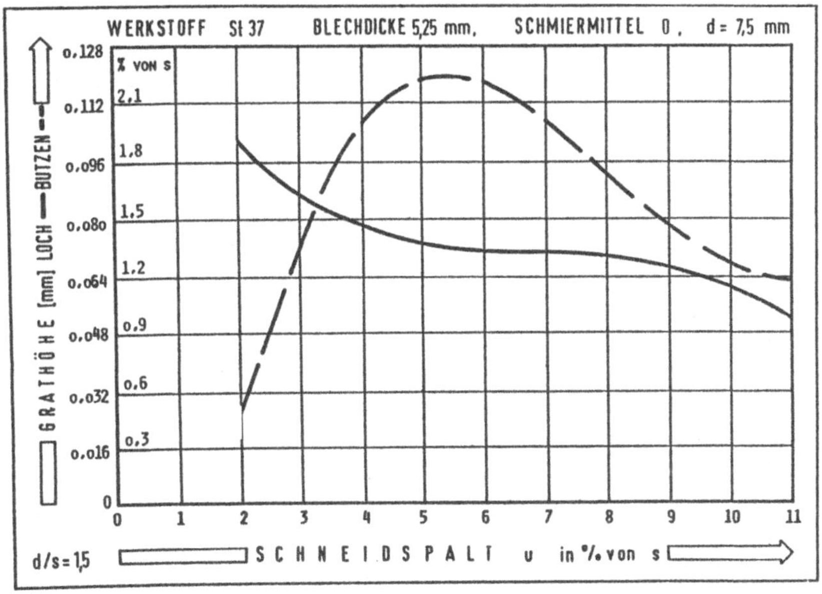

Bild 262 Probe Nr.2o

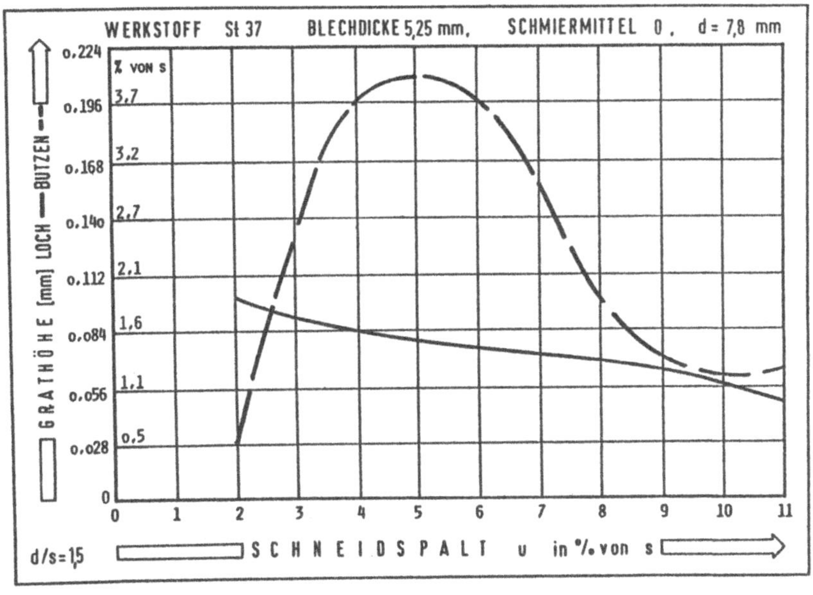

Bild 263 Probe Nr.21

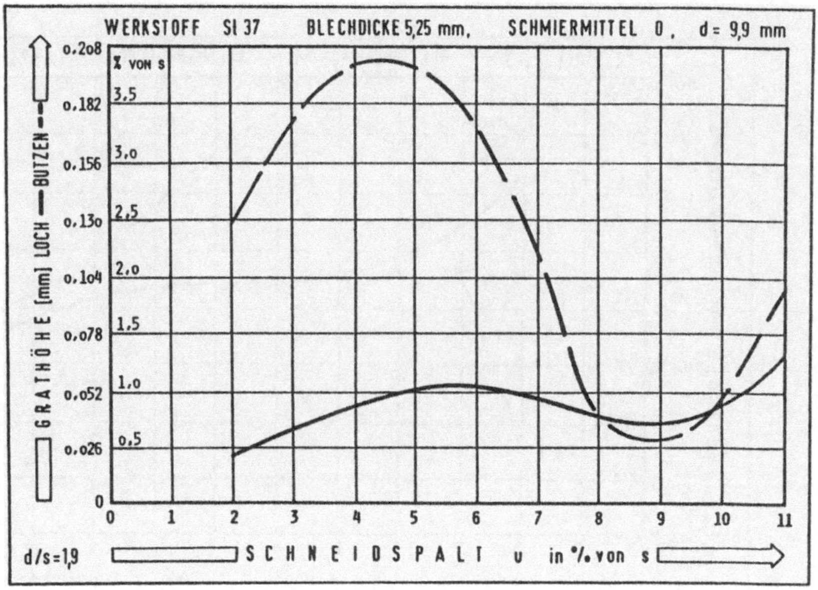

B i l d 264

Probe Nr.22

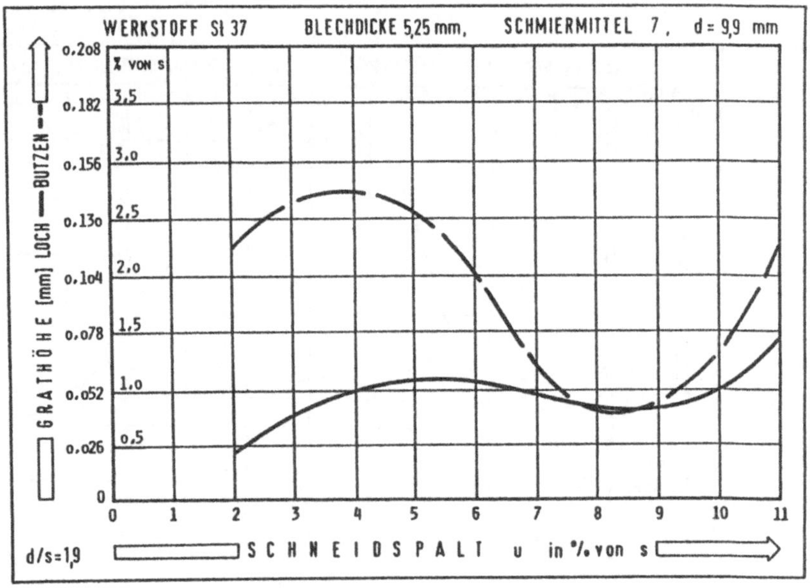

B i l d 265

Probe Nr.23

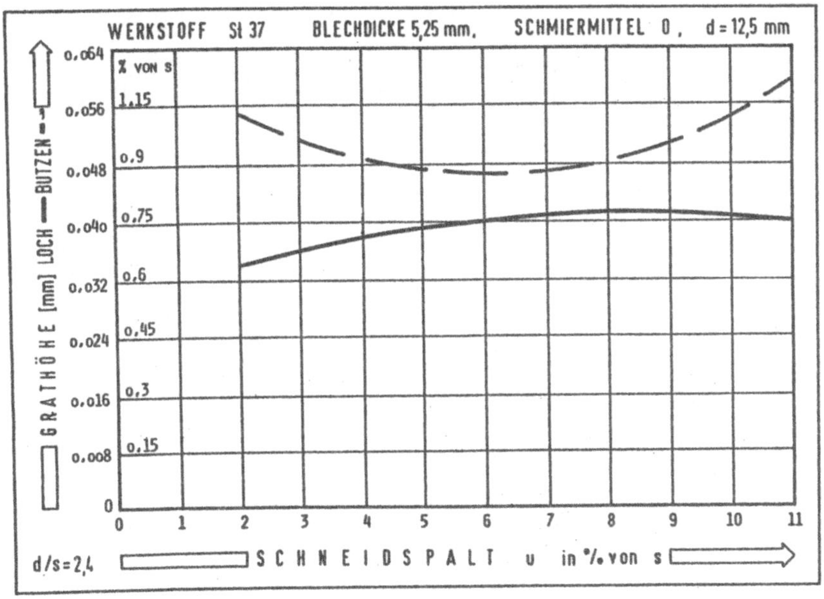

B i l d 266 Probe Nr.24

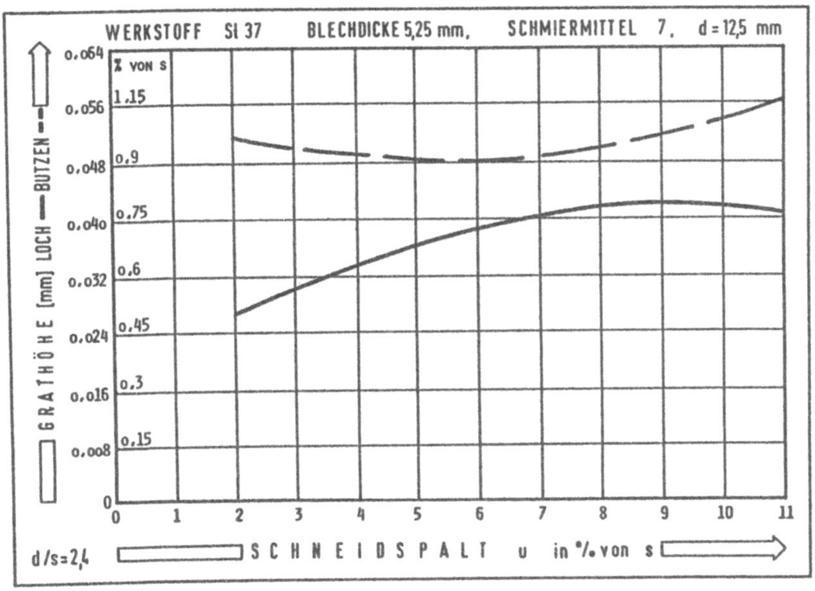

B i l d 267 Probe Nr.25

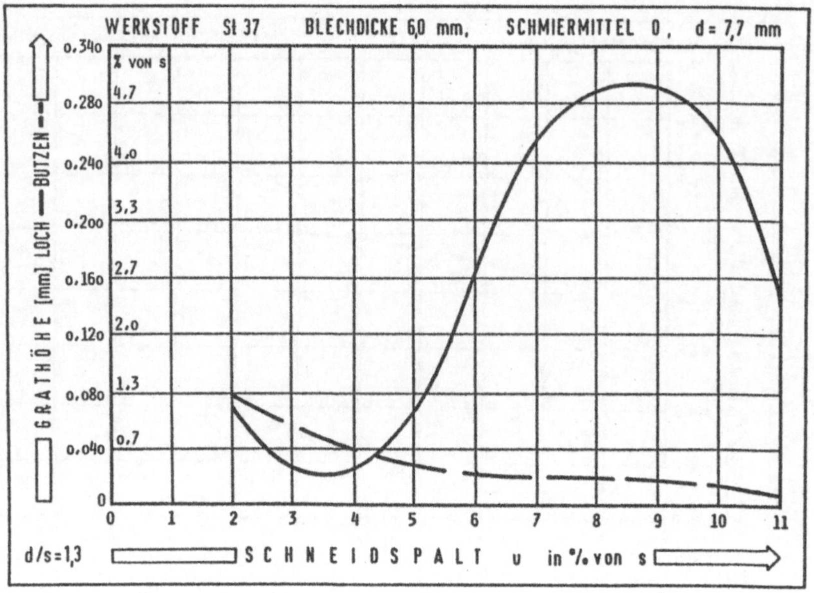

Bild 268

Probe Nr.26

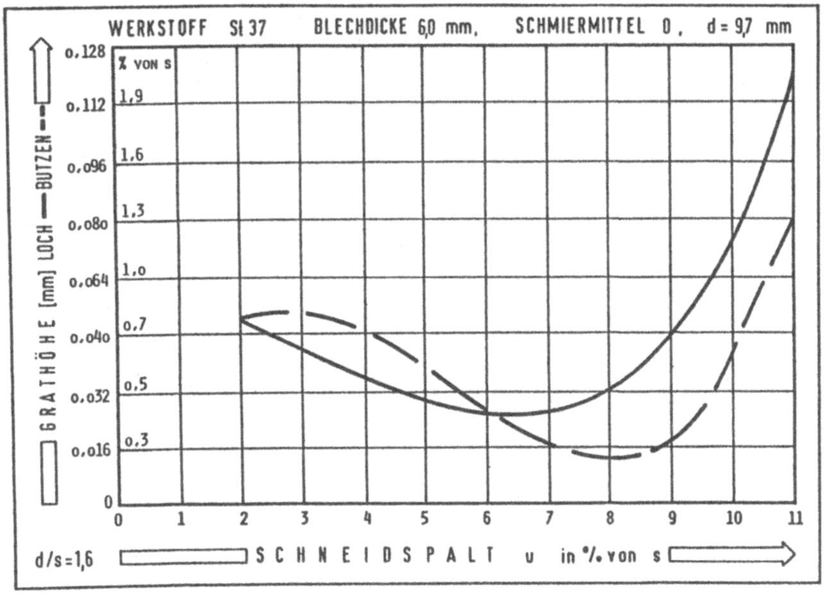

B i l d 269 Probe Nr.27

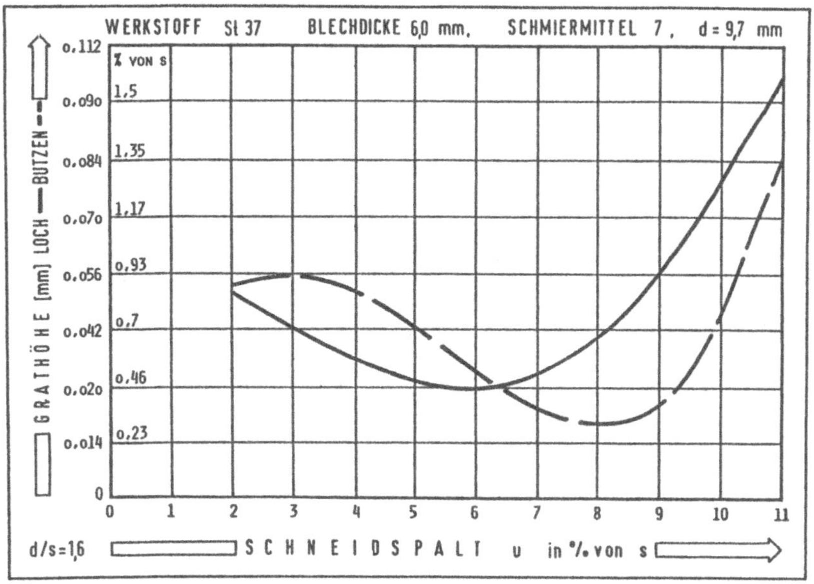

B i l d 270 Probe Nr.28

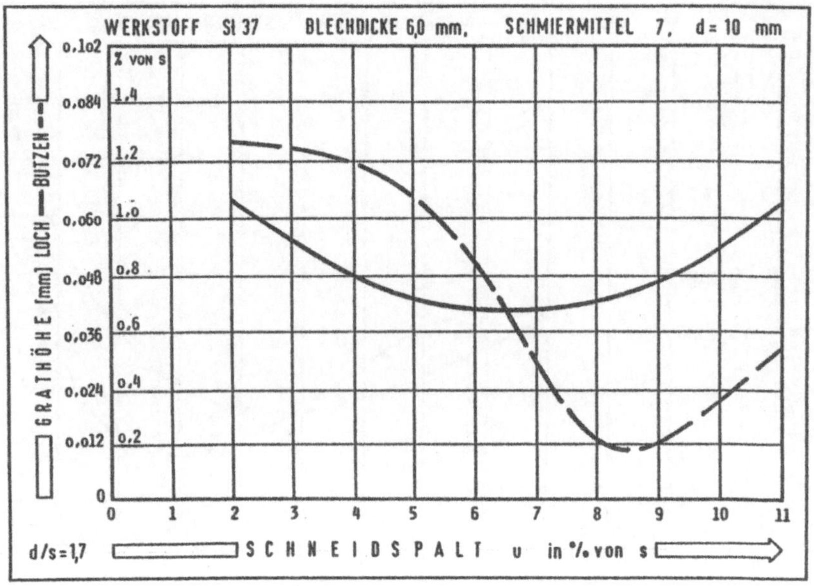

B i l d 271

Probe Nr.29

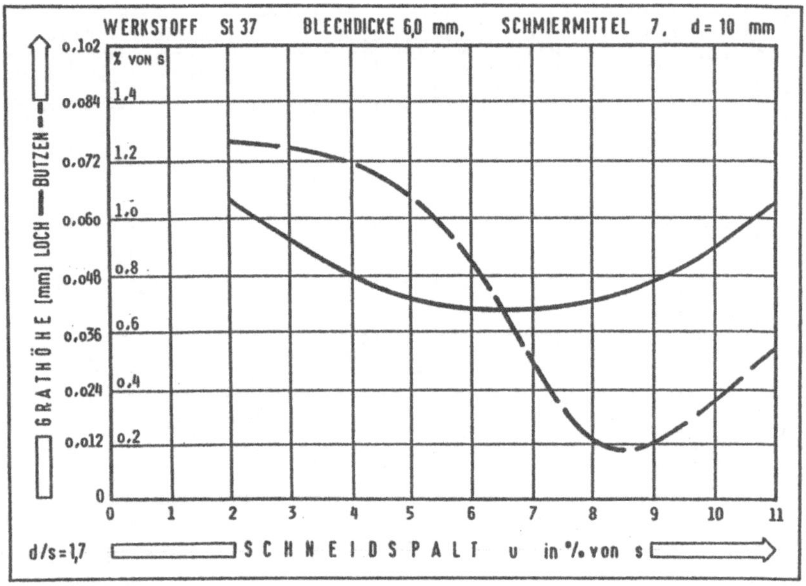

B i l d 272

Probe Nr.3o

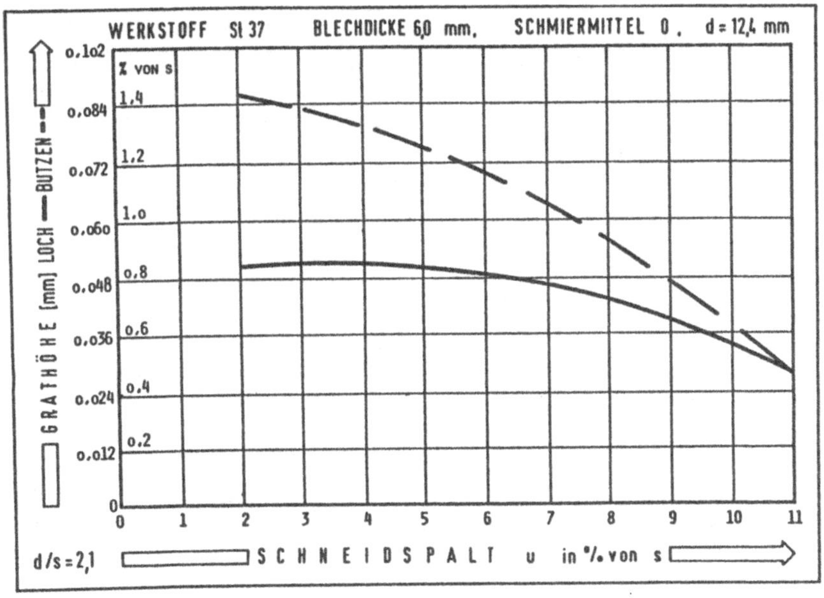

Bild 273 Probe Nr.31

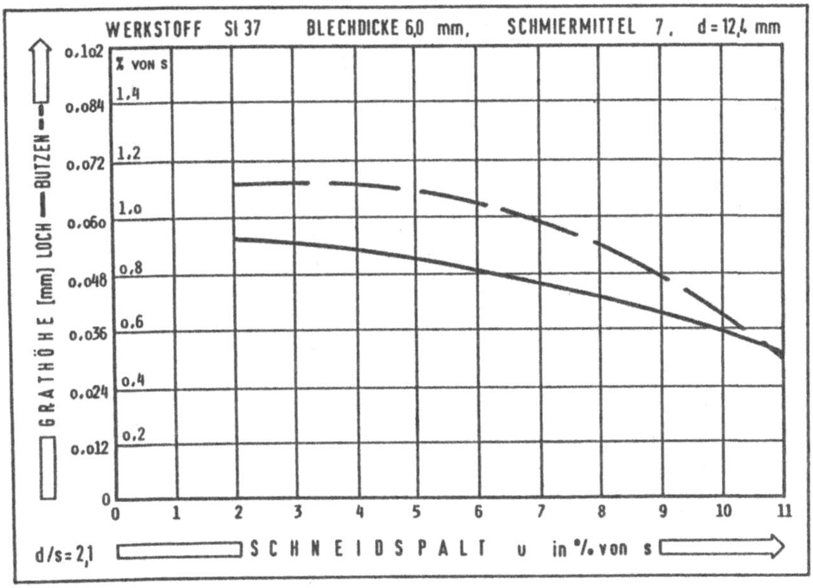

Bild 274 Probe Nr.32

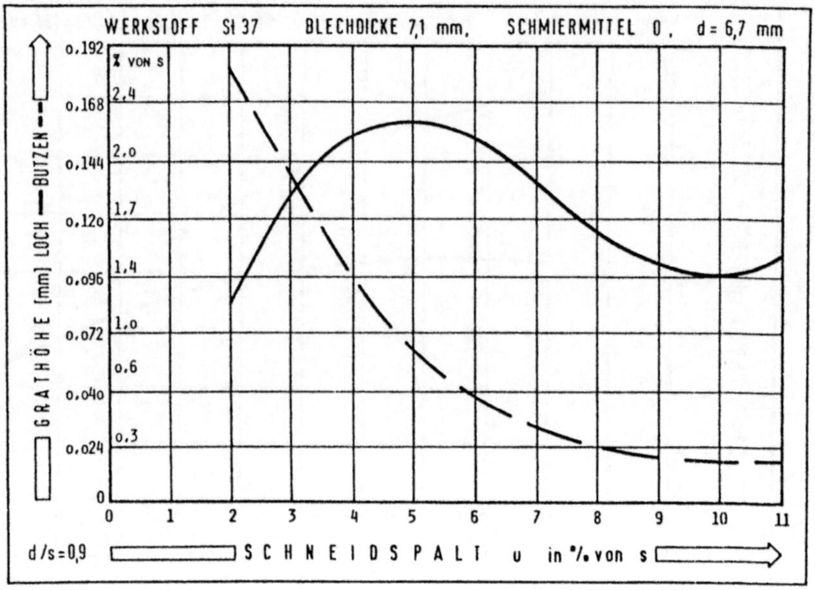

Bild 275

Probe Nr.33

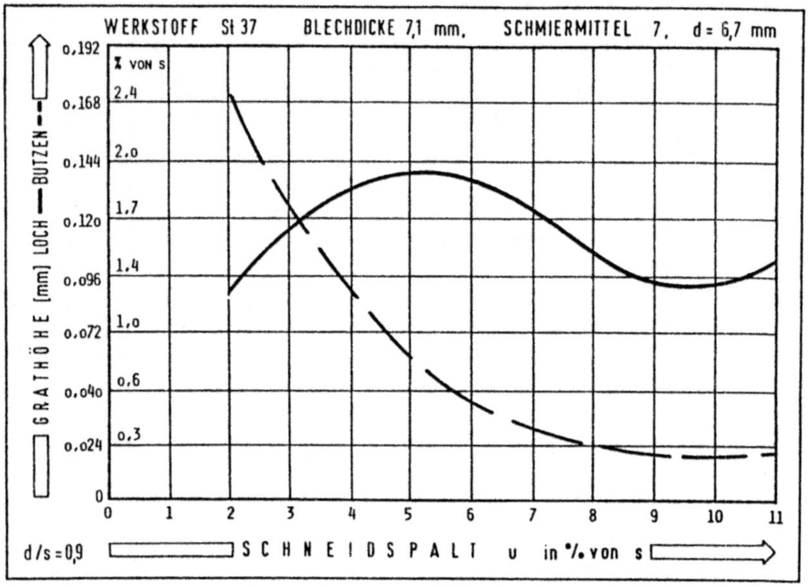

Bild 276

Probe Nr.34

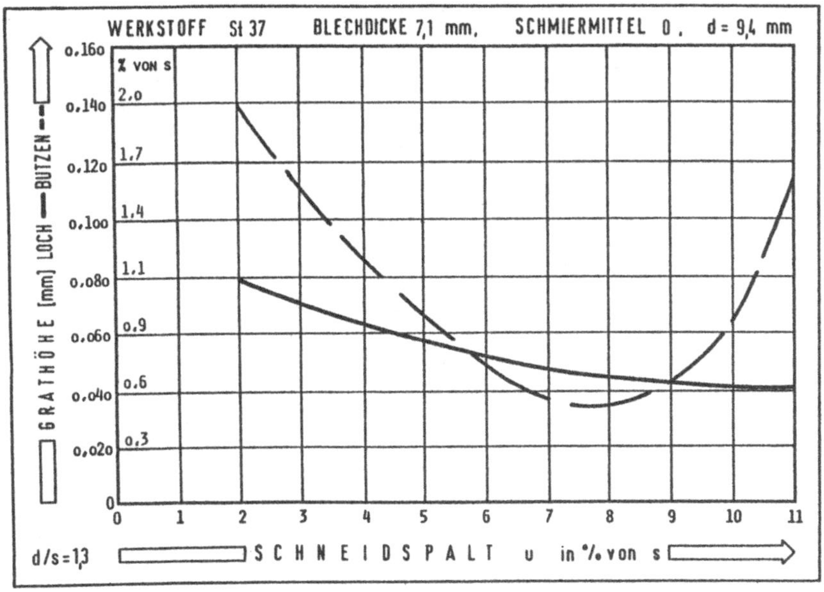

Bild 277

Probe Nr. 35

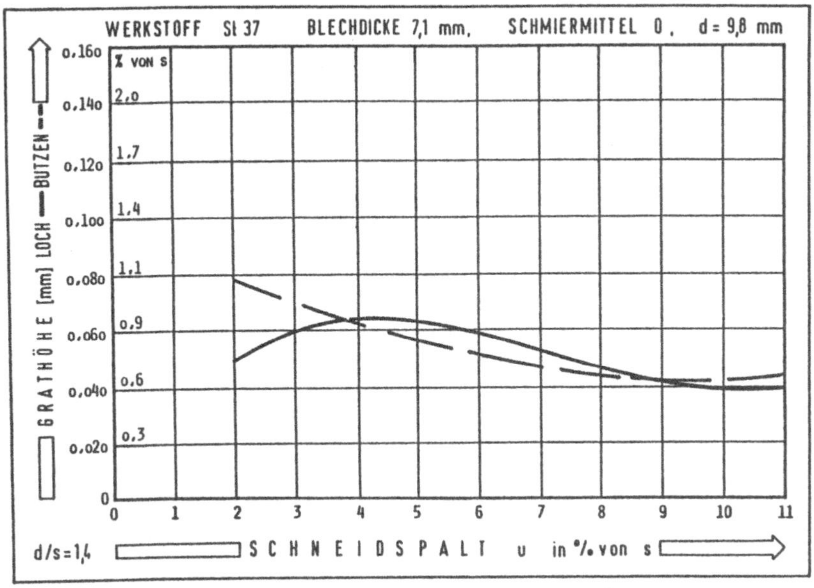

Bild 278

Probe Nr. 36

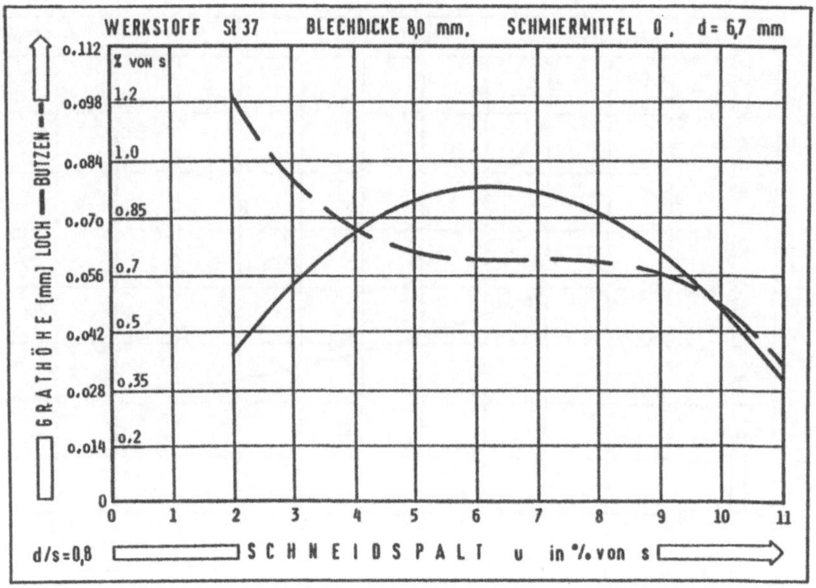

B i l d 279 Probe Nr.37

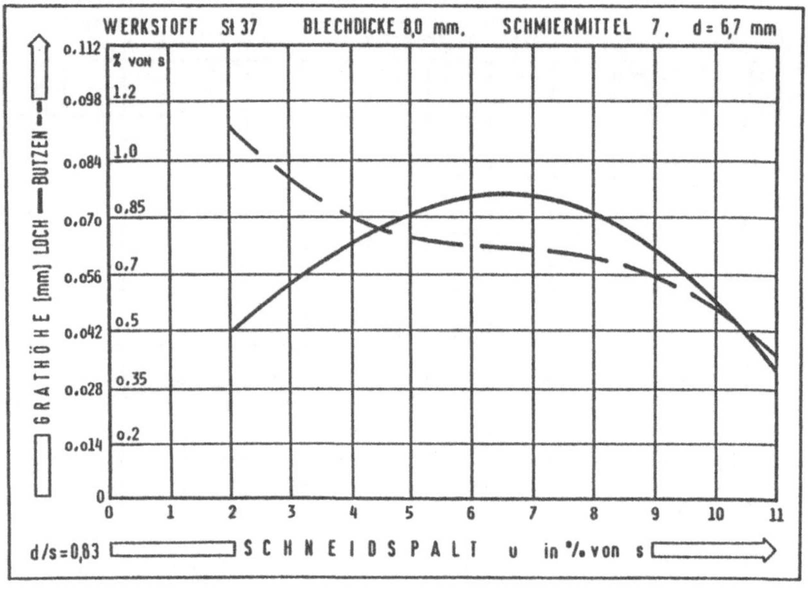

B i l d 28o Probe Nr.38

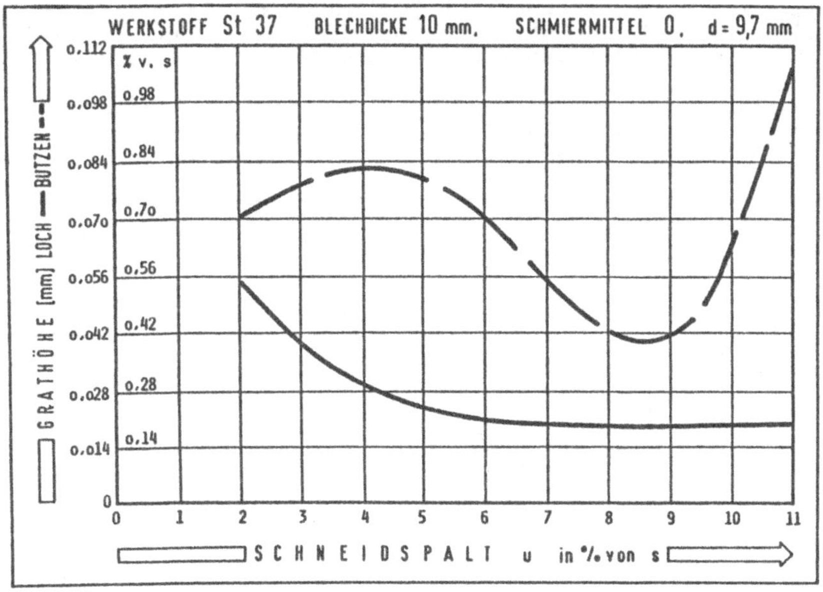

B i l d 281 Probe Nr.39

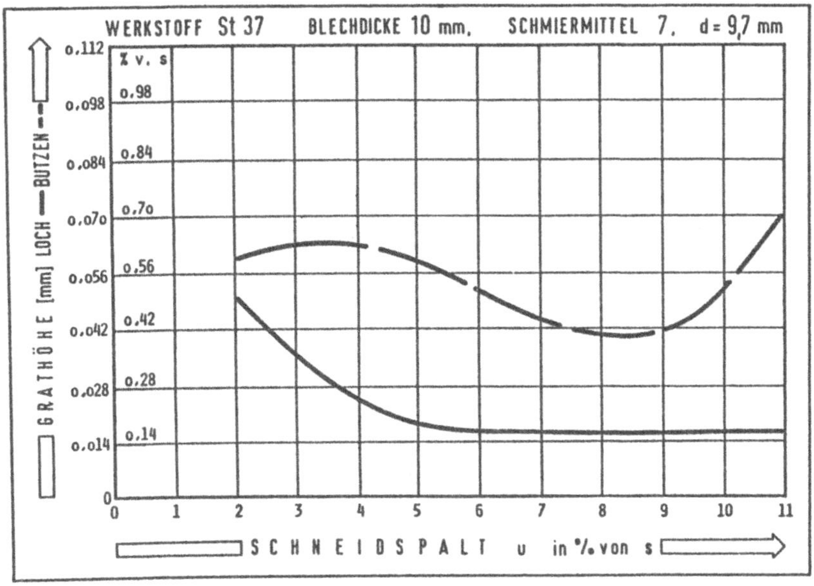

B i l d 282 Probe Nr.4o

28.2. AUFSTELLUNG DER ZUSAMMENHÄNGE ZWISCHEN DEN GRATHÖHEN DES LOCHES UND DES BUTZENS ALS FUNKTION DES SCHNEIDSPALTVERHÄLTNISSES u/s IN TABELLARISCHER FORM

In der Aufstellung, die aus zwei Tabellen besteht (Bild 283 und 284), sind die Daten der 40 Diagramme (Bild 243 bis 282) aufgeführt. Die aus den Zusammenhängen resultierenden Rückschlüsse sind ebenfalls in dieser Aufstellung enthalten.

Nr.	BLECH-DICKE s mm	STEM-PEL-Ø d mm	Lv = d/s	SCHMIERM.	6.0 GRATHÖHE IN % VON BLECHDICKE s				GRATHÖHE in % VON BLECHDICKE s BEI GLEICHEN GRATWERTEN FÜR LOCH UND BUTZEN %
					6.1 MINIMALE GRATHÖHE		6.2 MAXIMALE GRATHÖHE		
					L O C H	B U T Z E N	L O C H	B U T Z E N	
1	2	3	4	5	6.1.1	6.1.2	6.2.1	6.2.2	7
1	1.50	13.00	8.60	0	1.7 UND 1.9	1.4	2.9	4.8	2,0 UND 2.2
2	1.50	15.00	10.00	0	1.4 UND 1.6	1.7 UND 3.0	2.6	4.3	NICHT VORHANDEN
3	1.50	15.00	10.00	7	1.8 UND 1.5	3.0 UND 2.9	2.5	4.2	NICHT VORHANDEN
4	2.50	13.00	5.20	0	1.8 UND 1.4	0.6 UND 0.8	3.0	2.6	NICHT VORHANDEN
5	2.50	13.00	5.20	7	1.5 UND 1.4	0.8 UND 0.9	3.0	2.9	2.6 BIS 1.8
6	2.50	15.00	6.00	0	1.0 UND 1.2	0.8	1.7 UND 1.2	2.6	1.25 1.3 UND 1.5
7	2.50	15.00	6.00	7	1.2 UND 1.2	0.7	1.7	2.8	1.3 1.3 UND 1.4
8	4.30	3.80	0.88	0	1.0 UND 1.2	0.6	1.7	2.2	1.0 UND 1.5
9	4.30	3.80	0.88	7	0.7 UND 0.8	0.6	1.7	1.7 UND 1.8	1.3 UND 1.3
10	4.30	4.80	1.12	0	1.3 UND 1.1	1.3	1.8	2.4	1.6 UND 1.5
11	4.30	4.80	1.12	7	1.0	1.4	1.8	2.25	1.6 UND 1.4
12	4.30	10.00	2.30	0	0.8 UND 1.2	1.4 UND 1.6	1.3 UND 1.3	2.5	NICHT VORHANDEN
13	4.30	10.00	2.30	7	0.9 UND 1.2	1.3	1.3 UND 1.2	2.3	NICHT VORHANDEN
14	4.30	12.60	3.00	0	0.4	1.0	1.7 UND 1.4	2.2 UND 1.5	NICHT VORHANDEN
15	4.30	12.60	3.00	7	0.4	1.0	1.6	2.1	NICHT VORHANDEN
16	4.30	15.00	3.50	0	0.7 UND 0.4	0.4	1.25	1.7	1.0
17	5.25	4.50	0.90	0	0.5	0.2 UND 0.5	3.5	3.5	1.8 UND 1.1
18	5.25	4.80	0.90	0	0.7	0.5	1.6	3.2	1.4 BIS 0.8
19	5.25	5.80	1.10	0	1.0	0.3	2.2 UND 2.2	1.7	1.35 UND 1.35
20	5.25	7.50	1.50	0	1.0	0.5	1.9	2.3	1.6
21	5.25	7.80	1.50	0	1.0	0.5	1.9	4.0	1.8 UND 1.3
22	5.25	9.90	1.90	0	0.45	0.55	1.3	3.8	0.8 UND 0.8
23	5.25	9.90	1.90	7	0.45	0.8	1.5	2.7 UND 2.3	0.8 UND 0.8
24	5.25	12.50	2.40	0	0.65	0.85	0.8	1.1 UND 1.2	NICHT VORHANDEN
25	5.25	12.50	2.40	7	0.5	0.9	0.8	1.0 UND 1.2	NICHT VORHANDEN
26	6.00	7.70	1.30	0	0.4	0.2	1.3	5.0	1.2 UND 0.7
27	6.00	9.70	1.60	0	0.45	0.25	2.1	1.35	0.8 UND 0.4
28	6.00	9.70	1.60	7	0.33	0.25	1.7	1.35	0.8 UND 0.4
29	6.00	10.00	1.70	0	0.7	0.18	1.1.	1.4	0.7
30	6.00	10.00	1.70	7	0.7	0.18	1.1 UND 1.1	1.3	0.7
31	6.00	12.40	2.10	0	0.5	0.5	0.82 BIS 0.81	1.45	0.5
32	6.00	12.40	2.10	7	0.5	0.5	0.9	1.1	0.5
33	7.10	6.70	0.90	0	1.2 UND 1.4	0.25	2.2	2.6	1.85
34	7.10	6.70	0.90	7	1.3 UND 1.3	0.25	1.9	2.4	1.7
35	7.10	9.40	1.30	0	0.6	0.5	1.1	2.0	0.8 UND 0.5
36	7.10	9.8	1.40	0	0.75 UND 0.6	0.65	0.95	1.1	0.95 UND 0.65
37	8.00	6.7	0.80	0	0.45 UND 0.4	0.45	0.9	1.2	0.8 UND 0.6
38	8.00	6.7	0.83	7	0.5 UND 0.4	0.45	0.9	1.1	0.8 UND 0.55
39	10.00	9.7	0.97	0	0.2	0.7 UND 0.45	0.55	1.3	NICHT VORHANDEN
40	10.00	9.7	0.97	7	0.15	0.6 UND 0.4	0.5	0.7	NICHT VORHANDEN

B i l d 283 Grathöhe in % von der Blechdicke s. Die einzelnen Werte bedeuten die gemessenen Grathöhen, jedoch (s. Diagramme, Bild 243-282) auf die Blechdicke bezogen. In den Diagrammen sind auch die Grathöhen in mm ausgedrückt.

In der Spalte 6.1.1. der Tabelle Bild 283 ist der minimale Grathöhenwert des Loches und in der Spalte 6.1.2. der minimale Wert des Butzens aufgeführt. Auf diese Art sind auch die maximalen Werte der Grathöhen des Loches (Spalte 6.2.1.) und des Butzens (Spalte 6.2.2.) angegeben. Treten in einer Spalte zwei Werte auf, so ist der Grathöhen-Kurvenverlauf so gestaltet,daß zwei gleiche oder fast gleiche Werte für das Minimum vorliegen (s. z.B. Probe Nr. 1, Bild 243). Diese und andere Zusammenhänge entstehen aus dem „Zusammenspiel" Diagramm - Tabelle. In der Spalte 7 (Bild 283) sind Grathöhenwerte in % von s angegeben, die den gleichen Wert am Loch und Butzen aufweisen.

In der Tabelle Bild 284 sind Schneidspaltverhältniswerte in % von s angegeben, bei welchen die minimalen bzw. maximalen Grathöhenwerte des Loches und des Butzens vorliegen. Diese sind in den Spalten der Gruppe "8", analog zu der Gruppe "6" der Tabelle Bild 283, enthalten. In der Spalte 9 (Bild 284) sind die Werte

Nr.	BLECH-DICKE s mm	STEM-PEL-Ø d mm	Lv = d/s	SCHMIERM.	8.0 SCHNEIDSPALT u in % von s				SCHNEIDSPALT u in % von s MIT GLEICHEN GRATHÖHEN FÜR LOCH UND BUTZEN %
					8.1 MINIMALE GRATHÖHE		8.2 MAXIMALE GRATHÖHE		
					LOCH	BUTZEN	LOCH	BUTZEN	
1	2	3	4	5	8.1.1	8.1.2	8.2.1	8.2.2	9
1	1.50	13.00	8.60	0	2.0 UND 11.0	7.6	8.0	2.0	5.0 UND 10.2
2	1.50	15.00	10.00	0	2.0 UND 11.0	2.0 UND 11.0	7.8	5.0	NICHT VORHANDEN
3	1.50	15.00	10.00	7	2.0 UND 11.0	2.0 UND 11.0	6.5	5.2	NICHT VORHANDEN
4	2.50	13.00	5.20	0	2.0 UND 8.5	2.0 UND 9.5	5.0	5.0	NICHT VORHANDEN
5	2.50	13.00	5.20	7	2.0 UND 9.0	2.0 UND 9.0	5.0	5.0	NICHT VORHANDEN
6	2.50	15.00	6.00	0	5.0 UND 11.0	2.0	2.0 UND 8.5	11.0	3.5 7.0 UND 9.0
7	2.50	15.00	6.00	7	5.0 UND 11.0	2.0	2.0	11.0	4.4 6.5 UND 9.0
8	4.30	3.80	0.88	0	2.0 UND 11.0	5.0	6.0	11.0	2.6 UND 9.0
9	4.30	3.80	0.88	7	2.0 UND 11.0	5.5	5.5	2.0 UND 11.0	2.8 UND 9.0
10	4.30	4.80	1.12	0	4.0 UND 11.0	11.0	8.5	2.0	7.0 UND 10.0
11	4.30	4.80	1.12	7	11.0	11.0	8.0	2.0	6.5 UND 10.0
12	4.30	10.00	2.30	0	4.5 UND 11.0	6.0 UND 11.0	2.0 UND 9.0	2.0	NICHT VORHANDEN
13	4.30	10.00	2.30	7	4.5	6.0	2.0 UND 9.0	2.0	NICHT VORHANDEN
14	4.30	12.60	3.00	0	7.5	8.0	2.0 UND 11.0	2.0 UND 11.0	NICHT VORHANDEN
15	4.30	12.60	3.00	7	7.7	8.2	2.0	2.0	NICHT VORHANDEN
16	4.30	15.00	3.50	0	2.0 UND 8.7	9.0	4.5	3.5	6.0
17	5.25	4.50	0.90	0	8.0	2.0 UND 11.0	2.0	8.0	4.5 UND 10.6
18	5.25	4.80	0.90	0	8.5	9.5	4.5	2.0	6.0 BIS 7.5 !
19	5.25	5.80	1.10	0	8.0	3.5	2.0 UND 11.0	8.0	5.8 UND 9.6
20	5.25	7.50	1.50	0	11.0	2.0	2.0	5.5	3.3
21	5.25	7.80	1.50	0	11.0	2.0	2.0	5.0	2.6 UND 9.5
22	5.25	9.90	1.90	0	2.0	8.8	11.0	4.6	8.0 UND 10.0
23	5.25	9.90	1.90	7	2.0	8.2	11.0	4.0	7.7 BIS 8.8 !
24	5.25	12.5	2.40	0	2.0	6.0	8.5	11.0	NICHT VORHANDEN
25	5.25	12.50	2.40	7	2.0	6.3	9.0	2.0 UND 11.0	NICHT VORHANDEN
26	6.00	7.70	1.30	0	3.5	11.0	8.7	2.0	2.0 UND 4.4
27	6.00	9.70	1.60	0	6.5	8.0	11.0	11.0	2.0 UND 6.2
28	6.00	9.70	1.60	7	6.0	8.0	11.0	11.0	2.0 UND 6.4
29	6.00	10.00	1.70	0	7.0	9.0	2.0 UND 11.0	2.0	6.3
30	6.00	10.00	1.70	7	6.5	8.5	2.0 UND 11.0	2.0	6.5
31	6.00	12.40	2.10	0	11.0	11.0	2.0 BIS 6.0	2.0	11.0
32	6.00	12.40	2.10	7	11.0	11.0	2.0 BIS 4.0	2.0 BIS 4.0	11.0
33	7.10	6.70	0.90	0	2.0 UND 9.8	11.0	5.0	2.0	3.2
34	7.10	6.70	0.90	7	2.0 UND 9.5	9.5	5.4	2.0	3.3
35	7.10	9.40	1.30	0	11.0	7.7	2.0	2.0 UND 11.0	5.6 UND 9.0
36	7.10	9.80	1.40	0	2.0 UND 10.0	10.0	4.5	2.0	3.7 UND 9.0
37	8.00	6.7	0.83	0	2.0 UND 11.0	11.0	6.5	2.0	4.0 UND 9.8
38	8.00	6.7	0.83	7	2.0 UND 11.0	11.0	7.0	2.0	4.5 UND 10.4
39	10.00	9.7	0.97	0	6.0 BIS 11.0	8.5	2.0	11.0	NICHT VORHANDEN
40	10.00	9.7	0.97	7	5.0 BIS 11.0	8.3	2.0	11.0	NICHT VORHANDEN

Bild 284 Schneidspalt u in % von s, bei welchem die minimalen bzw. maximalen Grathöhenwerte des Loches oder des Butzens vorkommen.

des Schneidspaltes u in % von s angegeben, bei welchen gleich hohe Grathöhenwerte für das Loch und den Butzen vorliegen. Im Rahmen des Kap. 28.3. (S. 2o4) sind die aus den Diagrammen und den beiden Tabellen resultierenden Rückschlüsse zusammengefaßt.

28.3. AUSWERTUNG UND DISKUSSION DER VERSUCHSERGEBNISSE UND DER ZUSAMMENHÄNGE ZWISCHEN DEN GRATHÖHEN DES LOCHES UND DES BUTZENS ALS FUNKTION DES SCHNEIDSPALTVERHÄLTNISSES u/s

1.0. MINIMALE GRATHÖHE DES LOCHES UND DES BUTZENS

Die minimalen Grathöhenwerte in % der Blechdicke s für das Loch und den Butzen sind in der Spalte 6.1. der Tabelle Bild 283 aufgeführt. Für das Loch unter 6.1.1. und für den Butzen unter 6.1.2. Die Werte der Grathöhen werden in dieser Tabelle jeweils in % von der Blechdicke s (Spalte 2) angegeben. Diese Werte stammen aus den Versuchsaufzeichnungen. Sie sind auch in den Diagrammen (Bild 243-282) unter der jeweiligen Nr. zu finden.

1.1.0. MINIMALE GRATHÖHENWERTE DES LOCHES in % von der BLECHDICKE

1.1.1. Der minimale Grathöhenwert für Bleche St 37, Blechdicke s = 1,5 bis 10,o mm liegt zwischen o,15 und 1,9 % von der Blechdicke.

1.1.2. Die maximalen und mittleren Grathöhenwerte (o,9 bis 1,9 % von s) liegen im Bereich der Blechdicken s = 1,5 bis 4,3 mm.

1.1.3. Die maximalen Werte des unter 1.1.2. genannten Bereiches liegen im Bereich der Blechdicken s = 1,5 bis 2,5 mm und betragen 1,2 bis 1,9 % von s.

1.1.4. Die unter 1.1.3. genannten Werte werden ab einem Lochungsverhältnis Lv = d/s = 4,8 erzeugt.

1.1.5. Bei ca. 50% der Versuchsproben (dieses betrifft nicht nur die aufgeführten Werte, sondern alle durchgeführten Versuche) sind zwei Gratwerte mit ausgeprägt geringen Gratwertunterschieden (maximal o,4 % von s) vorhanden. Zum größten Teil sind die Gratwertunterschiede sehr gering und betragen nur o,1 bis o,2 % von s.

1.1.6. Die minimale Grathöhe, die innerhalb dieser Versuchsreihe vorkommt liegt bei o,15 % von s (Nr. 4o).

1.2.0. MINIMALE GRATHÖHENWERTE DES BUTZENS in % von der BLECHDICKE

1.2.1. Der minimale Grathöhenwert des Butzens liegt innerhalb des Blechdickenbereiches s = 5,25 bis 10,o mm (mit geringen Ausnahmen) und die Grathöhe beträgt 0,18 bis 0,8 % von s.

1.2.2. Die maximalen und mittleren Werte der Grathöhe liegen im Bereich der Blechdicke s = 1,5 mm (Nr. 1 bis 3) und betragen 1,4 bis 3,o % von der Blechdicke s.

1.2.3. Die maximalen Werte der Grathöhe liegen eindeutig im Bereich der Blechdicke s = 1,5 mm (Nr. 2 und 3) und betragen 1,4 bis 3,o % von der Blechdicke s.

1.2.4. Die Zahl der Versuchsproben mit zwei wenig unterschiedlichen Grathöhenwerten ist hierbei sehr gering (Nr. 2-5, 12, 13, 39-4o).

1.2.5. Wenn die Grathöhe am Butzen geringer ist als am Loch, dann ist der absolute Unterschied ziemlich groß bzw. sehr groß (Nr. 20, 21 30 und 33).

1.2.6. Bei der Blechdicke s = 6,o mm treten außerordentlich niedrige Grathöhenwerte auf (0,18 bis 0,25 % von s) und in manchen Fällen ist der Unterschied wiederum sehr groß (Nr. 33 und 34).

1.2.7. Das Lochungsverhältnis Lv = d/s hat keinen feststellbaren Einfluß auf die Grathöhe des Butzens innerhalb der untersuchten Stempeldurchmesser d und Blechdicken s.

1.2.8. Markant sind die verhältnismäßig niedrigen Grathöhenwerte bei den in dieser Hinsicht ausnahmsweise untersuchten Blechdicken s = 10 mm (Nr. 39 und 40) mit Grathöhen des Butzens von o,4 bis o,7% v. s.

1.3.0. MINIMALE GRATHÖHENWERTE DES LOCHES ALS FUNKTION DES SCHNEIDSPALTVERHÄLTNISSES u/s

Das Schneidspaltverhältnis u/s bei welchem die minimale Grathöhe des Loches auftritt ist in der Spalte 8.1.1 aufgeführt. Aus den Daten kann man folgende Rückschlüsse ziehen:

1.3.1. Die meisten Schneidspaltverhältniswerte u/s, bei welchen der minimale Schneidgrat des Loches auftritt, betragen 2,o und 11,o %. Dieses betrifft ca. 50% der untersuchten Proben. In der Aufstellung sind es die Proben Nr.: 1 bis 12, 20 bis 25, 31 bis 40. Diese Erscheinung betrifft alle untersuchten Proben.

1.3.2. In 25% der Versuchsfälle treten zwei Schneidspatverhältniswerte u/s auf, bei welchen beide u/s-Werte, also 2,0% und 11,o% gleichzeitig auftreten - Nr. 1 bis 3, 8, 9, 37 bis 38.

1.3.3. Aus der Aufstellung geht hervor, daß die Anhäufung dieser Werte in den Bereichen der Blechdicken s = 1,5 bis 4,3 und 7,1o bis 10,o mm vorliegt (2% und 11%).

1.3.4. Aus den Punkten 1.3.1. bis 1.3.4. resultiert, daß hinsichtlich der Grathöhe die Mindestwerte mit zwei Schneidspaltverhältniswerten u/s erreicht werden können, wenn die Grathöhe eine ausschlaggebende Rolle spielt. Bei dieser Betrachtung ist die Lochwandqualität nicht in Betracht gezogen worden.

1.3.5. Bei ca. 50% der Versuchsfälle wird der Mindestwert der Grathöhe des Loches bei nur einem Schneidspaltverhältniswert u/s erreicht (Nr. 11, 13,bis 15, 17 bis 32 und 35).

1.3.6. Nur in wenigen Fällen (ca. 10% der Versuchsfälle) wird der Mindestwert der Grathöhe des Loches bei anderen Schneidspaltverhältniswerten (Nr. 13 bis 15, 17 bis 19, 26 bis 3o) erzeugt.

1.4.0. MINIMALE GRATHÖHENWERTE DES BUTZENS ALS FUNKTION DES SCHNEIDSPALTVERHÄLTNISSES u/s

Das Schneidspaltverhältnis u/s bei welchem die minimale Grathöhe des Butzens auftritt ist in der Spalte 8.1.2. der in Bild 284 dargestellten Tabelle angegeben. Aus dieser Aufstellung, die stellvertretend für alle durchgeführten Versuche aufgestellt worden ist resultiert:

1.4.1. Die meisten minimalen Grathöhenwerte des Butzens liegen im Bereich des Schneidspaltverhältnisses zwischen 6 und 11% (ca. 60 % aller untersuchten Fälle).

1.4.2. In ca. 20% der Versuchsfälle tritt das Schneidspaltverhältnis von 2% auf, bei dem die minimalen Werte der Grathöhe des Butzens erreicht werden.

1.4.3. In ca. 20% der Versuchsfälle tritt das Schneidspaltverhältnis von 11 % auf, wobei dieser Wert gemeinsam mit dem Schneidspaltverhältnis von 2% (8.1.2.) auftritt (Nr. 2, 3, 17,). Dieses kommt jedoch sehr selten vor.

2.0. MAXIMALE GRATHÖHE DES LOCHES UND DES BUTZENS

Analog zu den Ausführungen hinsichtlich der minimalen Werte der Grathöhen werden nachstehend Rückschlüsse hinsichtlich der maximalen Werte gezogen. Die Versuchsdaten und -ergebnisse sind in der Tabelle (Bild 283) unter 6.2.1. für das Loch und unter 6.2.2. für den Butzen aufgestellt. Es ergeben sich daraus folgende Rückschlüsse:

2.1.0. MAXIMALE GRATHÖHENWERTE DES LOCHES in % von der BLECHDICKE

2.1.1. Der maximale Grathöhenwert des Loches liegt für die gesamte Versuchsreihe zwischen 0,5 und 3,o % von der Blechdicke s.

2.1.2. Die maximalen Werte liegen innerhalb der Blechdicken s = 1,5 bis 2,5 mm (Nr. 1 bis 5).

2.1.3. Die minimalen Grathöhenwerte innerhalb der Spalte der maximalen Werte liegen zwischen 0,5 und 0,9 % von s (Nr. 24, 25, 31 und 36 bis 40).

2.1.4. Die Grathöhenunterschiede zwischen den minimalen Werten (Spalte 6.1.1.) und den maximalen Werten (Spalte 6.2.1.) des Loches liegen zwischen 3,o (maximum)(z.B. Nr.17) und o,35 (Nr. 36 und 4o).

2.1.5. Die unter 2.1.4. genannten Unterschiede werden mit wachsender Blechdicke s von den maximalen Unterschieden ausgehend, geringer. Sie erreichen ihre Mindestwerte bei Blechdicken s = 8,o und 10 mm.

2.1.6. Eine besondere Ausnahme (kommt bei weniger als 2% aller Versuchsfälle vor) stellt die Probe 31 dar. Bei dieser Probe wird innerhalb eines sehr breiten Schneidspaltverhältnisses (s. Pkt. 2.3.0) von 2 bis 6% eine fast gleichbleibende Grathöhe erreicht, wobei der Grathöhenwert sehr gering ist und beträgt 0,81 bis 0,8 % der Blechdicke s (s = 6 mm). Dieses widerholt sich zwar auch bei der Probe Nr. 32 (geschmiert) aber in einem geringeren Schneidspaltverhältnisbereich.

2.1.7. In ca. 20% aller Versuchsfälle liegen zwei Punkte mit gleichen bzw. stark angenährten Grathöhenwerten vor (z.B. Nr. 6, 12 bis 14 19 und 30).

2.2.0. MAXIMALE GRATHÖHENWERTE DES BUTZENS in % von der BLECHDICKE

2.2.1. Der maximale Grathöhenwert des Butzens liegt zwar bei 5% bzw. 4,8 % von s (Nr.26 und 1); diese beiden Werte (Anzahl innerhalb aller Versuche ca. 0,5%) müssen jedoch als Ausreißer betrachtet werden. Durchschnittlich liegen die maximalen Werte der Grathäöhe des Butzens zwischen 1,7 und 3,5 % von der Blechdicke s.

2.2.2. Mit einigen Ausnahmen (Nr. 4, 5, 19, 27 und 28) liegen die Grathöhenwerte (Spalte 6.2.2.) grundsätzlich über den maximalen Grathöhenwerten des Loches (Spalte 6.2.1.).

2.2.3. Die Grathöhenunterschiede zwischen den maximalen Grathöhenwerten des Butzens (6.2.2.) und den maximalen Grathöhenwerten des Loches (6.2.1.) betragen nur in ca.50% der Fälle o,1 bis o,5 % (Nr. 4, 5, 8, 9, 1o, 11, 15, 16, 2o, 24, 25, 28, 29, 3o, 32 bis 34, 36 bis 4o) der Blechdicke s. Alle übrigen Fälle liegen meist weit über diesen Werten.

2.2.4. Die unter 2.2.3. dargestellten Verhältnisse stellen einen gravierenden Unterschied gegenüber den Verhältnissen, die im Rahmen der Unterschiede der Gratwerte des Loches festgestellt wurden (s. Pkt. 2.1.4) dar.

2.2.5. Nur in sehr wenigen Versuchsfällen liegen jeweils gleichzeitig zwei Werte bei einer Probe mit gleichen Grathöhen als maximale Grathöhe vor (Nr.9, 14, 23 bis 25).

2.2.6. Bei Blechdicken s = 1,5 mm kommen die hohen Grenzwerte der Grathöhe bedeutend häufiger vor, als bei dickeren Blechen.

2.2.7. Das Lochungsverhältnis Lv = d/s hat offensichtlich keinen Einfluß auf das Vorhandensein der extremen Grathöhenwerte bzw. auf die mittleren Grathöhenwerte, da kein besonderer Zusammenhang ermittelt werden konnte.

2.3.0. MAXIMALE GRATHÖHENWERTE DES LOCHES ALS FUNKTION DES SCHNEIDSPALTVERHÄLTNISSES u/s

Das Schneidspaltverhältnis u/s, bei welchem die maximale Grathöhe des Loches auftritt, ist in der Spalte 8.2.1. aufgeführt. Aus den Daten kann man folgende Rückschlüsse ziehen (Bild 284):

2.3.1. Die meisten Schneidspaltverhältniswerte u/s, bei welchen der maximale Schneidgrat des Loches auftritt, betragen (wie auch im Falle der minimalen Grathöhenwerte des Loches - Pkt. 1.3.1.) 2,o und 11,o %. Der Anteil dieser Werte liegt bei ca. 50% der untersuchten Proben aller Versuche innerhalb der eingangs angegebenen Blechdicken s und Stempeldurchmesser. In der Aufstellung (8.2.1) sind es die Proben: 6, 7, 12 bis 15, 17, 19 bis 23, 27 bis 22 und 4o.

2.3.2. Nur in ca. 20% der Versuchsfälle treten zwei Schneidspaltverhältniswerte u/s auf, bei welchen zwei Werte von u/s gleichzeitig auftreten (also in fast gleicher Größenordnung die maximalen Grathöhenwerte aufweisen)(Nr. 6, 12 bis 14, 19, 23 und 29 bis, 32).

2.3.3. Eine bestimmte Anhäufung dieser Werte als Funktion irgendwelcher Parameter ist nicht feststellbar.

2.3.4. Die Schneidspaltverhältniswerte, die die unter 2.3.2. aufgeführten Punkte bilden, liegen bei u/s = 2%, 4%, 6%, 8,5% und 11% v.s.

2.3.5. In ca. 80% der Versuchsfälle wird der maximale Wert der Grathöhe des Loches nur bei einem Schneidspaltverhältniswert u/s erreicht.

2.3.6. Die Blechdicke s scheint keinen Einfluß auszuüben.

2.3.7. Das Lochungsverhältnis Lv = d/s übt ebenfalls keinen Einfluß aus.

2.4.0. MAXIMALE GRATHÖHENWERTE DES BUTZENS ALS FUNKTION DES SCHNEIDSPALTVERHÄLTNISSES u/s

Das Schneidspaltverhältnis u/s bei welchem die maximale Grathöhe des Butzens auftritt ist in der Spalte 8.2.2. der in Bild 284 dargestellten Tabelle angegeben. Anhand dieser Aufstellung und der Versuchswerte aller anderen durchgeführten Versuche kann man folgende Rückschlüsse ziehen:

2.4.1. Die maximalen Grathöhenwerte des Butzens liegen bei ca. 70% der Versuchsfälle bei u/s = 2% oder 11% sowie gleichzeitig bei 2% und 11% (Nr. 9, 14, 25 und 35).

2.4.2. In ca. 50% der Versuchsfälle tritt das Schneidspaltverhältnis Lv von 2% auf, bei dem die maximalen Werte der Grathöhe des Butzens verursacht werden.

2.4.3. In ca. 20% der Versuchsfälle tritt das Schneidspaltverhältnis von 11% auf, bei dem die maximalen Werte der Grathöhe des Butzens verursacht werden.

3.0. GRATHÖHE in % DER BLECHDICKE s BEI GLEICHEN GRATHÖHENWERTEN DES LOCHES UND DES BUTZENS

Anhand der Versuchsdiagramme kann man feststellen, daß bei bestimmten Proben gleiche Grathöhenwerte für das Loch und den Butzen auftreten. Dieses äußert sich in Form der Kreuzung von Kurven, die den Verlauf der Grathöhe als Funktion des Schneidspaltes in % von s darstellen. Das Vorliegen dieser Kreuzungen bedeutet, daß bei bestimmten Schneidspaltverhältniswerten gleiche Grathöhen erzeugt werden. Diese Tatsache ist von großer Bedeutung für die Fertigung.

Es ist selbstverständlich, daß die Grathöhenwerte, die gleich groß am Loch und Butzen sind, innerhalb der ganzen Grathöhenbreite (zwischen den minimalen und maximalen Werten des Loches und des Butzens) liegen.

In der Aufstellung Bild 283 (S. 2o2) - Spalte 7 - sind die Grathöhenwerte in % von der Blechdicke s aufgestellt, die gleiche Grathöhen am Loch und dem dazugehörigen Butzen aufweisen. Anhand der Versuchsergebnisse aller erfaßten Versuche, aber auch stellvertretend für diese, können aus den Daten der Tabelle Bild 283 folgende Rückschlüsse hinsichtlich der Grathöhe bei gleichen Grathöhenwerten des Loches und des Butzens gezogen werden:

3.0.1. In ca. 70% der Versuchsfälle sind ein oder zwei (sehr selten auch drei - s. Pkt. 3.0.4. - nachstehend) Grathöhenwerte vorhanden, die gleiche Grathöhenwerte am Loch und Butzen (zusammengehörig) aufweisen.

3.0.2. Innerhalb der unter Pkt. 3.0.1. aufgeführten Gruppe sind ca. 70% der Proben mit zwei gleichen Grathöhenwerten des Loches und des Butzens vorhanden (Nr. 1, 5, 8 bis 11, 17 bis 19, 21 bis 23, 26 bis 28 und 35 bis 38).

3.0.3. Innerhalb der Gesamtproben treten ca.4% Proben mit jeweils 3 gleichen Grathöhenwerten des Loches und des Butzens (Nr.5 und 6) auf.

3.0.4. Bei den unter Pkt. 3.0.3. genannten Proben mit jeweils 3 gleichen Grathöhenwerten des Loches und des Butzens wurde festgestellt, daß die Grathöhenwerte eindeutig fast die gleichen Grathöhenwerte aufweisen, wie z.B. die Probe Nr. 6 mit Grathöhen: 1,25, 1,3 und 1,2 % von s, sowie die Probe Nr. 7 mit Grathöhen: 1,3, 1,3 und 1,2 % von s.
Hinsichtlich dieses Phänomens kann jedoch vorerst keine exaktere Aussage getroffen werden, da dieses Problem noch einer genaueren Untersuchung unterzogen werden muß.

3.0.5. In einigen wenigen Versuchsfällen liegen Grathöhenwerte, die am Loch und am Butzen gleiche Werte aufweisen, an einem der Grenzwerte des untersuchten Schneidspaltverhältnisses u/s (2% bzw.11 %) vor (Nr. 26, 27, 28, 31 und 32).

3.0.6. Das Lochungsverhältnis Lv konnte nicht in Zusammenhang mit der Grathöhe in % der Blechdicke bei gleichen Grathöhenwerten des Loches und des Butzens gebracht werden.

3.0.7. In ca. 50% der Versuchsfälle wurde festgestellt, daß die Grathöhe innerhalb der gemeinsamen Werte des Loches und des Butzens einen Mittelwert, der zwischen den minimalen und maximalen Werten des Loches bzw. des Butzens liegen, erreicht. Auch dieses Problem muß genauer untersucht werden, zumal fertigungstechnisch und wirtschaftlich gesehen, eine sehr wichtige Rolle darin zu sehen ist.

4.0. SCHNEIDSPALTVERHÄLTNIS u/s in % BEI GLEICHEN GRATHÖHENWERTEN DES LOCHES UND DES BUTZENS

In Verbindung mit den unter Pkt. 3.0. aufgeführten Zusammenhängen entstand die Frage, bei welchen Schneidspaltwerten u in % von der Blechdicke s die gleichen Grathöhenwerte vorkommen. In der Spalte 9 der in Bild 284 dargestellten Aufstellung sind diese Werte parallel zu der Spalte 7 der Aufstellung Bild 283 aufgestellt. Daraus resultiert folgendes:

4.0.1. Über die Auswirkungen des Schneidspaltverhältnisses Lv = u/s kann man anhand der geringen Anzahl der Versuche keine Aussage treffen.

4.0.2. In fast allen untersuchten Fällen treten die gemeinsamen Grathöhenwerte des Loches und des Butzens im Rahmen der Schneidspaltverhältniswerte u/s von 4 bis 9% auf. Nur in wenigen Fällen tauchen die gemeinsamen Werte bei u/s = 2% und 11% auf (z.B. Nr. 26 bis 28, 31 und 32).

4.0.3. Andere zu vermutende Zusammenhänge müssen noch untersucht werden, da die noch zu geringe Anzahl der durchgeführten Versuche keine eindeutigen Aussagen erlaubt.

4.0.4. Eines der weiteren Phänomene, die in ca.3 bis 4% aller untersuchten Fälle aufgetreten sind, ist das Vorhandensein gleicher Grathöhenwerte für das Loch und den Butzen innerhalb einer bestimmten Schneidpaltverhältnisbreite von 1 bis 1,5% (z.B. Probe Nr. 18 und 23).

5.0. EINFLUSS DES SCHMIERMITTELS AUF DIE GRATHÖHE DES LOCHES UND DES BUTZENS und AUF DIE unter 1.0. bis 4.0. AUFGEFÜHRTEN PROBLEMSTELLUNGEN

Um den Einfluß der Schmierung auf die Grathöhe und die bereits aufgeführten Probleme festzustellen, wurden auch Proben untersucht, die unter Anwendung eines Schmiermittels gelocht worden sind.
Als Schmiermittel wurde Molykote eingesetzt, da mit diesem Schmiermittel in den meisten Fällen die besten Resultate erzielt wurden. Dieses soll jedoch nicht bedeuten, daß angenährte Resultate nicht mit einem anderen Schmiermittel (auch wirtschaftlich betrachtet) erzielt werden können. Die Ergebnisse der durchgeführten Versuche haben dieses eindeutig bewiesen, so daß auch andere Schmiermittel durchaus als geeignet anzusehen sind.
Ob mit oder ohne Anwendung des Schmiermittels gelocht wurde, ist aus den Angaben der Spalte 5 „Schmiermittel" zu ersehen. Unter „0" wird das Lochen ohne und unter „7" mit Schmiermittel verstanden.

Anhand der Veruchsergebnisse können folgende Aussagen hinsichtlich des Einflußes des Schmiermittels auf die Gratbildung und die Grathöhe am Loch und Butzen getroffen werden:

5.0.1. Die nachfolgende Feststellung betrifft besonders das Loch und dessen minimalen und maximalen Grathöhenwerte. Bei ca. 70% der untersuchten Proben wurde keine Veränderung festgestellt. Innerhalb der übrigen 30% traten positive (Grathöhenmindernde) und negative (Grathöhenvergrößernde) Veränderungen auf. Diese Veränderungen sind jedoch sehr gering (um ca. 0,1 % von s), so daß sie nicht in Betracht gezogen werden können.

5.0.2. Die größten Veränderungen traten beim Butzen auf, insbesondere innerhalb der maximalen Grathöhenwerte. Die Veränderungen hinsichtlich der Verkleinerung der maximalen Grathöhe liegen zwischen 0,1% bis 0,6%. Dabei ist aber auch der Meßstreubereich einzubeziehen.

5.0.3. In einigen Fällen werden durch die Anwendung des Schmiermittels die beim trockenen Lochen vorliegenden zwei Stellen für gleiche Grathöhen auf eine Stelle reduziert (z.B. Nr. 14 und 15).

5.0.4. In den meisten Fällen wird das Schneidspaltverhältnis Lv = u/s in Richtung der höheren Grathöhen (um durchschnittlich 0,5% von s) verschoben, was jedoch ebenfalls auf die Meßwertstreuung zurückgeführt werden muß.

5.0.5. Nur in seltenen Fällen wird der Schneidspaltverhältnisbereich, bei welchem die "Gratgleichwertigkeit" für das Loch und den Butzen vorliegt, vergrößert.

5.0.6. Ebenfalls in sehr seltenen Fällen wurden zwei Schneidspaltverhältniswerte in einen Wert mit der "Gratgleichwertigkeit" umgewandelt.

5.0.7. Anhand dieser Feststellungen kann man die Behauptung aufstellen, daß das Schmiermittel keinen wesentlichen Einfluß, sowohl auf die Gratbildung, als auch auf die damit zusammenhängenden Probleme ausübt. Diese Feststellung betrifft jedoch nur Bleche aus St 37, da der Einfluß des Schmierstoffes bei Aluminiumblech bedeutend deutlicher auftritt.

28.4. EINFLUSS DES SCHMIERMITTELS AUF DIE GRATHÖHE DES LOCHES UND DES BUTZENS BEIM LOCHEN VON ALUMINIUMBLECH

Um den Einfluß des Schmiermittels auf die Grathöhe beim Lochen von Aluminiumblechen festzustellen, wurden Bleche aus Al 99 gelocht. Die aus diesen Versuchen stammenden Ergebnisse und Rückschlüsse, die nachstehend aufgeführt werden, repräsentieren nur eine geringe Palette, da diese Versuche nur in geringem Umfang durchgeführt worden sind. Auch diese Untersuchung kann als Ansatz für weitere Versuche dienen, da die Ergebnisse keinen abgeschlossenen Überblick geben.
Die Anwendung des Schmiermittels beim Lochen von Aluminiumblechen hat sich auf folgende Weise ausgewirkt:

1. Besonders die minimalen Werte der Grathöhen des Loches und des Butzens werden meklich gesenkt.
2. In den meisten Fällen liegen die Schneidspaltwerte, an welchen das Loch und der Butzen gleich hohe Grathöhenwerte aufweisen, mehr auseinander als beim trockenen Lochen.
3. Der Unterschied zwischen den minimalen und maximalen Grathöhenwerten scheint beim trockenen Lochen geringer zu sein, als beim Lochen mit Schmiermitteln.
4. Der Einfluß des Schmiermittels wächst mit kleiner werdendem Lochungsverhältnis Lv = d/s.
5. Der Unterschied zwischen den minimalen Werten der Grathöhe des Loches und des Butzens im Bereich kleinerer Schneidspaltwerte (z.B. bei u/s = 2%) scheint bei Anwendung des Schmiermittels geringer zu sein, als beim Lochen ohne Schmiermittelanwendung.
6. Der Einfluß des Schmiermittels hinsichtlich der absoluten Werte der Grathöhe ist bei Aluminium eindeutiger als bei Stahl.

29. GRAT-MESSGERÄT MIT MESSCHRAUBE (Eigenbau)

Für die Ermittlung der Grathöhe der gelochten Prüfstücke wurde die Lichtschattenmethode gewählt. Sie hat den Vorteil gegenüber anderen Methoden, daß durch den Lichtstrahl, der unter einem bestimmten Winkel auf den Grat fällt und den Gratschatten erzeugt, die Gratschattenlänge um ein n-faches vergrößert wird. Dadurch wird auch der Meßfehler um das n-fache verkleinert. In den handelsüblichen Gratmeßgeräten befindet sich im Okular des Gerätes eine Strichplatte, die nach der Tangensfunktion geeicht ist, so daß die tatsächliche Grathöhe direkt abgelesen werden kann. Die Skalenteilung beträgt o,o2 bzw. o,o5 mm. Das bedeutet, daß nur eine Schätzung der Grathöhe durch Schätzung der Gratschattengrenzlage und des Lochrandes mit Hilfe der Skalenstriche erfolgt. Dadurch können erhebliche subjektive Fehler entstehen. Um diese Fehlerquelle auszuschalten, wurde ein im Eigenbau erstelltes Meßgerät (Bild 286-288) mit einem Objekt-Mikrometer versehen. Dadurch kann der Gratschatten mit einem Fadenkreuz (Bild 286) verfahren werden. Die Differenz der beiden abgelesenen Skalenwerte (Ausgangs- und Endwert) und unter Berücksichtigung der Zahl der Umdrehungen der Meßschraube (im Okular sichtbar) wird die Grathöhe ermittelt. Der gemessene Wert muß noch durch die Vergrößerung dividiert werden. Der subjektive Einfluß der die Messung durchführenden Person wird dadurch wesentlich reduziert. In Bild 285 ist das Gesichtsfeld des Mikroskopes gezeigt. Das Blech wird mit Hilfe der in den Fuß (Bild 286 - 6) eingebauten Magnete gehalten. Nichteisenmetall-Werkstoffe werden auf eine Doppelkeilauflage mit zwei gegenseitig verschiebbaren Keilen gelegt. Das Gerät kann auch als Werkstattmeßgerät benutzt werden.

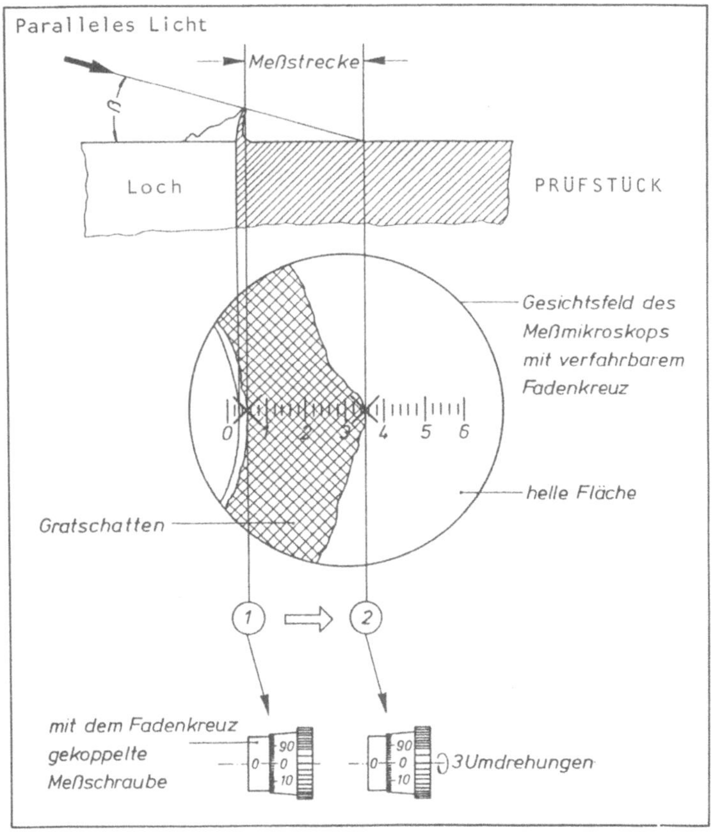

Bild 285 Gesichtsfeld des Meßmikroskopes mit dem Gratschatten

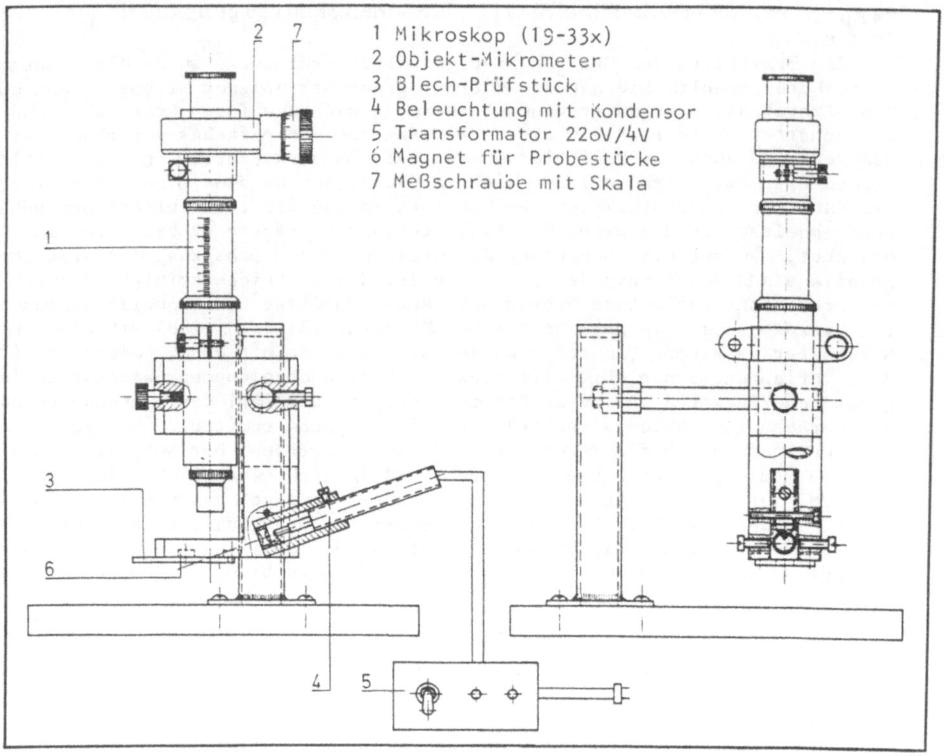

B i l d 286 Grathöhen-Meßgerät in Laborausführung

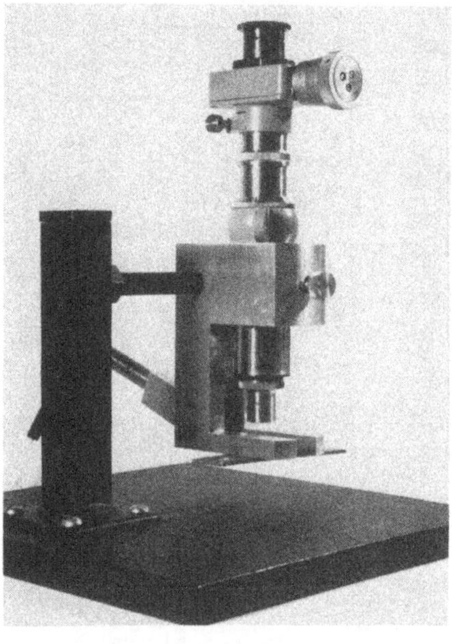

B i l d 287 Grathöhen-Meßgerät in Laborausführung

B i l d 288 Grathöhen-Meßgerät in Werkstattausführung

30. VERSUCH DER SCHEMATISCHEN DARSTELLUNG DER MASSLICHEN ZUSAMMENHÄNGE DER FORM DER VERFORMUNGSZONE BEIM LOCHEN

Der Begriff „Verformungszone" sollte lediglich auf den Bereich der Prüfstücke begrenzt werden, in dem die Verformung der Kristalle mit Hilfe mikroskopischer Aufnahmen einfach und eindeutig in Form scharf abgegrenzter Felder feststellbar ist. Es ist selbstverständlich, daß die Verformungen auch außerhalb dieser Felder vollzogen werden, aber es handelt sich dabei um Übergangszonen, die nicht scharf abgegrenzt sind; sie stellen einen Übergang zwischen der eindeutig verformten Zone und den starr gebliebenen Bereichen dar. Für die endgültige Ausbildung der Lochoberfläche ist der Bereich der stärksten und scharf abgegrenzten Verformung maßgebend.

Krämer [121] schreibt: *"Der Verformungsbereich ist ab einer bestimmten Eindringtiefe des Stempels bogenförmig begrenzt; die Begrenzungen verlaufen durch die Kanten von Stempel und Schneidplatte....Außerhalb des Verformungsbereiches verhält sich der Werkstoff starr, die Verzerrungsgeschwindigkeit ist also gleich 0".*

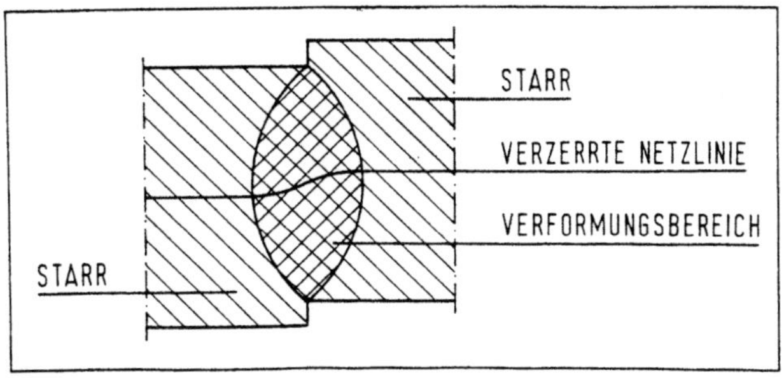

B i l d 289 Bezeichnungen am Teil und Annahmen für den Verformungsbereich Krämer [121]

Um die Verformungszone und die damit zusammenhängenden Probleme mathematisch erfassen zu können, hat Krämer die Verformungszonen-Begrenzungslinien als bogenförmige, symmetrisch verlaufende Kurven betrachtet, die innerhalb eines Koordinatensystems ein linsenförmiges Gebilde bilden.

Nach Untersuchungen von Timmerbeil [210] liegt der Verlauf des Einrisses zur Schnittrichtung etwa 6...7 Grad, und zwar auf den Werkstoffbereich unterhalb der Stempelfläche zu gerichtet. Anhand dieser Feststellung, die in der Praxis bestätigt wurde, kann der Schneidspalt u als Funktion der Blechdicke s so gewählt werden, daß der Winkel von 6...7 Grad zwischen den beiden Schneidkanten des Stempels und der Matrize entsteht. Der Winkel von 6° wird bei einem Verhältnis u/s = 0,1 erzeugt. Timmerbeil [210] schreibt: *"Ein großer Schneidspalt (10% der Blechdicke) führt während der Verformung des Werkstoffes zu einer kleineren Werkstoffpressung in der Schnittzone als ein kleiner Schneidspalt. Entsprechend wird das Formänderungsvermögen erst bei größerer Eindringtiefe des Stempels überschritten. Sowohl durch die größere Eindringtiefe als auch den größeren Schneidspalt befinden sich die Schneidkanten von Stempel und Schnittplatte in einer geometrischen Lage zueinander, bei der der Einrißverlauf von der Schnittplattenkante auf die Stempelkante zu gerichtet ist".* Viele durchgeführte Versuche und mikroskopische Aufnahmen haben diese Aussage bestätigt.

Nachstehend wird versucht einen Ansatz zur schematischen Darstellung der maßlichen Zusammenhänge der Form der Verformungszone beim Lochen zu finden. Anhand von makro- und mikroskopischen Aufnahmen wurde die Verformungszone bei Stahlblech St 37, s = 4 mm, Stempeldurchmesser d = 8 mm, Lochungsverhältnis Lv = d/s = 2 und Schneidspaltverhältnis u/s = 10% untersucht, wobei verschiedene Stempeleindringtiefen berücksichtigt worden sind. Es zeigte sich, daß die Grenzlinien der Verformungszone sich während des Lochungsvorganges nicht bzw. nur unwesentlich (Bild 292) veränderten. Sie haben sich, in ihrer Form bleibend, mit der Stempelbewegung während des Lochungsvorganges lediglich verschoben.

Um das Ergebnis dieser Untersuchung in der Praxis einsetzen zu können, wurden folgende Forderungen gestellt:

1. Das Ergebnis sollte dem Zustand, der während und nach dem Lochungsvorgang im Blech herrscht (Verfestigung, Korngröße und -Form u.a.) entsprechen, d.h. daß:
   1.1. die tatsächliche Form der Verformungszone in diesem Verfahren wiedergegeben wird und
   1.2. die Tangentenwinkel der verformten Fasern mit den Winkeln, die aus dem Kurvenverlauf resultieren (Kap. 3.23, S. 64), an jeder Stelle des verformten Feldes übereinstimmen.
2. Das Untersuchungsergebnis sollte auf einfache Art mit einfachen Mitteln in der Praxis angewendet werden können, womit eine einfache mathematische Formel zur Ermittlung der Breite des vervormten Feldes und eine Kurve, die den Verlauf der Grenze zwischen dem verformten und unverformten Korn, gemeint waren.

B i l d 290

B i l d 291

Die in Bild 290 und 291 dargestellten Schliffbilder zeigen das durch den Lochungsvorgang entstandene verfestigte Feld mit beidseitig verlaufenden Grenzen zwischen den beiden genannten Feldern.

Die Aufnahmenreihen von Proben, die mit steigenden Stempeleindringtiefen t „angelocht" worden sind (bild 292a bis 292h) zeigen, daß sich die Verlaufsform der Grenze zwischen den beiden Zonen während des Lochungsvorganges nicht, bzw. nur unwesentlich, verändert. Auch die nachfolgenden Mikroaufnahmen (Bild 293 - 296) beweisen die These der unveränderlichen Grenzform. Besonders interessant ist für den Praktiker die Breite der Verformungszone senkrecht zu der Blechoberfläche gemessen. Die maximale Breite dieser Versuchsreihe betrug 30% der Blechdicke s (minimal 27%). Alle Werte und Zusammenhänge wurden auf die Blech-

Bild 292a Eindringtiefe t = 20% von s

Bild 292b Eindringtiefe t = 28% von s

Bild 292c Eindringtiefe t = 35% von s

Bild 292d Eindringtiefe t = 40% von s

Bild 292e Eindringtiefe t = 45% von s

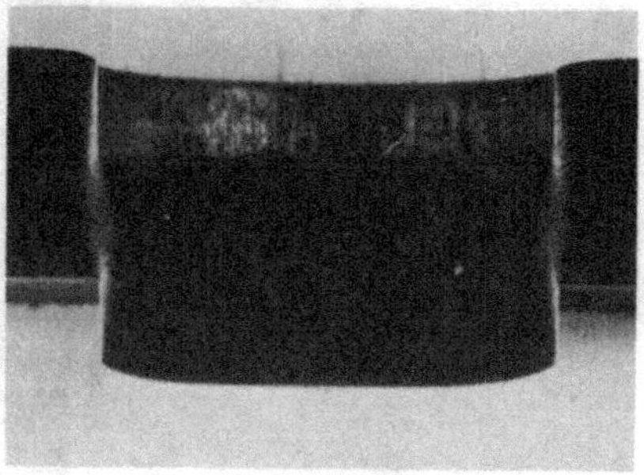

Bild 292f Eindringtiefe t = 50% von s

Bild 292g Eindringtiefe t = 70% von s

Bild 292h Eindringtiefe t = 75% von s

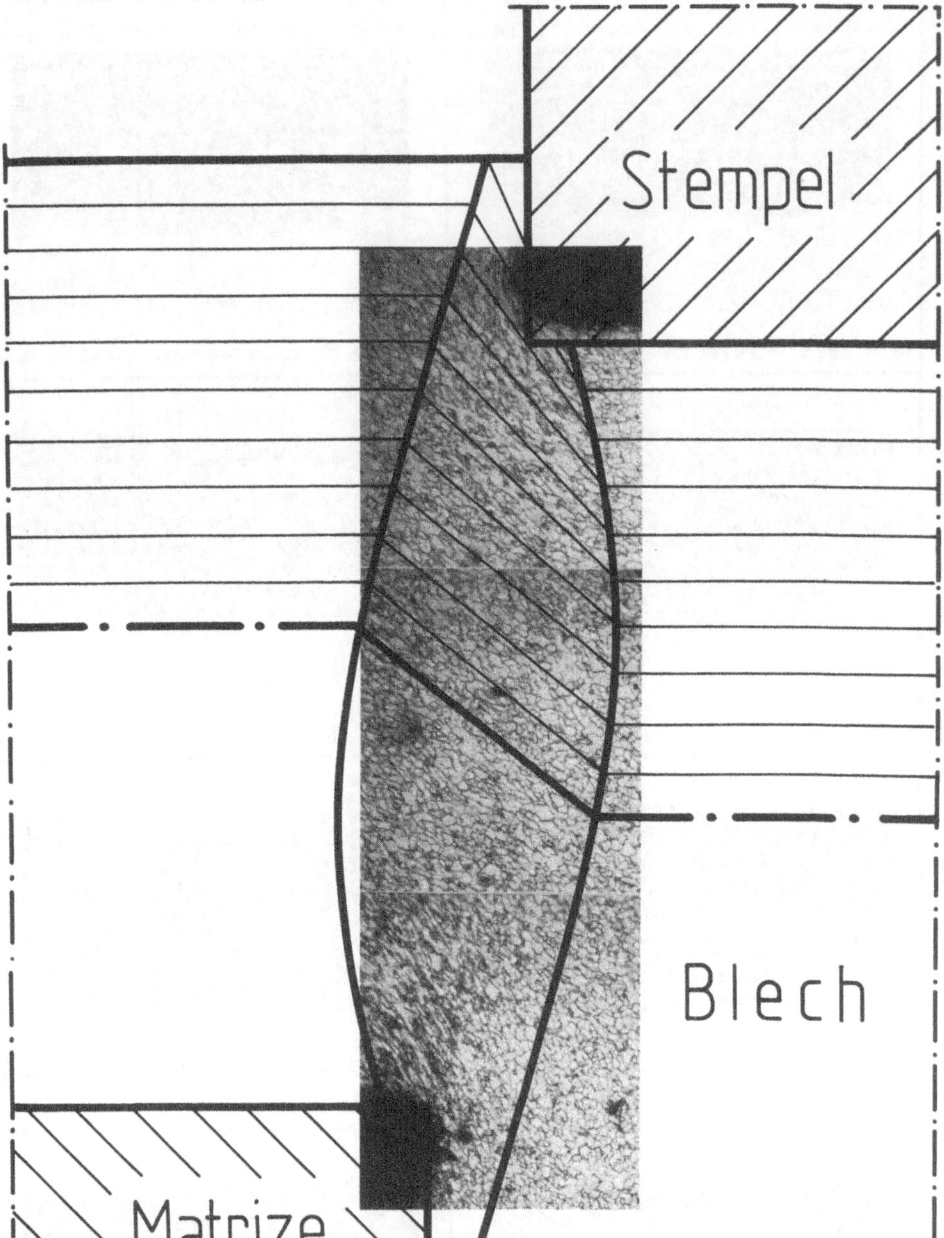

B i l d 293
Verformungszone mit Tangentenwinkeln, die aus der Lage der Punkte auf den Begrenzungskurven bei der Eindringtiefe des Stempels t = 20% von s resultieren. Der Tangentenverlauf stimmt mit der Richtung des gestreckten Kornes überein. Tangentenwinkel s.S. 64 und [210].

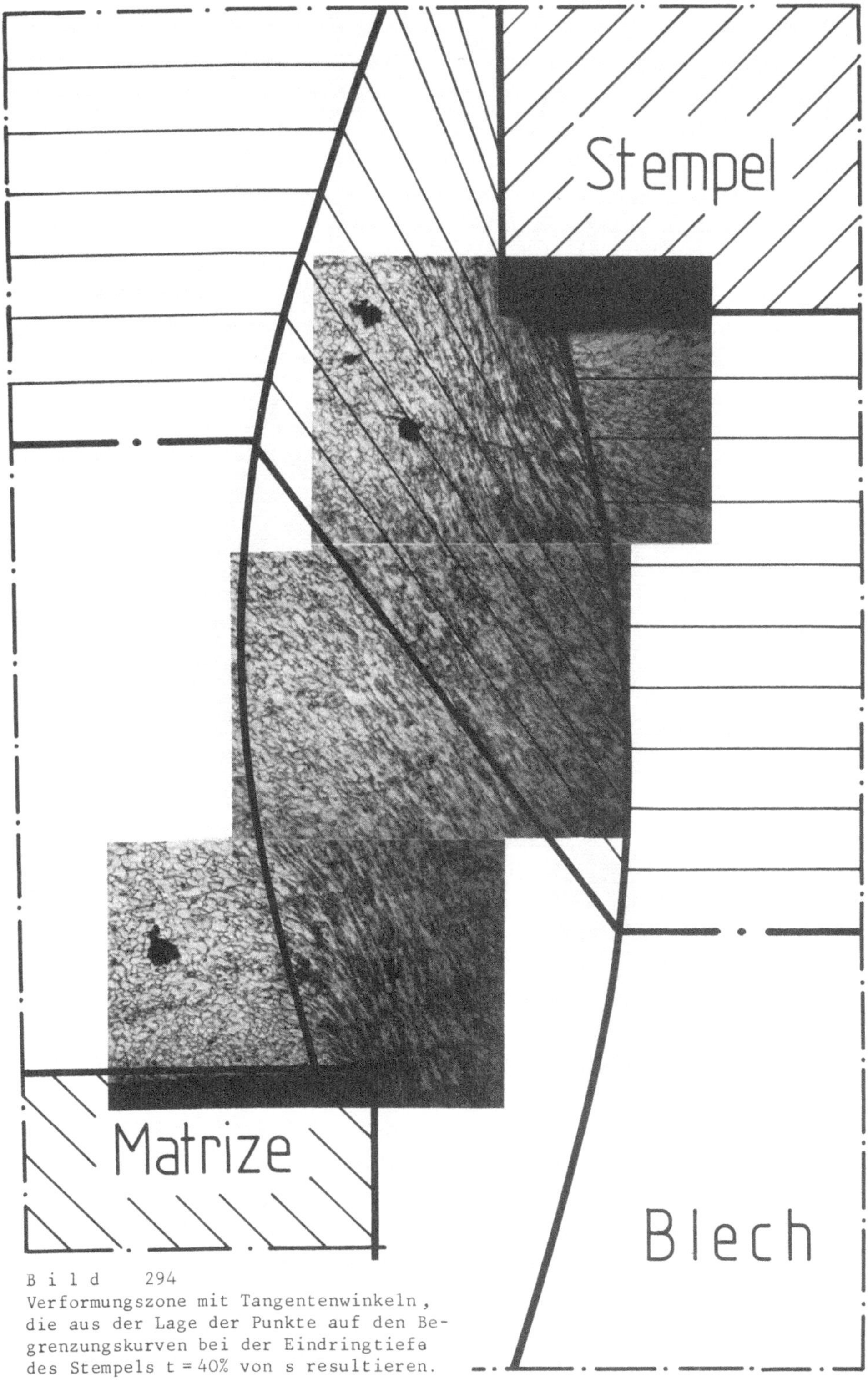

B i l d 294
Verformungszone mit Tangentenwinkeln, die aus der Lage der Punkte auf den Begrenzungskurven bei der Eindringtiefe des Stempels t = 40% von s resultieren.

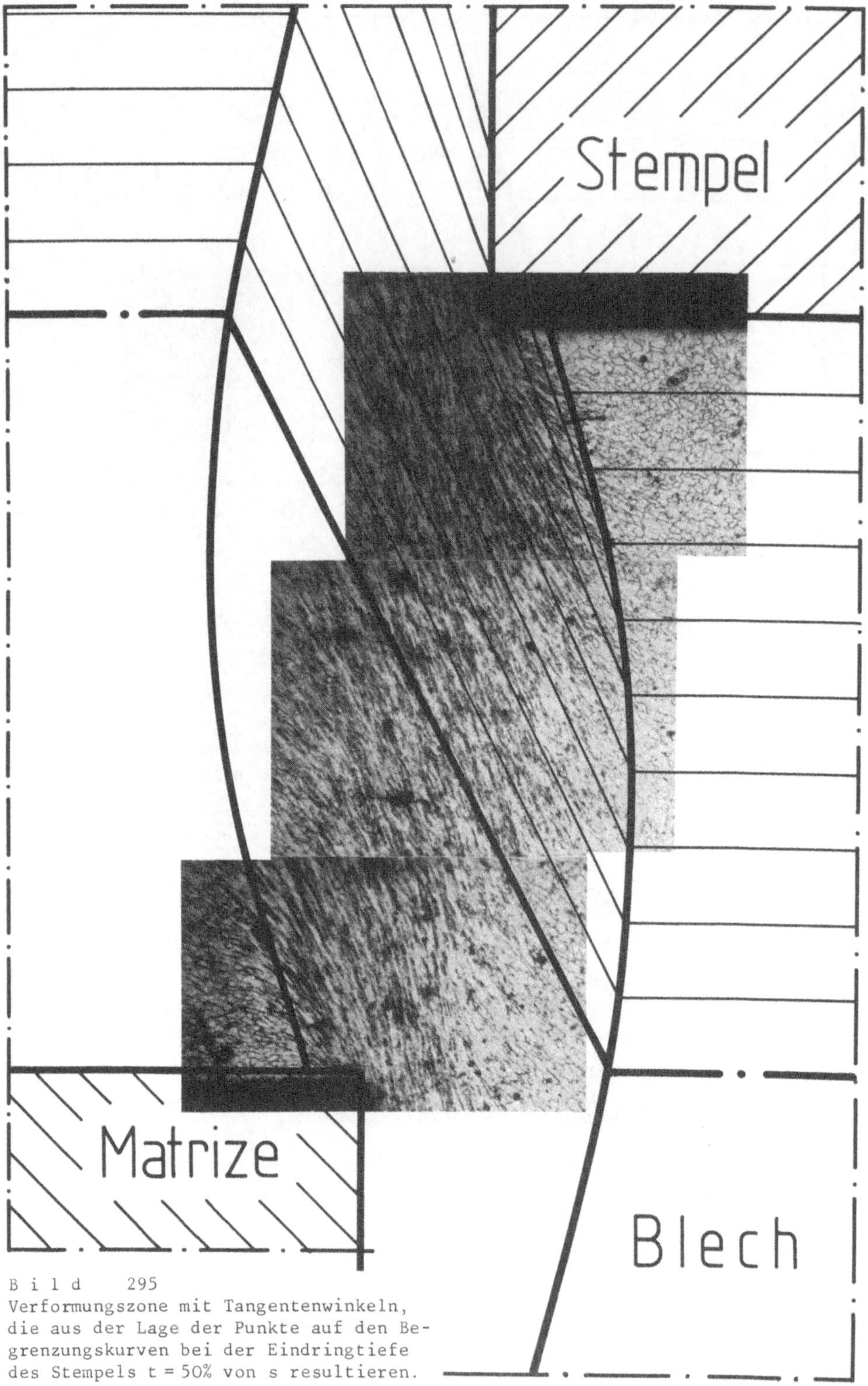

Bild 295
Verformungszone mit Tangentenwinkeln, die aus der Lage der Punkte auf den Begrenzungskurven bei der Eindringtiefe des Stempels t = 50% von s resultieren.

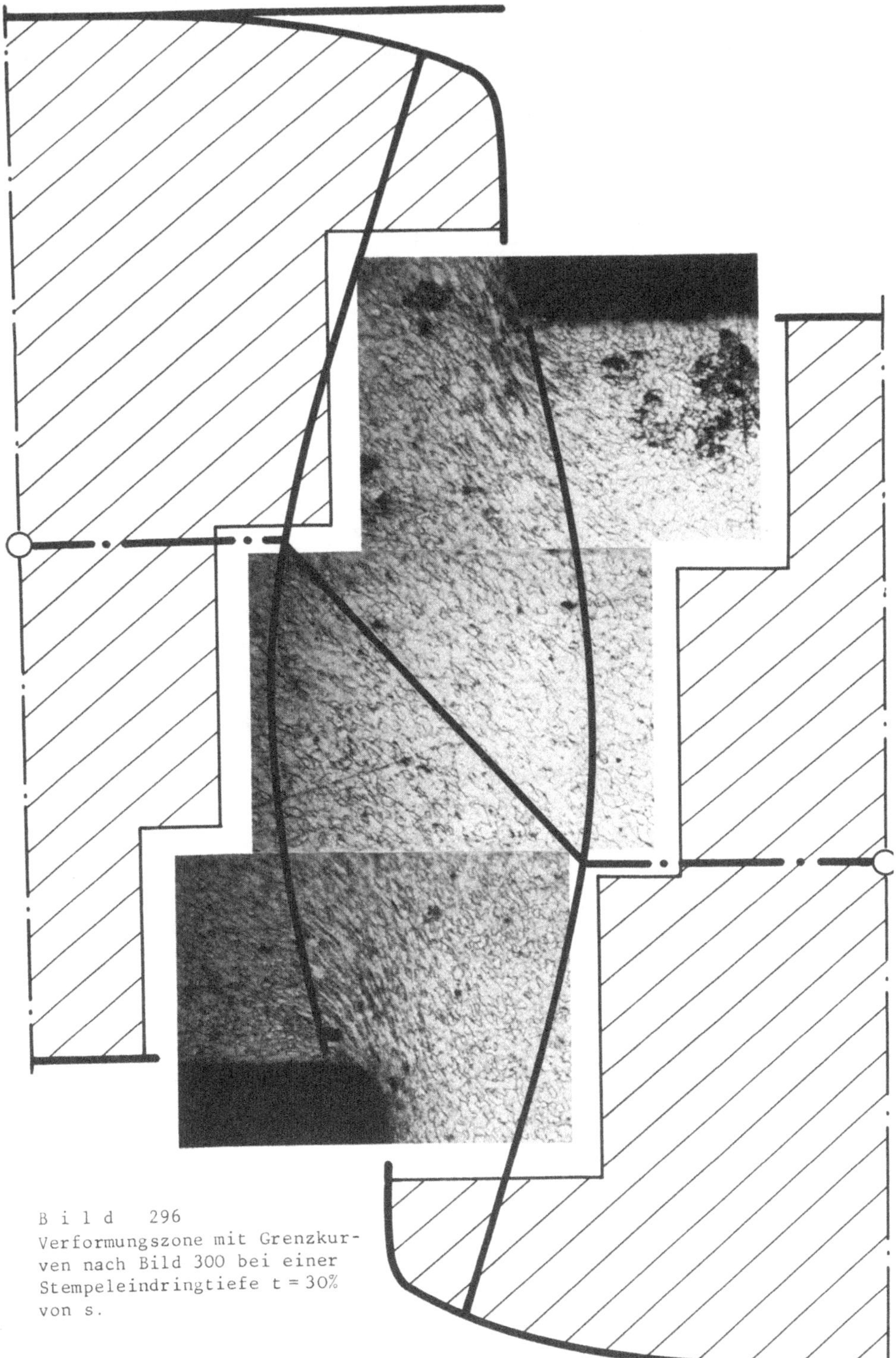

B i l d 296
Verformungszone mit Grenzkurven nach Bild 300 bei einer Stempeleindringtiefe t = 30% von s.

dicke s (in %) bezogen. Dadurch wurde die Ermittlung der interessanten Größen und Zusammenhänge (Bild 298) vereinfacht. Diese Angaben gelten für Bleche aus St 37 und Blechdicke s = 4 bis 8 mm, da nur dieser Bereich untersucht worden ist. Anhand der Zusammenhänge, die eindeutig bei allen durchgeführten Versuchs-

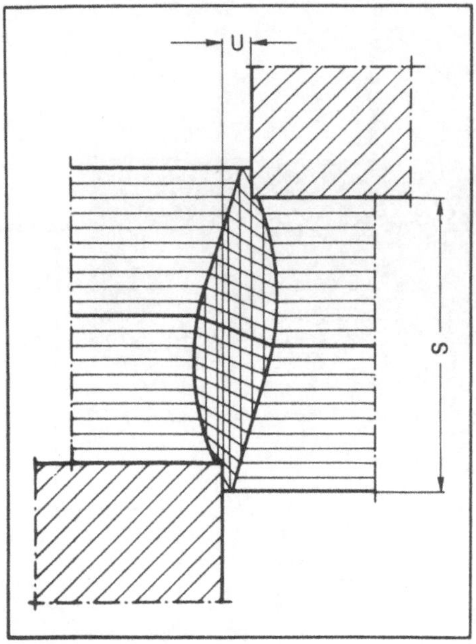

Bild 297a Eindringtiefe t = 10% von s

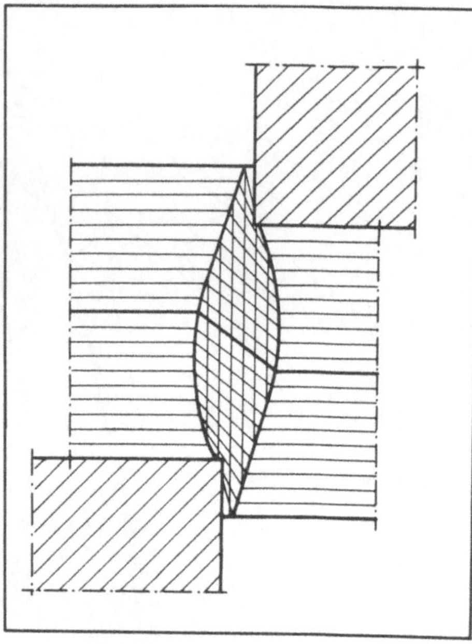

Bild 297b Eindringtiefe t = 20% von s

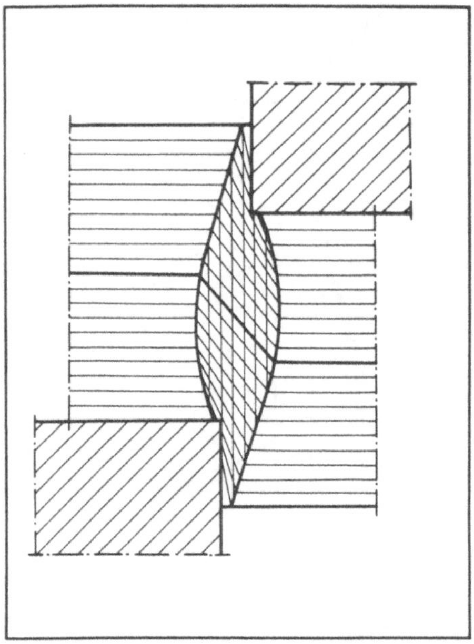

Bild 297c Eindringtiefe t = 30% von s

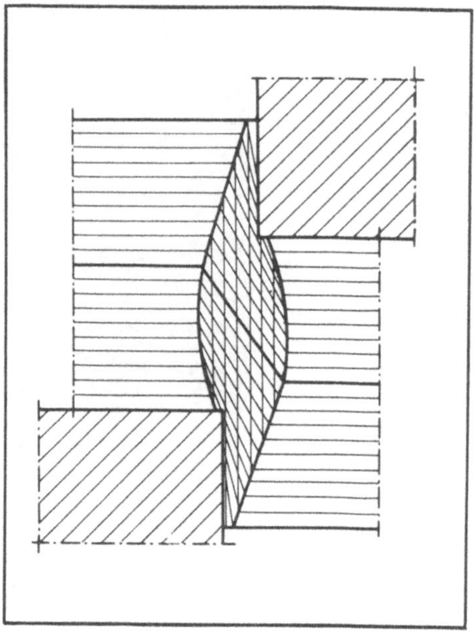

Bild 297d Eindringtiefe t = 40% von s

proben aufgetreten sind, konnte die Feststellung getriffen werden, daß die Grenze zwischen der Kornstreckzone und der nicht verfestigten sowie unverformten Zone in Form eines Kreisausschnittes und einer Tangente, die an einem bestimmten Punkt (Bild 298) ansetzt, umschrieben werden kann.

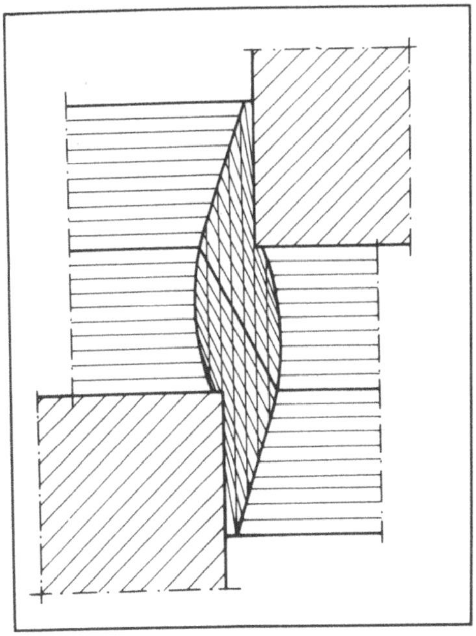

Bild 297e Eindringtiefe t = 50% von s

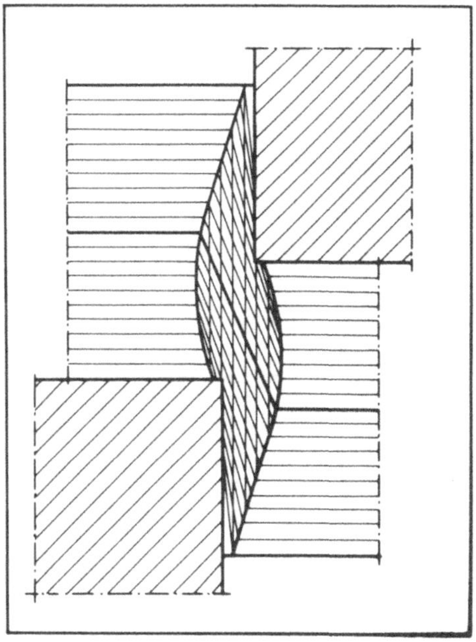

Bild 297f Eindringtiefe t = 60% von s

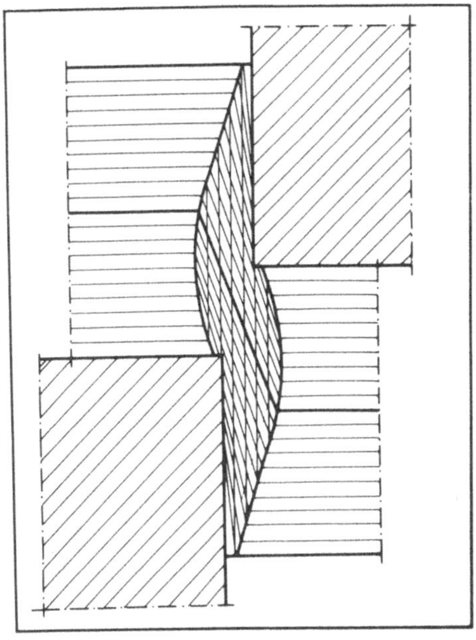

Bild 297g Eindringtiefe t = 70% von s

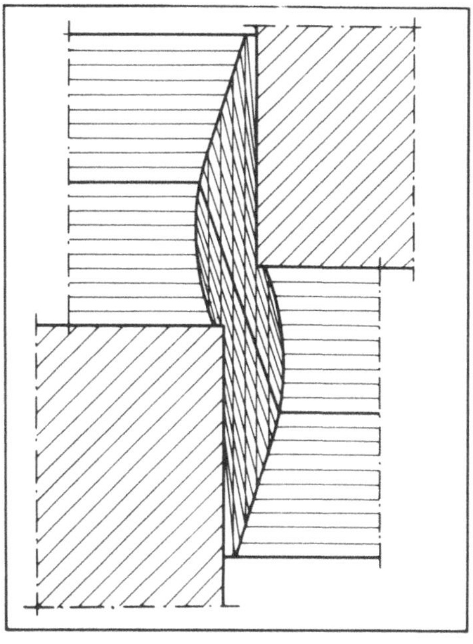

Bild 297h Eindringtiefe t = 80% von s

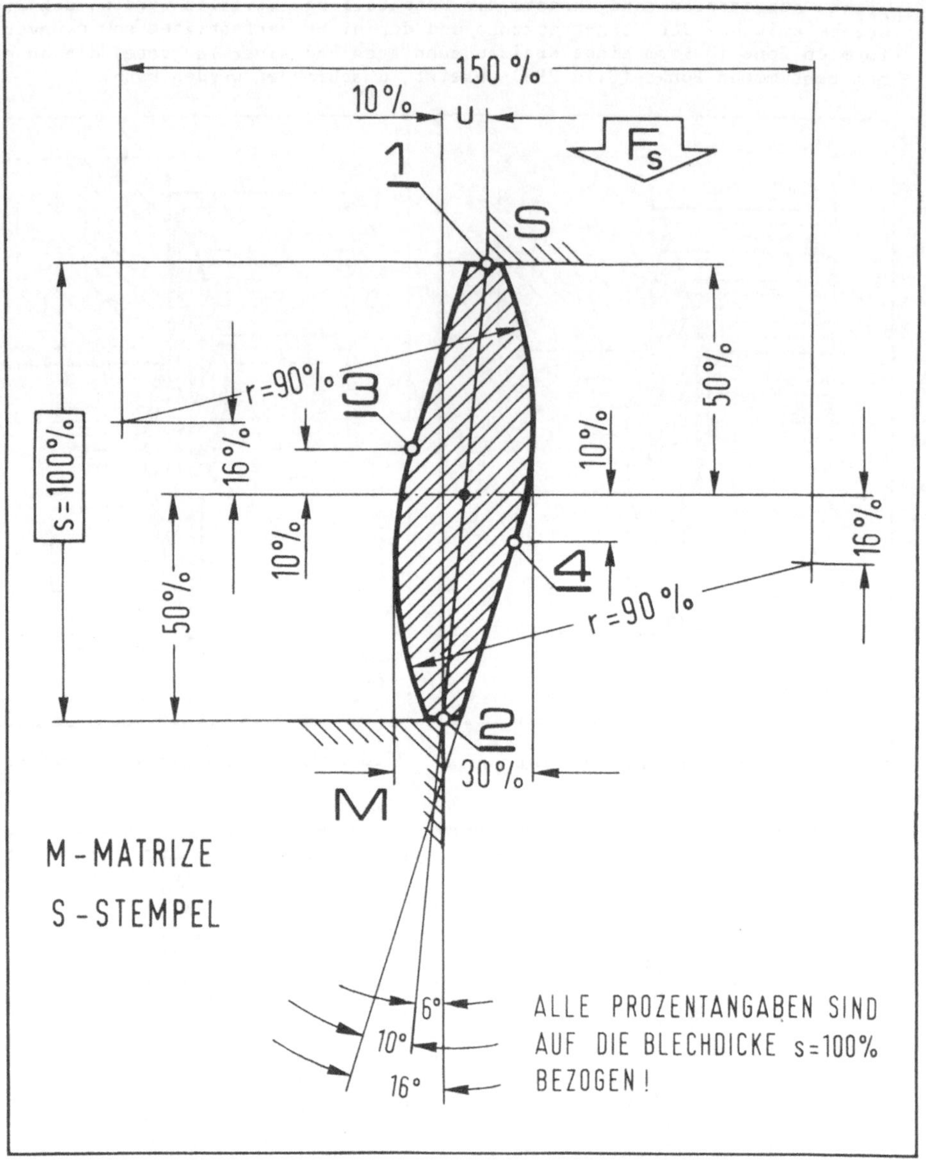

Bild 298 - Maßliche Zusammenhänge zwischen der verformten und nicht verformten Zone beim Lochen als Funktion der Blechdicke s.

Die in Bild 298 aufgeführten Zusammenhänge (in % von s) betreffen:

Blechwerkstoff:	Stahl St 37
Blechdicken s:	4 bis 8 mm
Stempeldurchmesser d:	8 mm
Schneidspaltverhältnis:	u/s = 10%
Stempelform:	rund

Das verfestigte Feld weist Grenzen auf, die eindeutig punktsymmetrisch sind. Die Kurve, die die Grenze zwischen den beiden Bereichen darstellt, kann als ein Kreisausschnitt (Kreisgleichung $x^2 + y^2 = r^2$) der mit einer Tangente (Punkte 3 und 4) fortgesetzt wird [Tangentengleichung $x x_o + y y_o = r^2$, wobei (x_o, y_o) Tangentenpunkt], definiert werden.

Mit genügender Genauigkeit läßt sich der Kurvenverlauf mit einer angenäherten e-Funktion, die in Bild 29o aufgeführt ist, approximieren. Dabei ist das Koordinatensystem sinngemäß angepaßt worden.

B i l d 299

Aus Bild 288 resultierende Kurve

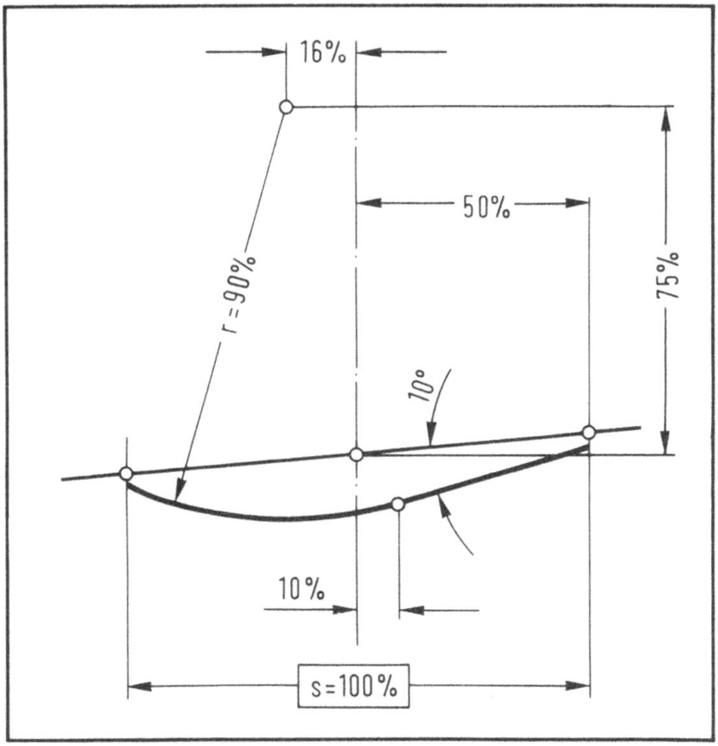

B i l d 300 (unten) Approximierte e-Funktion

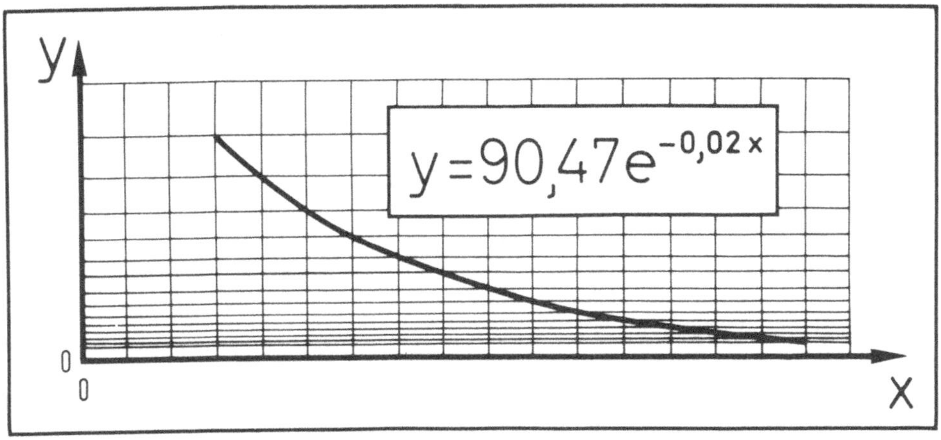

31. ZUSAMMENFASSUNG DER UNTERSUCHUNGSERGEBNISSE ZU Kap. 4 - 27

Die Ergebnisse der durchgeführten Untersuchungen und die daraus resultierenden Erkenntnisse werden nachstehend zusammengefaßt. Es sind:

1. Beim Lochen des Blechwerkstoffes St 37 unter angegebenen Bedingungen und Parametern wurde die nach der bekannten und üblichen Formel ermittelte Schnittkraft Fsr durch die tatsächlich gemessene Schnittkraft Fsv nicht überschritten.

2. Bei untersuchten Aluminiumblechen Al Mg 3 und Al 99 sind bei einem Schneidspaltverhältnis u/s = 6,5% bereits Überschreitungen der rechnerisch ermittelten Schnittkraft Fsr durch die tatsächlich gemessene Schnittkraft Fsv aufgetreten.

3. Bei einem Schneidspaltverhältnis u/s = 2% zeigt sich auch bei Stahlblechen St 37 eine Tendenz zur Überschreitung der rechnerisch ermittelten Schnittkraft Fsr durch die beim Versuch gemessene Schnittkraft Fsv.

4. Bei Stahlblechen St 37 und beim Vorliegen extremer Bedingungen (Grenzlochungsverhältnis, Werkzeugverschleiß usw.) werden die Werte von Fsr von den Versuchswerten Fsv auch bei höheren Schneidspaltverhältniswerten bereits tangiert.

5. Bei kleinem Schneidspaltverhältnis u/s (%) erreicht die Rückzugskraft Frv bei gleichen Parametern (Blechwerkstoff, Blechdicke s, Stempeldurchmesser d usw. den maximalen Wert.

6. In der Mehrzahl der untersuchten Fälle liegt der größte Meßwertstreubereich der Größe der Rückzugskraft Frv bei dem kleinsten Schneidspaltverhältnis u/s der untersucht wurde, also bei u/s = 2%.

7. Der kleinste Meßwertstreubereich der Größe der Rückzugskraft Frv liegt in der Mehrzahl der untersuchten Fälle bei dem größten Schneidspaltverhältnis u/s der untersucht wurde, also bei 11%.

8. Als Ausnahmefälle zu den Punkten 6 und 7 müssen Fälle, die im Bereich des Grenzlochungsverhältnissses Lv = d/s = 1 liegen, betrachtet werden.

9. Bei den meisten Versuchsfällen zeichnet sich bei einem Schneidspaltverhältnis u/s = 11% ein Wendepunkt ab, der die Tendenz eines Anstieges der Rückzugskraft signalisiert.

10. Allgemein betrachtet liegt eine eideutige Aussage vor, daß bei einem Schneidspalt u = 2% von der Blechdicke s jeweils die maximalen Werte des Verhältnisses der Größe der Rückzugskraft Frv zu der Schnittkraft Fsr (%) der untersuchten Proben erreicht worden sind. Diese Feststellung betrifft alle untersuchten Fälle im Rahmen der aufgeführten Blechwerkstoffe und anderen Versuchsparametern.

11. Bei den unter Pkt. 8 genannten Ausnahmefällen tritt der unter Pkt. 9 aufgeführte Wendepunkt früher auf. Dieser Punkt liegt zwischen u/s = 8% und 9% mit einer Ausnahme, die den Blechwerkstoff Aluminium Al Mg 3, Blechdicke s = 10 mm und Stempeldurchmesser d = 10 mm betrifft. Diese Versuchsreihe wurde außerhalb der ganzen Versuchspalette durchgeführt um den Trend festzustellen, der sich bei den aufgeführten Parametern abzeichnet. Für dieses Ergebnis wurde keine Erklärung gefunden.

12. Die maximalen Werte des Verhältnisses der Größe der Rückzugskraft Frv zu der Größe der Schnittkraft Fsr innerhalb der durchgeführten Versuchsreihen mit den angegebenen Parametern, betragen:

    12.1. Bei Stahlblechen St 37 - Frv/Fsr = 28% (Schmiermittel Nr. 0 - trocken) Blechdicke s = 5,25 mm und Stempeldurchmesser d = 4 mm.

    12.2. Der Wert Frv/Fsr = 27,5% wurde bei Stahlblech St 37 (Schmiermittel 0) Blechdicke s = 8 mm und Stempeldurchmesser d = 6 mm ermittelt.

    12.3. Ein anderer, in diesem Bereich liegender Wert, Frv/Fsr = 26,5% wurde bei Stahlblech St 37 (Schmiermittel O), Blechdicke s = 8 mm und Stempeldurchmesser d = 10 mm ermittelt.

12.4. Bei Stahlblech St 37, bei im verhältnismäßig zur Blechdicke s dickem Stempel (d = 4 mm) und Blechdicke s = 0,8 mm, also bei einem Lochungsverhältnis Lv = d/s = 5, wurden ziemlich hohe Werte der Rückzugskraft Frv und somit auch ein hoher Wert für Frv/Fsr = 10% ermittelt.

13. Die ermittelten Werte bestätigen die Aussage von Stromberger [200]: *„Die Größe der Rückzugskraft liegt durchschnittlich zwischen 25 und 35% der Schnittkraft und damit ganz erheblich über den sonst allgemein angegebenen Werten von 10%"*. Auch Stromberger und Pfaff [203] geben für den Werkstoff X 5 CrNi 189 für Blechdicke s = 2,5 mm und den Stempeldurchmesser d = 40 mm sowie u/s = 0,01 Frv/Fsr = 0,29 an.

14. Die maximalen Werte des Verhältnisses der Größe der Rückzugskraft Frv zu der Größe der Schnittkraft Fsr innerhalb der durchgeführten Versuchsreihen mit den angegebenen Parametern betragen für Aluminiumbleche:

14.1. Bei Aluminiumblech Al Mg 3 - Frv/Fsr = 34% (Schmiermittel O) Blechdicke s = 2,5 mm und Stempeldurchmesser d = 8 mm.

14.2. Bei Aluminiumblech Al Mg 3 - Frv/Fsr = 32% (Schmiermittel O) Blechdicke s = 4 mm und Stempeldurchmesser d = 8 mm.

14.3. Bei Aluminiumblech Al Mg 3 - Frv/Fsr = 30% (Schmiermittel O) Blechdicke s = 4 mm und Stempeldurchmesser d = 10 mm

14.4. Bei Aluminiumblech Al Mg 3 - Frv/Fsr = 28% (Schmiermittel O) Blechdicke s = 4 mm und Stempeldurchmesser d = 8 mm

14.5. Bei Aluminiumblech Al 99 - Frv/Fsr = 28% (Schmiermittel O) Blechdicke s = 2,5 mm und Stempeldurchmesser d = 8 mm

15. Alle Versuchsergebnisse hinsichtlich des Verhältnisses Frv/Fsr für die beiden untersuchten Werkstoffe Stahlblech St 37 und Aluminiumblech Al Mg 3 sind in den Tabellen - Bild 186 und 187 zusammengefaßt.

16. Bezugnehmend auf die Punkte 12 und 14 sowie die unter Pkt. 13 zitierten Aussagen von Stromberger [200] sowie Stromberger und Pfaff [203] und die Ergebnisse dieses Forschungsvorhabens, kann die Behauptung aufgestellt werden daß man grundsätzlich bei einem Schneidspalt u=2% von s:

16.1. bei Stahlblechen St 37 mit Frv/Fsr bis 20% rechnen muß, wenn Blechdicke s bis 3 mm und Stempeldurchmesser d = 4 - 6 mm vorliegen.

16.2. bei Stahlblechen St 37 mit Frv/Fsr bis 20% rechnen muß, wenn Blechdicke bis 4,30 mm und Stempeldurchmesser d = 8 - 12 mm in Frage kommen.

16.3. bei Stahlblechen St 37 mit Frv/Fsr bis 30% rechnen muß wenn
a) Blechdicke s = 5,25 mm und Stempeldurchmesser d = 4 mm,
b) Blechdicke s = 8 mm und Stempeldurchmesser d = 6 bis 10 mm betragen.

16.4. bei Stahlblechen St 37 mit Frv/Fsr bis 10% rechnen kann, wenn
a) Blechdicke s bis 1,5 mm und Stempeldurchmesser 6 - 12 mm,
b) Blechdicke s bis 2,5 mm und Stempeldurchmesser 8 - 12 mm und
c) Blechdicke s bis 4,3 mm und Stempeldurchmesser 12 mm gelocht werden.

16.5 bei Aluminiumblechen Al Mg 3 im Rahmen der untersuchten Blechdicken s = 1 bis 4 mm und Stempeldurchmessern d = 6 bis 12 mm mit Frv/Fsr = 34% rechnen muß. Detaillierte Angaben sind zwar möglich, sie müßten jedoch mit umfangreichen Restriktionen versehen werden. So ist es einfacher die Werte aus der Tabelle Bild 187 (S. 141) zu entnehmen.

Höhere Werte von u/s (u/s bis 11% untersucht) ergeben niedrigere Werte für Frv/Fsr. Diese Werte können aus den genannten Tabellen wntnommen werden.

17. Mit kleiner werdendem Lochungsverhältnis Lv = d/s steigt die Größe des Verhältnisses Frv/Fsr an.

18. Bei einem bestimmten Wert des Lochungsverhältnisses Lv zeichnet sich ein steiler Anstieg des Verhältnisses Frv/Fsr ab. Je größer der Stempeldurchmesser d, desto ausgeprägter ist diese Erscheinung. Z.B. bei dem Stempeldurchmesser d = 8 mm liegt dieser Punkt bei Lv = 4 und bei dem Stempeldurchmesser d = 10 liegt der Punkt des steileren Anstieges bei Lv = 5.

19. Bei kleineren Stempeldurchmessern verschiebt sich der Punkt des steilen Anstieges von Frv/Fsr in Richtung der kleineren Werte von Lv.

2o. Der Kurvenverlauf der Größe der Rückzugskraft Frv als Funktion der Blechdicke s zeigt mit steigender Blechdicke s auch steigende Größe der Rückzugskraft Frv.

21. Im Bereich kleinerer Blechdicken s (s = o,5 bis 2,5 mm) steigt die Rückzugskraft Frv sehr langsam an.

22. Ab Blechdicke s = 2,5 mm bis 5 mm wird der Anstieg der Rückzugskraft Frv bedeutend steiler.

23. Dementsprechend ist auch der Anstieg der Größe des Verhältnisses Frv/Fsr.

24. Eindeutig ist der gravierende Einfluß des Schmiermittels auf die Größe der Rückzugskraft Frv. Sie wird durch die Anwendung des Schmiermittels beim Lochen wesentlich gesenkt. Die Ergebnisse dieser Versuchsreihen haben eindeutig die Aussage von Stöferle und Theimert [198] in dieser Hinsicht bestätigt.

25. Innerhalb der durchgeführten Versuche wurde die Rückzugskraft Frv bei Stahlblech St 37 und Blechdicke s = o,5 bis 8 mm sowie Stempeldurchmesser d = 4 bis 12 mm minimal um 19% und maximal um 41% gegenüber dem Lochen ohne Anwendung des Schmiermittels gesenkt.

26. Beim Lochen von Aluminiumblech Al Mg 3 und Al 99 wurde die Rückzugskraft Frv bei Blechdicke s = 1 bis 4 mm und Stempeldurchmesser d = 6 bis 12 mm minimal um 23% und maximal um 43% gegenüber dem trockenen Lochen gesenkt.

27. Markant ist, daß die besten Ergebnisse innerhalb der kleinen Schneidspaltverhältniswerte u/s (u/s = 2%) festgestellt worden sind. Auch in dieser Hinsicht wurde damit die Aussage von Stöferle und Theimert [198] bestätigt.Die Schnittkraft Fsv wurde maximal um 16% gesenkt.

28. An zweiter Stelle wurde der reduzierende Einfluß des Schmiermittels auf die Größe der Rückzugskraft Frv im Bereich dicker Bleche (s = 8 mm) festgestellt.

29. Beim Lochen von Aluminiumblechen wurde ein bedeutend stärkerer Abfall der Größe der Rückzugskraft Frv, als bei Stahlblechen St 37, bei Anwendung der Schmiermittel registriert.

3o. Ein gleichbleibender Einfluß der einzelnen Schmiermittelsorten (Nr. 1-7) konnte nicht festgestellt werden. Damit sind die Durschnittswerte gemeint.

31. Die Steg- und Randbreite des Probestreifens hat einen wesentlichen Einfluß auf die Größe der Rückzugskraft Frv.

32. Die Härte der Blechproben übt ebenfalls einen erheblichen Einfluß auf die Schnittkraft Fsv und die Rückzugskraft Frv aus.

33. Als verschleißfördernde Faktoren werden insbesondere Aufschweißungen und die Verwendung schmaler Probestreifen bei dicken Blechen (s = 8 mm) angesehen. Zum Beispiel nach 40 Lochungen (bei s = 8 mm, d = 8 mm, Streifenbreite b = 24 mm, St 37) hat sich der Stempeldurchmesser quer zur Streifenrichtung von 8,o mm auf 7,69 mm verkleinert. Diese Erscheinung deutet auf den Auf- und Abbau der Verschweißungen und auf die „Mitnahme" des Werkzeugwerkstoffes an härteren Stellen des Probestreifens hin.

32. L I T E R A T U R

Jg.(Jahr)H, S.

1. Ader, L. — Die Ermittlung des Kraft- und Arbeitsbedarfs bei Scher- und Stanzarbeit mit Beachtung des zweckmäßigen Maschineneinsatzes
Fertigungstechn. u. Betr. 11(1961)2, 135-139

2. AEG-Werksnorm 8o2 — Schneidspalt für Schneidwerkzeuge - Richtwerte
AEG-Werksnorm 802 - Juni 1964

3. Allingham, L.R. — The importance of clearence in the manufacture of blanking dies
(Die Bedeutung des Schneidspaltes bei der Herstellung von Schneidwerkzeugen)
ASTME-Paper (1964), Nr. 622

4. Artjuchov, V.P. — Untersuchung der Spannungsverteilung in Werkzeugen nach dem optischen Spannungsverfahren (russ.)
Kuzn.-Štamp. Proizvod. 12(1970)11, 24-27

5. AWF-Blatt 1507 — Stempel-, Schnittplattenbemaßung und Stempelspiel
AWF-Blatt 1507

6. Bach, C. — Elastizität und Festigkeit
Berlin: Springer-Verlag 1971

7. Bach, E.L. — Die Spannungen im Material unter einer kreisförmigen und kreisringförmigen Schneide
Diss. TH Karlsruhe 1923

8. Bader, G. — Leistung von Schneidwerkzeugen der spanlosen Fertigung
Werkst. u. Betr. 101(1968)10, 633-636

9. Ballhausen, C., Moers, P. — Untersuchung der Seitenkraft beim Schneiden dünner Bleche
Werkstattst. u. Masch.-Bau 46(1956)8, 410-412

10. Banasik, Z., Radwan, M. — Badanie zużycia wykrojników
(Untersuchung des Schnittwerkzeugverschleißes)
Przegl. mech. 24(1965)9, 264-266

11. Bartz, W. — Über die Beeinflussung des Schneidvorganges durch Schmierstoffe
Schmiertechnik 13(1966)3, 139-145

12. Bartz, W. — Kühlschmiermittel bei der Metallbearbeitung unter besonderer Berücksichtigung der Schmierstoffe für die spanlose Formgebung
Erdoel-Z. 80(1964)11, 451-464

13. Becker, H. — Kurzprüfverfahren zur Schmierstoffbestimmung beim Lochen
Ind.-Anz. 99(1977)102, 2063-2064

14. Becker, H. — Kurzzeit- statt Langzeitversuche zur Schmierstoffauswahl beim Lochen
Bänder Bleche Rohre (1978)9, 362-366

15. Becker, H. — Optimierung der Ausnutzung der Pressenkraft beim Lochen
Bänder Bleche Rohre (1978)9, 367-369

16. Bercio, G. — Herstellung und Verwendung von Speziallochblechen
Blech 8(1961)4, 250-252

17. Biegel, J.E. — Punch - die clearances - their effects on stamping forces

(Der Einfluß des Stempelspiels auf die Schneidkraft)
Tool Manufact. Eng. 49(1962)1, 89-92

18. Birzer, F. — Standmengenerhöhung durch gezielte Werkstück-Werkstoff-Eigenschaften
VDI-Bildungswerk BW 2215, 1-16

19. Bowden, F.P.; Tabor, D. — Reibung und Schmierung fester Körper
Berlin: Springer-Verlag 1959

20. Bremberger, M. — Stanzerei-Handbuch für Konstrukteure
München: Hanser Verlag 1965

21. Brolund, Ted F. — Herstellung kleinster Löcher durch Lochen anstatt Bohren
Bänder Bleche Rohre 5(1964)11, 650 u. 663

22. Brolund, Ted F. — Neue Stellungnahme zum Verhältnis Stempeldurchmesser zu Blechdicke beim Lochen
Ind.-Anz. 86(1964)67, 1374-1375

23. Brolund, Ted F. — A different look at metal thickness/punch diameter ratios
(Neue Erkenntnisse über das Verhältnis Materialstärke zum Lochdurchmesser)
Mach. Tool Blue Book 61(1966)9, 118-121

24. Buchmann, K. — Über den Verschleiß und ihn begleitende Erscheinungen beim Schneiden von Stahlfeinblechen
Werkstattstechnik 53(1963)3, 128-134 und 53(1963)11, 561-566

25. Buchmann, K. — Über den Einfluß einiger Schneidbedingungen auf den Werkzeugverschleiß beim Schneiden von Stahlfeinblechen im geschlossenen Schnitt
Werkstattstechnik 53(1963), 561-566

26. Buchmann, K. — Beitrag zur Verschleißbeurteilung beim Schneiden von Stahlfeinblechen
Diss. TH Hannover 1961

27. Buchmann, K. — Beitrag zur Verschleißbeurteilung beim Schneiden von Stahlfeinblechen
Forsch.-Ber. des Landes NRW 1962, H. 1o91
Westd. Verlag Köln und Opladen

28. Buchmann, K. — Schneiden von Stahlfeinblechen im geschlossenen Schnitt
Klepzig Fachber. 72(1964)5, 177-181

29. Buchmann, K. — Ermittlung des Verschleisses und ihn begleitende Erscheinungen beim Schneiden von Stahlfeinblechen
technica 12(1963)21, 1631-1636 und 1643-1645

30. Buchmann, K. — Ergebnisse von Verschleißuntersuchungen, ermittelt beim Schneiden von Stahlfeinblechen unter verschiedenen Bedingungen
technica 13(1964)5, 285-290

30. Bühler, H.; Pollmar, F. — Die Gratbildung beim Schneiden von Feinblech
Bänder Bleche Rohre 12(1971)3, 105-111

31. Bühler, H.; Pollmar, F.; Rose, A. — Einfluß von Werkzeugwerkstoff und seiner Wärmebehandlung auf das Schneiden von Feinblech
Archiv Eisenhüttenw. 41(1970), 989-996

32. Büchler, H.; Seidenberg, H. — Werkzeugverschleiß und Grathöhe beim Schneiden von Feinblech
Stahl und Eisen 86(1966)25, 1677-1688

33. Bürger, G. Lochstanzen von austenitischen Grobblechen
Blech 1(1968), 24-34

34. Chabert, G. Untersuchungen über das Verhalten von Schnittwerkzeugen für Elektrobleche im Betrieb
Mitt. Forsch.-Ges. Blechverarb. (1967)7/8, 62-71

35. Cook, N.H. u.a. The effects of increased speased and variable environoment on the punching process
(Einfluß erhöhter Geschwindigkeit und unterschiedlicher Umgebungsbedingungen auf das Lochen)
ASTME-Paper (1962)412

36. Crasemann, H.-J. Stand und Entwicklung des Schneidens von Blechen
Techn. Rundsch. 52(1960)37, 2, 3, 5 und 7

37. Crasemann, H.-J. Der Verschleiß von Schneidwerkzeugen beim Schnitt von Feinblechen
Microtechnic 14(1960)1, 27-31

38. Crasemann, H.-J. Die Kräfte beim Schneiden von Blechtafen und Blechbändern
Microtechnik 16(1962)3, 109-123

39. Crasemann, H.J. Der offene Schnitt von Grobblechen
Mitt. Forsch.-Ges. Blechverarbeitung (1962)14/15, 193-211

40. Cudakov, P.D. Issledovanie processa vyrubki-probivki
(Untersuchung des Ausschneidens und Lochens)
Sammlung von Beiträgen des Instituts Mosstankin, 1958

41. Davies, D.H. Perforated materials, their produktion and uses
(Lochbleche, Herstellung und Einsatz)
Sheet Metal Ind. 45(1968)439, 347-351 und 355

42. Dies, R. Untersuchungen über die Kraft-, Temperatur-, Reibungs- und Verschleißverhältnisse beim Lochen von Blechen mit runden Stempeln
Diss. TH Darmstadt 1954

43. Dies, R. Untersuchungen über die Kraft-, Temperatur-, Reibungs- und Verschleißverhältnisse beim Lochen von Blechen mit runden Stempeln
Mitt. Forsch.-Ges. Blechverarb. (1955), 141-151

44. Dies, R. Untersuchungen über die Kraft-, Reibungs- und Verschleißverhältnisse beim Lochen von Blechen mit runden Stempeln
Werkst. und Betrieb 89(1956)4, 197-2o7

45. Dies, R. Vorgänge beim Lochen von Nichteisenmatallen
Zeitschr. f. Metallkunde 47(1956), 212-217

46. Dies, R. Die Beeinflussung des Schnittvorganges durch die Oberflächenbeschaffenheit von Lochstempeln
Metalloberfläche 11(1957)5, 155-160

47. Dies, R. Trennen und Schneiden
Blech 7(1960)9, 496-501

48. Dies, R. Neue Untersuchungen über das Ausschneiden und Lochen von Blechen
Werkst. und Betr. 92(1959)8, 538-539

49. Dies, R. Die Vorgänge beim Lochen von Stahl und Nichteisenmetallen mit runden Stempeln
Maschinenmarkt 66(1960)7, 21-23 und 66(1960)69, 40-43

50. Dies, R. — Die Vorgänge beim Lochen von Stahl und Nichteisen-Metallen mit runden Stempeln
Masch.-Welt und Elektrotechn. 14(1959)3/4, 67-72 und 14(1958)5/6, 109-115

51. Dies, R. — Temperaturmessungen beim Lochen von Blechen
Werkst. und Betr. 88(1955)10, 651-654

52. Dies, K. — Die Vorgänge beim Verschleiß bei rein gleitender trockener Reibung
Z.VDI 83(1939) S. 307

53. Durek, J. — Beitrag zur Klärung der Verschleißursachen beim Schneiden von siliziumhaltigen Dynamoblechen mit Hilfe technologischer und mikrostruktureller Untersuchungen
Diss. TU Clausthal 1973

54. Durek, J. — Verschleißursachen beim Schneiden siliziumhaltiger Dynamobleche
DFBO-Mittlg. (1974)4, 77-88

55. Eckstein, F. — Gleichartigkeit mechanischer Trennvorgänge
München: Hanser Verlag 1969

56. Eickhoff, W. — Über das Lochen von Grobblechen. Neuere Untersuchungen über die Kräfte und den Arbeitsbedarf beim Lochen, sowie die Form- und Maßgenauigkeit der Löcher
Diss. TH Darmstadt 1961

57. Eickhoff, W. — Über die Form- und Oberflächengestalt von Löchern und Folgerungen für die Berechnung der Kräfte beim Lochen von Grobblechen
Werkst. und Betr. 94(1961)11, 849-860 und 95(1962)5, 308 (Zuschrift und Stellungnahme)

58. Eickhoff, W. — Untersuchungen über den Kraft- und Arbeitsbedarf beim Lochen von Grobblechen
Werkst. und Betrieb 94(1961)7, 487-499

59. Feng, I.-M. — Eine neuere Auffassung der Metallübertragung und des Verschleißes
Stahl und Eisen 75(1955)12, 789-791

60. Finkenstein, E.v. — Untersuchung des Werkzeugverschleißes beim Schneiden von Feinblech
Ind.-Anz. 92(1970)65, 1551-1552

61. Flimm, J. — Spanlose Formgebung
München: Hanser Verlag 1975

62. Föppl, L., Mönch, E. — Praktische Spannungsoptik
Berlin: Springer-Verlag 1950

63. Franke, W.-D. — Schmierstoffe und ihre Anwendung
München: Hanser Verlag 1971

64. Fuller, J. — Theorie und Praxis der Schmierung
Berlin: VEB Verlag Technik 1961

65. Gentsch, G. — Umformtechnik - Dissertationsreferate 1945-1967
Düsseldorf: VDI-Verlag 1968

66. Godtschalk, L. — Contribution à l´etude du poiconnage des métaux (Untersuchungen über das Lochstanzen von Metall)
Métaux, Corrosion Industries 30(1955)354, 47-77

67. Göhre, E. — Der Schneidspalt bei Schnitten und sein Einfluß auf ihre Standzeit
Werkst.-Techn. u. Werksleiter 25(1935)16, 313-318

68. Göhre, E. Ursachen des Abbrechens von Schneidstempeln bei Schnittwerkzeugen
TZ f. prakt. Metallbearb. 44(1934)13/14, 289-291

69. Gottwein, K, Untersuchungen über die Kraft-, Reibungs- und Verschleißverhältnisse beim Lochen von Blechen
Werkst. und Betr. 89(1956)4

70. Groebler, H. Herstellung und Gebrauch von Lochblechen
Referat über: Davies, D.H. „Herstellung und..."
Ind.-Anz. 92(1970)83, 742-743

71. Gronostajski, J. Matuszak, A. Badanie trajektorii pękania materiału podczas wykrawania w obecności dodatkowego stanu naprężenia
(Untersuchungen der Bruchtrajektorien beim Ausschneiden unter zusätzlichem Spannungszustand)
Biul. Inf. Obr. Plast. 9(1973)5, 929-942

72. Grosch, J. Werkstofftechnische Grundlagen von Werkstoffen für Schneid- und Umformwerkzeuge
Düsseldorf: VDI-Bildungswerk BW 2155

73. Grosch, J. Ein Beitrag zur Einwirkung von Reibung, Schmierung und Oberflächenveredelung auf die Standzeit von Werkzeugen
Bosch Techn. Berichte 1(1965)132

74. Grützmann, P. Elektronische Messung von Schervorgängen in Schnittwerkzeugen
Internat. Elektron. Rdsch. 27(1973)10, 219-224 und 27(1973)11, 248-253

75. Guidi, A. Nachschneiden und Feinschneiden
München: Hanser Verlag 1965

76. Gut, H. Schnittkraft und resultierende Wirkungslinie beim Ausschneiden von Blechteilen
Blech 21(1974)5, 171-174

77. Haddow, J.B. Johnson, W. Experiments in the piecing of soft metals
(Versuche über das Lochen von Weichmetallen)
Int. J. Mach. Tool Design 2(1962)1, 1-18

78. Haufe, W. Stähle für Lochstempel
Bänder Bleche Rohre 13(1972)2, 87-98

79. Hilbert, H.L. Das Ausschneiden - Werkstattblatt 422
München: Hanser Verlag 1967

80. Hilbert, H.L. Stanzereitechnik Bd. 1 und 2
München: Hanser Verlag 1972

81. Hilbert, H.L. Die Schmierung von Werkzeugen in der Stanztechnik
Schmiertechnik & Tribologie 1(1973), 16-21

82. Hilbert, H.L. Toleranzfragen in der Stanzerei
Klepzig-Fachber. 66(1958)1, 16-17

83. Hilbert, H.L. Toleranzfragen in der Stanzereitechnik
Blech 6(1959)3, 90-96

84. Hofmann, E. Ermittlung von Preßkräften und Arbeitsvermögen beim Ausschneiden und Lochen durch Exzenterpressen
Fertigungst. und Betrieb 15(1965)2, 92-94
Zuschrift: 15(1965)11, 660-662

85. Hojo, H. Shearing mechanisms of phenolic paper base laminated sheets
(Mechanische Kräfte beim Schneiden von mit Phenolpa-

pier kaschierten Elektroblechen)
Ann. C.I.R.P. 14(1967)4, 409-428

86. Holiga, L.A. — Punch-to-die clearance - its effect on punches hole charakteristcs in cold rolled steel
(Einfluß des Schneidspaltes auf die Lochcharakteristik bei kaltgewalztem Stahl)
ASTME-Paper (1965)713

87. Houdremont, Z. — Reibung und Schmierung fester Körper
Berlin: Springer-Verlag 1956

88. Hugo, H.R. — Punch and die clearences (Der Schneidspalt)
Amer. Mach. 113(1969)10, 163-164, 11/115-116, 12/96,98

89. Idelberger, K. — Lochbleche aus Stahl
Masch.-Markt 71(1965)33, 25-29

90. Idelberger, K. — Lochbleche für Industrie, Gewerbe und häusliche Welt
Ind.-Anz. 88(1966)66, 1467-1471

91. Jahnke, H., Retzke,H.,Weber,W. — Umformen und Schneiden 2 Aufl.
Berlin: VEB Verlag Technik 1972

92. Jordan, Th. — Über ein Verfahren zur Bestimmung von Spannungsverhältnissen in stationären rotationssymetrischen Umformvorgängen
Diss. TH Hannover 1957

93. Judovic, S.Z. u.a. — Einfluß des Oberflächenzustandes von Lochstempeln auf die Kräfteverhältnisse beim Lochen von Blech aus kohlenstoffarmem Stahl (russ.)
Kuzn.-Štamp. Proizvod. 15(1973)4, 17-19

94. Kaczmarek, E. — Praktische Stanzerei - Bd. 1
Berlin: Springer-Verlag 1954

95. Kadmer, E. Danninger, H. — Über eine Möglichkeit zur Vorausbestimmung von Kühlschmiermitteln für die Metallverformung
Schmiertechnik 7(1960)5, 223-228

96. Keller, F. — Messungen zum Einfluß des Schneidspaltes auf Kraftbedarf und Schnittarbeit beim Lochen von Stahlblechen
Werkst. u. Betr. 84(1951)2, 67-73

97. Keller, F. — Der Einfluß des Schneidspaltes beim Lochen von Stahlblech auf die Abmessung des Loches und Putzens
Werkst. u. Betr. 84(1951)10, 479-482

98. Keller, F. — Einfluß des Schneidspaltes auf die Abmessungen des Loches und des Butzens beim Lochen mit kleinerem Stempeldurchmesser als die zu lochende Blechdicke
Fertigungstechn. u. Betr. 11(1961)3, 194-199

99. Keller, F. — Einfluß des Schneidspaltes auf die Schnittkraft und die Schnittarbeit beim Lochen mit kleinerem Stempeldurchmesser als die zu lochende Blechdicke
Fertigungstechn. u. Betr. 10(1960)5, 301-304

100. Keller, F. — Die Beeinflussung der Beschaffenheit der Trennfläche beim Lochen von Stahlblech durch die Größe des Schneidspaltes
Werkst. u. Betr. 85(1952)7, 311-313

101. Keller, F. — Die Beeinflussung der Trennflächen und der Trennzonen durch den Schneidspalt beim Lochen mit kleineren Stempeldurchmesser als die zu lochende Blechdicke
Fertigungstechn. u. Betr. 11(1961)4, 251-256

102. Keller, K. — Einfluß der Werkstoffpaarung auf den Verschleiß von

Schneid- und Umformwerkzeugen
Düsseldorf: VDI-Bildungswerk - BW 2193

103. Keller, K. — Schmiermittel in der Stanztechnik
Düsseldorf: VDI-Bildungswerk - BW 2200/1-7

104. Kienzle, O. — Versuche mit vollkantigen Schnitten - Bericht der Forschungsstelle Blechverarbeitung am Institut für Werkzeugmaschinen der TH Hannover 1951

105. Kienzle, O. — Der Vorgang des Schneidens
Microtechnik 10(1956)6, 261-164

106. Kienzle, O.; Buchmann, K. — Beeinflussung und Prüfung des Verschleißes und der Gratbildung beim Schneiden von Stahlfeinblech
Archiv Eisenhüttenwesen 43(1963)6, 443-452

107. Kienzle, O.; Jordan, Th. — Messung der beim Lochen von Blechen auf ein Schnittwerkzeug wirkenden Seitenkräfte
Mitt. Forsch.-Ges. Blechverarb. (1954)19, 217-219

108. Kienzle, O.; Kienzle, W. — Werkzeugverschleiß beim Schneiden von Stahlblechen
Stahl und Eisen 78(1958)12, 820-829

109. Kienzle, O.; Timmerbeil, F.W.; Jordan, Th. — Einige Untersuchungen über das Schneiden von Blechen
Forsch.-Ber. des Landes NRW Nr. 693
Köln und Opladen: Westd. Verlag 1959

110. Kienzle, W. — Verschleißmerkmale beim Schneiden von Stahlfeinblechen zwischen Stempel und Schnittplatte
Diss. TH Hannover 1957

111. Kim, Ch. H. — Versuchsprogramm zur Ermittlung des Werkzeugverschleißes und der Rückzugskraft beim Lochen austenitischer nichtrostender Feinbleche
HGF-Bericht 131 und Ind.-Anz. 97(1975)101, 2141-2142

112. Kipnis, J.A.; Sraer, E.A. — Opredelenie usilij pri vyrezke i pribivke
(Bestimmung der Kräfte beim Ausschneiden und Lochen)
Kuzn.-stamp. Proizvod., Moskau 11(1969)9, 13-16

113. Kirsch, W.; Keszler, Keller — Versuche zum Lochen von gehärtetem Stahlblech
Fertigungst. u. Betr. 16(1966)8, 494-497

114. Kochendörfer, A. — Der Gleitvorgang und die Verfestigung bei metallischen Werkstoffen
Z.VDI 94(1952), 267-273

115. Köhler, W. — Über den Verhältniswert der Scherfestigkeit zur Zugfestigkeit von Zieh- und Stanzblechen
Ind.-Anz. 83(1961)75, 1438-1441

116. Köhler, W. — Ist der Verhältniswert „Scherfestigkeit : Zugfestigkeit" eine Konstante ?
Ind.-Anz. 78(1956)83, 1245-1250

117. Kokkonen, V. — Zur Wahl des Schneidspaltes
Techn. Tag.-Ber.d.Schwed.Fachverb.f.d.Eisen- u.Metallwarenind. u. Elektrotechnik - Stockholm 1959

118. Kondo, K. — Mechanismus des Scherprozesses bei duktilen Blechen
J. Jap. Soc. Mech. Eng. 69(1966)570, 825-832 (jap.)
auch: Bull. Soc. Prec. Engng. 2(1967)2, 89-94 (engl.)

119. Kowaljew, V. — Kongruenz der Fließlinien, Charakteristiken und Trajektorien der maximalen Schubspannung
Fertigungst. u. Betr. 17(1967)10, 620-621

120. Krämer, W. — Beitrag zur Kraft- und Arbeitsermittlung beim Schneiden von Blech

Ind.-Anz. 90(1968)19, 361-365

121. Krämer, W. — Über die Ermittlung des Kraftverlaufs beim Schneiden
Ind.-Anz. 91(1969)11, 199-203

122. Krämer, W. — Ermittlung der Kraft- und Arbeitsbeträge beim Schneiden von Blech
Ind.-Anz. 91(1969)22, 509-510

123. Kraus, O.J. — Verwendung und Herstellung gelochter Bleche
Ind.-Anz. 79(1957)92, 1443-1446

124. Kraus, O.J. — Lochbleche - ein gar nicht so einfaches Kapitel Stahl
Continentaler Eisenhandel (1969)11

125. Kretschmer, G. — Vorausbestimmung der Rückzugskräfte beim Lochen
Maschinenmarkt 75(1969)43, 909-912

126. Kretschmer, G. — Die Rückzugskräfte beim Lochen von Blechen
Bänder Bleche Rohre 9(1968)12, 711-714

127. Kretschmer, G. — Vorausbestimmung der Rückzugskräfte beim Lochen von Blechen
Maschinenmarkt 82(1976)41, 720-722

128. Krist, Th. — Tabellen für die Metallindustrie Bd. 14
Darmstadt: Technik-Tabellen-Verlag 1959

129. Kühn, M. — Eine neue Auffassung der Metallübertragung und des Verschleißes
Stahl und Eisen 75(1955)12, 789-791

130. Lange, K. — Lehrbuch der Umformtechnik - Bd. 3 - Blechumformung
Berlin: Springer-Verlag 1975 (insbes. S. 28-60)

131. Lange, K. — Beitrag zur Kraft- und Arbeitsermittlung beim Schneiden von Blech
Ind.-Anz. 90(1968)19, 361-365

132. Lips, E., Vos WMK, Van Zuilen — Stanzeigenschaften von Blech
Mitt. Forsch.-Ges. Blechverarb. (1952)20, 229-232

133. Lisin, A.G. — O napravlenii tecenija metalle po pojasku smjatija pri razdelitelñych operacjach
(Über die Richtung des Werkstoffflusses in der Schnittzone bei Schneidoperationen)
Kuzn.-štamp. Proizvod., Moskau 11(1969)6, 20-21

134. Lueg, W., Rossie, W. — Zur Bemessung des Schneidspaltes in der Stanztechnik
Ind.-Anz. 77(1955)48, 657-664

135. Mäckelt, H. — Graphische Ermittlung des Kraft- und Arbeitsbedarfs für Stanzvorgänge auf Pressen
Werkst. und Betr. 87(1954)2, 78-86

136. Mäckelt, H. — Kraftmessungen an Maschinen und Werkzeugen der Stanzerei mittels elektronischer Geräte
Mitt. Forsch.-Ges. Blechverarb. (1958)17/18, 187-203

137. Mäckelt, H. — Pressen-Handbuch - 4. Aufl.
Solingen: Th. Kieserling & Albrecht 1970

138. Mäckelt, H. — Aus der Praxis des Schneidens und Biegens in der Stanzereitechnik
Ind.-Anz. 76(1954)5, 57-60

139. Mailänder, R., Dies, K. — Beitrag zur Forschung der Vorgänge beim Verschleiß
Archiv Eisenhüttenwesen 16(1942/43), 385

140. Marejka, P. — Untersuchung des Kraft- und Arbeitsbedarfes beim Lochen von austenitischen Grobblechen
Diss. TH Aachen 1976

141. Marejka, P. — Untersuchung des Kraft- und Arbeitsbedarfes beim Lochen von austenitischen Grobblechen
Z.-VDI 119(1977)12, 593-603

142. Marejka, P. — Vermindern des Kraftbedarfes beim Lochen von Grobblechen
Maschinenmarkt 83(1977)71, 1360-1362

143. Mârton, S. — Obciążenie krawędzi tnącej wykrojnika
(Belastung der Schneidkante des Schnittwerkzeuges)
Obr. Plast. 6(1965)1, 41-45

144. Masuda, M., Jimma, T. — Theoretical research on the blanking of sheet material
(Theoretische Untersuchung des Schneidens von Blech)
C.I.R.P.-Ann. 11(1962/63)4, 224-228

145. Matthes, H. — Anwenden und Entfernen von Schmierstoffen beim Schneiden und Umformen
Düsseldorf: VDI-Berichte (1976)272, 71-76

146. Matuszewski, H. — Vorlesungsumdruck - Schnittwerkzeuge für spanlose Bearbeitung
Dortmund: Fachhochschule Dortmund 1972

147. Mehlhorn, H. — Beherrschung des Fertigungsverfahrens Schneiden
Fertigungstechnik und Betrieb 20(1970)1, 33-37

148. Melzer, W. — Zusammenstellung der Veröffentlichungen über die Bestimmung des Schneidspaltes in Schnittwerkzeugen
Fertigungstechnik und Betrieb 15(1965)3, 170-173

149. Meyer, M. — Verfahren zur Erzielung glatter Schnittflächen beim vollkantigen Schneiden von Blech
Diss. TH Hannover 1962

150. Meyer, M. — Verfahren zur Erzielung glatter Schnittflächen beim vollkantigen Schneiden von Blech
Mitt. Forsch.-Ges. Blechverarb. (1962)14/15, 214

151. Michalenko, F.P. — Verschleiß der Schneidkanten beim Ausschneiden und Lochen von Elektroblechen (russ.)
Kuzn.-Štamp. Proizvod. 8(1966)2, 20-22

152. Michalenko, F.P., Antonov, C., Yu, V. — Workpiece stress in stamping processes
(Spannungen im Werkstück beim Ausschneiden und Lochen)
Russ. Engng. J. 53(1973)4, 61-64

153. Michalenko, F.P., Bobinin, M.M. — Einfluß des Schnittkantenverschleißes auf den Kraftverlauf beim Lochen (russ.)
Kuzn.-Štamp. Proizvod. 1(1959)10, 30-31

154. Michalenko, F.P., Durandin, M.M. — Einfluß der Pressengeschwindigkeit und der Größe des Spiels auf die Kräfteverteilung und den Werkzeugverschleiß beim Lochen und Ausschneiden von Elektroblechen (russ.)
Kuzn.-Štamp. Proizvod. 11(1969)8, 23-26

155. Michalenko, F.P., Durandin, M.M. — Einfluß der Pressengeschwindigkeit auf den Schneidkantenverschleiß beim Ausschneiden und Lochen von Federstahl (russ.)
Vestn. Masstro. 48(1968)5, 59-62

156. Michalenko, F.P., Durandin, M.M. — Einfluß des Schneidspaltes und der Pressengeschwindigkeit auf den Härteverlauf und den Verschleiß der Stanzwerkzeuge (russ.)
Vestn. Masstro. 50(1970)4, 72-76

157. Michalenko, F.P., Durandin, F.P. — Einfluß der Hubzahlen des Stößels eines Schneidautomaten auf den Verschleiß der Schneidkanten beim Aus-

schneiden und Lochen von Federstahl
Draht 21(1970)4, 242-244

158. Miyagawa, M. Ziele der Forschung auf stanztechnischem Gebiet in Japan
Mitt. Forsch.-Ges. Blechverarb. (1967)15/16, 126-131

159. Mohr, O. Welche Umstände bedingen die Elastizitätsgrenze und den Bruch eines Materials ?
Z.VDI 44(1900)45, 1524-1577

160. Müller-Gerbes, H. Zerspanungsuntersuchungen an Elektroblechen
HGF 1321 Fertigungsverfahren 72/5
Essen: Verlag W. Girardet

161. Narath, H.A. Untersuchungen über Vorgänge beim Lochen
Masch.-Bau 6(1927)19, 948-951

162. Nitsche, G. Abstreifkraft und Einfederung beim Lochen v.Feinblech
Fertigungstechnik und Betrieb 21(1971)10, 628-630

163. Oberländer, K. Werkstoffpaarungen und Schmierstoffe beim Trennen und Umformen (Beispiele)
Düsseldorf: VDI-Bildungswerk BW 2617 S. 1-10

164. Oehler, G. Schwierigkeiten beim Lochen dicker und harter Stahlbleche
Werkstattst. 50(1960)11, 582-586

165. Oehler, G. Das Lochen und Biegen dicker Bleche im Schiffbau
Mitt. Forsch.-Ges. Blechverarb. (1955)2, 21-24

166. Oehler, G. Bildung von Aufbauschneiden beim Lochen dicker Bleche
Mitt. Forsch.-Ges. Blechverarb. (1960)18, 232-235

167. Oehler, G. Schwierigkeiten beim Lochen
Die Technik 4(1949)5, 217-220

168. Oehler, G. Besteht eine lineare Funktion der Schneidfestigkeit in Abhängigkeit vom logarithmischen Wert des Lochdurchmessers ?
Mitt. Forsch.-Ges. Blechverarb. (1956)14, 157-158

169. Oehler/Kaiser Schnitt-, Stanz- und Ziehwerkzeuge - 6. Aufl.
Berlin: Springer-Verlag 1973

170. Pawelski, O. Untersuchungen über die Reibung bei der bildsamen Formgebung
Forschungsber. des Landes NRW Nr. 1978
Köln und Opladen: Westd. Verlag 1968

171. Peter, H. Der Schneidspalt des Schnittwerkzeuges
Werkstattst. und Masch.-Bau 46(1956)2, 53-58

172. Peter, H. Der Schneidspalt des Schnittwerkzeuges
Werkst. und Betr. 90(1957)1, 89-92

173. Peter, H.
Neider, R. Untersuchungen über die Schneidbarkeit von Blechen, insbesondere Dynamoblechen
Mitt. Forsch.-Ges. Blechverarb. (1959)6/7, S. 57

174. Peter, H. Untersuchungen über die Schneidbarkeit von Kaltband und Blech, insbesondere Dynamoblech
Blech (1964)11, 570-579

175. Pfaff, K.O. Über das Lochen austenitischer rostfreier Feinbleche
Diss. TH Darmstadt 1972

176. Pöllnitz, F. Lochen mit dünnen Lochstempeln
Fertigungst. und Betr. 12(1962)9, 637-638

177. Prölß, E.
Schenk, H.
Schneidbarkeit isolierter und unisolierter Elektrobleche
Werkst. und Betr. 108(1975)11, 761-767

178. Radtke, H.
Untersuchung des Feinstanzvorganges
Forschungsber. des Landes NRW (1970), Nr. 2152
Köln, Opladen: Westd. Verlag 1970

179. Reichel, W.
Das Stanzen von Löchern hinsichtlich Lochungsverhältnis und thermoelektrischer Auswirkung auf Kühlschmierung, Stanzbarkeit, Schneidspalt u.Werkzeugverschleiß
Blech 16(1969)9, 432-441

180. Reichel, W.
Katz, R.
Das Stanzen kleiner Löcher
Blech 15(1968)1 (T.1),24-34, Nr.2 (T.2), 63-71, Nr. 3 (T.3), 115-130, Nr.4 (T.4), 160-164, Nr.5 (T.5),260-69

181. Romanowski, W.P.
Handbuch der Stanzereitechnik
Berlin: VEB Verlag Technik 1968

182. Romanowski, W.P.
Lochen und Ausschneiden von Grobblech aus Stahl im kalten und warmen Zustand (russ.)
Kuzn.-Štamp. Proizvod. 17(1975)7, 22-25

183. Romanowski, W.P.
Scherfestigkeit beim Ausschneiden und Lochen dicker Bleche (poln.)
Biul. Inf. Obr. Plast. 9(1973)5, 924-927

184. Schachtel, F.
Der Schneidgrat
Mitt. Forsch.-Ges. Blechverarb. (1954)10, 114-118

185. Schenk, H.
Schneidkraft, Mittenversatz und Hubgeschwindigkeit beim Lochen von Blechen
Ind.-Anz. 96(1974)51, 1126-1128

186. Schenk, H.
Pröls, E.
Schneidspaltoptimierung für Elektrobleche
Fertigung (1977)4, 107-110

187. Seidenberg, H.
Presseneinwirkung auf Werkzeugverschleiß und Grathöhe beim Schneiden von Feinblechen im geschlossenen Schnitt
Diss. TH Hannover 1965
auch: Werkst. und Betr. 100(1967)6, 471-475

188. Semlinger, E.
Stanztechnik
Braunschweig: Vieweg 1967

189. Siebel, E.
Werkstoffmechanik
Z.VDI 94(1952)16, 465-471

190. Slater, R.A.
Pfender, M.
The effects of temperature, speed and strain-rate on the force and energy reqired in blanking
(Einfluß von Temperatur, Geschwindigkeit und Dehnungsgeschw. auf die Kraft und Arbeit beim Ausschneiden)
Internat. J. Mech. Sci. 9(1967)5, 271-305

191. Sonderhaus, E.
Die Beurteilung der Schneidbarkeit von Feinblechen durch ein Knabberverfahren
Diss. TH Darmstadt 1966

192. Sonderhaus, E.
Verschleißerscheinungen an Schneidwerkzeugen im Knabberschnitt
Mitt.DFBO 19(1968), 142-156

193. Sraer, E.A.
Kräfte beim Ausschneiden mit Hartmetall- und Stahlwerkzeugen
Umformtechnik 7(1973)6, 31-38

194. Stöferle, Th.
Becker, H.
Schmiermittel-Kurzprüfverfahren für den Stempelverschleiß
Werkst. und Betr. 110(1977)6, 375-379

195. Stöferle, Th.
Kim, Ch. H.
Reibversuch zur Ermittlung des Reibverhaltens zwischen Stempel und Blechwerkstoffen
Werkst. und Betr. 109(1976)1, 33-35

196. Stöferle, Th.
Kim, Ch. H.
Versuchsprogramm zur Ermittlung des Werkzeugverschleißes und der Rückzugskraft beim Lochen austenitischer nichtrostender Feinbleche
HGF Fertigungsverfahren 131, 75-100
auch: Ind.-Anz. 97(1975)101, 2141-2142

197. Stöferle, Th.
Kim, Ch. H.
Kurzprüfverfahren zum Ermitteln des Werkzeugverschleißes an Lochstempeln
Werkst. und Betr. 109(1976)7, 397-399

198. Stöferle, Th.
Theimert, P.H.
Berechnung von Rückzugskräften beim Lochen von Grobblechen
Werkst. und Betr. 106(1973)10, 787-792

199. Strasser, F.
Penetration du poincon dans la matrice
(Erforderliche Eindringtiefe des Stempels b.Schneiden)
Mach. Mod. 57(1963)656, 120-121
auch: Machinery, New York 69(1963)12, 120-121

200. Stromberger, C.
Untersuchungen der Lochvorgänge an Mittel- und Grobblechen
Mitt. Forsch.-Ges. Blechverarb. (1961)9/10, 106-118

201. Stromberger, C.
Veränderungen der Lochwand beim Lochen von Grobblechen
Mitt. Forsch.-Ges. Blechverarb. (1966)1/2, 2-15

202. Stromberger, C.
Dies, R.
Untersuchungen über die Kraft-, Temperatur-, Reibungs- und Verschleißverhältnisse beim Lochen von Blechen mit runden Stempeln
Mitt. Forsch.-Ges. Blechverarb. (1955)12, 141-151

203. Stromberger, C.
Pfaff, K.O.
Lochen von austenitischen rostfreien Feinblechen mit Stempeln kleinen Durchmessers
Werkst. und Betr. 103(1970)2, 135-140

204. Stromberger, C.
Thomsen, Th.
Glatte Lochwände beim Lochen
Werkst. und Betr. 98(1965)10, 739-747

205. Theimert, P.-H.
Kräfte und Werkstoffverhalten beim Lochen von Grobblechen
München/Wien: Hanser Verlag 1975

206. Theimert, P.-H.
Rückzugskräfte beim Lochen von Grobblechen
Ind.-Anz. 95(1973)108, 2576-2577

207. Thomsen, Th.
Glatte Lochwände beim Lochen von Grobblechen
Diss. TH Darmstadt 1966

208. Tilsley, R.
Howard, F.
Revent investigations into the blanking and piercing of sheet materials
(Untersuchungen über das Ausschneiden von Blechen)
ASTME Res. Rep. (1960)17
auch: Sheet Metal Ind. 35(1958)379, 817-828

209. Tilsley, R.
Howard, F.
Neue Untersuchungen über das Ausschneiden und Lochen von Blechen
Werkstattst. und Masch,-Bau 50(1960)9, 490 ff

210. Timmerbeil, F.H.
Untersuchungen des Schneidvorganges bei Blech, insbesondere beim geschlossenen Schnitt
Diss. TH Hannover 1956
auch: Werkstattst. 47(1957)5 321-239 u.(1957)7, 350-56

211. Timmerbeil, F.W.
Einflüsse auf die Rückzugskräfte beim Lochen von Blech
Mitt. Forsch.-Ges. Blechverarb. (1963)24, 308-313

212. Timmerbeil, F.W. Der Einfluß der Schneidkantenabnutzung auf den Schneidvorgang am Blech
Werkstattst. u. Masch.-Bau 46(1956)2, 58-66

213. Turno, A.; Plewiński, A. Zużywanie się wykrojników - Proces zużycia
(Verschleiß der Schnittwerkzeuge - Verschleißprozess)
mechanik (1968)11, 600-603

214. Turno, A.; Słomczyński, F.; Berkowski, L. Zużywanie się narzędzi przy wykrawaniu magnetycznych blach ze stali krzemowych
(Werkzeugverschleiß beim Ausschneiden magnetischer siliziumhaltiger Stahlbleche)
Obr. Plast. 7(1968)3, 183-205

215. Vajntraub, D.A. Einfluß des Schneidspaltes auf die Werkzeugstandmenge
Kuzn. Stamp. Proizvod. 10(1969)3, 23-26

216. Veenstra, P.C. u.a. Nader onderzoek van de ponskromme
(Weitere Untersuchung des Schnittkraft-Weg-Diagramms)
Metaalbewerking 29(1963)11, 236-239

217. VDI 3368 VDI-Richtlinie 3368 - Schneidspalt, Schneidstempel- und Schnittplattenmaße für Schnittwerkzeuge
Düsseldorf: VDI-Verlag 1965

218. Weckener, H.-D.; Höpken, H. Werkzeugstähle für Schnittwerkzeuge unter Berücksichtigung der verschiedenen Schneidverfahren
TZ f. prakt. Metallbearb. 68(1974)8 (T.1), 274-278; 68(1974)10 (T.2), 390-394, 69(1975)3 (T.3), 84-85

219. Wentzel, H. Erkenntnisse über Gratbildung und Verschleiß von Schnittwerkzeugen
Fertigungst. u. Betr. 14(1964)4, 236-240

220. Wentzel, H.; Mehlhorn, H. Erkenntnisse über Gratbildung und Verschleiß von Schnittwerkzeugen
Fertigungst. u. Betr. 14(1964)4, 236-240

221. Wiegand, H.; Kloos, K.H.; Müller, K. Einfluß der Reibungsparameter auf die Festkörperberührung in der Kaltumformung
Stahl u. Eisen 81(1961)14, 924-933

222. Wiegand, H.; Kloos, K.H. Der Reibungs- und Schmiervorgang in der Kaltformung und die Möglichkeiten seiner Messung
Werkst. u. Betr. 93(1960)4, 181-187

223. Zorew, N.N. Neue Untersuchungen über das Ausschneiden und Lochen von Blechen
Werkst. u. Betr. 92(1959)8, 538-539

224. Zöphel, B.; Hilbert, E. Experimentelle Ermittlung der Querkräfte beim Schneiden von Stahlblechen mittels paralleler Schneiden
Umformtechnik 9(1975)3, 8-11

225. Zünkler, B. Beitrag zur Geometrie der Schneidwerkzeuge und zur Mechanik des Schneidvorganges
Bänder Bleche Rohre 4(1963)7, 344-350

226. Zünkler, B. Rechnerische Ermittlung des Schnittwiderstandes beim Schneiden von Blechen
Ind.-Blatt 64(1964)6, 194-195

227. Zünkler, B. Zur Festigkeit von Schneidstempeln
Bänder Bleche Rohre 6(1965)2, 93-96

228. N.N. Gelochte Bleche - Erzeugnisse einer kleinen aber wichtigen Spezialindustrie
Ind.-Anz. 78(1956)92, 1383 ff

229. N.N. Taschenbuch für wirtschaftliche Blechbearbeitung

Göppingen: L. Schuler AG. - 3. Aufl.

230. N.N. — Fortschritte in der Stanzereitechnik - VDI-Bericht 148
Düsseldorf: VDI-Verlag 1969

231. N.N. — 10 Jahre Blechforschung
Mitt. Forsch.-Ges. Blechverarb. (1959)12, 145

N A C H T R A G :

232. Mieritz, B. — Snitspalter i snitværktøj (dänisch)
(Schneidspalt an Schnittwerkzeugen)
Projekt Nr. 32-255-77 - JTI-Sagsnr. 51-34217-4 Bericht
Jydsk Teknologisk Institut, 1978

233. Lange, K. — Die Möglichkeiten der Feinschneidtechnik
Lyss: Information 20 der Feintooll AG.

234. Ramaekers, J.A. — Härte und Verformung metallischer Werkstoffe
Diss. Techn. Hogeschool Eindhoven 1970

235. Schanzer, W. — Molybdänsulfit in Ölen und Fetten
Werkst. u. Betr. 94(1961)5, 283-288

236. Stromberger, C. — Vermeidung von Rissen in gestanzten Löchern bei Mittel- und Grobblechen infolge Lochleibungsversprödung
Mitt. Forsch.-Ges. Blechverarb. (1963)9/10, 136-137

237. Schlamp, G. — Steigerung der Verschleißfestigkeit von Stanzwerkzeugen durch Oberflächenbehandlung
Werkstattstechnik 57(1967)5, 215-221

238. Vajntraub, D.A. — Povy senia stokosti stampov
(Erhöhung der Standmenge von Werkzeugen)
Lenizdat, 1958

239. Borchert, P. — Einflüsse der Werkzeuggeometrie und der Maschine beim Schneiden von kaltgewalztem Elektroblech
Diss. TU Hannover 1976

240. Wiegand, H., Broszeit, E. — Zur Frage der Beanspruchungszeit bei Verschleißuntersuchungen unter Mischreibungsbedingungen
MTZ 34(1973)2

241. Maeda, T. — Experimental Investigation on Fine Blanking
Scientific papers of the physikal and chemical research 62(1968), 65-80

242. Nygren, G. — Verschleiß von Schnittwerkzeugen
Werkst. u. Betr. 93(1960)12, 771-781

243. Polański, Z. — Wykrawanie (Das Ausschneiden) (poln.)
Warszawa: Wyd.Nauk.-Techn. 1978

244. Mitropolskaja, L.A. — Analyse der Bedingungen, die erfüllt werden müssen, um glatte Querschnitte herzustellen (russ.)
Kuzn.-Štamp. Proizvod. 13(1971)1

245. Seidenberg, H. — Neues Verfahren zur Messung der Grathöhe an Schnitteilen
Werkst. u. Betr. 100(1967)10, 801-805

246. Seidenberg, H. — Messung des Kantenverschleißes an Schneidwerkzeugen
Werkstattstechnik 57(1967)8, 384-390

247. Stöferle, Th., Becker, H. — Schmierstoffauswahl durch Lochversuche
Werkst. u. Betr. 111(1978)4, 277

248. Gabler, P. — Die Stanzereitechnik in der feinmechanischen Fertigung
München: Hanser Verlag 1951

249. Lips, E. — Stanzeigenschaften von Blech

Mitt. Forsch.-Ges. Blechverarb. (1952)20, 229-232

250. Romanowski, W.P. — Berechnungsverfahren zur Vorbestimmung der Grathöhe bei Schneidarbeitsgängen
Umformtechnik (1973)6, 15-18

251. Romanowski, W.P., Morsovic, I.J., Dolgov, A.A. — Untersuchung der Standmenge der Schneidelemente von Universalwerkzeugen am Baukastensystem zum Ausschneiden und Lochen
Umformtechnik (1970)6, 41-47

252. Richard, A. — Berechnung und Konstruktion von Tiefzieh- und Stanzwerkzeugen - Teil 1
Zürich: Verlag Winter

253. Papp, P. — Sparen im Schnittbau
Die Technik 4(1949)5, 217-220

254. Zubcov, M.E. — Genauigkeit des Schneidens mittlerer und großer Teile aus dünnen Blechen
Umformtechnik 3(1969)3, 10-22

255. Maasz, E. — Handbuch für die Blechbearbeitung
Leipzig: Fachbuchverlag 1958

256. Verkaik, A., Boorsboom, J.N., Ooms, J.C.M. — Das Schneiden kleiner Löcher - Kurzfassung eines Vortrages - Seminar „Wirtschaftliches Stanzen"
Esslingen:Techn. Akademie 3.3.-5.3.1971

257. Schachtel, F. — Wirtschaftliches Ausschneiden von Blechteilen
Berlin: Springer-Verlag - 4. Aufl. 1968

258. Romanowski, W.P. — Handbuch der Stanzereitechnik (russ.)
Leningrad: 1971

259. Krabe, E. — Stanzereitechnik - I. TeilWerkstattbücher, Heft Nr.44
Berlin: Springer-Verlag - 4. Aufl. 1968

260. Pollmar, F. — Der Einfluß von Werkzeugstoff und Wärmebehandlung beim Schneiden von Feinblech
Diss. TH Hannover 1969

261. Mehlhorn, H. — Ein Beitrag zur Steigerung der Leistungsfähigkeit und der technologischen Beherrschung der Fertigungsverfahren Schneiden, dargestellt am Beispiel der Einführung elektroerosiv hergestellter Hartmetallschnittwerkzeuge für das Ausschneiden von Dynamoblechen
Diss. TH Illmenau 1967

262. Juesten, U. — Untersuchungen über die für das Schneiden von Feinblech maßgebenden Pressengrößen
Diss. TU Hannover 1969

263. Doubravský, M., Fraček, V. — Badania skrawalności zimno-walcowanych blach prądnicowych przez pomiar wzrostu zadzioru w wycinanych płytkach (poln.)
(Untersuchung der Schneidbarkeit von kaltgewalzten Elektroblechen durch Messung des Anstieges der Grathöhe an ausgeschnittenen Blechronden)
Obróbka plastyczna XII(1973)2, 75-82

264. Geist, R. — Der Aufbau der geometrischen und physikalischen Meßketten der Erzeugnisse aus den technologischen Kollektiven der konstituierenden Elemente
Diss. TH Illmenau 1964

265. Hütte — Band 2, 27. Auflage, S. 15-16
Berlin: Verlag W. Ernst und Sohn 1954

266. N.N. — Sustan-Handbuch T - Normalien für Stanzereiwerkzeuge

Frankfurt/M.

267. Romanowski, W.P. — Untersuchung der Standmenge der Schneidelemente von Universalwerkzeugen im Baukastensystem zum Ausschneiden und Lochen (russ.)
Kuzn. Štamp. Proizvod. 11(1970)6, 16-19

268. Kreiskorte, H. — Lebensdauersteigerung von Schneidstempeln als Schwingfestigkeitsproblem
Thyssen Technische Berichte (1969)2, 139-144

269. Schmidek, B.; Meyer-Nolkemper, H.; Schmidt, H.; Klemz, R. — Abgraten von Schmideteilen: Verfahren, Schnittflächengüte und mechanische Eigenschaften der Gratnaht
HFF-Bericht Nr.6, Herausg.: Prof. Dr.-Ing. E. Doege
Hannover: Hannov. Forschungsinst. für Fertigungsfragen

270. Doege, E.; Neumann, P.; Schmidt, H.; Fugger, B. — Einfluß des Blechwerkstoffs und des Schneidspaltes auf die Schneidbarkeit von Elektroblechen
HFF-Bericht Nr.6, Herausg.: Prof. Dr.-Ing. E. Doege
Hannover: Hannov. Forschungsinst. für Fertigungsfragen

271. Schmoeckel, D.; Becker, H.; Mang, T.; Schubert, K.-H. — Schmierung und Schmierstoffe beim Feinschneiden
HFF-Bericht Nr.6, Herausg.: Prof. Dr.-Ing. E. Doege
Hannover: Hannov. Forschungsinst. für Fertigungsfragen

272. Becker, H. — Vereinfachtes Modell zur Schmierstoffauswahl
Bänder, Bleche, Rohre 19(1978)9, 362-166

273. Doege, E.; Schmidt, K.H.; Neumann, C.P. — Ein Beitrag zur Beurteilung der Schneidbarkeit von Elektroblech - Schwingungsfreier Schneidvorgang
blech 24(1977)10, 382-387

274. Schenk, H.; Pröls, E. — Schneidbarkeit von Elektroblechen
HFF-Bericht Nr.6, Herausg.: Prof. Dr.-Ing. E. Doege
Hannover: Hannov. Forschungsinst- für Fertigungsfragen

275. Schenk, H.; Pröls, E. — Blanking Sheet Metal, Relationship between Prozess Conditions and Fakture au Cut Edge
C.I.R.P.-Ann. 27(1978)1, 107-112

276. Birzer, F. — Auswahl der Werkstoffe für die Schneidelemente von Feinschneidwerkzeugen
Techn. Rundschau (1974)41

277. Doege, E.; Dangelmaier, K.; Hoffmann, H. — Auswahl von Pressen zur Erzielung großer Ausbringungen sowie hoher Werkzeugstandmengen beim Schneiden von Blechen
Handbuch Leistungssteigerung bei Werkzeugen der Stanztechnik BW 2175, S. 1-20
Düsseldorf: VDI-Bildungswerk 1978

278. Haack, J. — Moderne Werkzeugfertigung
Handbuch Leistungssteigerung bei Werkzeugen der Stanztechnik BW 3438, S. 1-25
Düsseldorf: VDI-Bildungswerk 1978

279. Mikkers, J. C. — Untersuchungen über die Stempelversetzungen beim Stanzen
Bänder, Bleche, Rohre 11(1970)4,

280. Eberthäuser, H. — Technologie der Blechverarbeitung
Düsseldorf: Michael Trilitsch Verlag 1967

281. Zünkler, B.; Bokelmann, G. — Festigkeits- und Elastizitätsfragen beim Schneiden von Blechen
Blech 24(1977)6, 182-187

GPSR Compliance

The European Union's (EU) General Product Safety Regulation (GPSR) is a set of rules that requires consumer products to be safe and our obligations to ensure this.

If you have any concerns about our products, you can contact us on ProductSafety@springernature.com

In case Publisher is established outside the EU, the EU authorized representative is:

Springer Nature Customer Service Center GmbH
Europaplatz 3
69115 Heidelberg, Germany

Batch number: 10584556

Printed by Printforce, the Netherlands